"十四五"职业教育国家规划教材

高等职业教育"互联网+"新形态一体化教材

机床电气控制与 PLC

第 3 版

主　编　王兰军　孙常华
副主编　宋玉庆　王　群　张　杰
　　　　史家迎　魏彦波
参　编　陈　华　孙　斌　任伟娜
　　　　刘　茜　边惠惠　张文勇
主　审　姜和信

机械工业出版社

本书是"十四五"职业教育国家规划教材，是按照校企"双主体"共建，采用理实"双主线"编写的，编写同步采用了知识体系主线和技能实训主线。这两条主线互相联系，互相交织，彼此依存，互为补充，充分体现"做中学、学中做"的教学理念。

根据机床电气控制系统的知识体系脉络，结合机械加工行业的岗位要求，选择了机床电气控制基础→典型机床电路分析与检修→PLC的应用→变频调速控制技术→数控机床的电气控制系统的知识体系主线。

根据岗位要求和职业资格鉴定要求，建立了会配线→会修机床→会PLC编程→会用变频器→会装调数控设备的技能训练主线。

本书可作为高等职业院校机械制造及自动化、机电一体化技术、电气工程及自动化、智能制造装备技术及数控技术等专业的教材，也可作为职大、电大、函大以及各类相关培训的专业教材，还可供工程技术人员参考。

图书在版编目（CIP）数据

机床电气控制与PLC/王兰军，孙常华主编. —3版. —北京：机械工业出版社，2023.12（2025.9重印）

"十四五"职业教育国家规划教材　高等职业教育"互联网+"新形态一体化教材

ISBN 978-7-111-74081-0

Ⅰ.①机… Ⅱ.①王… ②孙… Ⅲ.①机床-电气控制-高等职业教育-教材②PLC技术-高等职业教育-教材　Ⅳ.①TG502.35②TM571.61

中国国家版本馆CIP数据核字（2023）第198621号

机械工业出版社（北京市百万庄大街22号　邮政编码100037）
策划编辑：汪光灿　　　　　　　责任编辑：汪光灿　赵晓峰
责任校对：梁　园　张　薇　　　封面设计：张　静
责任印制：任维东
河北宝昌佳彩印刷有限公司印刷
2025年9月第3版第5次印刷
184mm×260mm·18.25印张·449千字
标准书号：ISBN 978-7-111-74081-0
定价：53.00元

电话服务　　　　　　　　　　网络服务
客服电话：010-88361066　　　机　工　官　网：www.cmpbook.com
　　　　　010-88379833　　　机　工　官　博：weibo.com/cmp1952
　　　　　010-68326294　　　金　书　网：www.golden-book.com
封底无防伪标均为盗版　　　　机工教育服务网：www.cmpedu.com

关于"十四五"职业教育
国家规划教材的出版说明

为贯彻落实《中共中央关于认真学习宣传贯彻党的二十大精神的决定》《习近平新时代中国特色社会主义思想进课程教材指南》《职业院校教材管理办法》等文件精神，机械工业出版社与教材编写团队一道，认真执行思政内容进教材、进课堂、进头脑要求，尊重教育规律，遵循学科特点，对教材内容进行了更新，着力落实以下要求：

1. 提升教材铸魂育人功能，培育、践行社会主义核心价值观，教育引导学生树立共产主义远大理想和中国特色社会主义共同理想，坚定"四个自信"，厚植爱国主义情怀，把爱国情、强国志、报国行自觉融入建设社会主义现代化强国、实现中华民族伟大复兴的奋斗之中。同时，弘扬中华优秀传统文化，深入开展宪法法治教育。

2. 注重科学思维方法训练和科学伦理教育，培养学生探索未知、追求真理、勇攀科学高峰的责任感和使命感；强化学生工程伦理教育，培养学生精益求精的大国工匠精神，激发学生科技报国的家国情怀和使命担当。加快构建中国特色哲学社会科学学科体系、学术体系、话语体系。帮助学生了解相关专业和行业领域的国家战略、法律法规和相关政策，引导学生深入社会实践、关注现实问题，培育学生经世济民、诚信服务、德法兼修的职业素养。

3. 教育引导学生深刻理解并自觉实践各行业的职业精神、职业规范，增强职业责任感，培养遵纪守法、爱岗敬业、无私奉献、诚实守信、公道办事、开拓创新的职业品格和行为习惯。

在此基础上，及时更新教材知识内容，体现产业发展的新技术、新工艺、新规范、新标准。加强教材数字化建设，丰富配套资源，形成可听、可视、可练、可互动的融媒体教材。

教材建设需要各方的共同努力，也欢迎相关教材使用院校的师生及时反馈意见和建议，我们将认真组织力量进行研究，在后续重印及再版时吸纳改进，不断推动高质量教材出版。

机械工业出版社

前　　言

随着我国职业教育20多年的快速发展，当前的职业教育正在经历着深刻的变革，职业教育的发展正在从过去的规模扩张向提质培优的目标转变。在职业教育发展的这一关键节点上，全国职业教育大会顺利召开，大会确定要优化职业教育类型定位，深化产教融合、校企合作，深入推进育人方式、办学模式、管理体制、保障机制改革。这为职业教育进一步发展指明了方向。

党的二十大报告中指出"实施科教兴国战略，强化现代化建设人才支撑"，将大国工匠和高技能人才纳入国家战略人才行列，为职业教育的进一步发展指明了方向。为深入贯彻二十大精神，推动育人方式、办学模式、管理体制的改革，我们与山东钢铁集团合作进行校企"双主体"共建，按照理实同步"双主线"编写的思路对本书进行修订。本书编写同步采用了知识体系主线和技能训练主线，书中知识体系与相关技能训练紧密结合，充分体现"做中学、学中做"的教学理念。

本次修订在内容上做了较大的调整和更新。

第一章机床电气控制基础，重点训练电动机基本控制电路的阅读能力、配线能力和排故能力，增加了机床电路的安装规范与电路故障检测方法这一节内容，将原先第二章的机床电路的检修方法提前到本章来，主要针对本章技能要求的配线和排故进行规范的指导。本章还更新了一批新型号的电气元件。

第二章主要介绍CA6140车床和X62W万能铣床，重点训练对于典型机床电路的阅读分析和故障维修能力。本章重点是机床排故思路的训练，内容在原来的排故四步法基础上做了补充。

第三章可编程控制技术的应用，主要教学目标是提高学生可编程控制器的编程能力。本章对比介绍了三菱FX3U系列PLC和FX2N系列PLC。本章实训项目主要以FX3U系列PLC来进行训练，更新了一批典型的实训项目。

第四章变频调速控制技术，重点训练变频器的使用和系统设计能力。本次修订舍弃了比较旧的机型三菱S500，重点介绍三菱D700系列变频器，增加了变频调速系统常用控制电路。实训项目内容也有较大的调整和更新。

第五章数控机床的电气控制系统，重点训练数控机床电气控制系的连接与调试能力，本章对实训项目进行了重新设计，主要进行了FANUC 0i Mate-TD数控车床面板认知及基本操作、系统硬件连接、参数设置和PMC界面操作等实训项目。其针对性和可操作性都得到了加强。

本书的特点如下：

1) 本书采用"双主线"的编写思路，在专业知识的体系层次和技能训练复杂程度上构建了各自的体系架构，两条主线互相联系，互相交织；彼此依存，互为补充，构建了本书整体架构。在两个维度上做到了贴近现场，紧贴学生，实现了知识学习和技能训练"两条腿走路，两个轮子驱动"。

2）本书在成书过程中深入调研了行业知名企业，与山东钢铁集团等企业合作进行了校企"双主体"共建，深化职业教育产教融合、校企合作的育人模式。

3）本书是一本"互联网+"立体化教材。教材在关键、重要的知识点和技能点都配有微视频资源，同时在智慧树建有以 AI 知识图谱为核心形成的与教材配套的共享资源库（https://coursehome.zhihuishu.com/courseHome/1000070603#announcement），广大师生可以以此作为第二课堂，实现线上线下混合式教学。使用本教材的教师也可登录机械工业出版社教育服务网（http://www.cmpedu.com/index.htm），注册后免费下载电子课件、电子教案、课程标准等资源。

4）本书知识体系做到了既削枝强干又完整连贯；选取的实训项目典型，难易适中，数量足够；教学实施的可操作性强。

本书由山东劳动职业技术学院王兰军和孙常华任主编，山东劳动职业技术学院宋玉庆、史家迎，湖南汽车工程职业学院王群，天津轻工职业技术学院张杰，山东商务职业学院魏彦波任副主编。本书第一章由王兰军、孙斌编写，第二章由宋玉庆、张文勇、史家迎编写，第三章由孙常华、边惠惠编写，第四章由王群、刘茜、张杰编写，第五章和附录部分由魏彦波、陈华、任伟娜编写，全书由王兰军统稿，山东鲁冶瑞宝自动化有限公司姜和信审稿。

由于编者水平有限，书中难免有不足和疏漏之处，恳请广大读者批评指正。

编　者

二维码索引

序号与名称	二维码	页码	序号与名称	二维码	页码
图 1-3 转换开关实物图		3	第一章实验项目四 Y-△减压启动控制电路安装		55
图 1-22 热继电器实物图		14	图 2-6 CA6140 实物图		66
图 1-36 Y-△减压起动控制电路		25	图 2-7 CA6140 卧式车床电路图		67
图 1-38 电动机正转—停止—反转控制电路		28	图 2-8 卧式铣床外形结构图		69
图 1-40 工作台自动往返行程控制电路		30	表 2-3 工作台左右进给手柄功能		73
第一章实训项目一（三）拆装、检修交流接触器		46	表 2-4 工作台上、下、前、后、中进给手柄功能		73
第一章实训项目二 三相异步电动机单向连续控制电路板前线槽配线与检修		47	第三章实训项目一 FX3U 系列 PLC 的认识		147
图 1-59 三相异步电动机单向连续控制电路电气元件布置及接线图		48	第三章实训项目二 GX Works2 编程软件的使用		153
图 1-60 正-停-反控制电路安装		53	第三章实训项目三 PLC 控制三相异步电动机Y-△减压起动电路的设计和安装		161

（续）

序号与名称	二维码	页码	序号与名称	二维码	页码
第三章实训项目四 PLC 控制 3 台电动机顺序起动的设计和安装		163	第四章实训项目二 变频器的参数设置及面板运行		204
第三章实训项目五 PLC 控制剪板机的设计与安装		165	第四章实训项目三 变频器的外部运行操作		210
第三章实训项目六 CA6140 车床电气控制电路的改造		168	第四章实训项目五 变频器的多段速度运行操作		216
第三章实训项目七 送料车自动往返系统的设计与安装		170	第四章实训项目六 PLC 与变频器组成的调速系统设计与安装		219
第四章 变频调速原理		175	图 5-21 PMC、CNC 及机床间信息交换示意图		238
图 4-5 通用变频器的基本结构		178	图 5-30 CRT 显示画面数控机床开机关机		249
图 4-10 变频器的脉宽调制原理		182	实训项目一（4）输入工件加工程序		250
第四章 变频器常用控制线路		193	表 5-17 自动/连续方式		254
图 4-31 变频器操作面板及功能说明		200	第五章实训项目二数控系统硬件连接		256

目　　录

前言
二维码索引

第一章　机床电气控制基础 …………………………………………………………… 1
第一节　机床常用低压电器及选用 ………………………………………………… 1
第二节　机床电气控制系统图的画法规则及阅读方法 …………………………… 16
第三节　三相异步电动机起动控制电路 …………………………………………… 22
第四节　三相异步电动机运行控制电路 …………………………………………… 27
第五节　三相异步电动机制动控制电路 …………………………………………… 33
第六节　机床电路的安装规范与电路故障检修方法 ……………………………… 36
实训项目一　认识常用低压电器 …………………………………………………… 45
实训项目二　三相异步电动机单向连续控制电路板前线槽配线与检修 ………… 47
实训项目三　三相异步电动机正转—停止—反转控制电路板前线槽配线与检修 … 52
实训项目四　三相异步电动机Y-△减压起动控制电路板前线槽配线与检修 …… 55
本章小结 ……………………………………………………………………………… 57
思考与练习 …………………………………………………………………………… 58

第二章　典型机床电路分析与检修 …………………………………………………… 59
第一节　机床电气设备分析与维修的一般要求和方法 …………………………… 59
第二节　CA6140卧式车床电气控制电路阅读分析 ……………………………… 65
第三节　X62W卧式万能铣床电气控制电路阅读分析 …………………………… 68
实训项目一　CA6140车床故障分析及排除 ……………………………………… 75
实训项目二　X62W万能铣床故障分析及排除 …………………………………… 80
本章小结 ……………………………………………………………………………… 83
思考与练习 …………………………………………………………………………… 83

第三章　可编程控制技术的应用 ……………………………………………………… 84
第一节　可编程控制器的概述 ……………………………………………………… 84
第二节　可编程控制器的结构及工作原理 ………………………………………… 86
第三节　三菱FX系列PLC的系统配置和编程元件 ……………………………… 93
第四节　三菱FX系列PLC基本指令及编程 ……………………………………… 102
第五节　三菱FX系列PLC步进顺控指令及状态编程 …………………………… 115
第六节　三菱FX系列PLC功能指令及编程 ……………………………………… 126
第七节　PLC控制系统设计及维护 ………………………………………………… 138

实训项目一	FX3U 系列 PLC 的认知	147
实训项目二	GX Developer 编程软件的使用	153
实训项目三	PLC 控制三相异步电动机Y-△减压起动电路的设计和安装	161
实训项目四	PLC 控制 3 台电动机顺序起动的设计和安装	163
实训项目五	PLC 控制剪板机的设计与安装	165
实训项目六	CA6140 车床电气控制电路的改造	168
实训项目七	送料车自动往返系统的设计与安装	170

本章小结 …… 173

思考与练习 …… 173

第四章 变频调速控制技术 …… 175

第一节 变频调速的基本工作原理 …… 175
第二节 通用变频器基本结构 …… 177
第三节 变频器的脉宽调制原理 …… 181
第四节 变频器的常用功能参数 …… 184
第五节 变频调速控制系统的选用、安装、调试与检修 …… 190

实训项目一	认知 FR-D700 系列变频器	198
实训项目二	变频器的参数设置及面板运行	204
实训项目三	变频器的外部运行操作	210
实训项目四	变频器的组合运行操作	213
实训项目五	变频器的多段速度运行操作	216
实训项目六	PLC 与变频器组成的调速系统设计与安装	219

本章小结 …… 222

思考与练习 …… 223

第五章 数控机床的电气控制系统 …… 224

第一节 数控系统 …… 225
第二节 伺服系统 …… 228
第三节 数控机床中的 PLC …… 236

实训项目一	FANUC 0i Mate-TD 数控车床面板认知及基本操作	244
实训项目二	FANUC 0i Mate-D 数控系统的硬件连接	256
实训项目三	FANUC 0i Mate-D 数控系统参数设置	265
实训项目四	FANUC 0i Mate-D 数控系统的 PMC 画面操作	271

本章小结 …… 274

思考与练习 …… 274

附录 常用电气元件图形符号及文字符号 …… 275

参考文献 …… 281

第一章

机床电气控制基础

【知识目标】

1. 掌握低压电器的正确选用和使用方法。
2. 熟练掌握对三相异步电动机基本控制电路的原理分析。

【能力目标】

1. 掌握简单电路的板前明线安装和接线方法。
2. 掌握简单电路的板前线槽配线方法。
3. 掌握基本控制电路的故障检修技能。

普通机床一般是由电动机拖动的,而电动机尤其是三相异步电动机是由各种有触点的接触器、继电器、按钮、行程开关等电器组成的电气控制电路来进行控制的。虽然机床的电气控制电路各有不同,但都是由一些比较简单的基本环节按需要组合而成的。本章介绍常用低压电器及电气控制电路的基本环节。

第一节 机床常用低压电器及选用

一、开关电器

1. 刀开关

刀开关是结构最简单、应用最广泛的一种手动开关电器。常用于接通和切断长期工作设备的电源及不经常起动及制动、容量小于 7.5kW 的异步电动机。

刀开关的种类较多,按极数可分为单极、双极和三极;按转换方式可分为单掷和双掷;按操作方式可分为直接手柄操作和远距离连杆操作;按灭弧情况可分为有灭弧罩和无灭弧罩等。常用刀开关有瓷底式刀开关和封闭式负荷开关。图 1-1 所示为胶盖刀开关(HK 系列)、铁壳刀开关(HH 系列)实物图。

(1) 刀开关的型号及电气符号 目前常用的刀开关有 HD 系列刀形隔离开关、HS 系列双掷刀开关、HK 系列胶盖刀开关、HH 系列铁壳开关及 HR 系列熔断器式刀开关,其型号含义如下。

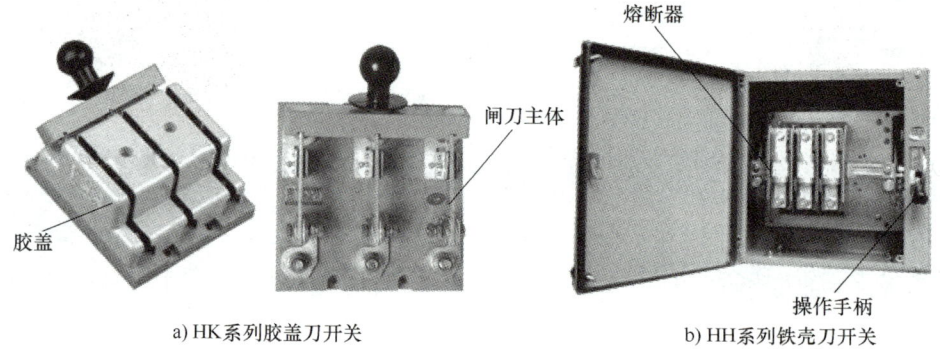

a) HK系列胶盖刀开关　　b) HH系列铁壳刀开关

图 1-1　刀开关实物图

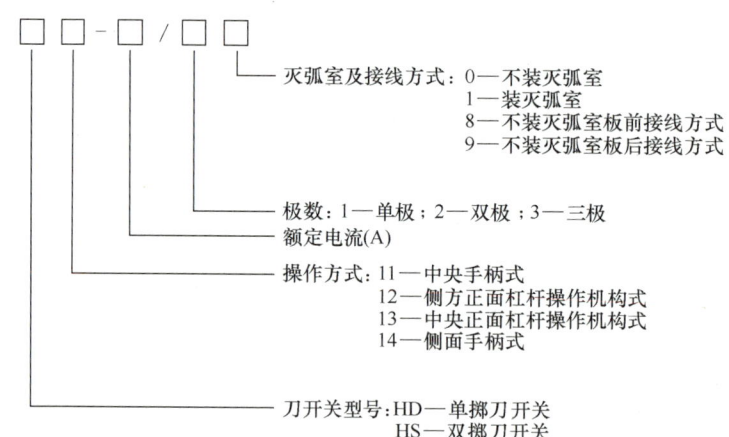

刀开关的图形符号及文字符号如图 1-2 所示。

(2) 刀开关的选用

1) 按用途和安装位置选择合适的型号和操作方式。

2) 额定电压和额定电流必须符合电路要求。

a) 单极　　b) 双极　　c) 三极

图 1-2　刀开关的图形符号及文字符号

3) 校验刀开关的动稳定性和热稳定性，如不满足要求，就应选大一级额定电流的刀开关。

2. 转换开关

转换开关一般用于不频繁通断电路、换接电源或负载、控制小型电动机正反转以及各种控制电路的转换、仪表的换相测量控制、配电装置电路的转换等。转换开关是由多组相同结构的触点组件叠装而成的多回路控制电器。它由操作机构、定位装置、触点、接触系统、转轴、手柄等部件组成。

转换开关用手柄带动转轴和凸轮推动触点接通或断开。由于凸轮的形状不同，当手柄处在不同位置时，触点的吻合情况不同，从而达到转换电路的目的。手柄可手动多角度旋转，每旋转一定角度，动触点就接通或分断电路。转换开关如图 1-3 所示。

(1) 转换开关的常用型号和电气符号　国内常用的转换开关有 LW2、LW4、LW5、LW6、

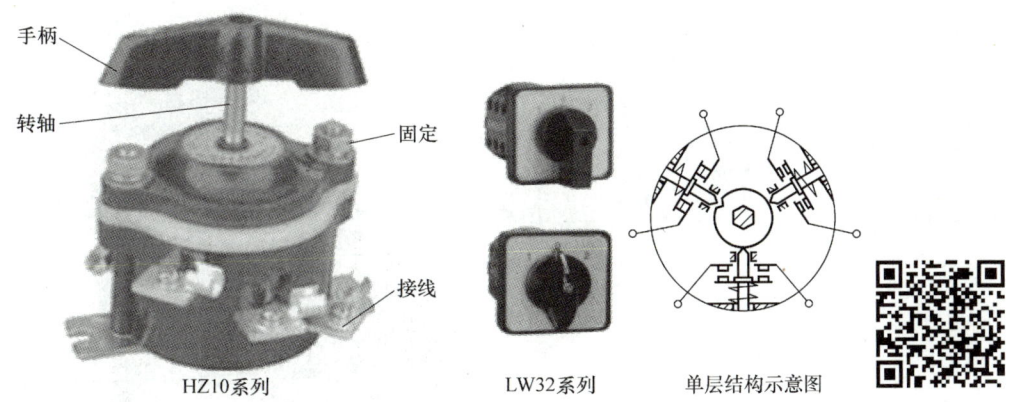

图 1-3 转换开关实物图及单层结构示意图

LW8、LW12、LW15、LW16、LW26、LW30、LW39、CA10、HZ5、HZ10、HZ12 等型号。转换开关还有派生产品——挂锁型开关和暗锁型开关（63A 及以下），可用作重要设备的电源切断开关，防止误操作以及控制非授权人员的操作。转换开关有 10A、16A、20A、25A、32A、63A、125A 和 160A 等电流等级。图 1-4 所示为转换开关的图形符号及文字符号。LW32 系列主电路用万能转换开关型号含义如下。

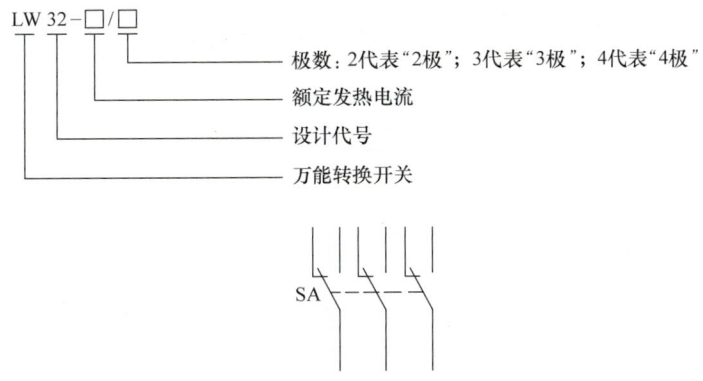

图 1-4 转换开关的图形符号及文字符号

（2）转换开关的选用

1）转换开关作为电源的引入开关时，其额定电流应大于电动机的额定电流。

2）转换开关作为控制小容量（5kW 以下）电动机起动、停止时，其额定电流应为电动机额定电流的 3 倍。

3. 低压断路器

低压断路器（俗称自动开关或空气开关）可用来分配电能、不频繁起动电动机、对供电电路及电动机等进行保护，用于正常情况下的接通和分断操作以及严重过载、短路及欠电压等故障时的自动切断电路，在分断故障电流后，一般不需要更换零件，且具有较大的接通和分断能力，因而获得了广泛应用。低压断路器如图 1-5 所示。

（1）低压断路器的常用型号及电气符号 低压断路器按用途分有配电（照明）、限流、灭磁、漏电保护等几种；按动作时间分有一般型和快速型；按结构分有框架式（万能式 DW

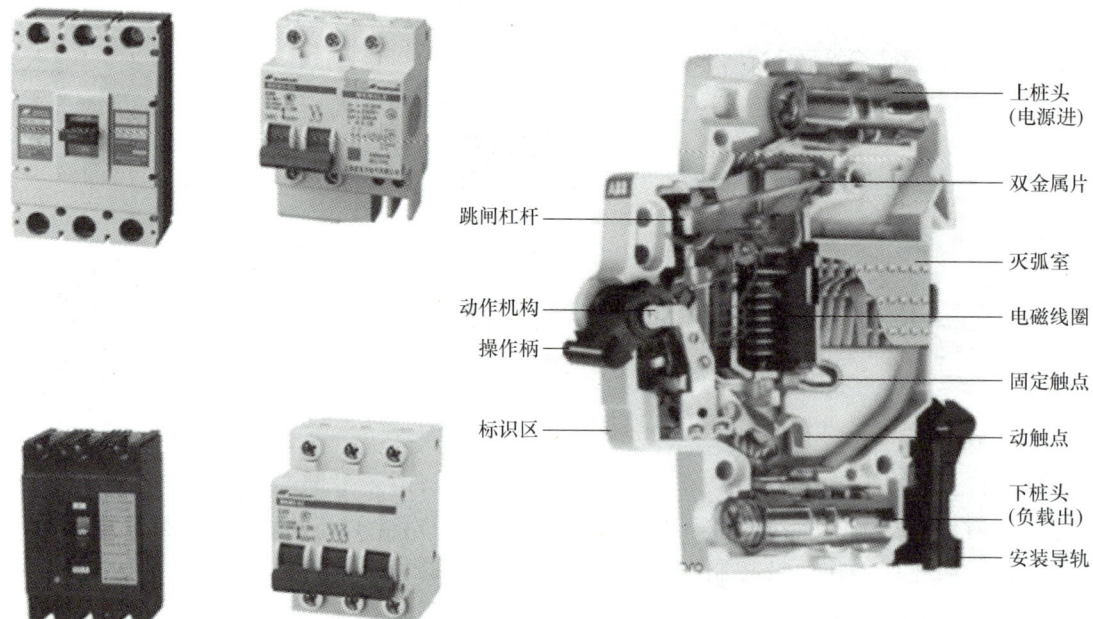

图 1-5 低压断路器实物图

系列）和塑料外壳式（装置式 DZ 系列）。三极低压断路器的图形符号和文字符号如图 1-6 所示。低压断路器的型号及含义如下。

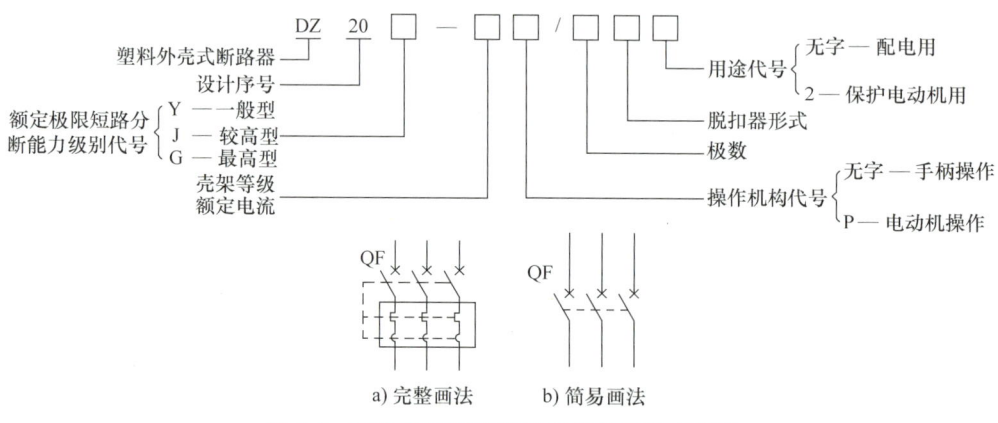

图 1-6 三级低压断路器图形符号及文字符号

（2）低压断路器的选用

1）额定电压和额定电流应不小于电路的正常工作电压和工作电流。

2）各脱扣器的整定。

① 热脱扣器的整定电流应与所控制的电动机的额定电流或负载额定电流相等。

② 失电压脱扣器的额定电压等于主电路额定电压。

③ 过电流脱扣器的整定电流应大于负载正常工作时的尖峰电流，对于电动机负载，通常按起动电流的 1.7 倍整定。

3）极数和结构形式应符合安装条件、保护性能及操作方式的要求。

二、主令电器

自动控制系统中用于发送控制指令的的电器称为主令电器。常用主令电器有按钮、行程开关、感应开关等。

1. 按钮

按钮是一种结构简单,应用广泛的主令电器,它不直接控制主电路的通断,而在控制电路中发出手动指令去控制接触器、继电器等电器,再由它们去控制主电路,也可用来转换各种信号电路与电气联锁电路等。

按钮的实物图及结构示意图如图1-7所示。按钮一般由按钮帽、复位弹簧、触点和外壳等组成,通常分为常开(动合)按钮、常闭(动断)按钮和复合按钮。

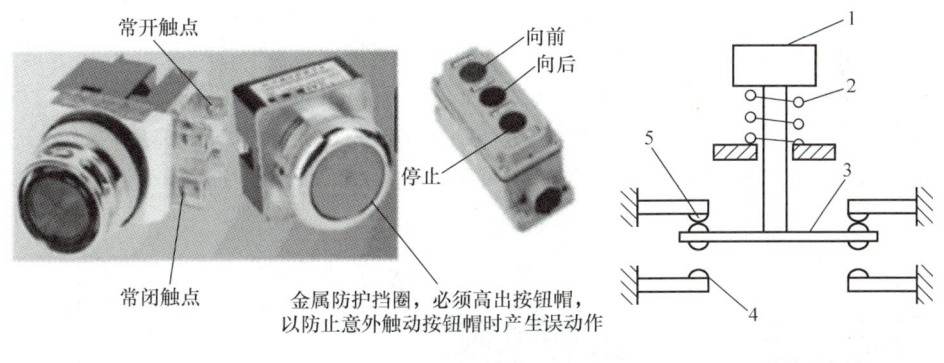

a) 实物图　　　　　　　　　　　b) 结构示意图

图 1-7　按钮实物图及结构示意图

1—按钮帽　2—复位弹簧　3—动触点　4—常开触点静触点　5—常闭触点静触点

按钮的结构形式很多。紧急式按钮装有突出的蘑菇形按钮,用于紧急操作;旋钮式按钮用于旋转操作;钥匙式按钮须插入钥匙方能操作,用于防止误动作;指示灯式按钮是在透明的按钮帽内装有信号灯,用于信号指示。为了明示按钮的作用,避免误操作,按钮帽通常采用不同的颜色以示区别,主要有红、绿、黑、蓝、黄、白等颜色。一般停止按钮采用红色,起动按钮采用绿色。

(1) 按钮的常用型号和电气符号　常用的按钮型号有 LA18、LA19、LA20、LA25 和 LAY3 等系列。其中 LA25 系列为全国统一设计的按钮新型号,采用组合式结构,可根据需要任意组合触点数目。LAY3 系列是引进德国技术标准生产的产品,其规格品种齐全,有紧急式、旋转式、钥匙式等。按钮的图形符号和文字符号如图1-8所示。按钮的型号及含义如下。

图 1-8　按钮开关的图形符号和文字符号

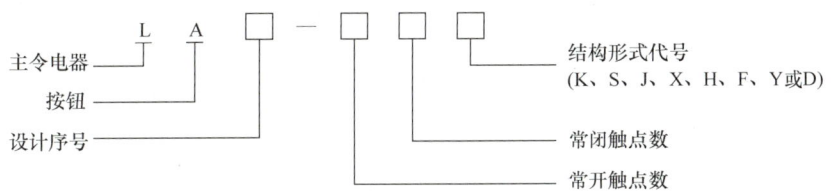

其中，K 代表开启式；S 代表防水式；J 代表紧急式；X 代表旋钮式；H 代表保护式；F 代表防腐式；Y 代表钥匙式；D 代表带灯式。

（2）按钮的选用　按钮的主要技术参数有规格、结构形式、触点对数和按钮颜色。要根据使用场所和具体用途选用。

1）嵌装在操作面板上的按钮一般选用开启式。
2）需要显示工作状态的一般选用带指示灯式。
3）重要场所为了防止无关人员误操作，一般选用钥匙式。
4）在有腐蚀的场所一般选用防腐式。

2. 行程开关

行程开关作用与按钮相似，作为对控制电路发出接通或断开、信号转换等指令用。不同的是行程开关触点的动作不是靠手动完成的，而是利用生产机械某些运动部件的碰撞使触点动作，从而接通或断开某些控制电路，达到一定的控制要求。为适应各种条件下的碰撞，行程开关有多种结构形式，用来限制机械运动的位置或行程以及使运动机械按一定行程自动停车、反转或变速、循环等，以实现自动控制的目的。常见行程开关实物图及结构示意图如图 1-9 所示。行程开关的种类很多，按结构可分为直动式、滚轮式和微动式。

a）常见行程开关实物　　　　b）直动式结构示意图

图 1-9　行程开关实物图及结构示意图
1—推杆　2—复位弹簧　3—动触点　4—静触点

（1）行程开关的常用型号和电气符号　常用的行程开关有 LX19、LXW5、LXK3、LX32、LX33 等系列，其中 LX19、LX32、LX33 为直动式行程开关，LXK3 为滚轮式行程开关，LXW5 为微动式行程开关。行程开关的图形符号和文字符号如图 1-10 所示。行程开关的型号及含义如下。

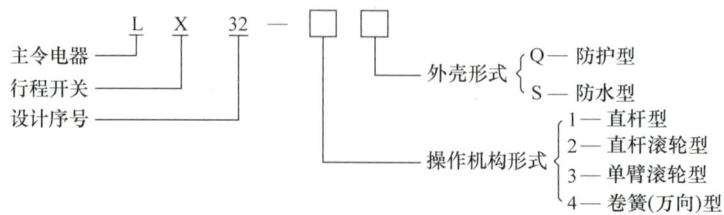

（2）行程开关的选用

1）根据应用场合及控制对象选择开关种类。

2）根据安装环境选择开关的防护形式。

3）根据控制回路的额定电压和电流选择开关的额定电压和电流。

4）根据机械行程或位置选择开关形式及型号。

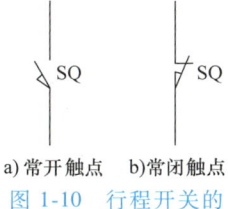

图 1-10　行程开关的图形符号和文字符号

使用行程开关时，安装位置要准确牢固，若在运动部件上安装，接线应有套管保护，使用时应定期检查，以防止接触不良或接线松脱造成误动作。

3. 感应开关

前面介绍的低压电器为有触点的电器，利用其触点闭合与断开来接通或分断电路，以达到控制目的。随着对开关响应速度要求的不断提高，依靠机械动作的电器触点有时已难以满足控制要求。同时，有触点电器还存在着一些固有的缺点，如机械磨损、触点的电蚀损耗、触点分合时因颤动而产生电弧等。随着微电子技术、电力电子技术的不断发展，人们应用电子元器件组成各种新型低压控制电器，可以克服有触点电器的一系列缺点。感应开关是随着半导体元器件的发展而产生的一种非接触式的物体检测装置，其实质上是一种无触点的行程开关，常见的有接近开关、光电开关等。

（1）接近开关　接近开关又称无触点位置开关，其实物如图 1-11 所示。接近开关的用途除行程控制和限位保护外，还可作为检测金属体的存在、高速计数、测速、定位、变换运动方向、检测零件尺寸、液面控制及用作无触点按钮等。根据工作原理，接近开关可分为高频振荡型、电容型、霍尔效应型、感应电桥型等。其中以高频振荡型应用最广泛，占全部接近开关产量的 80% 以上，其电路形式多样，但电路结构大多由感应头、振荡器、开关器、输出器等组成。当安装在生产机械上的金属物体接近感应头时，由于感应作用，使处于高频振荡器线圈磁场中的金属物体内部产生涡流损耗，使得振荡回路因能耗增加而使振荡减弱，直至停止振荡。此时开关器导通，并通过输出器件发出信号，以起到控制作用。接近开关具有定位精度高、操作频率高、功耗小、寿命长、适用面广、能适用于恶劣工作环境等优点，其主要技术参数有工作电压、输出电流、动作距离、重复精度及工作响应频率等。目前市场上常用的接近开关有 LJ2、LJ6、LXJ6、LXJ18 等系列产品，接近开关的图形符号和文字符号如图 1-12 所示。接近开关的型号及含义如下。

图 1-11　接近开关实物图

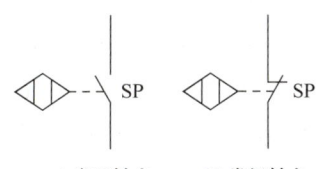

图 1-12　接近开关的图形符号和文字符号

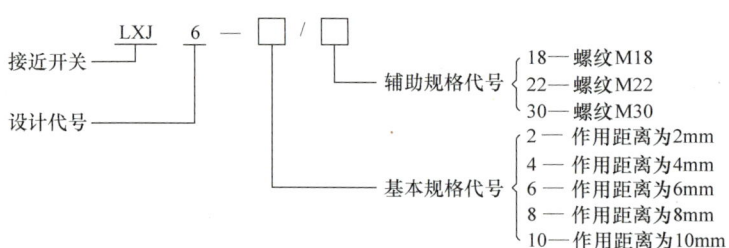

（2）光电开关 光电开关又称为无接触式检测和控制开关。它利用物质对光束的遮蔽、吸收或反射作用，检测物体的位置、形状、标志、符号等。光电开关实物图如图1-13所示。

光电开关的核心元件是光电元件，它是将光照强弱的变化转换为电信号的传感元件。光电元件主要有发光二极管、光敏电阻、光电晶体管、光电耦合器等。光电开关具有体积小、寿命长、功能多、功耗低、精度高、响应速度快、检测距离长和抗电磁干扰等优点。它广泛

图1-13 光电开关实物图

应用于各种生产设备中，可进行物体检测、液位检测、行程控制、计数、速度检测、产品外形尺寸检测、色斑与标识识别、人体接近开关和防盗警戒等。

三、熔断器

熔断器是一种结构简单、使用维护方便、体积小、价格便宜的保护电器，它采用金属导体为熔体，串联于电路，当电路发生短路或严重过载时，熔断器的熔体因自身发热而熔断，从而分断电路，广泛用于照明电路中的过载和短路保护及电动机电路中的短路保护。熔断器由熔体（熔丝或熔片）和安装熔体的外壳两部分组成，起保护作用的是熔体，低压熔断器按形状可分为管式、插入式、螺旋式等；按结构可分为半封闭插入式、无填料封闭管式和有填料封闭管式等，其实物图如图1-14所示。

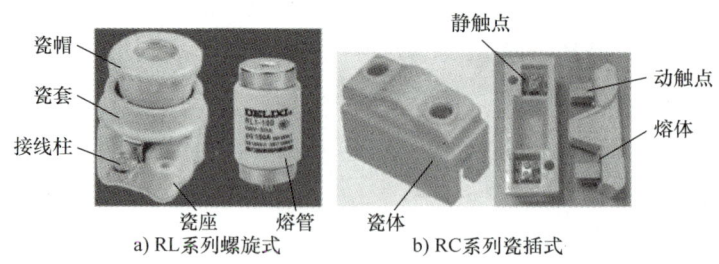

图1-14 熔断器实物图

（1）熔断器的型号及电气符号 熔断器的常用型号有RL6、RL7、RT12、RT14、RT15、RT16（NT）、RT18、RT19（AM3）、RO19、RO20、RTO等。熔断器的图形符号和文字符号如图1-15所示。

（2）熔断器的选用

1）熔断器类型的选择主要根据使用场合来选择不同的类型。例

图1-15 熔断器的图形符号和文字符号

如，作电网配电用，应选择一般工业用熔断器；作硅元件保护用，应选择保护半导体器件熔断器；供家庭使用，宜选用螺旋式或半封闭插入式熔断器。

2) 熔断器的额定电压必须高于或等于安装处的电路额定电压。

3) 电路保护用熔断器熔体的额定电流基本上可按电路的额定负载电流来选择，但其极限分断能力必须大于电路中可能出现的最大故障电流。

4) 在电动机回路中作短路保护时，应考虑电动机的起动条件，按电动机的起动时间长短选择熔体的额定电流。

① 对照明电路等没有冲击电流的负载，可按下式决定熔体的额定电流：

$$I_{fu} \geq I$$

式中，I_{fu} 为熔体的额定电流；I 为电路工作电流。

② 对电动机类负载应考虑起动冲击电流的影响，可按下式决定熔体的额定电流：

$$I_{fu} = (1.5 \sim 2.5)I_N$$

式中，I_N 为电动机额定电流。

对于多台并联电动机的电路，考虑到电动机一般不同时起动，故熔体的电流可按下式计算：

$$I_{fu} = (1.5 \sim 2.5)I_{Nmax} + \sum I_N$$

式中，I_{Nmax} 为功率最大的一台电动机的额定电流；$\sum I_N$ 为其余电动机额定电流之和。

四、交流接触器

接触器是一种适用于远距离频繁接通和分断交、直流主电路和控制电路的自动控制电器。其主要控制对象是电动机，也可用于其他电力负载，如电热器、电焊机等。接触器具有欠电压保护、零电压保护、控制容量大、工作可靠、寿命长等优点。它是自动控制系统中应用最多的一种电器，其实物图如图1-16所示。接触器种类繁多，按操作方式可分为电磁接触器、气动接触器和电磁气动接触器；按灭弧介质可分为空气电磁式接触器、油浸式接触器和真空接触器；按主触点控制的电流性质可分为交流接触器、直流接触器；按电磁机构的励磁方式可分为直流励磁操作与交流励磁操作。

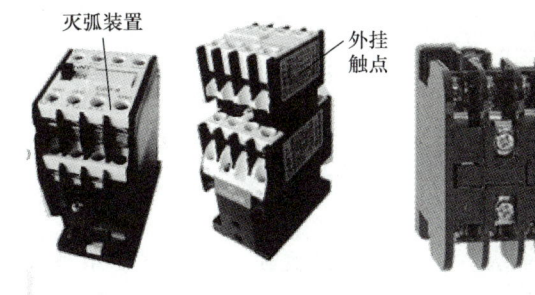
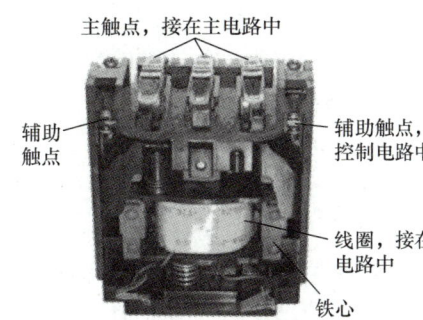

图1-16 接触器实物图

1. 交流接触器的结构组成和工作原理

（1）交流接触器的结构组成 交流接触器由电磁机构、触点系统、灭弧装置、释放弹簧及基座等部分构成。

1) 电磁机构。电磁机构由吸引线圈、铁心及衔铁组成。它的作用是将电磁能转换成机械能，带动触点使之闭合或断开。

2) 触点系统。触点系统由主触点和辅助触点组成。主触点接在控制对象的主回路中（常常串在低压断路器之后）控制其通断，辅助触点一般容量较小，用来切换控制电路。每对触点均由静触点和动触点共同组成，动触点与电磁机构的衔铁相连，当接触器的电磁线圈得电时，衔铁带动动触点动作，使接触器的常开触点闭合，常闭触点断开。

3) 灭弧装置。当一个较大电流的电路突然断电时，如触点间的电压超过一定数值，触点间空气在强电场的作用下会产生电离放电现象，在触点间隙产生大量带电粒子，形成炽热的电子流，被称为电弧。电弧伴随高温、高热和强光，可能造成电路不能正常切断、烧毁触点、引起火灾等其他事故，因此对切换较大电流的触点系统必须采取灭弧措施。常用的灭弧装置有：灭弧罩、灭弧栅和磁吹灭弧装置，主要用于熄灭触点在分断电流的瞬间动、静触点间产生的电弧，以防止电弧的高温烧坏触点或出现其他事故。

（2）交流接触器的工作原理　当电磁线圈通电后，铁心被磁化产生磁通，由此在衔铁气隙处产生电磁力将衔铁吸合，主触点在衔铁的带动下闭合，接通主电路。同时衔铁还带动辅助触点动作，常闭辅助触点首先断开，接着常开辅助触点闭合。当线圈断电或外加电压显著降低时，在反力弹簧的作用下衔铁释放，主触点和辅助触点又恢复到原来的状态。

2. 接触器的常用型号及电气符号

目前我国常用的交流接触器主要有 CJ 系列、B 系列以及德国 SIEMENS 公司的 3TB 系列等，其型号含义如下：

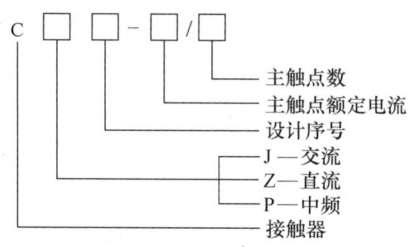

接触器的图形符号和文字符号如图 1-17 所示。

3. 接触器的选用

1) 根据负载性质确定使用类别，再按照使用类别选择相应系列的接触器。

2) 根据负载额定电压确定接触器的电压等级。接触器主触点的额定电压应不小于负载的额定电压。

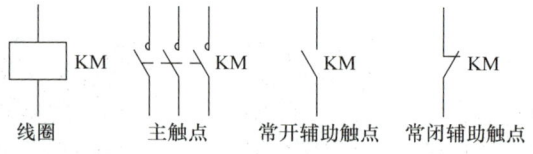

图 1-17　接触器的图形符号和文字符号

3) 根据负载工作电流确定接触器的额定电流等级，对于电动机负载，应按照使用类别进行选择：用于 AC-1、AC-3 类别时，可按电动机的满载电流选择相应额定工作电流的接触器；用于 AC-2、AC-4 类别时，可采用降低控制容量的方法提高电寿命。对于非电动机负载（如电阻炉、电焊机、照明设备等），应考虑使用时可能出现的过电流，宜选用 AC-4 类别接触器。

4) 交流接触器吸合线圈的额定电压一般直接选用 220V 或 380V。如果控制电路比较复杂，为安全起见，线圈的额定电压可选低一些（如 127V、36V 等）。直流接触器线圈的额定电压一般与其所控制的直流电路的电压一致。

5)根据操作次数校验接触器所允许的操作频率(每小时触点通断次数),当通断电流较大且通断频率超过规定数值时,应选用额定电流大一级的接触器型号。否则会使触点严重发热,甚至熔焊在一起,造成断电后用电设备仍会带电,可能造成事故。

五、继电器

继电器是一种根据某种输入信号的变化接通或分断控制电路,实现控制目的的电器。继电器的输入信号可以是电流、电压等电量,也可以是温度、速度、时间、压力等非电量,而输出通常是触点的接通或断开。继电器一般不直接控制有较大电流的主电路,而是通过控制接触器或其他电器对主电路进行间接控制。因此,同接触器相比较,继电器的触点断流容量较小,一般无须灭弧装置,但对继电器动作的准确性则要求较高。

继电器的种类很多,按其用途可分为控制继电器、保护继电器、中间继电器。按动作时间可分为瞬时继电器、延时继电器。按输入信号的性质可分为电压继电器、电流继电器、时间继电器、温度继电器、速度继电器、压力继电器等。按工作原理可分为电磁式继电器、感应式继电器、电动式继电器、热继电器和电子式继电器等。按输出形式可分为有触点继电器、无触点继电器。在电力拖动系统中,电磁式继电器是应用最早同时也是应用最广泛的一种继电器。电磁式继电器的实物图及结构示意图如图1-18所示。

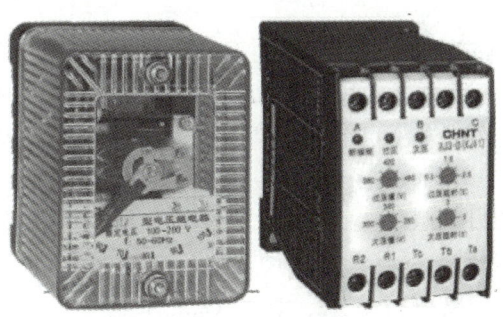

a) 电磁式电压继电器

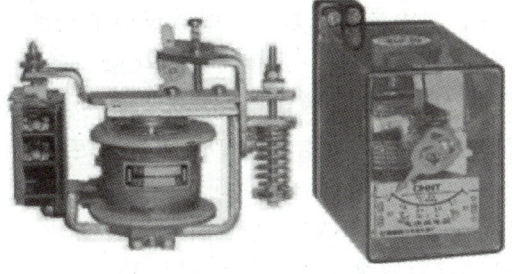

b) 电磁式电流继电器

c) 中间继电器

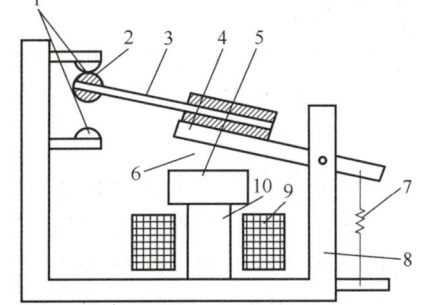

d) 电磁式电流继电器结构示意图

1—静触点 2—动触点 3—弹簧片 4—衔铁 5—极靴
6—空气气隙 7—反力弹簧 8—铁轭 9—线圈 10—铁心

图1-18 电磁式继电器实物图及结构示意图

1. 电磁式继电器

(1)电磁式电压继电器 电磁式电压继电器的动作与线圈所加电压大小有关,使用时和负载并联。电磁式电压继电器的线圈匝数多、导线细、阻抗大。电磁式电压继电器分为过电压继电器、欠电压继电器和零电压继电器。

1）过电压继电器。在电路中用于过电压保护,当其线圈两端电压为额定电压时,衔铁不产生吸合动作,只有当电压为额定电压的 105%～115% 时才产生吸合动作;当电压降低到释放电压时,触点复位。

2）欠电压继电器。在电路中用于欠电压保护,当其线圈在额定电压下工作时,欠电压继电器的衔铁处于吸合状态。如果电路出现电压降低,并且低于欠电压继电器线圈的释放电压时,其衔铁打开,触点复位,从而控制接触器及时切断电气设备的电源。

3）零电压继电器。零电压继电器主要作用是零电压保护,当电压降低至额定电压的 5%～25% 时,继电器动作。

（2）电磁式电流继电器 电磁式电流继电器的动作与线圈通过的电流大小有关,使用时和负载串联。电流继电器的线圈匝数少、导线粗、阻抗小。电流继电器分为欠电流继电器和过电流继电器。

1）欠电流继电器。正常工作时,欠电流继电器的衔铁处于吸合状态。如果电路中负载电流过小,并且小于欠电流继电器线圈的释放电流时,其衔铁打开,触点复位,从而切断电气设备的电源。

通常,欠电流继电器的吸合电流为额定电流的 30%～65%,释放电流为额定电流的 10%～20%。

2）过电流继电器。过电流继电器线圈工作在额定电流值时,衔铁不产生吸合动作,只有当负载电流超过一定值时才产生吸合动作。过电流继电器常用于电力拖动控制系统中起保护作用。通常,交流过电流继电器的吸合电流整定范围为额定电流的 110%～400%,直流过电流继电器的吸合电流整定范围为额定电流的 70%～350%。

（3）中间继电器 中间继电器实质上是一种电压继电器,其触点数量多,触点容量大（额定电流 5～10A）。当一个输入信号需要变成多个输出信号或信号容量需放大时,可通过继电器来扩大信号的数量和容量。

电磁式继电器的图形符号和文字符号如图 1-19 所示。

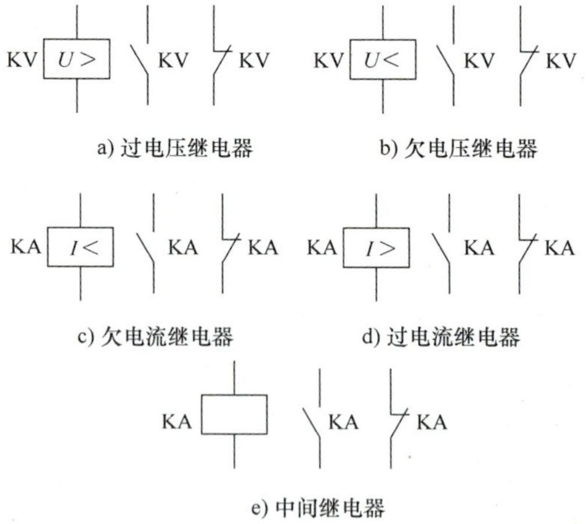

2. 时间继电器

时间继电器是一种根据电磁原理或机械动作原理,实现触点延时接通或断开的控制电器。时间继电器在控制系统中用来控制动作时间,有两种延时方式:通电延时和断电延时。通电延时是指从继电器线圈得电开始,延时一定时间后触点闭合或分断,当线圈断电时,触点立即恢复到初始状态。断电延时是指当继电器线圈得电时,触点立即闭合或分断,从线圈断电开始,延时一定时间后触点恢复到初始状态。时间继电器的种类很多,按其动作原理与构造的不同可分为电

图 1-19 电磁式继电器图形符号和文字符号

磁式、空气阻尼式、电动式和电子式等。时间继电器实物图如图 1-20 所示。

（1）时间继电器的常用型号和电气符号　目前常用的空气阻尼式时间继电器有 JS7-A 系列和 JS23 系列，常用的电动式时间继电器有 JS11 系列，常用的电子式时间继电器有 JS20 系列。

时间继电器的图形符号和文字符号如图 1-21 所示。

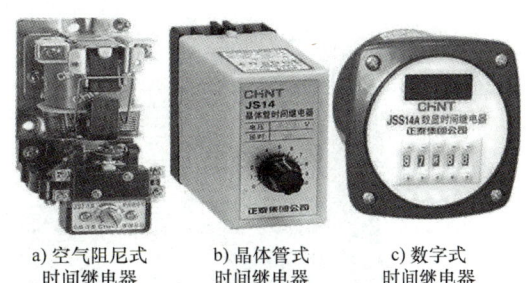

图 1-20　时间继电器实物图

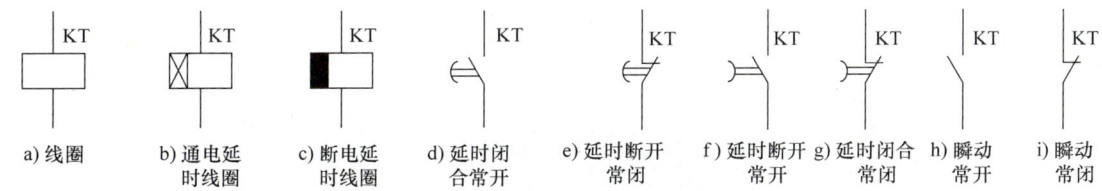

图 1-21　时间继电器的图形符号和文字符号

（2）时间继电器的选用

1）根据控制电路对延时触点的要求选择延时方式，即通电延时型或断电延时型。

2）根据延时范围和延时精度要求选用合适的时间继电器。

3）根据工作条件选择时间继电器的类型。如环境温度变化大的场合不宜选用空气阻尼式和电子式时间继电器，电源频率不稳定的场合不宜选用电动式时间继电器，电源电压波动大的场合可选用空气阻尼式或电动式时间继电器。

3. 热继电器

热继电器是利用电流通过发热元件加热使双金属片弯曲，推动执行机构动作的保护电器。电动机在实际运行中，常常遇到过载的情况。若过载电流较小且过载时间较短，电动机绕组温度不超过允许值，这种过载是允许的。但若过载电流大且过载时间长，电动机绕组温度超过允许值，就会加剧绕组绝缘材料的老化，缩短电动机的使用年限，严重时会使电动机绕组烧毁，这种过载是电动机不能承受的。因此，常用热继电器作为电动机的过载保护以及三相电动机的断相保护。热继电器主要由热元件（驱动元件）、双金属片、触点和动作机构等组成。双金属片是由两种热膨胀系数不同的金属片碾压而成，受热后热膨胀系数较大的主动层向热膨胀系数小的被动层方向弯曲。热继电器实物图如图 1-22 所示。

（1）热继电器主要技术参数　热继电器的主要技术参数是整定电流，主要根据电动机的额定电流来确定。热继电器的整定电流是指热继电器长期不动作的最大电流，超过此值即开始动作。热继电器可以根据过载电流的大小自动调整动作时间，具有反时限保护特性。一般过载电流是整定电流的 1.2 倍时，热继电器动作时间少于 20min；过载电流是整定电流的 1.5 倍时，动作时间少于 2min；过载电流是整定电流的 6 倍时，动作时间少于 5s。热继电器的整定电流通常与电动机的额定电流相等或是额定电流的 95% ~ 105%。如果电动机拖动的是冲击性负载或电动机的起动时间较长，热继电器整定电流要比电动机额定电流高一些。但对于过载能力较差的电动机，则热继电器的整定电流应适当小些。

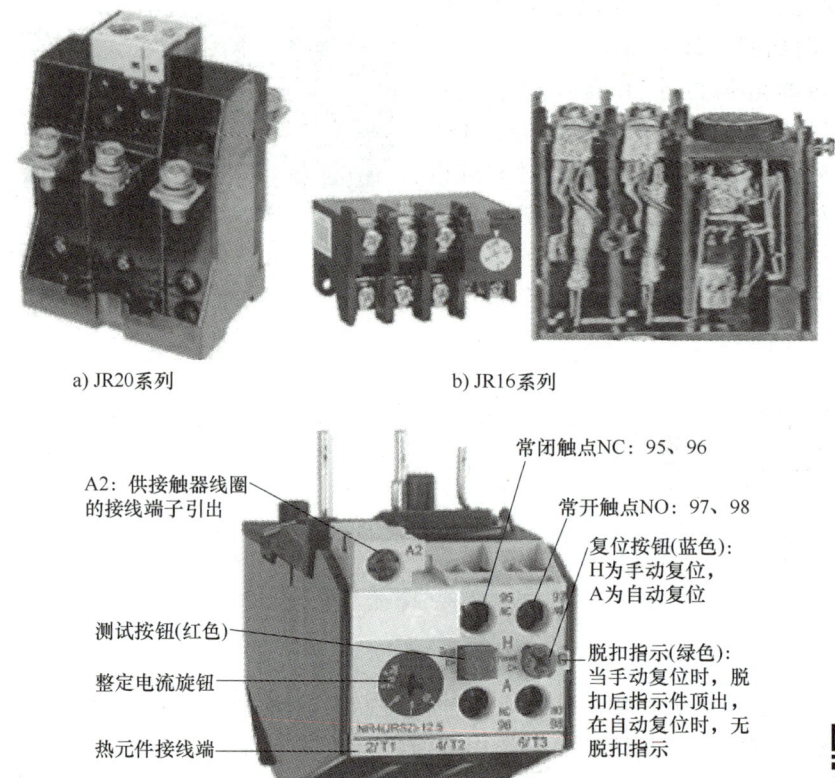

图 1-22 热继电器实物图

（2）热继电器的型号含义及电气符号 目前国内生产的热继电器品种较多，常用的有 JR20、JR16、JR15、JR14 等系列产品。引进产品有 ABB 公司的 T 系列、法国 TE 公司的 LR1-D 系列、德国西门子公司的 3UA 系列等。热继电器的图形符号和文字符号如图 1-23 所示，热继电器的型号及含义如下。

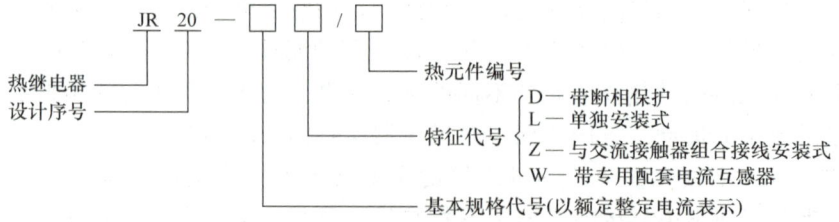

（3）热继电器的选用 原则上热继电器的额定电流应大于等于电动机的额定电流，热继电器型号的选用应根据电动机的接法和工作环境决定。当定子绕组采用星形联结时，选择通用的热继电器即可；如果绕组为三角形联结，则应选用带断相保护装置的热继电器。在一般情况下，可选用两相结构的热继电器；在电网电压的均衡性较差、工作环境恶劣或维护较少的场所，可选用三

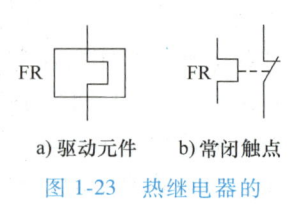

a) 驱动元件　　b) 常闭触点

图 1-23 热继电器的图形符号和文字符号

相结构的热继电器。

4. 速度继电器

速度继电器是一种当转速达到规定值时动作的继电器。它是根据电磁感应原理制成的，主要用作笼型异步电动机的反接制动控制，所以也称反接制动继电器。速度继电器主要由转子、定子和触点三部分组成，转子是一个圆柱形永久磁铁，定子是一个笼型空心圆环，由硅钢片叠成，并装有笼型绕组。图1-24为速度继电器的实物图及结构示意图。

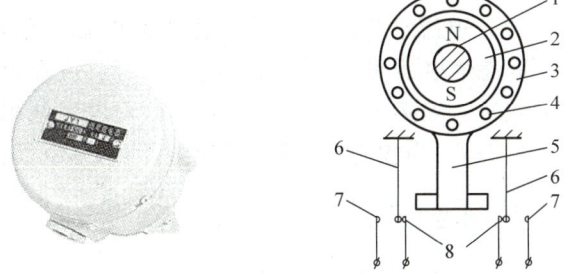

图1-24 速度继电器的实物图及结构示意图

1—主轴 2—转子 3—定子 4—绕组 5—摆锤
6—簧片和动触点 7—常开静触点 8—常闭静触点

目前常用的速度继电器有JY1型和JFZ0型两种。JY1型在3000r/min以下能可靠工作，JFZ0-1型适用于300~1000r/min，JFZ0-2型适用于1000~3600r/min。

速度继电器一般具有两个常开、常闭触点，触点额定电压380V，额定电流2A。通常速度继电器动作转速为130r/min，复位转速在100r/min以下。速度继电器的图形符号和文字符号如图1-25所示。

5. 固态继电器

固态继电器（SSR）是近年发展起来的一种新型电子继电器，具有开关速度快、工作频率高、质量小、使用寿命长、噪声小和动作可靠等一系列优点。不仅在许多自动化装置中代替了常规电磁式继电器，而且广泛应用于数字程控装置、调温装置、数据处理系统及计算机I/O接口电路。三相及单相固态继电器实物及控制原理图如图1-26所示。

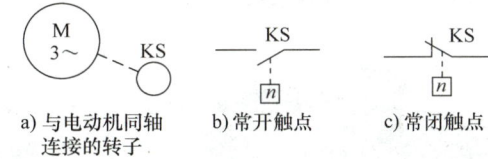

a) 与电动机同轴连接的转子　　b) 常开触点　　c) 常闭触点

图1-25 速度继电器的图形符号和文字符号

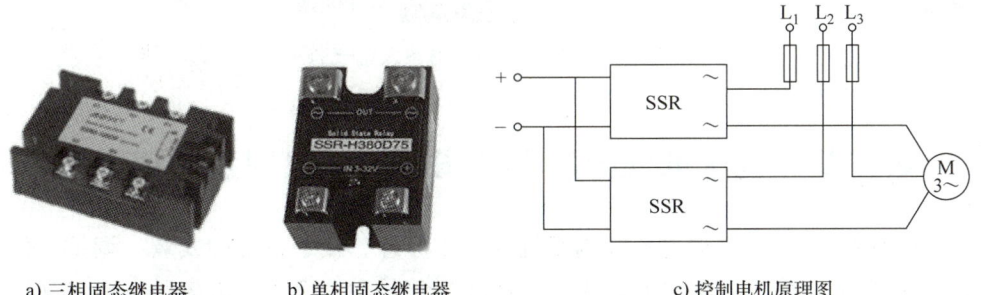

a) 三相固态继电器　　b) 单相固态继电器　　c) 控制电机原理图

图1-26 三相及单相固态继电器实物及控制原理图

固态继电器按其负载类型分类，可分为直流型（DC-SSR）和交流型（AC-SSR）。

常用的JDG型多功能固态继电器是直流固态继电器的一种，其按输出额定电流划分共有4种规格，即1A、5A、10A、20A，电压均为220V，选择时应根据负载电流确定规格。

（1）电阻性负载　如电阻丝负载，其冲击电流较小，按额定电流80%选用。

(2) 冷阻性负载 如冷光卤钨灯、电容负载等，浪涌电流比工作电流高几倍，一般按额定电流的 30%~50% 选用。

(3) 电感性负载 其瞬变电压及电流均较高，额定电流要按冷阻性选用。

固态继电器用于控制直流电动机时，应在负载两端接入二极管，以阻断反电势。控制交流负载时，则必须估计过电压冲击的程度，并采取相应保护措施（如加装 RC 吸收电路或压敏电阻等）。当控制电感性负载时，固态继电器的两端还需加压敏电阻。

六、控制变压器

变压器是机床电气控制电路中常用的元器件之一。变压器的类型很多，常用的有控制变压器、互感器和自耦调压器，在这里只讲控制变压器。控制变压器是一个小型的变压器，常常有中间抽头，以输出多种电压，这个电压常常提供给控制板用来控制设备的运行，或控制电路的局部照明或用作信号灯、指示灯电源，所以这种变压器在设备中常叫作控制变压器。变压器是具有两个以上的线圈，通过各自的电磁导电作用改变电压大小的装置。变压器由缠绕在铁心上的一次及二次绕组构成，两个线圈的匝数比就是一次侧及二次侧的电压比，控制变压器选用时其额定容量必须大于所带负载的容量，其实物图及电气符号如图 1-27 所示。

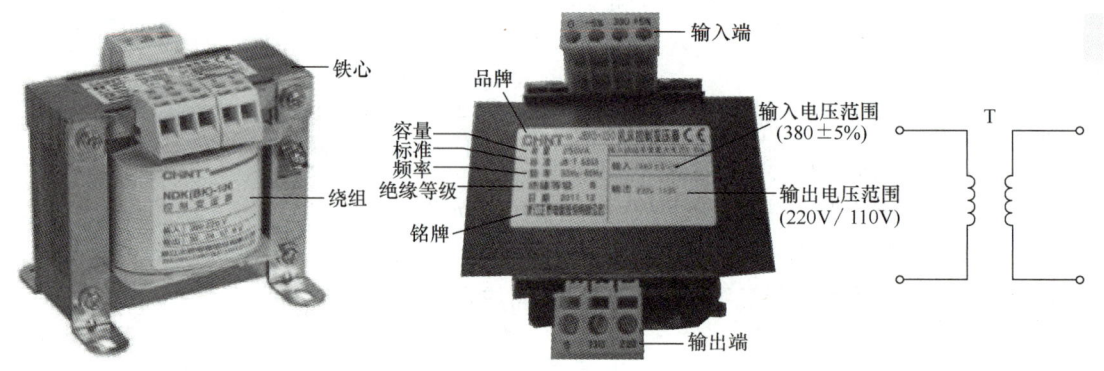

图 1-27 控制变压器实物图及电气符号

第二节 机床电气控制系统图的画法规则及阅读方法

为了清晰地表达生产机械电气控制系统的工作原理，便于系统的安装、调试、使用和维修，将电气控制系统中的各电气元件用一定的图形符号和文字符号来表示，再将其连接情况用一定的图形表达出来，这种图形就是电气控制系统图（工程图）。常用的电气控制系统图主要有三种：电气原理图、电气元件布置图、电气安装接线图。为了便于阅读，在绘制电气控制系统图时，必须采用国家统一规定的图形符号、文字符号和绘图方法。

一、电气控制系统图中的图形和文字符号

在电气控制系统图中，电器元件的图形和文字符号必须使用国家统一规定的图形及文字符号，统一采用 GB/T 4728—2005 及 GB/T 4728—2008《电气简图用图形符号》。

二、电气原理图

电气控制系统是由许多电气元件按一定的要求和方法连接而成的。为了便于电气控制系统的设计、安装、调试、使用和维护,将电气控制系统中各电气元件及其连接线路用一定的图形表达出来,这就是电气控制系统图。在画图时,应根据简明易懂的原则,采用统一规定的图形符号、文字符号和标准画法来绘制。

1. 电气原理图的画法规则

电气原理图是为了便于阅读和分析控制电路,根据简单清晰的原则,采用电气元件展开的形式绘制成的表示电气控制电路工作原理的图形。电气原理图只表示所有电气元件的导电部件和接线端点之间的相互关系,并不是按照各电气元件的实际布置位置和实际接线情况来绘制的,也不反映电器元件的大小。结合图1-28所示的某机床电气原理图说明绘制电气原理图的基本规则和应注意的事项。

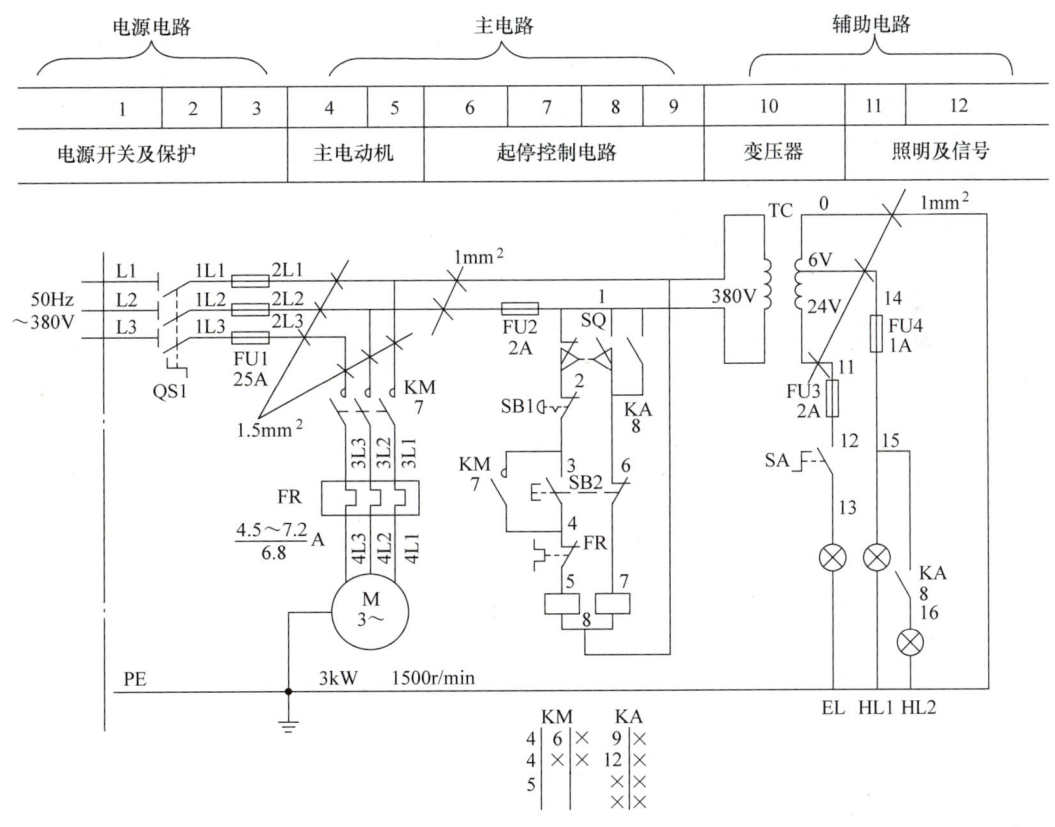

图1-28 某机床的电气原理图

绘制电气原理图的基本规则如下:

1)电气原理图一般分为主电路、控制电路、辅助电路。主电路就是从电源到电动机绕组的大电流通过的路径;控制电路是由接触器、继电器的吸引线圈和辅助触点以及热继电器、按钮的触点等组成;辅助电路包括照明灯、信号灯等电器。控制电路、辅助电路中通过的电流较小。

2）在原理图中，各电气元件不画实际的外形图，而采用国家规定的统一标准来画，文字符号也要符合国家标准。属于同一电器的线圈和触点，都要用同一文字符号表示。当使用相同类型电器时，可在文字符号后加注阿拉伯数字序号来区分。

3）同一电器的各个部件可以不画在一起，但必须采用同一文字符号标明。若有多个同一种类的电气元件，可在文字符号后加上数字序号，如 KM1、KM2。

4）元器件和设备的可动部分在图中通常均以自然状态画出。自然状态是指各种电器在没有通电和不受外力作用时的状态。对于接触器、电磁式继电器等，是指其线圈未加电压；而对于按钮、限位开关等，指其尚未被压合。

5）在原理图中，有直接电联系的交叉导线的连接点，要用黑圆点表示。无直接电联系的交叉导线，交叉处不能画黑圆点。

6）在原理图中，无论是主电路还是辅助电路，各电气元件一般应按动作顺序从上到下，从左到右依次排列，可水平布置或垂直布置。

2. 图面区域的划分

进行图面分区时，竖边从上到下用大写英文字母，横边从左到右用阿拉伯数字分别编号，分区代号用该区域的字母和数字表示。图区横向编号下方的"电源开关及保护"等字样，表明它对应的下方元件或电路的功能，以便于理解整个电路的工作原理。图幅分区式样如图 1-29 所示。

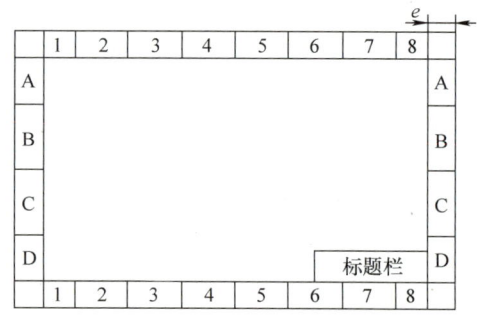

图 1-29　图幅分区式样

e—图框线与边框线的距离

3. 符号位置的索引

在较复杂的电气原理图中，对继电器、接触器的线圈的文字符号下方要标注其触点位置的索引；而在触点文字符号下方要标注其线圈位置的索引。符号位置的索引，用图号、页次和图区编号的组合索引法，组成如下：

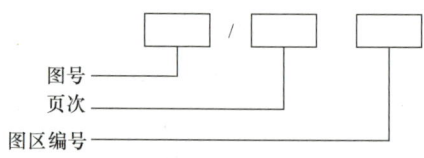

当某一元件相关的各符号元素出现在不同图号的图样上，而当每个图号仅有一页图样时，索引代号可省去页次。当与某一元件相关的各符号元素出现在同一图号的图样上，而该图号有几张图样时，索引代号可省去图号。因此，当与某一元件相关的各符号元素出现在只有一张图样的不同图区时，索引代号只用图区号表示。

图 1-28 图区 9 中触点 KA 下面的 8，即为最简单的索引代号，它指出继电器 KA 的线圈位置在图区 8。图区 5 中接触器主触点 KM 下面的 7 指出 KM 的线圈位置在图区 7。

在电气原理图中，接触器和继电器线圈与触点的从属关系，应用附图表示。即在原理图中相应线圈的下方，给出触点的文字符号，并在其下面注明相应触点的索引代号，对未使用的触点用"×"标明。有时也可采用上述省去触点的表示法。图1-28图区7中KM线圈和图区8中KA线圈下方的是接触器KM和继电器KA相应触点的位置索引。对于接触器和继电器，图中各栏的含义分别如下：

KM		
左栏	中栏	右栏
主触点所在图区号	辅助常开触点所在图区号	辅助常闭触点所在图区号

KA	
左栏	右栏
常开触点所在图区号	常闭触点所在图区号

4. 技术数据的标注

电气元件的技术数据，除在电气元件明细栏中标明外，有时也可用小号字体标在其图形符号的旁边。如主电路、控制电路、辅助电路进线规格；电动机功率；变压器一次电压、二次电压；熔断器的额定电流；热继电器的电流整定范围、整定值等，例如图1-28图区4中热继电器FR的动作电流值范围为4.5~7.2A，整定值为6.8A。图1-28中标注的1.5mm^{2}和1mm^{2}等字样表明此处导线的截面积。

三、电气元件布置图

电气元件布置图表示各种电气设备或电气元件在机械设备或控制柜中的实际安装位置，为机械电气控制设备的制造、安装、维护及维修提供必要的资料。

各电气元件的安装位置是由机床的结构和工作要求决定的。如行程开关应布置在要取得信号的地方，电动机要和被拖动的机械部件在一起，一般电气元件应放在控制柜内。

机床电气布置图主要包括机床电气设备布置图、控制柜及控制面板布置图、操作台及悬挂操纵箱电气设备布置图等。图1-30为CW6132型车床电气元件布置图。

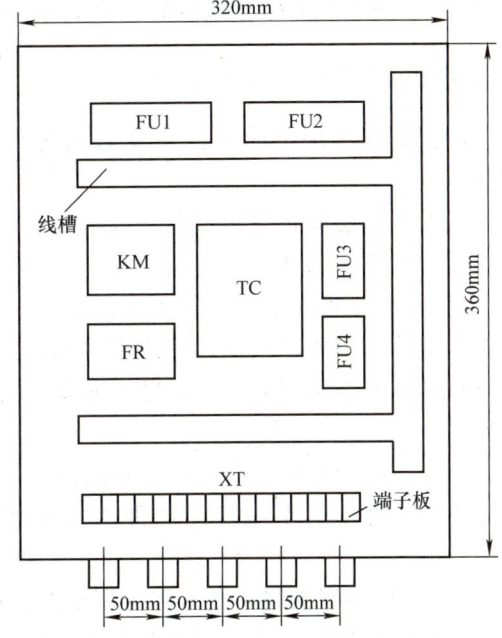

图1-30　CW6132型车床电气元件布置图

电气元件的布置应注意以下几方面。

1）体积大和较重的电气元件应安装在电器安装板的下方，而发热元件应安装在电器安装板的上方。

2）强电、弱电应分开，弱电应屏蔽，防止外界干扰。

3）需要经常维护、检修、调整的电气元件安装位置不宜过高或过低。

4）电气元件的布置应考虑整齐、美观、对称。外形尺寸与结构类似的电器安装在一起，以便于安装和配线。

5）电气元件布置不宜过密，应留有一定间距。如用走线槽，应加大各排电器间距，以便于布线和维修。

6）机械设备轮廓用双点画线，所有电气元件用粗实线绘出其简单外形轮廓，无须标注尺寸。

四、电气安装接线图

电气安装接线图主要用于电气设备的安装配线、线路检查、线路维修和故障处理。在图中要表示出各电气设备、电气元件之间的实际接线情况，并标注出外部接线所需的数据。在电气安装接线图中各，电气元件的文字符号、元件连接顺序、电路号码编制都必须与电气原理图一致。电气安装接线图的形式，如图1-31所示的某机床电气安装接线图。

电气安装接线图的绘制原则：

1）绘制电气安装接线图时，各电气元件均按其在安装底板中的实际位置绘出。元件所占图面按实际尺寸以统一比例绘制。

2）绘制电气安装接线图时，一个元件的所有部件绘在一起，并用点画线框起来，有时将多个电气元件用点画线框起来，表示它们是安装在同一安装底板上的。

3）绘制电气安装接线图时，安装底板内外的电气元件之间的连线通过接线端子板进行连接，互连关系可用连续线、中断线或线束表示，安装底板上有几条接至外电路的引线，端子板上就应绘出几个线的接点。连接导线应注明导线根数、导线截面积等。一般不表示导线实际走线路径，施工时根据实际情况选择最佳走线方式。

4）绘制电气安装接线图时，走向相同的相邻导线可以绘成一股线。

五、电气原理图阅读和分析方法

阅读电气原理图的方法主要有两种：查线读图法和逻辑代数法，这里仅介绍查线读图法。

查线读图法又称直接读图法或跟踪追击法。它是按照电路根据生产过程的工作步骤依次读图。其读图步骤如下：

1）了解生产工艺与执行电器的关系。在分析电气电路之前，应该熟悉生产机械的工艺情况，充分了解生产机械要完成哪些动作，这些动作之间又有什么联系；然后进一步明确生产机械的动作与执行电器的关系，必要时可以画出简单的工艺流程图，为分析电气电路提供方便。

2）分析主电路。在分析电气电路时，一般应先从电动机着手，根据主电路中有哪些控制元件的主触点、电阻等元器件大致判断电动机是否有正反转控制、制动控制和调速要求等。

3）分析控制电路。通常对控制电路按照由上往下或从左往右的顺序依次阅读，可以按主电路的构成情况，把控制电路分解成与主电路相对应的几个基本环节依次分析，然后将各个基本环节结合起来综合分析。首先应了解各信号元件、控制元件或执行元件的初始状态；然后设想按动了操作按钮，电路中有哪些元件受控动作；这些动作元件的触点又是如何控制其他元件动作，进而查看受驱动的执行元件有何运动；再继续追查执行元件带动机械运动时，会使哪些信号元件状态发生变化。

查线读图法的优点是直观性强，容易掌握，因而得到广泛应用。其缺点是分析复杂线路时容易出错，叙述也较长。

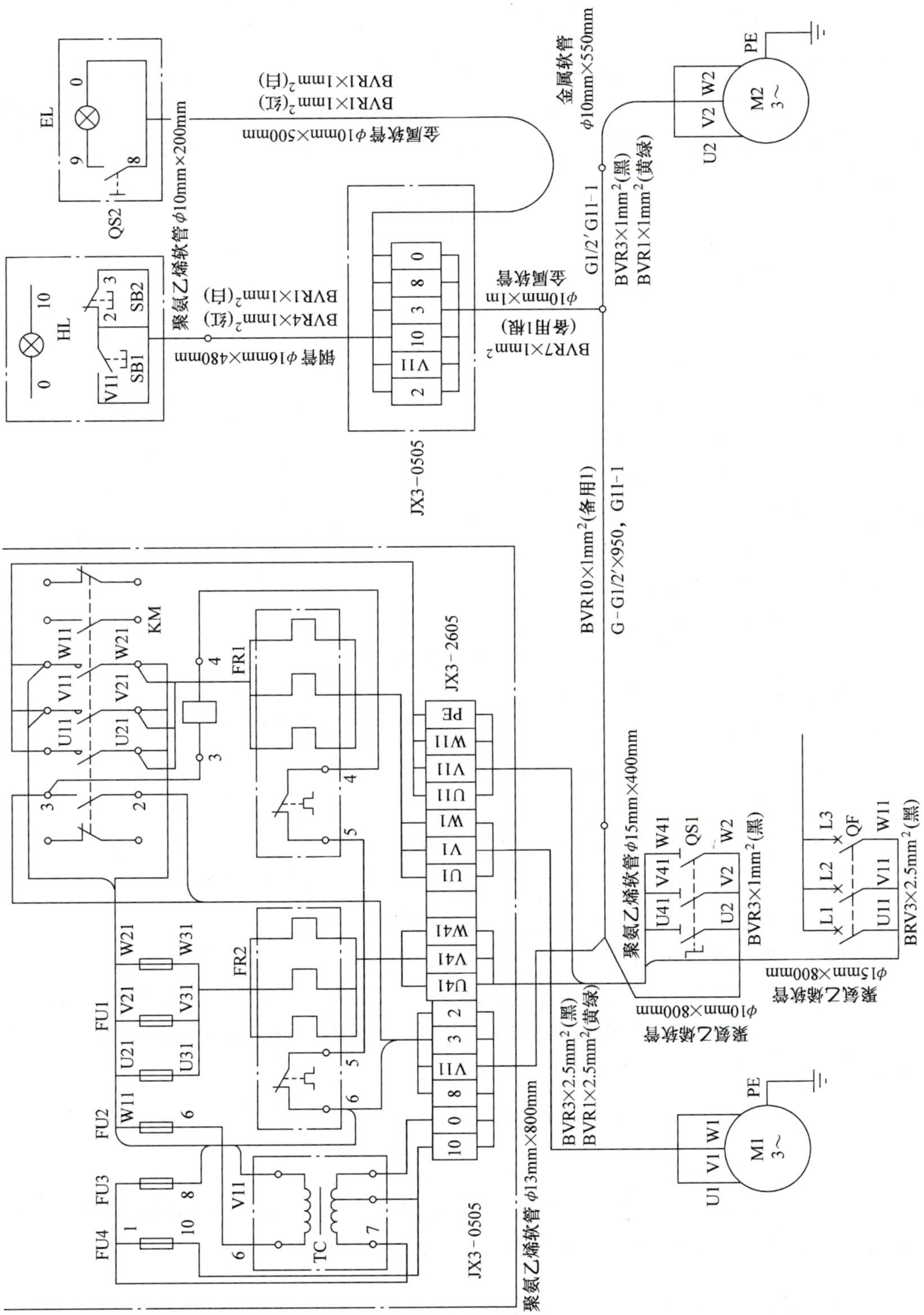

图 1-31 某机床电气安装接线图

第三节　三相异步电动机起动控制电路

三相异步电动机有全压直接起动动和减压起动两种方式。较大容量电动机（大于10kW）因起动电流较大（可达额定电流的 4~7 倍），一般采用减压起动方式来降低起动电流。通常对容量小于 10kW 的笼型异步电动机采用直接起动方法，起动时将电动机的定子绕组直接接在额定电压的交流电源上。

一、全压直接起动控制电路

1. 点动控制电路

所谓点动，即按下起动按钮时电动机转动工作，手松开按钮时电动机停止工作。点动控制多用于机床刀架、横梁、立柱的快速移动和机床对刀等场合。

图 1-32 所示为电动机点动控制电路。图中刀开关 QS、熔断器 FU、交流接触器 KM 的主触点与电动机组成主电路，主电路中通过的电流较大。控制电路由起动按钮 SB、接触器 KM 的线圈组成，控制电路中流过的电流较小。由于在机床电路中，点动控制主要用于运动部件行程较短的情况，属于短时间工作，一般不需要热继电器做过载保护。

控制电路的工作原理如下：

1）起动：闭合电源开关 QS→按下按钮 SB→KM 线圈得电→KM 主触点闭合→电动机 M 起动运转。

2）停止：松开按钮 SB→KM 线圈失电→KM 主触点断开→电动机 M 失电停转。

2. 连续控制电路

图 1-33 为具有自锁和过载保护功能的单向运转控制电路，主要应用：电动机容量在 10kW 以下采用。例如，冷却泵、小型台钻、砂轮机等。主电路由断路器 QF、熔断器 FU1、接触器 KM 的主触点、热继电器 FR 的发热元件、电动机 M 组成。控制电路由熔断器 FU2、接触器 KM 的常开辅助触点和线圈、停止按钮 SB2、起动按钮 SB1、热继电器 FR 的常闭触点组成。短路保护由熔断器 FU 现实，过载保护由热继电器 FR 实现。它的工作原理如下：

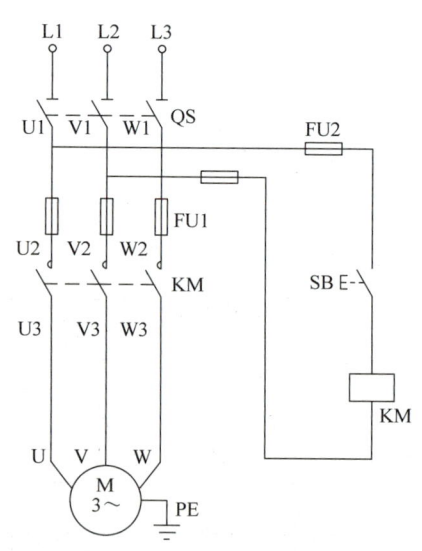

图 1-32　电动机点动控制电路

起动：闭合电源开关 QF → 按下 SB1 → KM 线圈得电 → KM 主触点闭合 → M 通电起动连续运转
　　　　　　　　　　　　　　　　　　　　　　　→ KM 常开辅助触点闭合

松开按钮 SB1 后，由于 KM 常开辅助触点闭合，KM 线圈仍得电，电动机 M 继续运转。这种依靠接触器自身的辅助触点来使其线圈保持通电的现象称为自锁。

停止：按下 SB2 → KM 线圈失电 → KM 主触点断开 → 电动机 M 失电停转
　　　　　　　　　　　　　　　→ KM 常开辅助触点断开

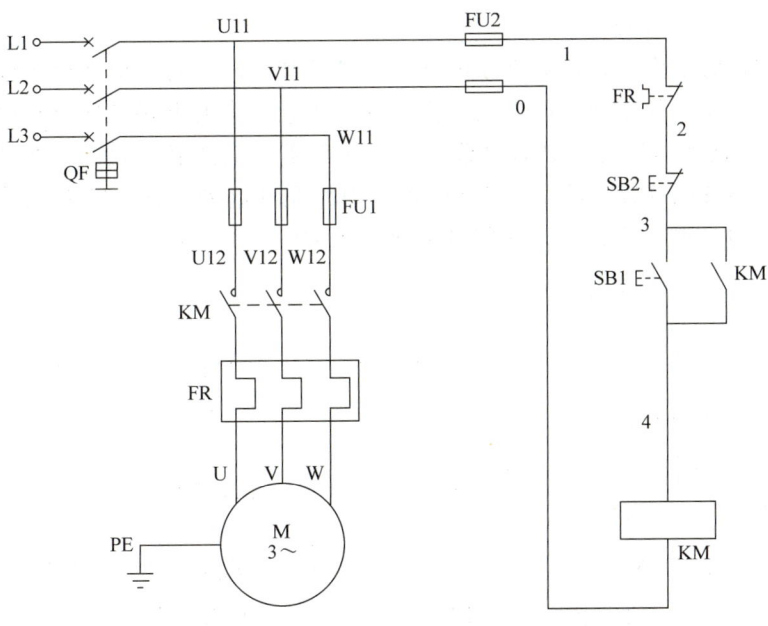

图 1-33 连续控制电路

松开按钮 SB2,由于 KM 自锁触点已断开,接触器线圈不可能得电,电动机停转。

3. 多点控制电路

大型机床为了操作方便,常常要求在两个及以上的地点都能进行操作。实现多点控制的控制电路如图 1-34a 所示,即在各操作点各安装一套按钮,接线时,常开触点并联,常闭触点串联。

多人操作的大型冲压设备,为保证操作安全,要求几个操作者都发出指令后,设备才能冲压,此时应将各起动按钮串联,如图 1-34b 所示。

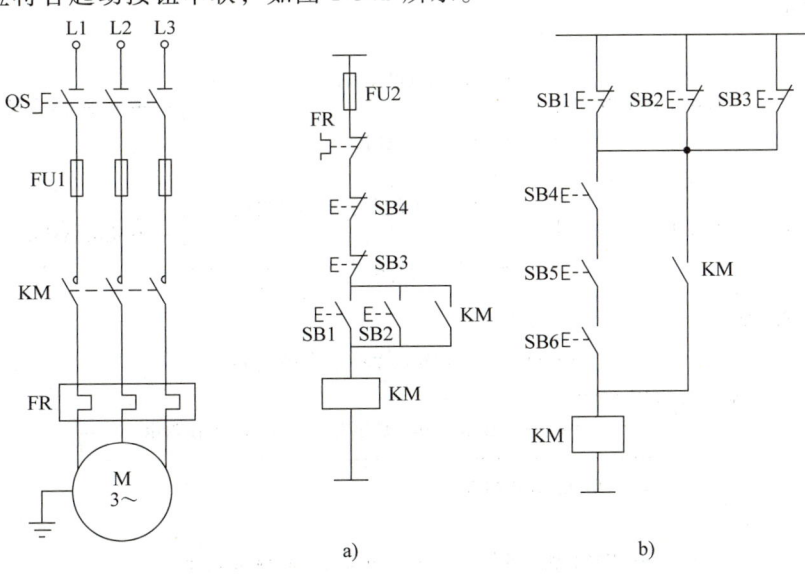

图 1-34 多点控制电路

4. 点动和连续控制电路

机床设备在正常工作时，一般需要电动机处在连续运转状态。但在试车或调整刀具与工件的相对位置时，又需要电动机能点动，实现这种工艺要求的电路是连续与电动混合正转控制电路。图 1-35a 所示电路是在具有过载保护的接触器自锁正转基础上，把手动开关 SA 串在自锁电路中，实现混合控制的。图 1-35b 所示电路是在起动按钮 SB2 两端并接一个复合按钮 SB3 来实现混合控制，工作时，先闭合电源开关 QS。

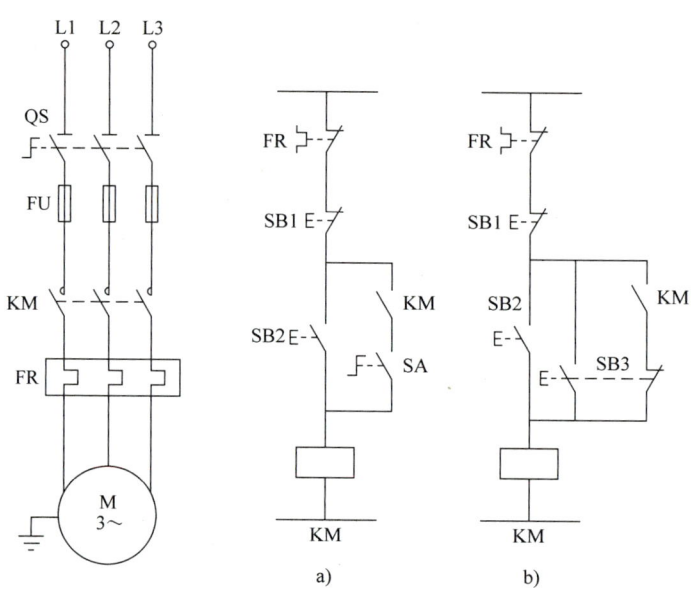

图 1-35 点动和连续控制线路

（1）连续控制

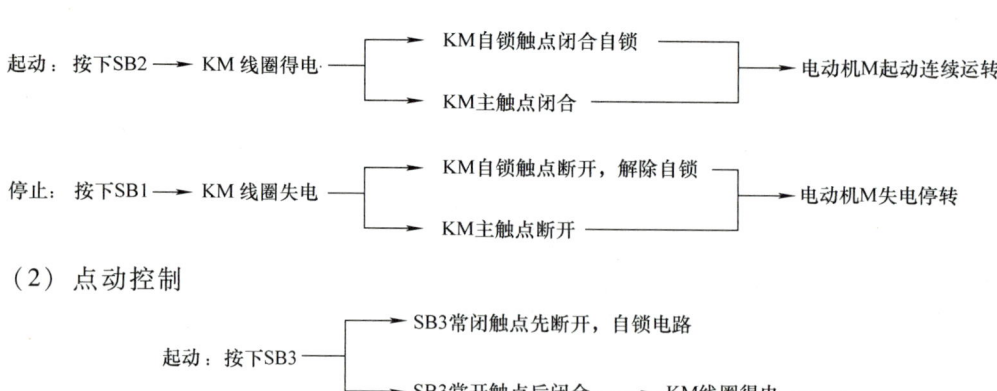

（2）点动控制

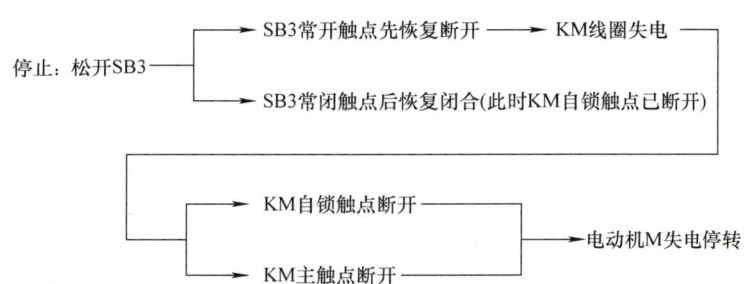

二、减压起动控制电路

较大容量的笼型电动机（大于 10kW），一般都应采用减压起动，以防止过大的起动电流引起电源电压的下降。定子侧减压起动常用的方法有Y-△减压起动、定子串电阻减压起动及自耦变压器减压起动等，下面介绍Y-△减压起动和自耦变压器减压起动。

1. Y-△减压起动控制电路

它仅用于正常运行时定子绕组为△联结的电动机。Y-△起动时，电动机绕组先接成Y联结，待转速增加到一定程度时，再将电路切换成△联结。这种方法可使每相定子绕组所承受的电压在起动时降低到电源电压的 $1/\sqrt{3}$，其电流为直接起动时的 1/3。由于起动电流减小，起动转矩也同时减小到直接起动的 1/3，所以这种方法一般只适合于空载或轻载起动的场合。Y-△减压起动控制电路如图 1-36 所示。其工作原理分析如下：

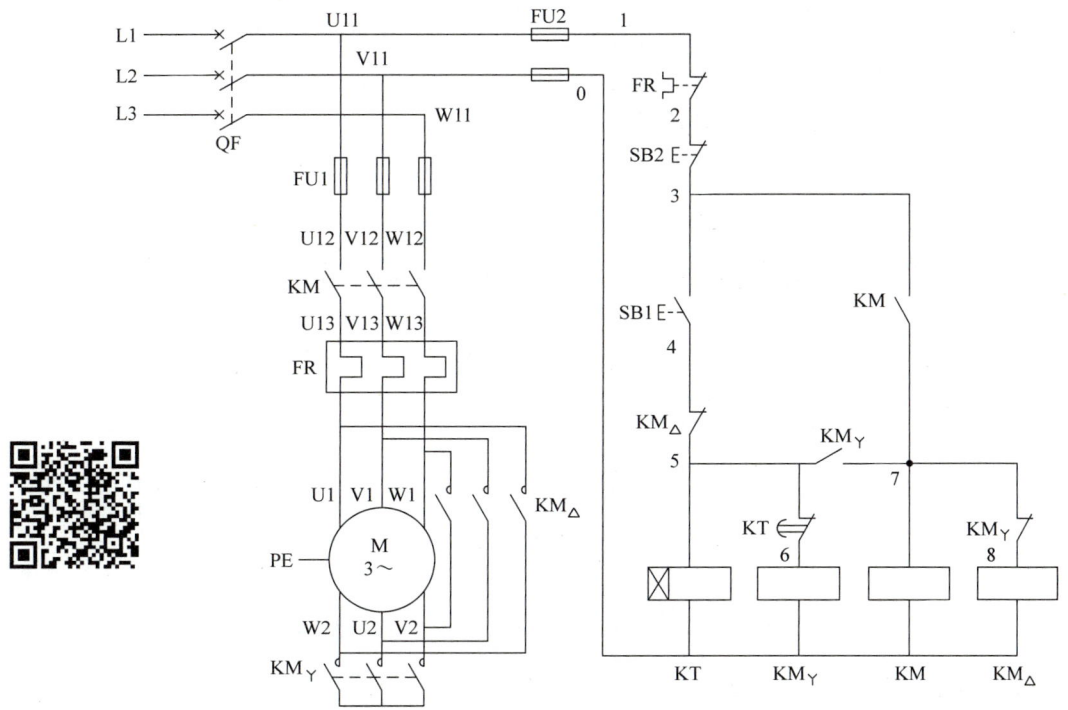

图 1-36　Y-△减压起动控制电路

起动：

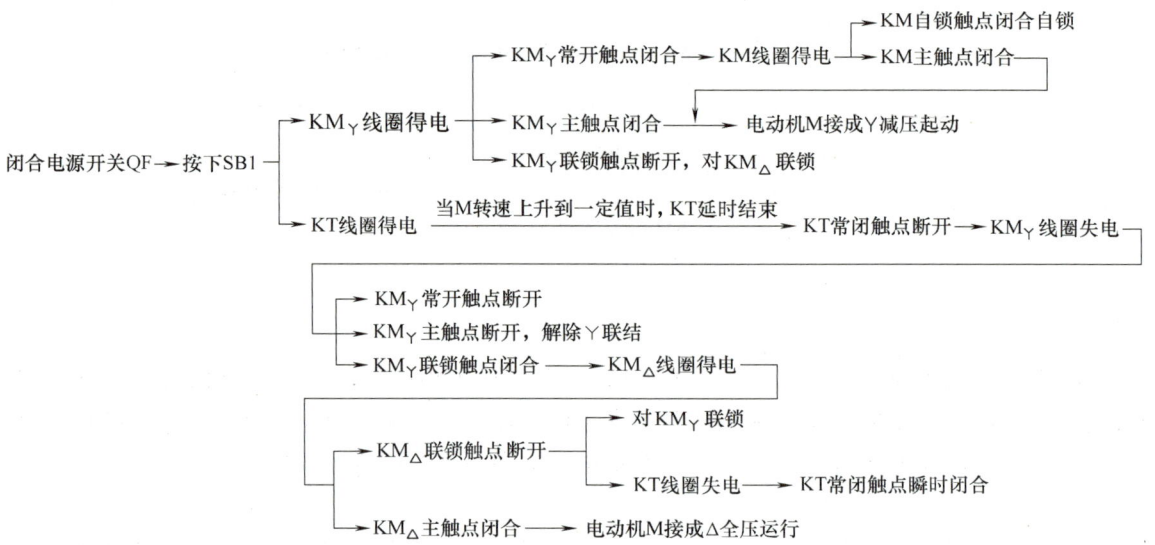

停止：

按下停止按钮SB2 → KM、KM△线圈失电 → KM、KM△主触点分断 → 电动机停转

该电路中，接触器KM$_Y$得电以后，通过KM$_Y$的常开辅助触点使接触器KM得电动作，这样KM$_Y$的主触点是在无负载的条件下闭合的，故可延长接触器KM$_Y$主触点的使用寿命。

2. 自耦变压器减压起动控制电路

自耦变压器减压起动方法适用于起动较大容量的、正常工作时Y联结的电动机；起动转矩可以通过改变抽头的连接位置得到改变，因此起动时对电网的电流冲击小；它的缺点是自耦变压器价格较贵，且不允许频繁起动。

图1-37为自耦变压器减压起动的控制电路，其电路工作过程如下：

起动：

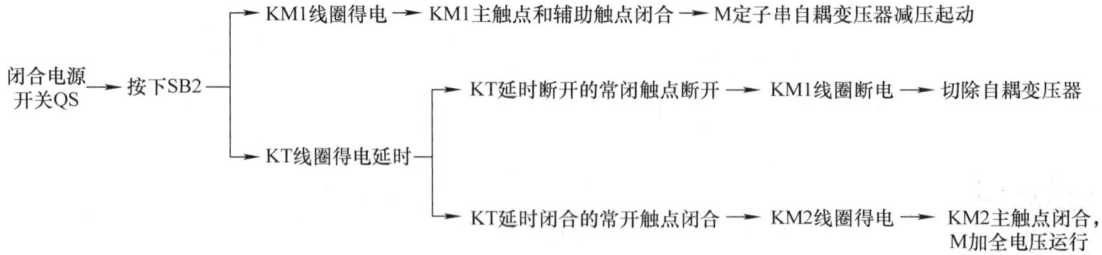

停止：

按下SB1 → KT、KM2 线圈断电释放 → M 断电停转

一般工厂常用的自耦变压器起动方法是采用成品的补偿减压起动器。这种成品的补偿减压起动器包括手动、自动操作两种形式。手动操作的补偿器型号有QJ3、QJ5等，自动操作的补偿器型号有XJ01型和CTZ系列等。

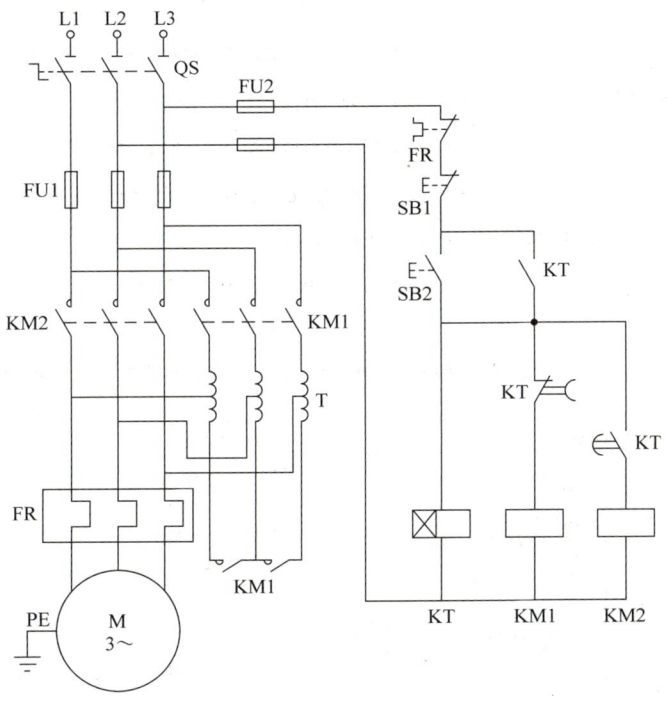

图 1-37 自耦变压器减压起动控制电路

第四节 三相异步电动机运行控制电路

一、三相异步电动机正反转控制电路

许多生产机械需要正、反两个方向的运动,例如机床工作台的前进与后退,主轴的正转与反转,起重机吊钩的上升与下降等,要求电动机可以正反转。只需将接至交流电动机的三相电源进线中任意两相对调,即可实现反转。在电路中可由两个接触器 KM1、KM2 控制。必须指出的是 KM1 和 KM2 的主触点决不允许同时接通,否则将造成电源短路事故。

1. 电动机的正转—停止—反转控制电路

正转—停止—反转控制电路如图 1-38 所示,其实质利用接触器互锁实现正反转。其工作原理如下:

（1）正转控制

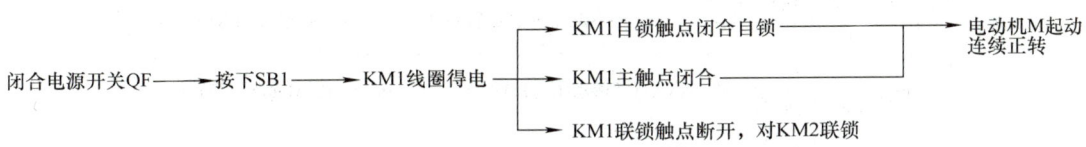

（2）反转控制

起动：

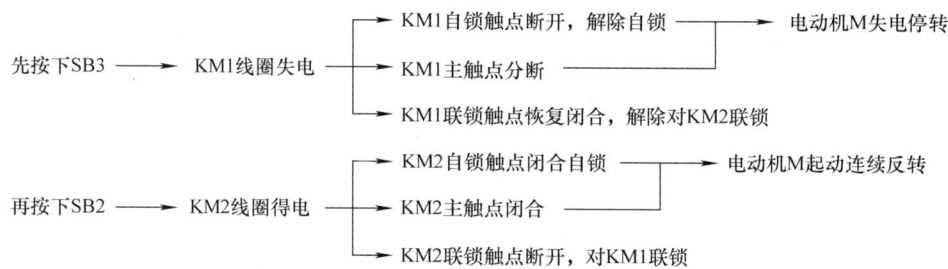

停止：

按下停止按钮SB3 → 控制电路失电 → KM1(或KM2)主触点分断 → 电动机M失电停转

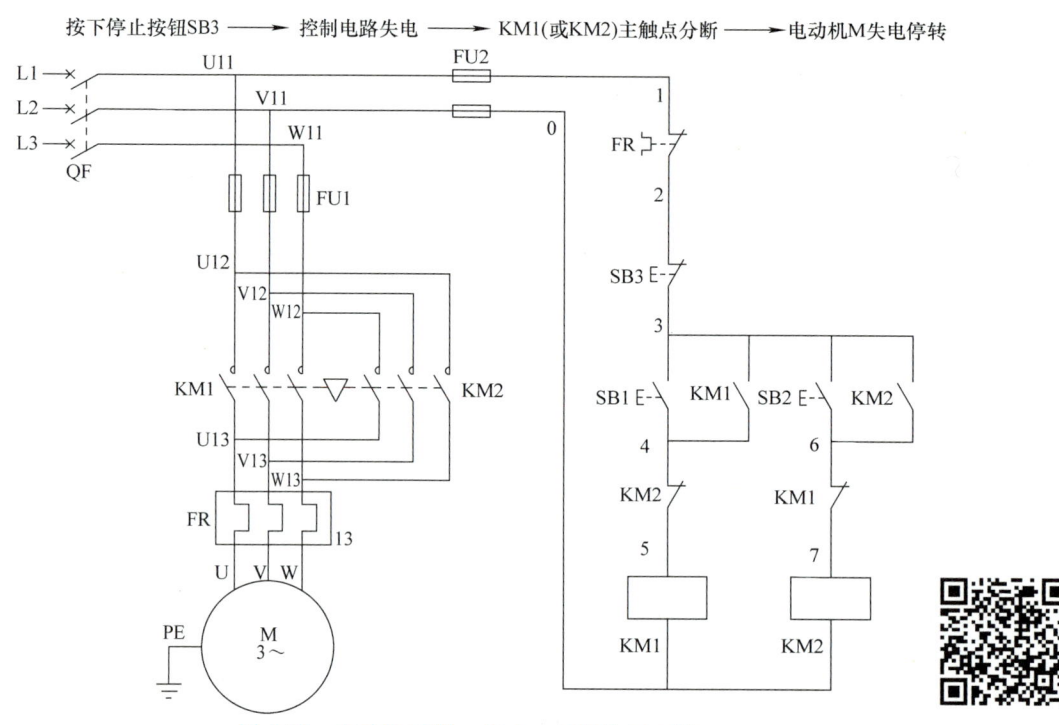

图 1-38　电动机正转—停止—反转控制电路

2. 电动机的正转—反转—停止控制电路

控制电路如图 1-39 所示，其实质是利用接触器及复合按钮相结合的双重互锁的形式实现正反转控制，即既有接触器的电气互锁，又有复合按钮的机械联锁的正反转控制电路。其工作原理如下：

（1）正转控制

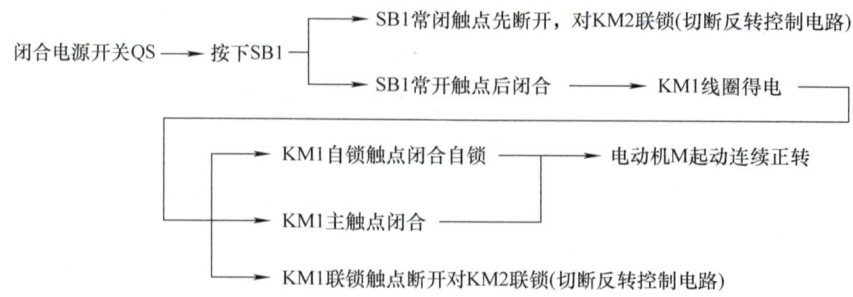

（2）反转控制

按下SB2 → SB2常闭触点先断开 → KM1线圈失电 → KM1自锁触点断开，解除自锁 → 电动机M失电停转
　　　　　　　　　　　　　　　　　　　　　→ KM1主触点断开
　　　　　　　　　　　　　　　　　　　　　→ KM1联锁触点恢复闭合 → KM2线圈得电
　　　 → SB2常开触点后闭合

KM2线圈得电 → KM2自锁触点闭合自锁 → 电动机M起动连续反转
　　　　　　→ KM2主触点闭合
　　　　　　→ KM2联锁触点断开，对KM1联锁(切断正转控制电路)

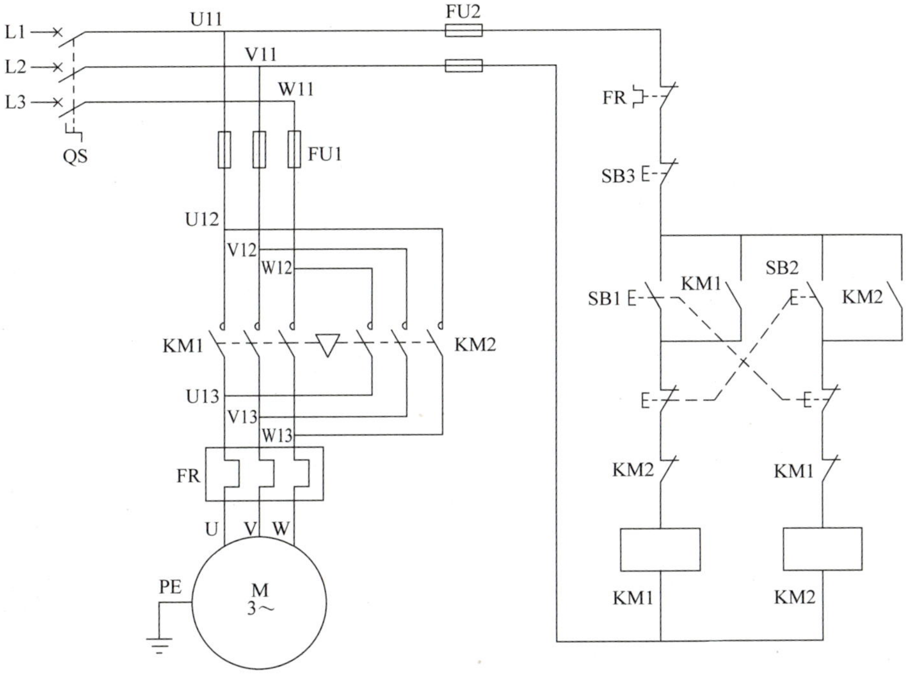

图1-39　电动机正转—反转—停止控制电路

若要停止，按下SB3，整个控制电路失电，主触点断开，电动机M失电停转。

二、正反转自动循环控制电路

在实际生产过程中，有时需要控制生产机械运动部件的行程，例如铣床的工作台、组合机床的滑台等，并要求在一定的行程范围内自动往复循环。实现运动部件位置的控制，称为行程控制。在行程控制中所使用的主要电气元件是行程开关。SQ1、SQ2分别安装在床身两端，反映工作台行程的两个极限位置。挡铁A、B安装在工作台上，当撞块随着工作台运动到行程开关位置时，压下行程开关，使其触点动作，从而改变控制电路，使电动机正反转，实现工作台的自动往返运动。图1-40是利用行程开关实现电动机正反转的自动循环控制电路图，机床工作台的往返循环运动由电动机正反转实现，图中SQ1与SQ2分别为工作台右限位行程开关和左限位行程开关，SQ3和SQ4分别为右和左的终端限位保护。电路工作原理如下：

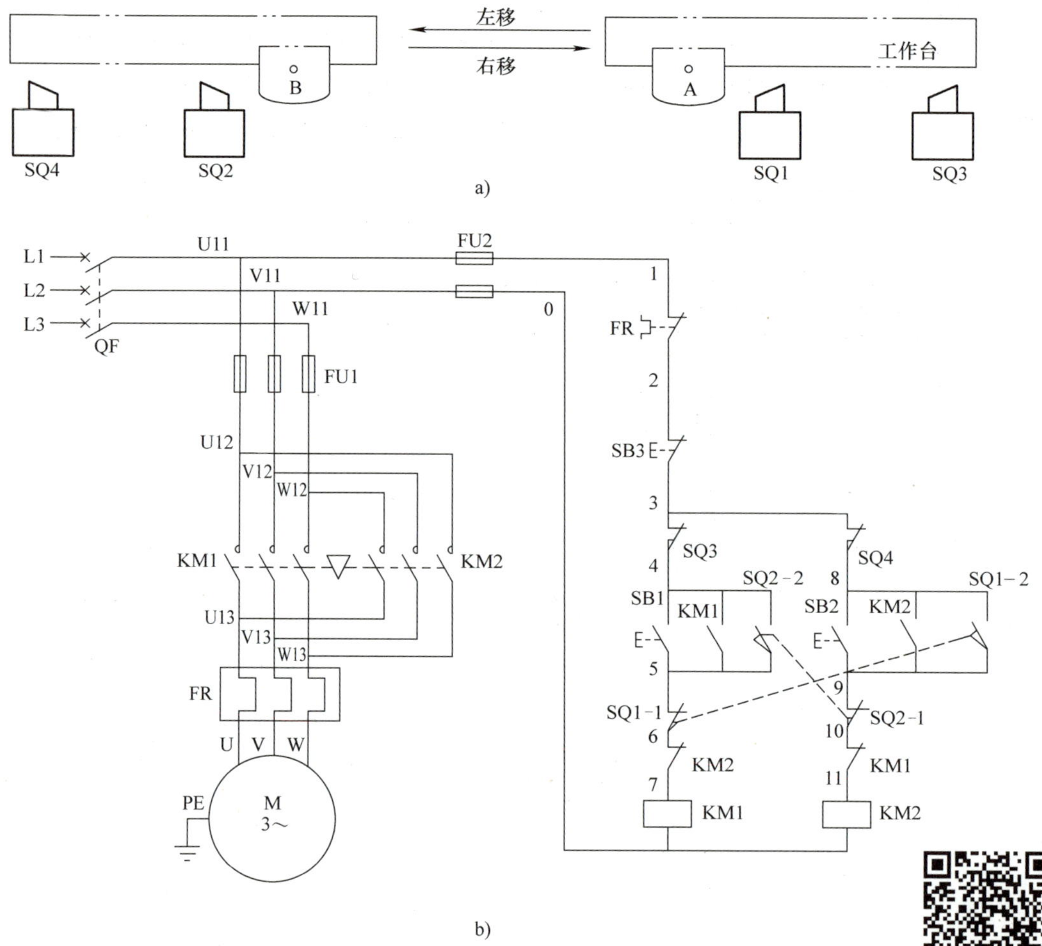

图 1-40 工作台自动循环控制电路

自动往返运动：

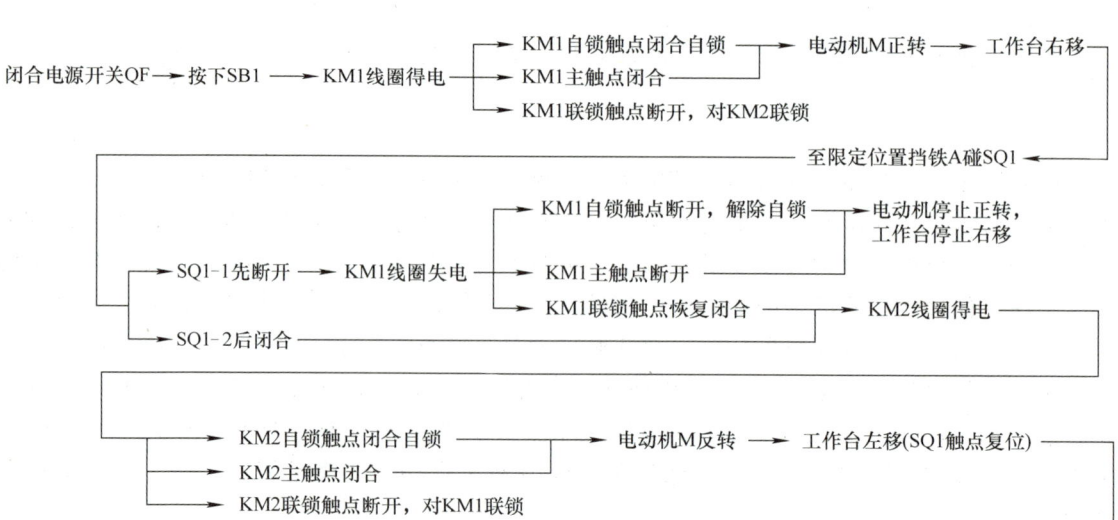

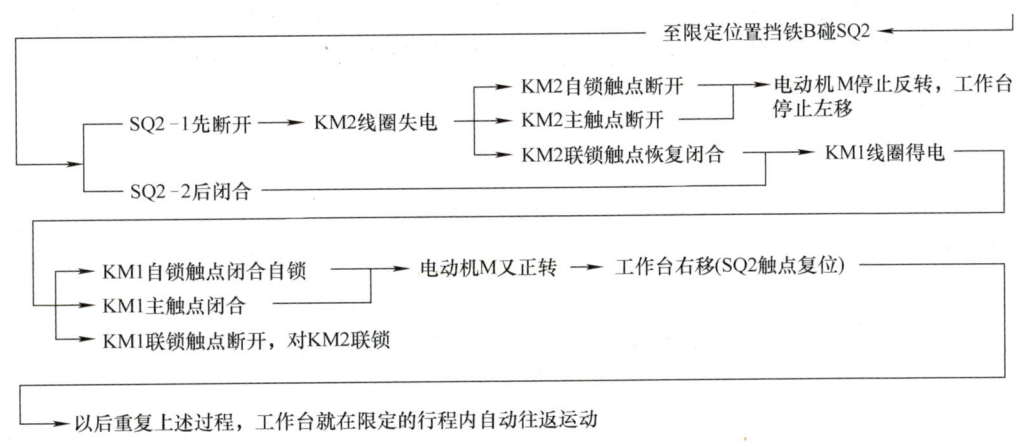

停止：

按下SB3 → 整个控制电路失电 → KM1(或KM2)主触点分断 → 电动机M失电停转 → 工作台停止运动

从上述分析来看，工作台每经过一个往复循环，电动机要进行两次转向改变，所以电动机的轴将受到很大的冲击力，电动机容易损坏。此外，当循环周期很短时，电动机由于频繁地换向和起动，会因过热而损坏。因此，上述线路只适合于循环周期长且电动机的轴有足够强度的传动系统中。

三、双速电动机控制电路

采用双速电动机能简化齿轮传动的变速箱，在车床、磨床、镗床等机床中应用很多。双速电动机是通过改变定子绕组接线的方法，以获得2个同步转速。

图 1-41 所示为4/2极双速电动机定子绕组接线示意图，图 1-41a 将定子绕组的1U、1V、1W 接电源，而 2U、2V、2W 接线端悬空，则三相定子绕组接成三角形，每相绕组中的2个线圈串联，电流参考方向如图 1-41a 中箭头方向所示，磁场具有4个极（即2对极），电动机为低速。若将接线端1U、1V、1W 连在一起，而 2U、2V、2W 接电源，则三相定子绕组接成双星形（YY），每相绕组中的2个线圈并联，电流参考方向如图 1-41b 中箭头方向所示，磁场为2个极（即1对极），电动机为高速。

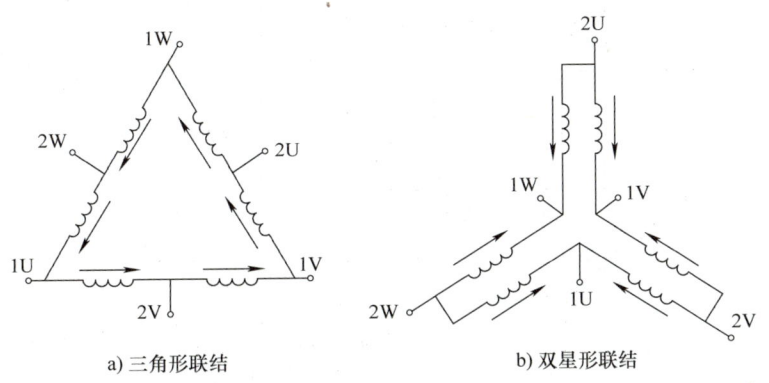

图 1-41 4/2极双速电动机定子绕组接线示意图

图 1-42 所示为双速电动机采用复合按钮联锁的高、低速直接转换的控制电路，即用按钮和接触器控制电机的高速和低速运行，SB1、KM1 控制电动机低速运行，SB2、KM2 控制电机高速运行。工作原理如下：

1. △联结低速运行

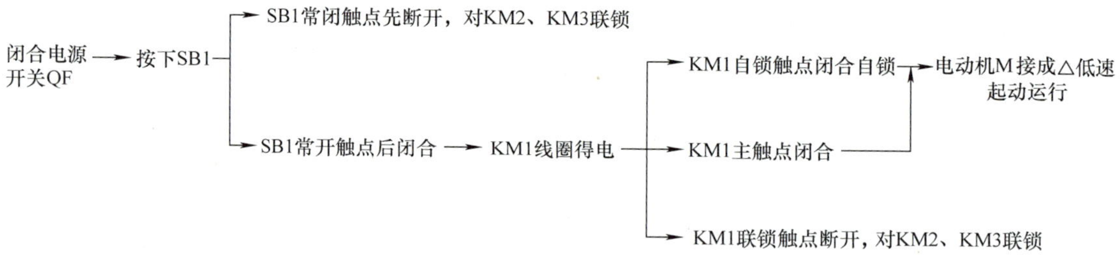

闭合电源开关QF → 按下SB1
- → SB1常闭触点先断开，对KM2、KM3联锁
- → SB1常开触点后闭合 → KM1线圈得电
  - → KM1自锁触点闭合自锁 → 电动机M接成△低速起动运行
  - → KM1主触点闭合
  - → KM1联锁触点断开，对KM2、KM3联锁

2. YY联结高速运行

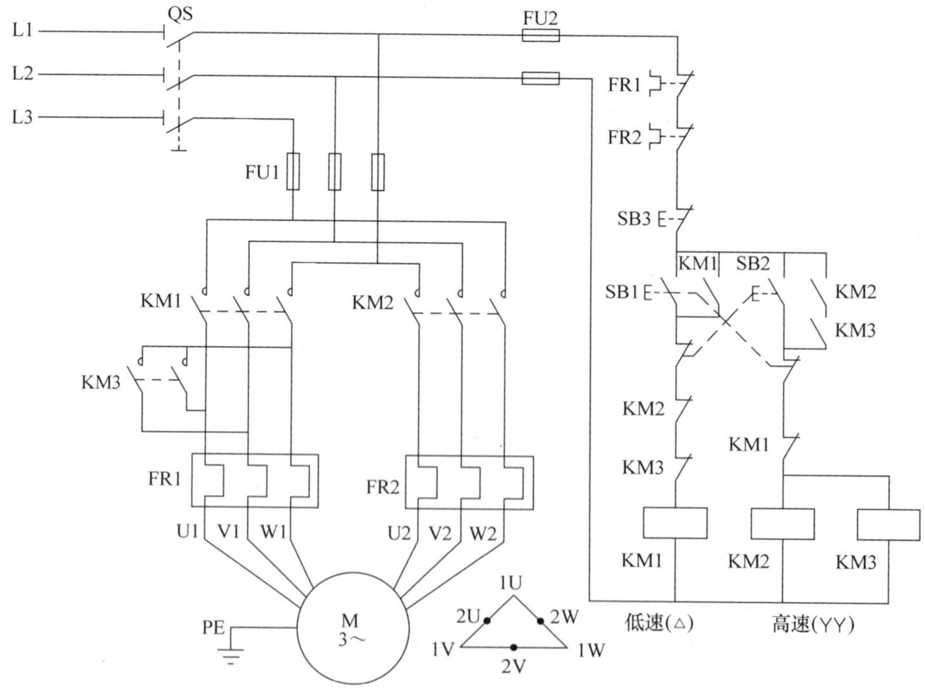

按下SB2
- → SB2常闭触点先断开 → KM1线圈失电
  - → KM1自锁触点断开，解除自锁
  - → KM1主触点分断
  - → KM1联锁触点闭合
- → SB2常开触点后闭合 → KM2、KM3线圈同时得电
  - → KM2、KM3自锁触点闭合自锁 → 电动机M接成YY高速起动运行
  - → KM2、KM3主触点闭合
  - → KM2、KM3联锁触点断开，对KM1联锁

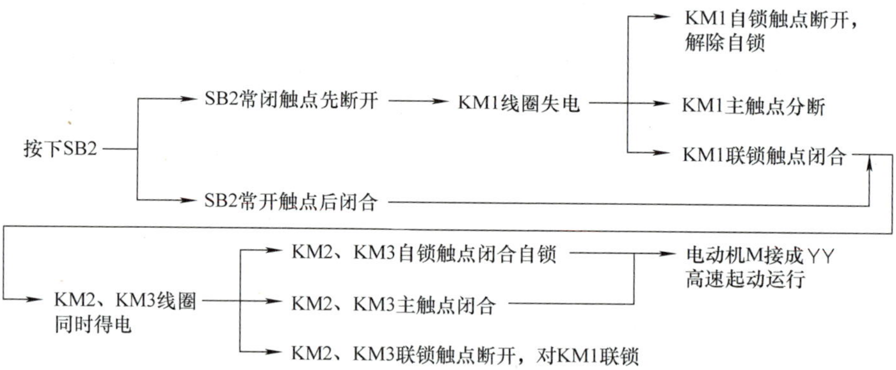

图 1-42 双速电动机的控制电路

四、顺序起动控制电路

在机床运行时,多台电动机起动往往有先后顺序要求,如主轴电动机起动前先起动润滑油泵电动机等顺序控制要求。图 1-43 所示为两台电动机顺序起动控制电路。图 1-43a 为顺序起动方案一,采用单个 KM1 的辅助常开触点进行顺序起动。

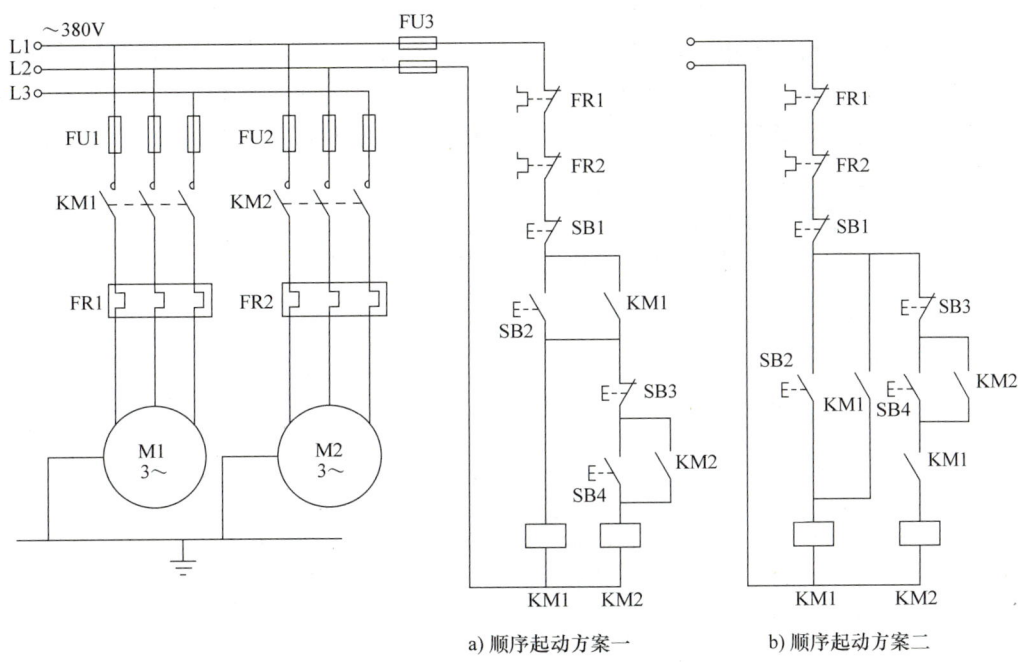

a) 顺序起动方案一　　b) 顺序起动方案二

图 1-43　两台电动机顺序起动控制电路

工作原理:先按下按钮 SB2,KM1 线圈得电,主电路中 KM1 主触点闭合,电动机 M1 先运转,KM1 常开触点闭合自锁,再按下按钮 SB4,KM2 线圈得电,主电路中 KM2 主触点闭合,电动机 M2 运转,KM2 常开触点闭合自锁。

图 1-43b 为顺序起动方案二,采用两个 KM1 的辅助常开触点进行顺序起动。

工作原理:先按下按钮 SB2,KM1 线圈得电,主电路中 KM1 主触点闭合,电动机 M1 先运转,KM1 线圈回路中的 KM1 常开触点闭合自锁,同时,KM2 线圈回路中的 KM1 常开触点闭合为 KM2 线圈得电提供条件,再按下按钮 SB4,KM2 线圈得电,主电路中 KM2 主触点闭合,电动机 M2 运转,KM2 常开触点闭合自锁。

第五节　三相异步电动机制动控制电路

三相异步电动机从切断电源到完全停止运转,由于惯性总要经过一段时间,这往往不能适应某些生产机械工艺的要求,如卷扬机、机床设备等,无论是从提高生产效率,还是从安全及工艺要求等方面考虑,都要求能对电动机进行制动控制,即能迅速使电动机停机、定位。三相异步电动机的制动方法一般有两大类,机械制动和电气制动。机械制动时用机械装置来强迫电动机迅速停车,如电磁抱闸、电磁离合器等;电气制动实质上在电动机接到停车命令时,同时产生一个与原来运转方向相反的制动转矩,迫使电动机转速迅速下降。电气制动控制电路包括反接制动控制电路和能耗制动控制电路。

一、能耗制动控制电路

所谓能耗制动,就是在电动机脱离三相交流电源后,在电动机定子绕组上立即加一个直流电压,利用转子感应电流与静止磁场的相互作用产生制动转矩以达到制动的目的。其方法是停车时,在切除三相交流电源的同时,将一直流电源接入电动机定子绕组的任意两相,以获得大小和方向不变的恒定磁场,从而产生一个与电动机原转矩方向相反的电磁转矩以实现制动。当电动机转速下降到零时,再切除直流电源。能耗制动可用时间继电器进行控制,也可用速度继电器进行控制。

1. 时间继电器控制的单向能耗制动控制电路

图 1-44 是时间继电器控制的单向能耗制动控制电路。电路工作过程如下:

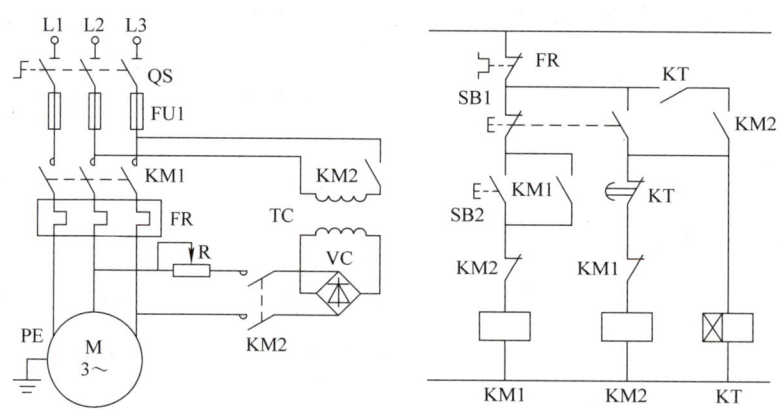

图 1-44 时间继电器控制的单向能耗制动控制电路

(1) 起动

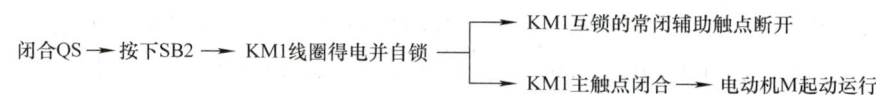

(2) 制动停车

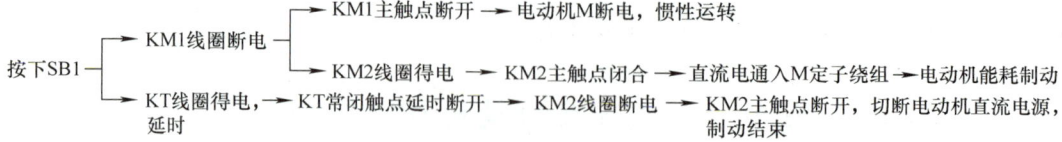

2. 速度继电器控制的单向能耗制动控制电路

图 1-45 是速度继电器控制的单向能耗制动控制电路。速度继电器 KS 取代了时间继电器 KT,其他基本相同,工作原理如下:

(1) 起动

闭合QS → 按下SB2 → KM1得电并自锁 → KM1主触点闭合 → M起动运行
                                    → KM1互锁的常闭触点断开, KS常开触点闭合,为能耗制动做好准备

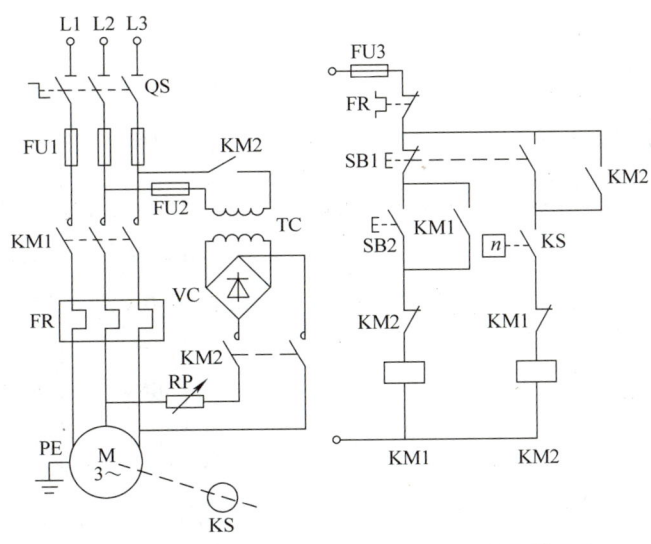

图 1-45 速度继电器控制的单向能耗制动控制电路

（2）制动停车

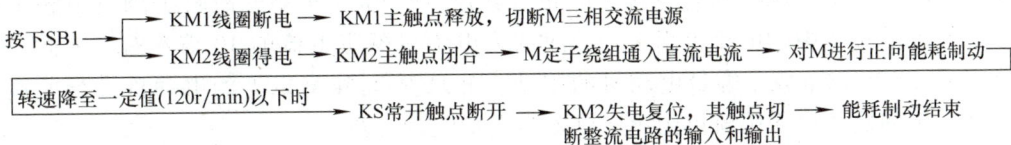

二、反接制动控制电路

反接制动是利用改变电动机电源的相序，使定子绕组产生相反方向的旋转磁场，从而产生制动转矩的一种制动方法。反接制动的特点是制动迅速、效果好，但电流冲击较大，通常仅适用于 10kW 以下的小容量电动机。为了减小冲击电流，通常要求在电动机主电路中串联一定阻值的电阻以限制反接制动电流，该电阻称为反接制动电阻。

反接制动电阻的接线方式有对称和不对称两种接法，采用对称接法可以在限制制动转矩的同时，也限制了制动电流，而采用不对称接法，只限制了制动转矩，未加制动电阻的那一相仍具有较大的电流。反接制动需要注意的是在电动机转速接近于零时，要及时切断反相序电源，以防止反向再起动。图 1-46 是一种电动机单向反接制动控制电路。工作原理如下：

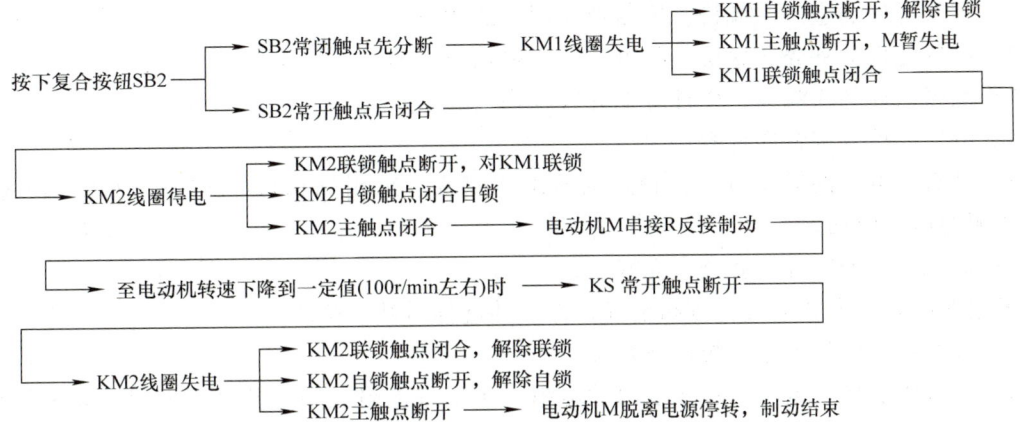

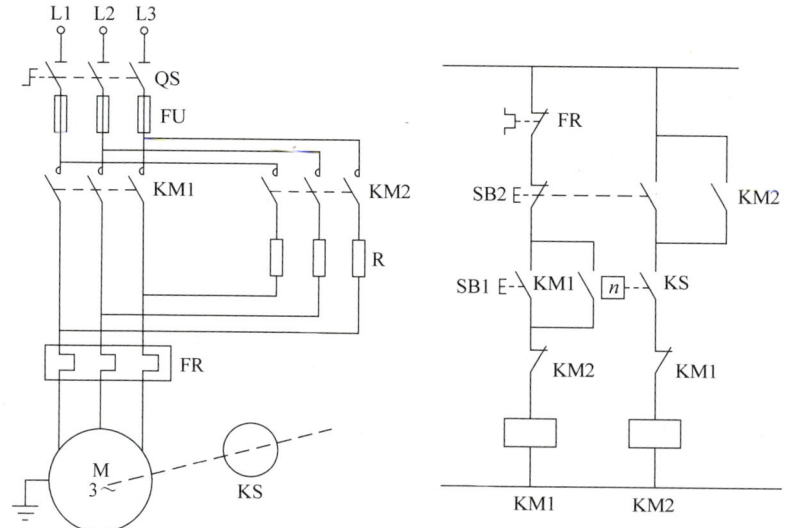

图 1-46 电动机单向反接制动控制电路

反接制动时，由于旋转磁场与转子的相对转速（n_1+n）很高，故转子绕组中感生电流很大，致使定子绕组中的电流也很大，一般约为电动机额定电流的 10 倍左右。因此，反接制动适用于 10kW 以下较小容量电动机的制动，并且对 4.5kW 以上的电动机进行反接制动时，需在定子回路中串入限流电阻 R，以限制反接制动电流。

第六节　机床电路的安装规范与电路故障检修方法

学习机床电气控制电路最重要的两项技能就是机床电路的安装和电路的检修。机床电路的安装必须遵循一定的安装规范。机床电路故障检修也必须遵循一定的方法。

一、机床电路的安装

机床电路的安装是一项比较规范的操作，它必须遵循一定的操作步骤和安装工艺要求。它包括控制柜内以及机床外围电路安装接线两部分。

1. 机床控制电器安装前的检查

1) 电气元件的型号、规格，应与被控制电路相符。
2) 电气元件的外壳、漆层、手柄，应无损伤或变形。
3) 电气元件的灭弧罩、瓷件应无裂纹或伤痕。
4) 电气元件的螺钉应拧紧。
5) 具有主触点的低压电器，触点的接触应紧密。采用 0.05mm×10mm 的塞尺检查时，接触两侧的压力应均匀。
6) 低压电器的附件应齐全、完好。

根据明细表，配齐电气设备和电气元件，并逐件对其校验。

1) 核对各元件的型号、规格及数量。
2) 用万用表检查电动机各相绕组的电阻；用绝缘电阻表测量其绝缘电阻，并做好记录，并对电动机进行常规检查等。

3）用万用表检查接触器线圈电阻，并做好记录；检查接触器外观是否清洁完整、有无损伤，各触点的分合情况，接线端子及紧固件有无短缺等。

4）检查电源开关的断合及操作的灵活程度。

5）检查按钮的常开、常闭触点的分合动作。检查热继电器的常闭触点是否接通。

2. 机床元件的安装规范

（1）控制柜内元件的安装规范

1）一般规定。

① 元器件组装顺序应从板前视，由左至右，由上至下，同一型号产品应保证组装一致性。

② 元器件在操作时，不应受到空间的防碍，不应有触及带电体的可能。主回路上面的元器件、一般电抗器、变压器需要接地，断路器不需要接地。

③ 所有电气元件及附件，均应固定安装在支架或底板上，不得悬吊在电器及连线上。

④ 每个元件接线面的附近有标牌，标注应与图样相符。除元件本身附有供填写的标志牌外，标志牌不得固定在元件本体上。标号应完整、清晰、牢固，标号粘贴位置应明确、醒目。图1-47为端子的标示。

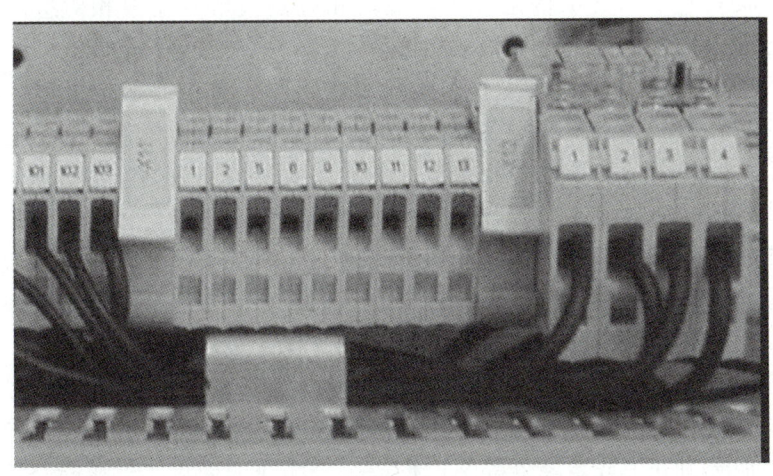

图1-47　端子标示

⑤ 安装于面板、门板上的元件，其标号应粘贴于面板及门板背面元件下方，如下方无位置时可贴于左方，但粘贴位置尽可能一致。图1-48为面板上元件标号。

⑥ 电器的金属外壳、框架的接零或接地。柜内任意两个金属部件通过螺钉连接时，如有绝缘层均应采用相应规格的接地垫圈，并注意将垫圈齿面接触零部件表面（圆圈处），或者破坏绝缘层门上的接地处（红圈处）要打磨，防止因为油漆的问题而接触不好，而且连接线尽量短。保护接地的连接实物图如图1-49所示。

图1-48　面板上元件标号

⑦ 低压电器根据其不同的结构，可采用绝缘板固定在配电箱构件上。绝缘板应平整；当采用卡轨支撑安装时，卡轨应与低压电器匹配，并用固定夹或固定螺栓与壁板紧密固定，严禁使用变形或不合格的卡轨。

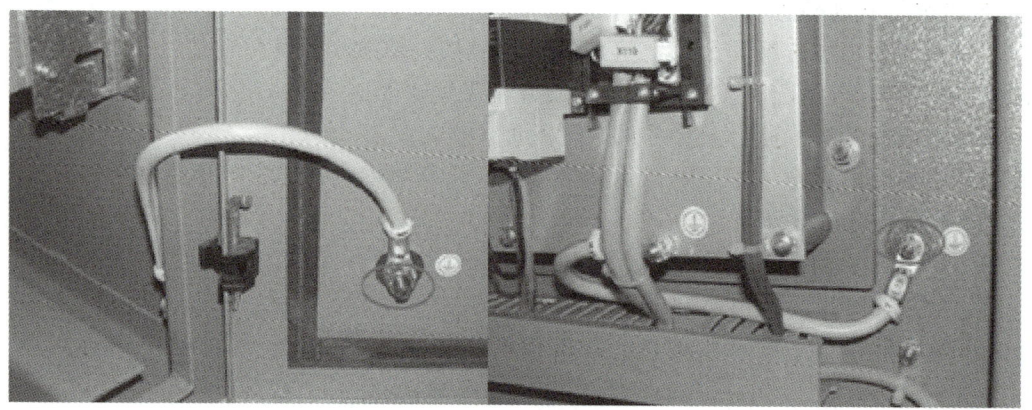

图 1-49 保护接地的连接实物图

⑧ 紧固件应采用镀锌制品，螺栓规格应选配适当，电器的固定应牢固、平稳。

2）电气元件的安装规范。

① 组合开关的安装。一般安装在控制箱盖板上，HZ3 型组合开关外壳必须接地。若需在控制箱内操作，组合开关最好安装在箱内右上方，且它的上方最好不要安装其他电器。转换开关和倒顺开关安装后，其手柄位置指示应与相应的接触片位置相对应。定位机构应可靠，所有的触点在任何接通位置上应接触良好。

② 熔断器安装。熔断器应完整无损、接触紧密可靠，并应有额定电压、额定电流的标志。用电设备应接在螺旋壳的接线端子上。熔断器应装合格的熔体，上下级之间根据动作选择性原则应有配合。熔断器安装在各相线上，中性线上严禁安装熔断器。熔断器安装在控制开关电源的进线端。熔断器安装位置及相互间距离，应便于更换熔体。有熔断指示器的熔断器，其指示器应装在便于观察的一侧。瓷质熔断器在金属底板上安装时，其底座应垫软绝缘衬垫。安装具有几种规格的熔断器，应在底座旁标明规格。带有接线标志的熔断器，电源线应按标志进行接线。

③ 低压断路器的安装。低压断路器应垂直于配电盘安装，其倾斜度不应大于 5°，电源引线应接到上端，负载引线接到下端。低压断路器用作电源总开关或电动机控制开关时，在电源进线侧必须加装刀开关或熔断器等，以形成一个明显的断点。低压断路器操作手柄或传动杠杆的开、合位置应正确；操作力不应大于产品的规定值。电动操作机构接线应正确；在合闸过程中，开关不应跳跃；低压断路器的接线裸露在箱体外部且易触及的导线端子应加绝缘保护。

④ 接触器的安装。交流接触器一般应安装在垂直面上，倾斜度不得超过 5°。安装孔的螺钉应装有弹簧垫圈或平垫圈并拧紧螺钉以防止振动松脱。

⑤ 热继电器的安装。热继电器的热元件必须串联在主电路中，常闭触点必须串联在控制回路中。应确保可动部分动作应灵活、可靠。热继电器的整定电流应按电动机的额定电流自行调整。绝对不允许弯折双金属片。一般情况下，热继电器应置于手动复位的位置上。

⑥ 时间继电器的安装。JS20 主要是接插座的安装要牢固，位置要准确。JS7 在安装时要保证断电之后，释放时衔铁的运动垂直向下，其倾斜度不得超过 5°。

⑦ 其他电气元件。凸轮控制器及主令控制器，应安装在便于观察和操作的位置上。控

制器操作应灵活；挡位应明显、准确。带有零位自锁装置的操作手柄，应能正常工作。操作手柄或手轮的动作方向，宜与机械装置的动作方向一致。

⑧ 走线槽的安装。应做到横平竖直、排列整齐匀称、安装牢固和便于走线。

⑨ 接线端子排的安装。一般安装在电气控制箱的最下边或右下边位置，这样便于电源进出。

（2）外围电路图的安装规范

1）导线在进出电气柜时，一定要用缠绕带绑扎好，要注意保护接地线的使用。从电气柜到进给电动机接线盒电线要穿螺纹管进行防护。

2）电器的外部接线，应符合下列要求：

接线应按接线端头标志进行。接线应排列整齐、清晰、美观，导线绝缘应良好、无损伤。电源侧进线应接在进线端，即固定触点接线端；负荷侧出线应接在出线端，即可动触点接线端。电器的接线应采用铜质或有电镀金属防锈层的螺栓和螺钉，连接时应拧紧，且应有防松装置。外部接线不得使电器内部受到额外应力。

3）电气元件的安装规范。

① 按钮的安装。根据机床实际工作便利需要和机床的实际位置进行安装。同一设备运动部件有几种不同的工作状态时，应使每一对相反状态的按钮安装在一组。安装按钮必须牢固，金属按钮盒必须可靠接地。按钮的安装应使按钮之间的距离为 50~80mm，按钮箱之间的距离宜为 50~100mm；当倾斜安装时，其与水平面的倾角不宜小于 30°。按钮操作应灵活、可靠、无卡阻。集中在一起安装的按钮应有编号或不同的识别标志，紧急按钮应有明显标志，并设保护罩。

② 行程开关的安装。行程开关主要用于控制机床工作台的上下、前后和左右运动行程。

行程开关安装时，安装位置要准确，安装要牢固。滚轮的方向不能装反，挡铁与其碰撞的位置应符合控制电路的要求，并确保能可靠的与挡铁之间碰撞。撞块或撞杆对开关的作用力及开关的动作行程，均不应大于允许值。

③ 速度继电器的安装。安装前要先弄清其基本结构，辨明常开触点的接线端。速度继电器的连接头与电动机转轴直接连接，并使两轴中心线重合。速度继电器的金属外壳应可靠接地。

④ 照明灯固定。照明灯具体安装位置根据不同型号的机床确定，照明电路必须可靠接地，以确保人身安全。

⑤ 电动机固定。电动机具体安装位置根据不同型号的机床确定，从电气柜到进给电动机接线盒电线要穿螺纹管进行防护。电动机外壳必须可靠接地，以确保人身安全。

3. 机床电气工艺安装要求

机床电气配线顺序如下：先接电气控制柜内的主电路、控制电路，需要外接的导线接到接线端子排上，然后接柜外的其他电气设备，如按钮、照明灯、电动机等。引入机床的导线要用金属软管加以保护。

（1）线槽配线

① 所有导线的截面积等于或大于 0.5mm² 时，必须采用软线。考虑机械强度的原因，所用导线的最小截面积在控制箱外为 1mm²，在控制箱内为 0.75mm²。但对控制箱内通过很小电流的电路连线，如电子逻辑电路，可用 0.2mm²，并且可以采用硬线，但只能用于不移动又无振动的场合。

② 布线时，严禁损伤线芯和导线绝缘。

③ 各电气元件接线端子引出导线的走向以元件的水平中心线为界限，在水平中心线以上接线端子引出的导线，必须进入元件上面的走线槽；在水平中心线以下接线端子引出的导线，必须进入元件下面的走线槽。任何导线都不允许从水平方向进入走线槽内。

④ 各电气元件接线端子上引出或引入的导线，除间距很小或元件机械强度很差时允许直接架空敷设外，其他导线必须经过走线槽进行连接。

⑤ 进入走线槽内的导线要完全置于走线槽内，并应尽可能避免交叉，装线不要超过其容量的70%，以便于盖上线槽盖和以后的装配及维修。

⑥ 各电气元件与走线槽之间的外露导线，应合理走线，并尽可能做到横平竖直，垂直变换走向。同一个元件上位置一致的端子和同型号电气元件中位置一致的端子，引出或引入的导线，要敷设在同一平面上，并应做到高低一致或前后一致，不得交叉。

⑦ 所有接线端子、导线线头上，都应套有与电路图上相应接点线号一致的编码套管，并按线号进行连接，连接必须牢固，不得松动。

⑧ 在任何情况下，接线端子都必须与导线截面积和材料性质相适应。当接线端子不适合连接软线或不适合连接较小截面积的软线时，可以在导线端头穿上针形或U形冷压端子并压紧。

⑨ 一般一个接线端子只能连接一根导线，如果采用专门设计的端子，可以连接两根或多根导线，但导线的连接方式必须是公认的，在工艺上是成熟的，如夹紧、压接、焊接、绕接等，并应严格按照连接工艺的工序要求进行。

（2）外部导线的连接　外部连接是指电源、电动机、按钮板等配电箱外部的导线连接，在图1-50中某机床的电气互连图中，从配电箱到电动机、按钮板的外部接线，一般采用金属软管进行布线。

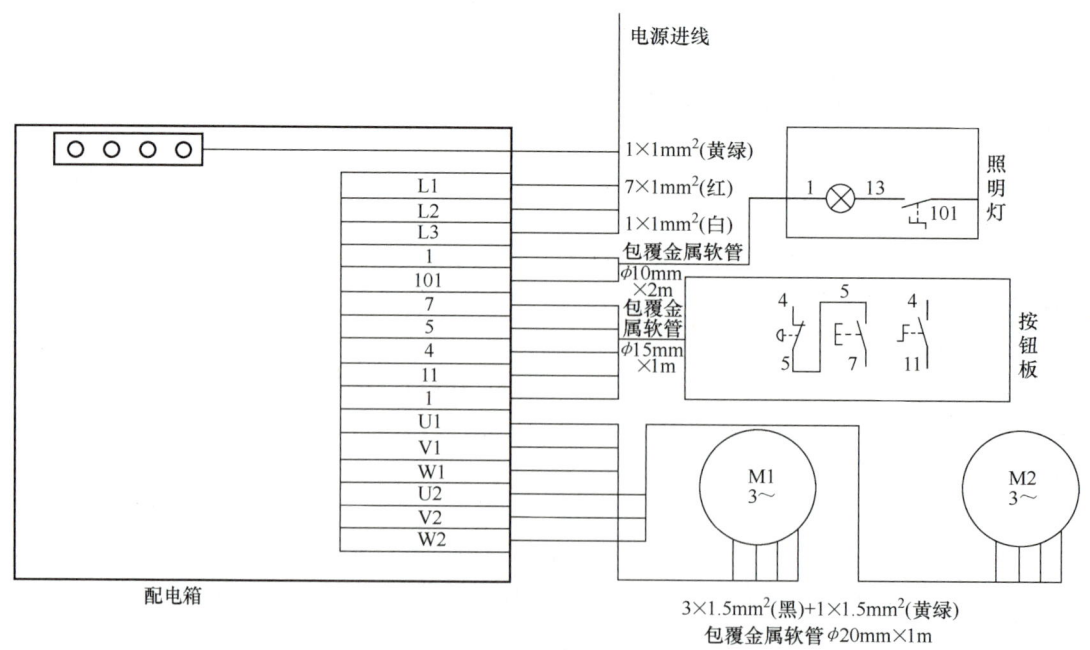

图1-50　某机床电气安装互连图

4. 安装完毕的检查

1) 常规检查。对照原理图和接线图，逐线检查，核对线号，防止错接、漏接；检查各接线端子的接触情况，若有虚接现象应及时排除。

2) 用万用表检查。在不通电的情况下，用万用表的欧姆档进行通断检查。

3) 所有螺钉和螺母要拧紧，以减少试车故障，安装时不要漏接地线。

4) 试车前，必须严格遵守安全操作规程，依次检查电器动作是否符合电气原理图的要求，正确完成试车。

5) 试车出现故障，应立即切断电源，排除故障，找出原因并改正后方可再次试车。

二、机床电气控制电路检修的常用方法

机床电气电路确定故障范围的方法参见第二章第一节的"用逻辑分析法确定故障范围，用排除法缩小故障范围"的内容，下面介绍在确定故障范围后查找故障点的几种常用检测方法。

（1）电压法　电压法属带电操作，操作中要严格遵守带电作业安全规定，确保人身安全，测量检查前，首先将万用表的转换开关置于相应的电压种类（直流、交流）与合适的量程（依据电路的电压等级）。

1) 电压分阶测量法。如图 1-51 所示，若按下按钮 SB2 时，接触器 KM 线圈不得电，则说明故障在控制电路。将万用表转换开关置于交流电压 500V 的档位上，然后按图 1-51 所示方法进行测量。

测量时，首先测量 L1、L2 电源电压，确认电源电压正常。然后一人帮助按下按钮 SB2 不放，一人把万用表黑表笔接到 0 点上，红表笔依次接 1、2、3、4、5、6 各点上，分别测量 0-1、0-2、0-3、0-4、0-5、0-6 各点电压，根据测量结果即可找出故障点，见表 1-1。

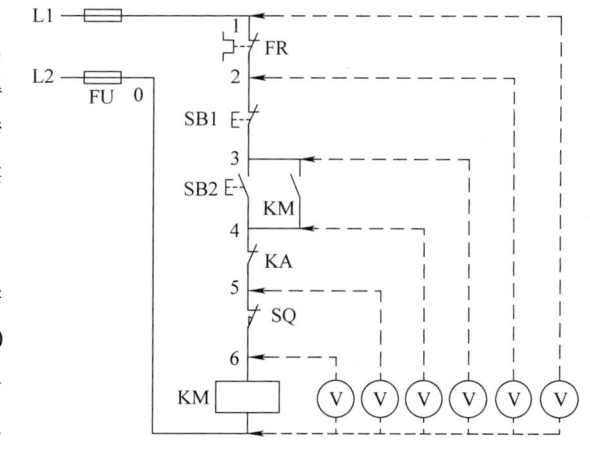

图 1-51　电压分阶测量法

这种测量方法像下（或上）台阶一样依次测量电压，所以称为电压分阶测量法。

表 1-1　电压分阶测量法

故障现象	测试状态	0-1	0-2	0-3	0-4	0-5	0-6	故障点
按下按钮 SB2 时，接触器 KM 线圈不得电	电源电压正常，按下按钮 SB2 不放	0	0	0	0	0	0	FU 熔断或接触不良
		380V	0	0	0	0	0	FR 接触不良或动作
		380V	380V	0	0	0	0	SB1 接触不良
		380V	380V	380V	0	0	0	SB2 接触不良
		380V	380V	380V	380V	0	0	KA 接触不良
		380V	380V	380V	380V	380V	0	SQ 接触不良
		380V	380V	380V	380V	380V	380V	KM 线圈断路

电压分阶测量法还可灵活运用,如图 1-52 所示方法测量,可更快速缩小故障范围,适合较长电路测量,依据测量结果即可快速缩小范围,见表 1-2。这种电压分阶测量法称为电压长分阶测量法,测量时,分阶点的位置,可根据电路情况灵活选择,一般选择电路中段,可将故障范围快速缩小 50%左右。

表 1-2 电压长分阶测量法

故障现象	测试状态	0-1	0-4	故障范围
按下按钮 SB2 时,接触器 KM 线圈不得电	电源电压正常,按下按钮 SB2 不放	0	0	FU 熔断或接触不良
		380V	0	1-2-3-4
		380V	380V	4-5-6-0

2)电压分段测量法。将万用表的转换开关置于交流电压 500V 的挡位上,然后按如下方法测量。

图 1-53 所示,若按下按钮 SB2,接触器 KM 线圈不得电,则说明该控制电路有故障。首先确认电源电压正常,然后需一人按下按钮 SB2,这时另一人用万用表的红、黑两表笔逐段测量相邻两点 1-2、2-3、3-4、4-5、5-6、6-0 之间的电压,根据测量结果即可找出故障点,见表 1-3。该方法是利用等电位原理测量故障点。

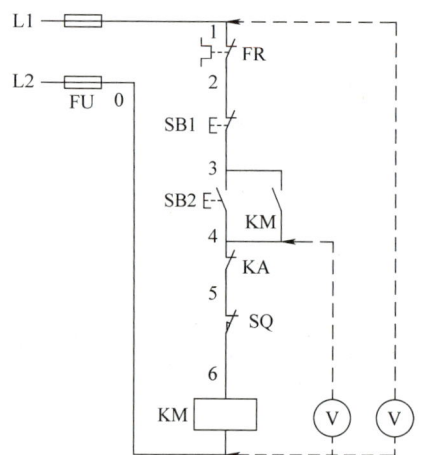

图 1-52 电压长分阶测量法

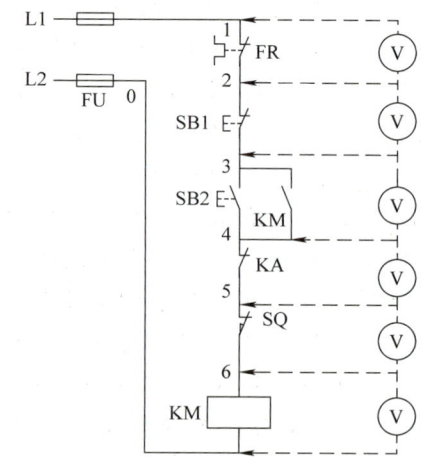

图 1-53 电压分段测量法

表 1-3 电压分段测量法

故障现象	测试状态	1-2	2-3	3-4	4-5	5-6	6-0	故障点
按下 SB2 时,KM 不吸合	电源电压正常,按下 SB2 不放	380V	0	0	0	0	0	FR 接触不良或动作
		0	380V	0	0	0	0	SB1 接触不良
		0	0	380V	0	0	0	SB2 接触不良
		0	0	0	380V	0	0	KA 接触不良
		0	0	0	0	380V	0	SQ 接触不良
		0	0	0	0	0	380V	KM 线圈断路

这种测量方法将被测电路分段,逐段进行测量,所以叫电压分段测量法。该方法还可灵

活运用,即加长分段,如图 1-54 所示,电路分成 1-4、4-0 段进行测量,可将故障范围快速缩小 50%,这种方法也叫电压长分段法,见表 1-4。

表 1-4 电压长分段测量法

故障现象	测试状态	1-4	4-0	故障范围
按下按钮 SB2,接触器 KM 线圈不得电	电源电压正常,按下按钮 SB2 不放	380V	0	1-2-3-4
		0	380V	4-5-6-0

(2)电阻法 电阻法属停电操作,要严格遵守停电、验电、防突然送电等操作规程。测量检查时,首先切断电源,然后将万用表转换开关置于适当倍率电阻挡(以能清楚显示线圈电阻值为宜)。

1)电阻分阶测量法。图 1-55 所示,若按下按钮 SB2 时,接触器 KM 线圈不得电,则说明控制电路有故障。测量时,首先切断电源,然后一人按住按钮 SB2,另一人用万用表依次测量 0-1、0-2、0-3、0-4、0-5、0-6 各两点之间电阻值,根据测量结果可找出故障点,见表 1-5。

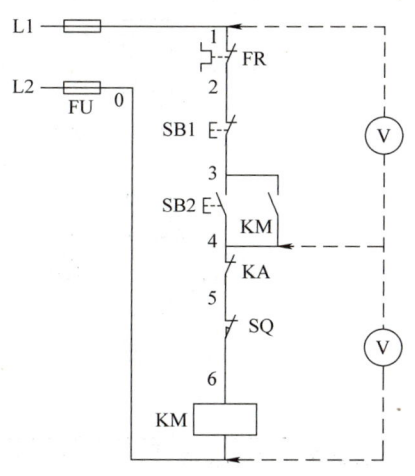

图 1-54 电压长分段测量法

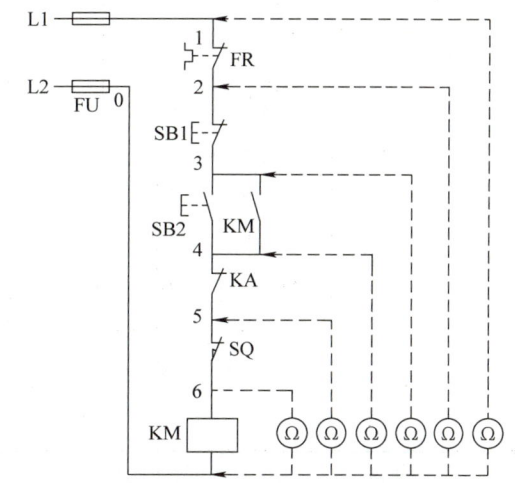

图 1-55 电阻分阶测量法

表 1-5 电阻分阶测量法

故障现象	测试状态	0-1	0-2	0-3	0-4	0-5	0-6	故障点
按下按钮 SB2 时,接触器 KM 线圈不得电	切断电源,按下按钮 SB2 不放	∞	R	R	R	R	R	FR 接触不良或动作
		∞	∞	R	R	R	R	SB1 接触不良
		∞	∞	∞	R	R	R	SB2 接触不良
		∞	∞	∞	∞	R	R	KA 接触不良
		∞	∞	∞	∞	∞	R	SQ 接触不良
		∞	∞	∞	∞	∞	∞	KM 线圈断路

注:表中 R 为 KM 线圈电阻。

电阻分阶测量法的命名与电压分阶测量法的命名相同,为了能快速查到故障点,电阻分阶测量法也可演变为电阻长分阶测量法,方法同电压长分阶测量法一样,如图 1-56 所示。电阻长分阶测量法见表 1-6。

表 1-6 电阻长分阶测量法

故障现象	测试状态	0-1	0-4	故障范围
按下按钮 SB2 时,接触器 KM 线圈不得电	切断电源,按下按钮 SB2 不放	∞	∞	0-6-5-4
		∞	R	1-2-3-4

注：表中 R 为 KM 线圈电阻。

2）电阻分段测量法。图 1-57 所示，若按下按钮 SB2 时，接触器 KM 线圈不得电，则说明控制电路有故障。检查时，首先切断电源，然后一人按住按钮 SB2，另一人用万用表依次测量 1-2、2-3、3-4、4-5、5-6、6-0 两点之间电阻，如果两点间电阻值很大，即说明该两点间接触不良或导线断线，见表 1-7。

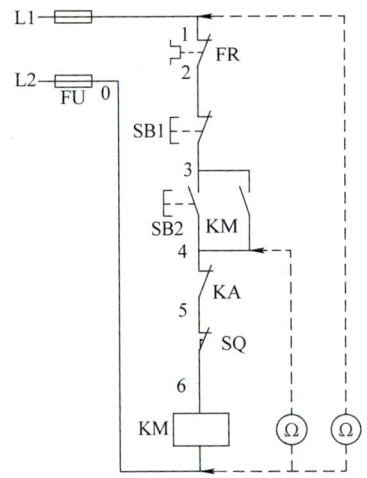

图 1-56 电阻长分阶测量法

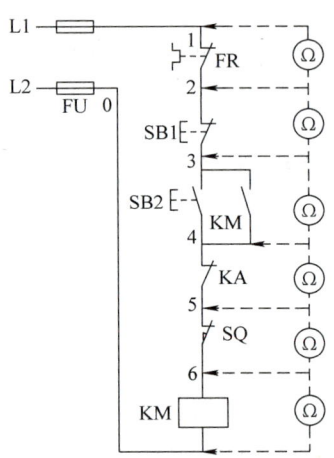

图 1-57 电阻分段测量法

表 1-7 电阻分段测量法

故障现象	测试状态	测试点	正常阻值	测量阻值	故障点
按下 SB2 时,接触器 KM 线圈不得电	切断电源,按下按钮 SB2 不放	1-2	0	∞	FR 接触不良或动作
		2-3	0	∞	SB1 接触不良
		3-4	0	∞	SB2 接触不良
		4-5	0	∞	KA 接触不良
		5-6	0	∞	SQ 接触不良
		6-0	R	∞	KM 线圈断路

注：表中 R 为 KM 线圈电阻。

电阻分段测量法也可演变为电阻长分段测量法，有利于提高测量速度，如图 1-58 所示。电阻长分段测量法见表 1-8。

表 1-8 电阻长分段测量法

故障现象	测试状态	测试点	正常阻值	测量阻值	故障范围
按下 SB2 时,KM 不吸合	切断电源,按下 SB2 不放	1-4	0	∞	1-2-3-4
		4-0	R	∞	4-5-6-0

注：表中 R 为 KM 线圈电阻。

电阻测量法较电压测量法安全,适合初学者应用,但也有缺点,易造成判断错误,为此测量时应注意以下几点:

① 所测电路若与其他电路并联,必须将该电路与其他电路分开,否则会造成判断失误。

② 用万用表测量熔断器、接触器触点、继电器触点、连接导线的电阻值为零,测量电动机、电磁线圈、变压器绕组指示其直流电阻值。

③ 测量高电阻元件时,要将万用表的电阻挡转换到适当挡位。

此外还有短接法低压验电笔法在实际机床维修中也经常使用,在这里不再赘述。

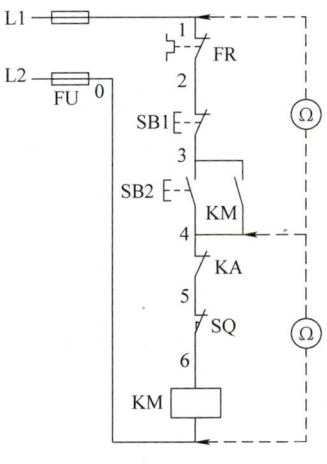

图1-58 电阻长分段测量法

实训项目一 认识常用低压电器

一、项目任务

1) 根据低压电器的实物,熟悉常用低压电器的功能、结构,理解参数的含义。
2) 掌握安装和使用要领,进行分析拆装并仔细观察其结构和动作过程。
3) 写出各主要零部件的名称,测量触点电阻、通断情况和质量判断。

二、项目准备

器材明细表见1-9。

表1-9 器材明细

名称	型号或规格	数量	名称	型号或规格	数量
单向调压器	1kV·A	1台	一般电工工具	螺钉旋具、验电笔、剥线钳、万用表等	一套
刀开关	HK1/3	1只	低压断路器	DZ15	1只
熔断器	RC1A-15	1只	交流接触器	CJ10-20	2只
按钮		2只	导线	2.5mm^2	若干

三、项目实施及指导

(一) 熟悉常用低压保护电器

1) 教师以图片和实物的形式介绍熔断器、断路器、热继电器的作用、分类、结构、电气符号、安装与使用及选用原则。

学生分组观察熔断器、断路器、热继电器,掌握其分类、结构,理解其安装与使用、选用原则。

2) 将一只RL1型熔断器拆卸,认真观察其结构,观察完毕后按拆卸的逆顺序安装熔断器。

3）认识 DZ47 系列低压断路器的面板，熟悉参数及各种标识含义。

4）认识 JRS2 系列热继电器的面板，熟悉各种标识含义。

5）用万用表检测熔断器触点接触情况，学会更换熔体或熔丝；用万用表检测低压断路器、热继电器各触点在开关闭合或断开时的连接或断开情况。

（二）熟练认识各低压控制电器

1. 教师活动

引导学生仔细观察所提供的各种形式刀开关、主令电器、交流接触器、时间继电器、速度继电器、控制变压器等电器，思考其结构特点及所标注的铭牌参数含义，总结其使用方法，给予安装与使用及选用方面的指导。

2. 学生活动

以小组为单位仔细观察所提供的各种形式刀开关、主令电器、交流接触器、时间继电器、速度继电器、控制变压器等电器，思考其结构特点及所标注的铭牌参数含义，总结其使用方法，掌握其安装与使用及选用方法。

检测各种刀开关、主令电器、交流接触器、时间继电器、速度继电器等电器的触点位置及好坏。检测接触器、继电器线圈是否完好。

（1）线圈检查方法

1）将万用表拨至电阻 R×100Ω 挡（应首先进行欧姆调零）。

2）通过表笔搭接接触器或继电器线圈接线柱，测量电磁线圈电阻，若为零，说明短路；若为无穷大，说明开路；若测量电阻为几百欧左右为正常。

（2）常开或常闭触点位置及好坏检查方法

1）将万用表拨至电阻 R×100Ω 挡（应首先进行欧姆调零）。

2）通过表笔接触任意两触点：若万用表指针摆动至读数为零，则说明该对触点是常闭触点对；若指针不动，则说明该对触点可能是常开触点对，需按动机械按键进一步确定。若按下机械按键，表针不动，说明这对触点不是常开触点对；若按下机械按键，表针指向零，说明这对触点是常开触点对。

（三）拆装、检修交流接触器

（1）交流接触器的拆卸

1）拆卸灭弧罩紧固螺钉，取下灭弧罩。

2）拉紧主触点定位弹簧夹，取下主触点及主触点压力弹簧片，拆卸主触点时必须将主触点侧转 45°后取下。

3）松开辅助常开静触点的线桩螺钉，取下常开静触点。

4）松开接触器底部的盖板螺钉，取下盖板，在松开盖板螺钉时，要用手按住螺钉并慢慢放松。

5）取下静铁心缓冲绝缘纸片及静铁心。

6）取下静铁心支架及缓冲弹簧。

7）拔出线圈接线端的弹簧夹片，取下线圈。

8）取下反作用弹簧。

9）取下衔铁和支架。

10）从支架上取下动铁心定位销，然后取下动铁心及缓冲绝缘纸片。

（2）交流接触器的检修

1）检查灭弧罩有无破裂或烧损，清除灭弧罩内的金属飞溅物和颗粒。

2）检查触点的磨损程度，磨损严重时应更换触点。若不需更换，则清除触点表面上烧毛的颗粒。

3）清除铁心端面的油垢，检查铁心有无变形及端面接触是否平整。

4）检查触点压力弹簧及反作用弹簧是否变形或弹力不足，如有则更换弹簧。

5）检查电磁线圈是否有短路、断路及发热变色现象。

6）交流接触器触点压力的调整：一般用纸条凭经验判断，将一张厚约0.1mm，比触点稍宽的纸条夹在触点间，使触点处于闭合位置，用手拉动纸条，若触点压力合适，稍用力纸条即可拉出。

（3）交流接触器的装配　按拆卸的逆顺序进行装配。

实训项目二　三相异步电动机单向连续控制电路板前线槽配线与检修

一、项目任务

对三相异步电动机单向连续控制电路进行板前线槽配线，并对常见故障进行排故练习。

二、项目准备

器材明细详见表1-10。

表1-10　器材明细

代号	名称	型号	规格	数量
M	三相笼型异步电动机	Y112M-4	4kW、380V、8.8A、△联结、1440r/min	1台
QF	低压断路器	DZ5-20/330	三极复式脱扣器、30V、20A	1只
FU1	熔断器	RL1-60/25	500V、60A、配熔体25A	3只
FU2	熔断器	RL1-25/2	500V、15A、配熔体2A	2只
KM	接触器	CJ10-20	20A、线圈电压380V	1只
FR	热继电器	JR36-20	三极、20A、热元件11A、整定电流8.8A	1只
SB1、SB2	按钮	LA10-3H	保护式、380V、5A、按钮数3	1只
XT	端子板	JD0-1020	380V 10A 20节	若干
	主电路导线		BVR1.5mm²（黑色）	若干
	控制电路导线		BVR1.0mm²（红色）	若干
	按钮线		BVR0.75mm²（红色）	若干
	接地线		BVR1.5mm²（黄绿双色）	若干
	电动机引线		BVR1.5mm²（黑色）	若干
	走线槽		18mm×25mm	若干
	控制板		500mm×400mm×20mm	1块
	针形及叉形轧头			若干
	紧固体、编码套管			若干
	金属软管			若干

三、项目实施及指导

1. 电气元件安装

1）识读图 1-33 所示电路图，明确电路所用电气元件及作用，熟悉电路工作过程。

2）检查安装三相异步电动机单向连续控制电路所需电气元件及导线型号、规格、数量、质量，并列表记录。

3）在配电板上，按工艺要求布置电气元件，如图 1-59 所示在控制板上安装电气元件，并配上醒目的文字符号。

电气元件安装工艺要求：

① 断路器、熔断器的受电端子应按装到控制板的外侧，并确保熔断器的受电端为底座的中心端。

② 各电气元件的安装位置应整齐、匀称，间距合理，便于电气元件更换。

③ 紧固各电气元件时用力要均匀，紧固程度适当。在紧固熔断器、接触器等易碎电气元件时，应该用手按住一边轻轻摇动，一边用螺钉旋具轮换旋紧对角线上的螺钉，直到手摇不动后，再适当加固旋紧即可。

2. 接线

按图 1-59 所示接线图的走线方法和第六节线槽布线工艺要求进行线槽布线。

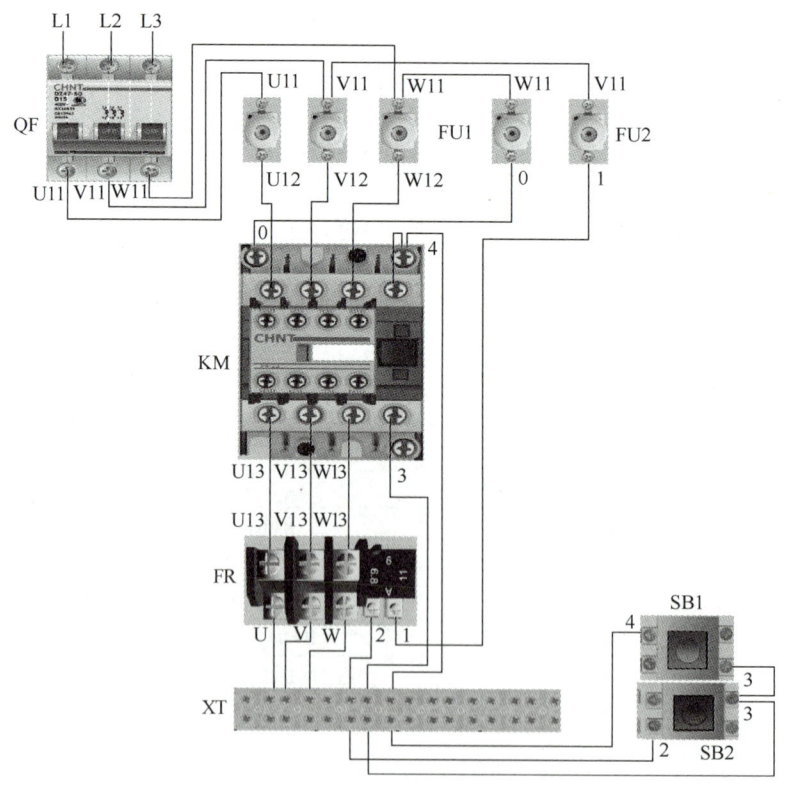

图 1-59 三相异步电动机单向连续控制电路电气元件布置及接线图

1）先接主电路，再接控制电路。

2）先接串联电路，再接分支电路。

3）所有电气元件布局、接线要安全、方便，同一类型接线尽量用同一颜色导线。走线要横平竖直、整齐合理，接点不得松动。

3. 检查布线

根据图 1-59 所示电路图检查控制板布线的正确性。

4. 安装电动机

5. 连接

先连接电动机和按钮金属外壳的保护接地线，然后连接电动机等控制板外部的导线，最后接电源线。

6. 自检

1）按电路图或接线图从电源端开始，逐段核对接线及接线端子处线号是否正确，有无漏接、错接之处。检查导线接点是否符合要求，压接是否牢固。同时注意接点接触应良好，以避免带负载运转时产生闪弧现象。

2）用万用表检查电路的通断情况。检查时，应选用倍率适当的电阻挡，并进行校零，以防发生短路故障。对控制电路的检查（断开主电路），可将表笔分别搭在 U11、V11 线端上，读数应为"∞"。按下 SB2 时，读数应为接触器线圈的直流电阻值。然后断开控制电路，再检查主电路有无开路或短路现象，此时可用手动来代替接触器通电进行检查。

3）用绝缘电阻表检查电路的绝缘电阻的阻值应不得小于 1MΩ。

7. 交验

8. 通电试车

试车方法及要求：

1）为保证人身安全，在通电试车时，要认真执行安全操作规程的有关规定，一人监护，一人操作。试车前，应检查与通电试车有关的电气设备是否有不安全的因素存在，若查出应立即整改，然后方能试车。

2）通电试车前，必须征得教师同意，并由教师接通三相电源 L1、L2、L3，同时在现场监护。学生闭合电源开关 QF 后，用验电笔检查熔断器出线端，氖管亮说明电源接通。按下按钮 SB1、SB2，观察接触器情况是否正常，是否符合电路功能要求，电气元件的动作是否灵活，有无卡阻及噪声过大等现象，电动机运行情况是否正常等。但不得对电路接线是否正确进行带电检查。观察过程中，若发现有异常现象，应立即停车。当电动机运转平稳后，用钳形电流表测量三相电流是否平衡。

3）试车成功率以通电后第一次按下按钮时计算。

4）出现故障后，学生应独立进行检修。若需带电检查时，教师必须在现场监护。检修完毕后，如需要再次试车，教师也应该在现场监护，并做好时间记录。

5）通电试车完毕，停转，切断电源。先拆除三相电源线，再拆除电动机线。

9. 注意事项

1）接触器 KM 的自锁触点应并接在起动按钮 SB1 两端，停止按钮 SB2 应串接在控制电路中；热继电器 FR 的热元件应串接在主电路中，它的常闭触点应串接在控制电路中。

2）电源进线应接在螺旋式熔断器的下接线座上，出线则应接在上接线座上。

3) 按钮内接线时，用力不可过猛，以防螺钉接滑。

4) 电动机及按钮的金属外壳必须可靠接地。接至电动机的导线，必须穿在导线通道内加以保护，或采用坚韧的四芯橡皮线或塑料护套线进行临时通电校验。

5) 热继电器的整定电流应按电动机的额定电流自行调整，绝对不允许弯折双金属片。

6) 热继电器因电动机过载动作后，需再次起动电动机，必须待热元件冷却并且热继电器复位后才可进行。

7) 编码套管套装要正确。

起动电动机时，在按下起动按钮 SB1 的同时，手还必须按在停止按钮 SB2 上，以保证万一出现故障时，可立即按下 SB2 停车，防止事故扩大。

四、电路检修

常见故障分析检修见表 1-11。电路检修步骤如下：

（1）故障设置　在控制电路或主电路中人为设置电气自然故障两处。

（2）教师示范　教师进行示范检修时，可把下述检修步骤及要求贯穿其中，直至故障排除。

1) 用试验法来观察故障现象。主要观察电动机的运转情况、接触器的动作情况和电路的工作情况等，如发现有异常情况，应立即断电检查。

2) 用逻辑分析法缩小故障范围，并在电路图上用虚线标出故障部位的最小范围。

3) 用测量法正确、迅速地找出故障点。

4) 根据故障点的不同情况，采取正确的修复方法，迅速排除故障。

5) 排除故障后通电试车。

（3）学生检修　教师示范检修后，再由教师重新设置两个故障点，让学生进行检修。在学生检修的过程中，教师可进行启发性的示范指导。

（4）注意事项　检修训练时应注意以下几点：

1) 要认真听取和仔细观察教师在示范过程中的讲解和检修操作。

2) 要熟练掌握电路图中各个环节的作用。

3) 在排除故障过程中，故障分析的思路和方法要正确。

4) 工具和仪表使用要正确。

5) 带电检修故障时，必须有教师在现场监护，并要确保用电安全。

6) 检修必须在定额时间内完成。

表 1-11　常见故障分析检修

故障现象	原因分析	图形	检查方法
按下按钮 SB1 后，接触器 KM 不吸合	1. 主电路可能故障点：断路器、接触器、热继电器接线端接触不良故障，电源连接导线故障 2. 控制电路可能故障点：熔断器 FU2 熔断、热继电器 FR 触点 1-2 接触不良或动作后没复位；接触器线圈 4-0 断线；电路断路		可用万用表测量电压或用验电笔测试，检查断路故障点

(续)

故障现象	原因分析	图形	检查方法
接触器 KM 不自锁	1. 接触器辅助常开触点 3-4 接触不良 2. 自锁回路断线	SB1、KM（3-4）	用电阻检查法检查
按下停止按钮 SB2，接触器不释放	可能故障点： 1. 停止按钮 SB2 触点焊住或卡住 2. 接触器 KM 已断电，但可动部分被卡住 3. 接触器铁心接触面上有油污，上下粘住 4. 接触器主触点熔焊	SB2（2-3）、KM U12/V12/W12、U13/V13/W13	用电阻检查法检查各电气元件的触点电阻情况
控制电路正常，电动机不能起动并有"嗡嗡"声	可能故障点： 1. 主电路熔断器 FU1 熔体熔断 2. 接触器主触点接触不良，使电动机缺相运行 3. 轴承损坏、转子扫膛	KM U12/V12/W12、U13/V13/W13	用钳形电流表测量三相电流

五、评分标准

评分标准见表1-12。

表1-12 评分标准

序号	项目	配分	评分标准	得分
1	选用工具仪表与器材	5分	(1)工具、仪表少选或错选，每个扣1分 (2)电气元件选错型号和规格，每处扣1分	
2	装前检查	5分	电气元件漏检或错检，每处扣1分	
3	安装布线	40分	(1)电动机按装不符合要求，扣10分 (2)电气元件布置不合理，扣5分 (3)电气元件安装不牢固，每个扣1分 (4)电气元件安装不整齐、不匀称，每只1分 (5)损坏电气元件，每只扣5分 (6)不按电路图接线，扣15分 (7)布线不符合要求，每处扣3分 (8)接点松动、露铜过长，每处扣1分 (9)损伤导线绝缘层和线芯，每处扣1分 (10)漏装或套错编码套管，每处扣1分 (11)漏装接地线，每处扣10分	
4	故障分析	10分	(1)故障分析，故障排除思路不正确，扣5~10分 (2)标错电路故障范围，每个扣5分	

(续)

序号	项目	配分	评分标准	得分
5	排除故障	20分	(1) 停电不验电,每个扣5分 (2) 仪表工具使用不当,每个扣5分 (3) 排除故障顺序错误,每个扣5分 (4) 不能查出故障点,每个扣10分 (5) 查出故障点但不能排除,每个扣5分 (6) 产生新的故障,能排除扣5分,不能排除扣10分 (7) 烧坏电动机,扣20分 (8) 损坏电气元件,或排除故障方法不正确,每次扣5~20分	
6	通电试车	20分	(1) 热继电器未整定,或整定错误,扣10分 (2) 熔体规格选用不当,扣5分 (3) 第一次试车不成功,扣10分 (4) 第二次试车不成功,扣15分 (5) 第三次试车不成功,扣20分	
7	安全文明操作		每违规操作一次,扣2分;发生严重安全事故,扣10分	
8	定额时间		定额时间为3h,配线训练不允许超时,修复故障允许超时,每超时1min扣5分	
9	备注		除定额时间外,各项扣分值不超过配分值	
10	合计	100分	总评得分	实习时间	工位号

实训项目三 三相异步电动机正转—停止—反转控制电路板前线槽配线与检修

一、项目任务

对三相异步电动机正转—停止—反转控制电路采用板前线槽配线进行安装并对故障线路进行检修。

二、项目准备

器材明细见表1-10,其中同型号接触器需两只。

三、项目实施及指导

(一) 电路安装

1. 电气元件安装

按照实训项目二所要求的电气元件安装要求安装电气元件。

1) 识读图1-38正转—停止—反转控制电路图,明确电路所用的电气元件及作用,熟悉电路的工作过程。

2) 检查安装三相异步电动机的接触器联锁正反转控制电路所需的电气元件及导线型号、规格、数量、质量,并将检查情况列表记录。

3) 在事先准备好的配电板上,按工艺要求如图1-60所示布置电气元件。

2. 线槽布线

参照第六节的线槽布线工艺要求,按照图 1-60 接线图布线。

① 先接主电路,再接控制电路。

② 先接串联电路,再接分支电路。

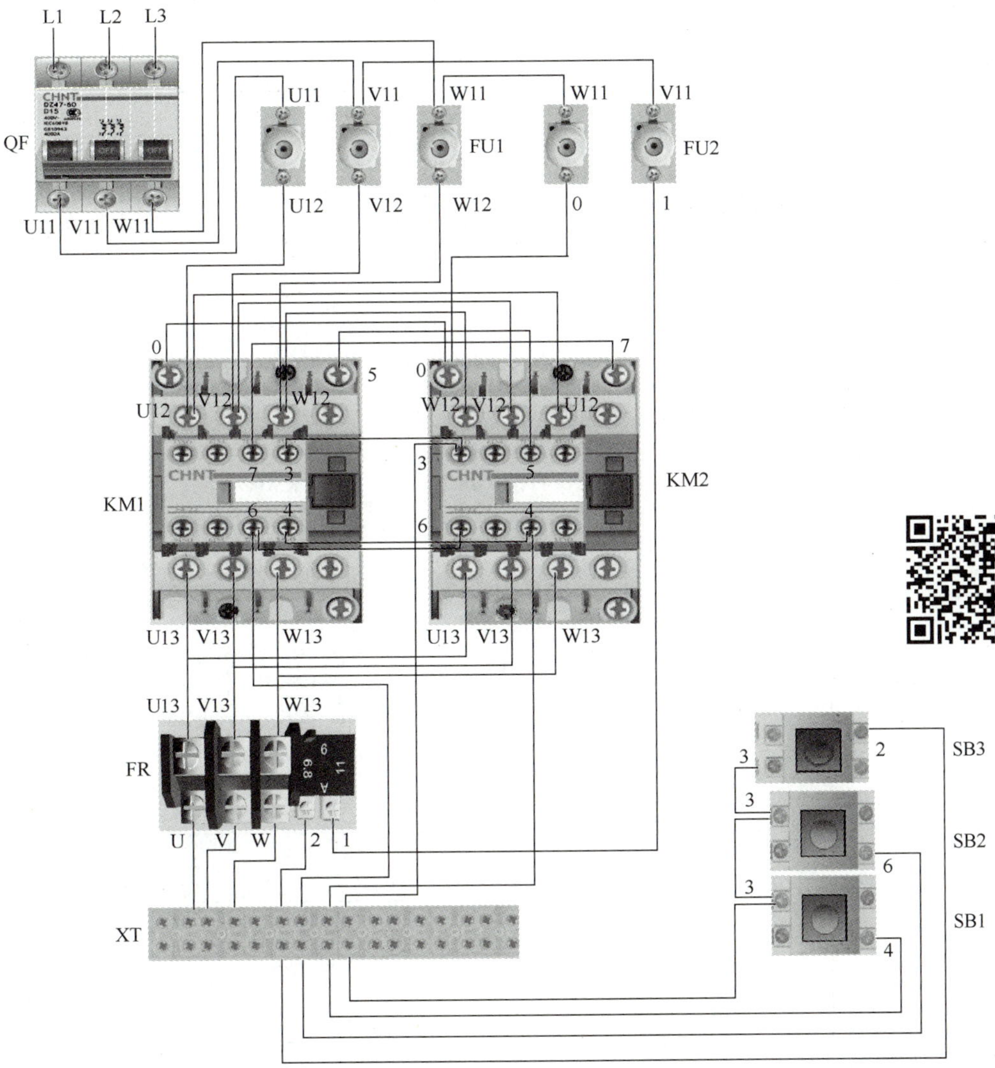

图 1-60 三相异步电动机正转—停止—反转控制电路电气元件布置及接线图

3. 检查

按照实训项目二的检查方法进行检查。先进行直观检查。经直观检查确认无误后,在不通电的情况下,用万用表检测电路有无断路、短路故障。

4. 通电试车

检查无误后,按照实训项目二的方法通电试车。

注意:

1)进入按钮盒的导线必须从接线端子引出。

2）布置电气元件时，应考虑电气元件的位置要与主电路有一定对应，相同电气元件尽量摆放在一起，达到布局合理，间距合适，接线方便的效果。

3）安装完成后，先进行电路自检，自检完成请教师检查无误后方能进行通电试车。

（二）故障检修

常见故障分析检修见表1-13。电路检修步骤参见实训项目二故障检修步骤。

表1-13　常见故障分析检修

故障现象	原因分析	图形	检查方法
正转控制正常，反转时接触器不吸合，电动机不起动	正转控制正常，说明电源电路、熔断器FU1和FU2、热继电器FR、停止按钮SB3及电动机M均正常，其故障可能在反转控制电路	SB2 KM2 6 KM1 7 KM2	可用万用表测量反转控制电路的电阻，检查断路故障点
正转控制正常，反转断相	正转正常，反转断相，说明电源电路、控制电路、熔断器、热继电器及电动机均正常，故障可能原因是反转接触器KM2主触点的某一相接触不良或其连接导线松脱或断路	3 KM1 4	用验电笔检查断路故障点
按下正转起动按钮时，电动机正转，松开该按钮后，电动机停转	可能故障点： 1. 自锁触点接触不良 2. 自锁回路断路	U12 V12 W12 KM1 KM2 U13 V13 W13	用电阻检查法检查各电气元件的触点电阻情况
按下起动按钮，接触器动作，但电动机不能起动并有"嗡嗡"声	可能故障点在主电路： 1. 电源缺相 2. 接触器主触点接触不良，使电动机缺相运行 3. 热继电器触点发生断路故障 4. 电动机故障	U11 V11 W11 FU1 U12 V12 W12 KM1 KM2 U13 V13 W13 FR U V W	用钳形电流表测量三相电流，并运用验电笔测试

四、评分标准

评分标准参考表1-12，定额时间为4h。

实训项目四　三相异步电动机Y-△减压起动控制电路板前线槽配线与检修

一、项目任务

对三相异步电动机Y-△减压起动控制电路采用板前线槽配线进行安装及对故障电路进行检修。

二、项目准备

器材明细见表1-14。

表1-14　器材明细

代号	名称	型号	规　　格	数量
M	三相笼型异步电动机	Y112M-4	4kW、380V、8.8A、△联结,1440r/min	1台
QF	低压断路器	DZ5-20/330	三极复式脱扣器,30V、20A	1只
FU1	熔断器	RL1-60/2S	500V、60A、配熔体25A	3只
FU2	熔断器	RL1-25/2	500V、15A、配熔体2A	2只
KM1、KM2	接触器	CJT1-20	20A、线圈电压380V	2只
FR	热继电器	JR36B-20/3	三极、20A、整定电流15.4A	1只
SB1、SB2、SB3	按钮	LA10-3H	保护式、380V、5A、按钮数3	1只
KT	时间继电器	DH48S	交流380V	1只
XT	端子板	JD0-1020	380V、10A、20节	1块
	主电路导线		BVR1.5mm²（黑色）	若干
	控制电路导线		BVR1.0mm²（红色）	若干
	按钮线		BVR0.75mm²（红色）	若干
	接地线		BVR1.5mm²（黄绿双色）	若干
	电动机引线		BVR1.5mm²（黑色）	若干
	走线槽		18mm×25mm	若干
	控制板		500mm×400mm×20mm	1块
	针形及叉形轧头			若干
	紧固体及编码套管			若干
	金属软管			若干

三、项目实施及指导

（一）电路安装

1. 电气元件安装

按照实训项目二所要求的电气元件安装要求安装电气元件。

1）识读图1-38电路图，明确电路所用的电气元件及作用，熟悉电路的工作过程。

2）检查安装三相异步电动机的接触器联锁正反转控制电路所需的电气元件及导线型号、规格、数量、质量，并将检查情况列表记录。

3）在事先准备好的配电板上，按工艺要求布置电气元件（见图1-61）。

2. 线槽布线

参照第六节的线槽布线工艺要求，按照图1-61布线效果图布线。

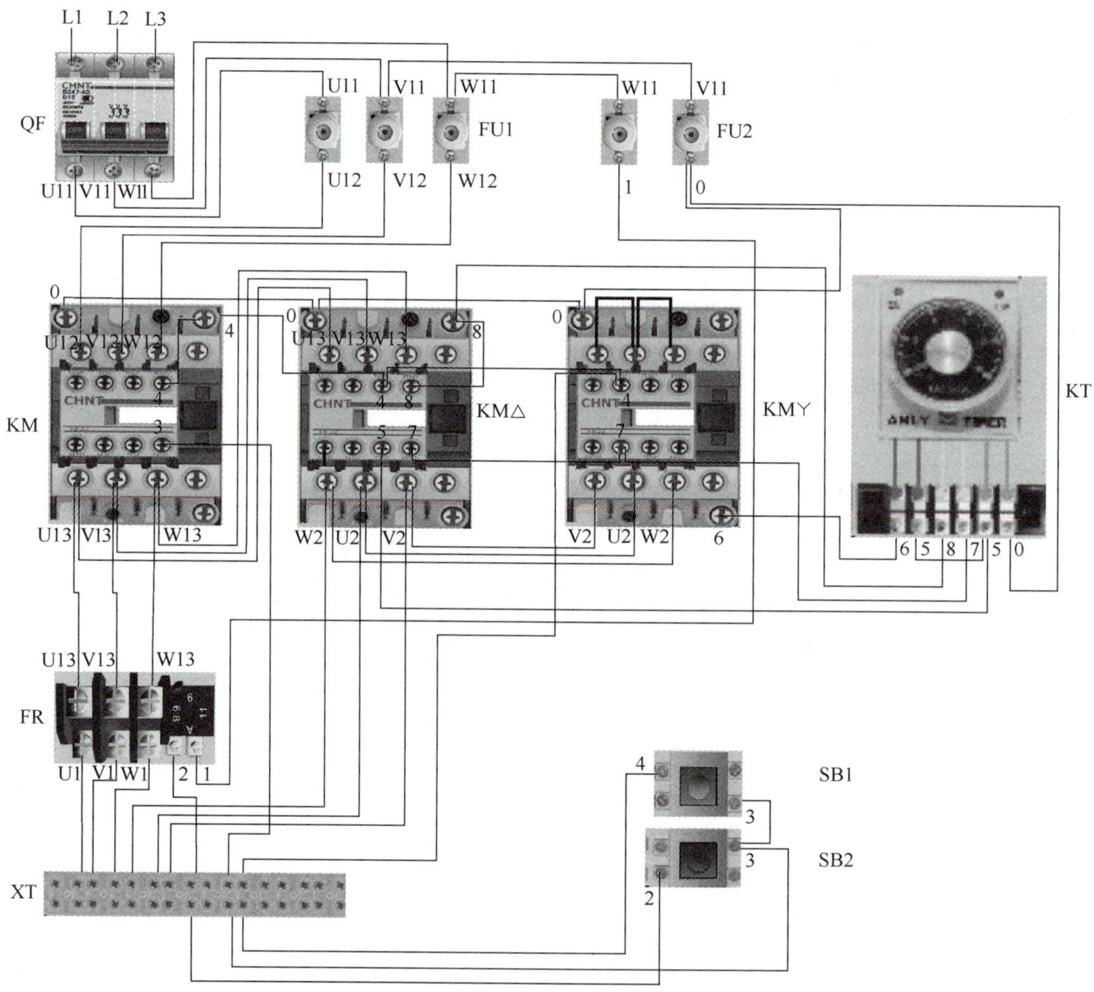

图1-61　三相异步电动机丫-△减压起动电气元件布置和接线图

3. 检查

按照实训项目二的检查方法进行检查。先进行直观检查，经直观检查确认无误后，在不通电的情况下，用万用表检测电路有无断路、短路故障。

4. 通电试车

检查无误后，按照实训项目二的方法通电试车。

安装布线注意事项如下：

1）用丫-△减压起动控制的电动机，必须有6个出线端子，且定子绕组在△联结时的额定电压等于三相电源线电压。

2）接线时要保证电动机△联结的正确性，即接触器 KM△ 主触点闭合时，应保证定子绕组的 U1 与 W2、V1 与 U2、W1 与 V2 相连接。

3）接触器 KMY 的进线必须从三相定子绕组的末端引入，若误将其首端引入，则在 KMY 吸合时，会产生三相电源短路事故。

4）控制板外部配线，必须按要求一律装在导线通道内，使导线有适当的机械保护，以防止液体、铁屑和灰尘的入侵。在实训时可适当降低要求，但必须以能确保安全为条件，如采用多芯橡皮线或塑料护套软线。

5）通电校验前要再次检查熔体规格及时间继电器，热继电器的各整定值是否符合要求。

通电校验必须有教师在现场监护，学生应根据电路图的控制要求独立进行校验，若出现故障也应自行排除。

（二）故障检修

常见故障分析检修见表 1-15。电路检修步骤参见实训项目二故障检修步骤。

表 1-15　故障分析检修

故障现象	原因分析	图形	检查方法
电动机不能起动	可能故障： 1. 从主电路分析：熔断器 FU1 断路、接触器 KM 及 KMY 主触点接触不良、热继电器 FR 主通路有断点等 2. 从控制电路分析：热继电器 FR 的动断触点、停止按钮 SB2 动断触点、接触器 KM△ 的动断触点、时间继电器 KT 的延时断开点等接触不良或断路；也可能是接触器 KM 或 KMY 的线圈损坏等		断开电源，可用万用表测量相关的电阻，检查断路故障点
电动机能Y起动，但不能转换为△运行	可能故障： 1. 从主电路分析：接触器 KM△ 主触点闭合接触不良 2. 从控制电路分析：KMY 的动断触点接触不良、时间继电器不工作、接触器 KM△ 线圈损坏等		带电检查，通过相应电气元件的动作，分析是电路或电气元件及触点接触不良的具体原因。另外，也可通过断电测电阻检查断路问题

四、评分标准

评分标准参见表 1-12，定额时间 4h。

本 章 小 结

本章是机床电气控制的基础部分，也是需要重点掌握的，主要介绍了常用低压电器、继电器-接触器控制电路的基本环节、控制电路的故障检查与维修方法。在本章后面提供了 4 个实训项目，供同学们进行技能训练。

低压电器部分主要介绍了常用开关电器、主令电器、接触器及继电器的用途、结构、工作原理与图形符号。电气元件的技术参数是使用的主要依据需要时可查阅有关手册及标准。

机床电气控制的基本环节是本章的重要内容，重点介绍了构成机床电气控制的常用环节。如：电动机的起动控制电路、电动机正反转控制电路、电动机制动控制电路及电动机控制的保护环节。必须熟练掌握用查线阅读法分析基本控制电路的工作原理，为机床电路的原理分析和各种故障检修打下坚实的基础。

本章主要技能要求有两项；第一项必备技能是常用控制电路的安装、配线和调试；另一项是对于基本控制电路的故障检修，为第二章的机床维修打下基础。初学者要注意把握本部分内容的知识脉络，注意理论知识与技能训练的有机结合，重视理论，强化技能。

本章介绍了机床电气原理图的规定画法和国家标准，这是正确绘制电气原理图的要求，同时也是快速读懂电气原理图及进行正确故障分析的前提。

思考与练习

1-1　熔体的额定电流根据不同负载应如何选择？

1-2　交流接触器的作用是什么？它的基本结构有哪些？

1-3　时间继电器的作用是什么？它的基本结构有哪些？分为哪几类？

1-4　热继电器的作用是什么？应该如何选用？

1-5　电气原理图中的 QS、FU、KM、KA、KS、KT、SB、QF 都是哪些电气元件的符号？

1-6　什么叫自锁？什么叫互锁？试举例说明各自的作用。

1-7　熔断器应该如何选用？

1-8　机床电气控制电路中一般应设哪些保护？各自的作用是什么？短路保护和过载保护的区别是什么？零电压保护的目的是什么？

1-9　试分析电动机单向接触器自锁控制电路的原理？

1-10　试分析电动机正反转、接触器双重连锁控制电路的原理？

1-11　试分析电动机时间继电器控制丫-△减压起动控制电路的原理？

1-12　双速电动机在两种速度时，其绕组是如何连接的？

1-13　试分析双速电动机控制电路的原理？

1-14　板前线槽配线安装工艺有哪些？

1-15　故障检修的一般方法是什么？

1-16　用电阻法测量故障时应注意什么？

1-17　用电压法测量故障时应注意什么？

第二章

典型机床电路分析与检修

【知识目标】

1. 熟练掌握阅读分析电气控制原理图的方法与步骤。
2. 了解几种典型普通机床的基本结构,掌握其电气控制原理。
3. 掌握典型机电设备电气控制系统中常见故障的诊断与排除方法。

【能力目标】

通过对常见电气控制电路的分析,能够具备识读复杂电气控制电路图的能力和常见故障的诊断与排除能力。

机械设备在工厂中的应用是非常广泛的。学会阅读、分析机床电气控制电路的方法、步骤,加深对典型控制电路环节的理解和应用,是做好维修保养工作的前提。本章通过对CA6140普通车床、X62W万能铣床等具有代表性的常用生产机械的电气控制电路及其安装、调试与维修进行分析与研究,以提高在实际工作中综合分析和解决问题的能力。

第一节　机床电气设备分析与维修的一般要求和方法

机床的电气控制电路是由各种主令电器、接触器、继电器、保护装置和电动机等,按照一定的控制要求用导线连接而成的。机床电气控制不仅要求能够实现起动、正反转、制动和调速等基本要求,而且要满足生产工艺的各项要求,保证机床各运动的相互协调和准确,并具有各种保护装置,工作可靠,实现自动控制。

一、电气控制电路分析的内容

电气控制电路是电气控制系统的核心技术资料,通过对技术资料的分析可以掌握机床电气控制电路的工作原理、技术指标、使用方法、维护要求等。分析的具体内容和要求如下。

1. 设备说明书

设备说明书由机械(包括液压部分)与电气两部分组成。在分析时首先要阅读这两部分说明书,了解以下内容。

1)设备的构造,主要技术指标,机械、液压和气动部分的工作原理。

2)电气传动方式,电动机、执行电器的数目、规格型号、安装位置、用途及控制要求。

3）设备的使用方法，各操作手柄、开关、旋钮、指示装置的布置以及在控制电路中的作用。

4）清楚了解与机械、液压部分直接关联的电器（行程开关、电磁阀、电磁离合器、传感器等）的位置、工作状态。与机械、液压部分的关系，在控制中的作用。

2. 电气控制原理图

这是控制电路分析的核心内容，在分析电气原理图时，必须阅读其他技术资料，例如只有通过阅读说明书，才能了解各种电动机及执行元件的控制方式、位置及作用，各种与机械有关的行程开关和主令电器的状态等。

在原理图分析中还可以通过所选用的电气元件的技术参数，分析出控制电路的主要参数和技术指标，估算出各部分的电流、电压值，以便在调试及检修设备中合理地选用仪表。

3. 电气设备总装接线图

阅读分析总装接线图，可以了解系统的组成分布状况，各部分的连接方式，主要电气元件的布置和安装要求，导线和穿线管的规格型号等。这是安装设备不可缺少的资料。阅读分析总装接线图要和阅读分析说明书、电气原理图结合起来。

4. 电气元件布置图与接线图

阅读电气元件布置图可以与电气原理图对照，对于机床维修时快速找到相关的点、线以及故障区域是不可或缺的。

二、电气原理图阅读和分析的步骤

在详细阅读设备说明书，了解电气控制系统的总体结构、电动机和电气元件的分布状况及控制要求等内容后，便可以阅读分析电气原理图了。

1. 分析主电路

从主电路入手，根据每台电动机和执行电器的控制要求去分析它们的控制内容。控制内容包括起动、转向控制、调速和制动等。

2. 分析控制电路

根据主电路中各种电动机和执行电器的控制要求，逐一找出控制电路中的控制环节，利用前面学过的典型控制环节的知识，按功能不同将控制电路"化整为零"来分析。

3. 分析辅助电路

辅助电路包括电源指示、各执行元件的工作状态显示、参数测定、照明和故障报警等部分，它们大多由控制电路中的电气元件控制，因此在分析辅助电路时，要结合控制电路进行分析。

4. 分析联锁及保护环节机床

对于安全性及可靠性有很高要求的机床，为实现这些要求，除了合理地选择拖动和控制方案外，在控制电路中还设置了一系列电气保护和必要的电气联锁。

5. 总体检查

经过"化整为零"，逐步分析了每一局部电路的工作原理以及各部分之间的控制关系后，还必须用"集零为整"的方法，检查整个控制电路，以免遗漏，特别要从整体角度去进一步检查和理解各控制环节之间的联系。

三、机床电气设备维修的一般要求

机床电气设备在运行过程中，由于各种原因会产生各种故障，致使机床不能正常工作，影响生产效率，严重时还会造成人身设备事故。因此，机床电气设备发生故障后，维修人员能够及时、熟练、准确、迅速、安全地查出故障，并加以排除，尽早恢复机床正常运行，是非常重要的。同时，日常的维护和保养能有效地减少故障发生率。

对工业机械电气设备维修的一般要求是：

1）针对不同机床采取正确的维修步骤和方法。
2）维修过程中不得损坏电气元件。
3）不得擅自改动电路。
4）不得随意更换电气元件，不得随意更改电气元件型号。
5）损坏的电气元件及装置应尽量修复使用，但达不到其固有性能的，必须更换。
6）维修后，电气设备的各种保护性能必须满足使用要求。
7）通电试车能满足电路的各种功能，各控制环节的动作程序符合要求。
8）修理后的电气设备必须满足其质量要求。

电气设备的质量检修标准是：

1）外观整洁，无破损和炭化现象。
2）灭弧罩完整、清洁、安装牢固。
3）操作、复位机构都必须灵活可靠。
4）压力弹簧和反作用力弹簧应具有足够的弹力；各种衔铁运动灵活，无卡阻现象。
5）所有的触点均应完整、光洁、接触良好。
6）整定数值大小应符合电路使用要求。
7）指示装置能正常发出信号。

四、机床电气设备维修的一般步骤和方法

1. 检修前的故障调查

机床电气发生故障后，不要盲目进行检修。检修前，应向操作者询问、了解故障发生前电路和设备的运行状况及故障发生后的症状，如：故障是经常发生还是偶尔发生；是否有异常响声、冒烟、火花、异常振动等征兆；故障发生前是否有不当操作情况，如：施加过大负载，频繁起动、停止、制动等情况；有无在以前的检修或技术革新中改动电路等。查看故障发生前是否有明显的外观征兆，如各种信号；有指示装置的熔断器的情况；保护电器脱扣动作；接线脱落；触点烧蚀或熔焊；线圈过热等。

2. 试车观察故障现象

为了使检修工作更具针对性，通过试车观察故障现象，划定故障范围。试车前提是不扩大故障范围，不损伤电气设备和机械设备。试车时需要注意观察以下内容：

1）电动机是否运转，转动时声音是否正常。
2）控制电动机的接触器、继电器等电器是否按工作原理正常工作，电磁线圈吸合声音是否正常。
3）与故障范围相关的电气电路、控制环节都要试车，如多台电动机的顺序控制；单台

电动机的多种工作方式及相关程序控制等。

4）以上试车用到看和听，试车停止切断电源后，还可通过触摸检查电动机、变压器、电磁线圈等电器，看是否超过允许温升，还可通过闻判断是否有异常气味产生。

5）试车前，为避免机床运动部分发生误动作或碰撞等意外情况，可将生产机械与电动机分离；或将电动机与电气电路分离，然后再试车，这也是判断是电气故障还是机械故障的有效方法之一。

通过以上的调查和观察，按照图 2-1 所示的方法确定故障类型。

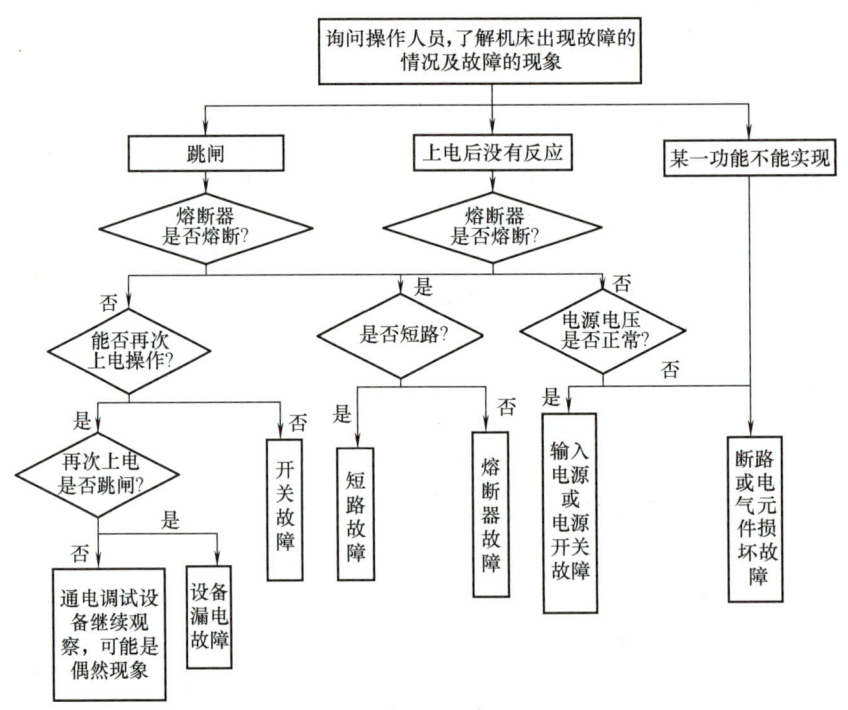

图 2-1 确定机床故障类型的流程图

3. 用逻辑分析法确定故障范围，用排除法缩小故障范围

（1）逻辑分析法 逻辑分析法是根据电气控制电路的工作原理，电气元件之间的动作顺序以及各控制环节之间的控制关系，结合试车确认的故障现象做具体分析，同时运用排除法迅速缩小故障范围，从而判断最小故障范围。检修简单的电气控制电路时，对每个电气元件，每根导线逐一进行检查，一般很快找到故障点。但对复杂的电路而言，往往有上百个元件，成千条连线，若采取逐一检查的方法，不仅需消耗大量的时间，而且也容易漏查。在这种情况下，就要根据电路图，采用逻辑分析法，对故障现象做具体分析，划出可疑范围，提高维修的针对性，就可以收到准而快的效果。分析电路时，通常先从主电路入手，了解工业机械各运动部件和机构采用了几台电动机拖动，与每台电动机相关的电气元件有哪些，采用了何种控制，找到相应的控制电路。在此基础上，综合故障现象和电路工作原理，进行认真分析排查，即可迅速判定故障发生的可能范围。

当故障的可疑范围较大时，不必按部就班地逐级进行检查，这时可在故障范围内的中间环节进行检查，来判断故障究竟发生在哪一部分，从而缩小故障范围，提高检修速度。

(2) 电气控制电路的控制关系　电气控制电路可以大致分为电源电路部分、主电路部分、控制电路部分及照明、信号电路部分。继电器-接触器控制系统的控制关系如图 2-2 所示。

图 2-2　继电器-接触器控制系统的控制关系图

这种控制关系又通过电气元件按照图 2-3 所示的关系最终实现了对电动机的控制。

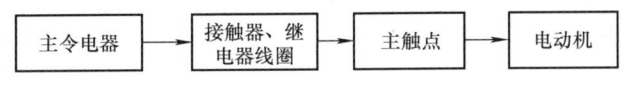

图 2-3　电气元件控制框图

检修工作中，经常运用的逻辑关系如下：
1) 主电路与控制电路逻辑关系。
2) 两台以上电动机顺序或程序控制逻辑关系。
3) 单台电动机各控制环节程序控制逻辑关系。
4) 公共电路与分支电路（并联电路）之间相互逻辑关系。
5) 电气设备与机械设备相互逻辑关系。

(3) 举例

例 2-1　如一台三相异步电动机用一只交流接触器控制起动、停止，对于这台电动机不能起动，故障的分析方法是：若接触器线圈不能得电，则故障必定在电源电路或控制电路，而非主电路；若接触器线圈能正常得电，则故障必定在主电路，而非控制电路。上述判断正是利用了电动机主电路与控制电路的逻辑关系，即先有控制电路工作，才有主电路工作，从而有电动机起动。

例 2-2　图 1-38 所示电路为三相异步电动机接触器联锁正反转控制电路。现以该线路为例，说明如何运用逻辑分析法缩小故障范围。

机床电气控制电路常用部分如出现一处故障，机床基本不能正常工作，操作工人要找维修工检修，所以分析故障时要首先把故障确定为一个，特殊情况除外。如机床电气控制电路发生短路，短路除造成熔断器熔断外，还可能造成流过短路电流的电气元件损坏；学生在训练、考试过程中也会出现教师同时设置多处故障。本书中所介绍故障分析、检查方法基本是按一个故障为例来进行分析。

当一个电器不能得电工作时，该电器供电电路都是故障范围，即电流所流过的电路、电气元件都是故障范围。

故障一：电动机 M 正反转都不工作，且试车时，观察到接触器 KM1、KM2 都不得电。在确定电源正常的前提下，用例 2-1 的逻辑分析方法判断故障在控制电路，一个故障能造成接触器 KM1、KM2 线圈都不得电，逻辑分析该故障必在接触器 KM1、KM2 线圈公共电路上，即 U11-1-2-3、V11-0 电路。若试车时接触器 KM1、KM2 线圈都得电，则故障在主电路公共部分，即 U11-U12、V11-V12、W11-W12、U13-U-M、V13-V-M、W13-W-M。

故障二：电动机 M 正转工作正常，反转不工作，且试车时，观察到接触器 KM2 线圈不得电。经逻辑分析，正转工作正常，说明接触器 KM1、KM2 线圈公共电路无故障，导致接触器 KM2 线圈不吸合的故障必在 3-6-7-0 电路上。若试车时，观察到接触器 KM2 线圈得电，则故障在主电路，因正转能正常工作，排除主电路公共部分，故障只在接触器 KM2 主触点上。正转故障的分析方法与反转相同。

4. 用测量法确定故障点

利用试车法、逻辑分析法确定故障范围以后，会发现不同机床、不同故障的故障范围有大有小。对故障范围较大的故障，要采用测量法进一步缩小故障范围，最终确定故障点加以排除。测量法常用的测试工具和仪表有验电笔、万用表、钳形电流表、绝缘电阻表等，通过对电路进行带电或断电的有关参数（如电压、电阻、电流等）的测量来判断电气元件、设备以及电路的好坏及通断情况。

在用测量法检查故障时，要严格遵守停电作业、带电作业的安全操作规程，保证人身安全、设备安全，保证各种测量工具和仪表完好，使用方法正确，还要注意防止感应电、回路电及其他并联支路的影响，以免产生误判。

5. 区分电气故障还是机械故障

每台机床都是一个电力拖动系统，机床操作工发现机床不工作，或不正常工作时，都会找维修电工进行维修，所以在检修电气故障的同时，应能够区分故障属电气部分还是机械或液压部分，或与机械维修工配合完成。

以上所述检查分析电气设备故障的一般顺序和各种方法，检修时应根据故障的性质，电路的具体情况灵活运用，电压法是最直观准确的方法，但对初学者而言，电阻法是最安全的方法，短接法适合软故障（时有时无）。熟练的维修工可以各种方法交替使用，以迅速有效地找出故障点。

6. 故障点的修复及注意事项

1）找出故障点后，一定要针对不同故障情况和部位采取正确的修复方法，不要轻易采用更换电气元件和补线等方法，更不允许轻易改动电路或更换不同规格的电气元件，以防产生人为故障。

2）在修复故障点后，还要进一步分析查明产生故障的根本原因，使修复的故障不再发生。

3）在故障点修理工作中，一般要求尽量复原。但是，有时为了尽快恢复生产，根据实际情况采取一些适当的应急措施，但绝不可草率行事，事后要复原。

4）较复杂的电气故障修复后，需通电试车时，应和操作者配合避免产生新的故障。

5）每次检修后，应及时总结，做好记录，对常出现故障的电路、元件及设备等要认真分析，总结原因，提出改进意见，进行技术革新，减少故障发生率，提高生产效率。

以上所述的机床故障检修的步骤和方法可以称为排故四步法，如图 2-4 所示。

排故四步法的流程可以进一步简化成图 2-5 的排故流程。其中的故障现象分表面现象和进一步现象，例如车床主轴不起动这样一个故障，表面现象即为按下起动按钮后机床主轴不旋转，进一步现象则是指控制主轴电动机的接触器动作情况。

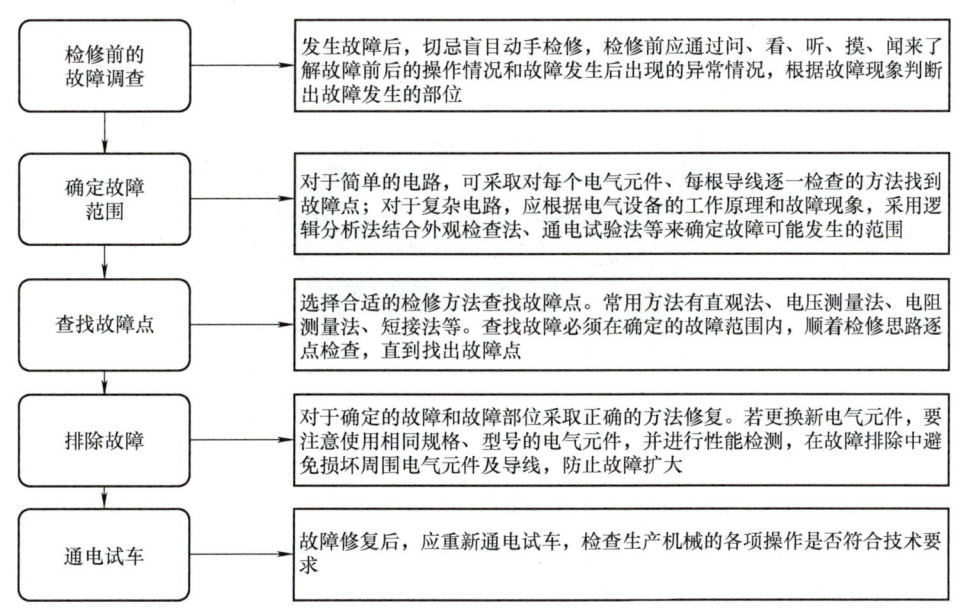

图 2-4　排故四步法

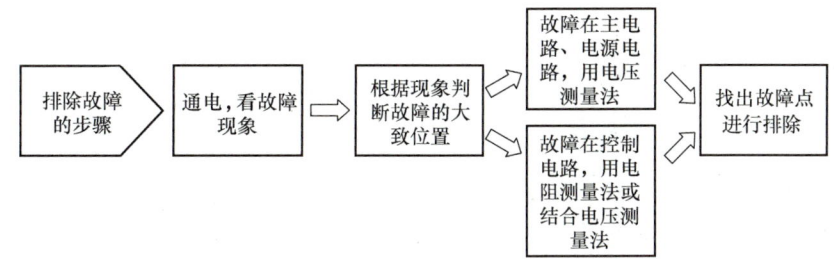

图 2-5　简化的排故流程

第二节　CA6140 卧式车床电气控制电路阅读分析

车床是一种应用最为广泛的金属车削机床，主要用来车削外圆、内圆、端面、螺纹和定型表面，也可用钻头、铰刀等进行加工。下面以 CA6140 车床为例进行介绍。

该车床型号含义如下：

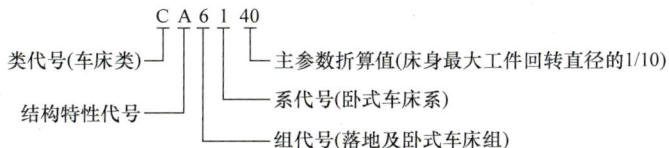

一、主要结构和运动形式

CA6140 车床是我国自行设计制造的卧式车床，其实物如图 2-6 所示。它主要由主轴箱、进给箱、溜板箱、方形刀架、丝杠、光杠、床身、尾座等部分组成。

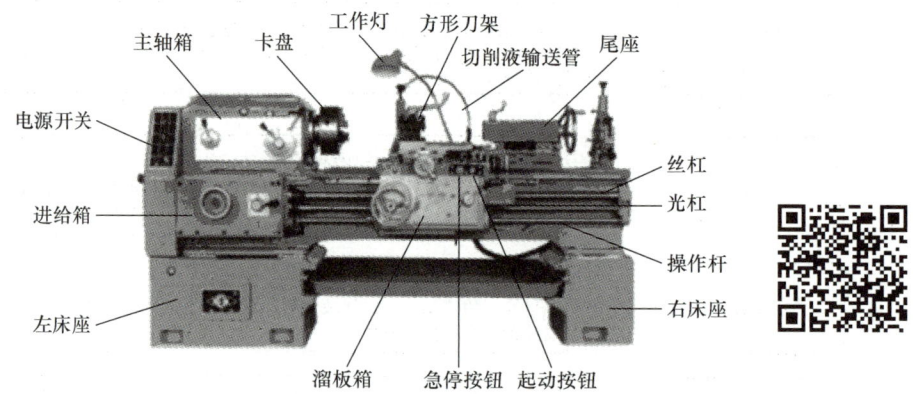

图 2-6　CA6140 实物图

车床的主运动为工件的旋转运动，它是由主轴通过卡盘或顶尖带动工件旋转，其承受车削加工时的主要切削功率。车削加工时，应根据被加工工件材料、刀具种类、工件尺寸、工艺要求等选择不同的切削速度。其主轴正转速度有 24 种（10～1400r/min），反转速度有 12 种（14～1580r/min）。车床的进给运动是溜板带动刀架的纵向或横向直线运动。溜板箱把丝杠或光杠的转动传递给刀架部分，变换溜板箱外的手柄位置，经刀架部分使车刀做纵向或横向进给。

车床的辅助运动有刀架的快速移动，尾座的移动以及工件的夹紧与放松等。

二、电力拖动特点及控制要求

1）主拖动电动机一般选用三相笼型异步电动机，为满足调速要求，采用机械变速。

2）为车削螺纹，主轴要求正、反转，由主拖动电动机正反转或采用机械方法来实现。

3）采用齿轮箱进行机械有级调速。主轴电动机采用直接起动，为实现快速停车，一般采用机械制动。

4）车削加工时，由于刀具与工件温度高，所以需要冷却。为此，设有冷却泵电动机且要求冷却泵电动机应在主轴电动机起动后方可选择起动与否；当主轴电动机停止时，冷却泵电动机应立即停止。

5）为实现溜板箱的快速移动，由单独的快速移动电动机拖动，采用点动控制。

6）刀架移动和主轴转动有固定的比例关系，以便满足对螺纹的加工需要。

7）电路应具有必要的保护环节和安全可靠的照明和信号指示。

三、电气控制电路分析

图 2-7 为 CA6140 卧式车床电路图。它分为主电路、控制电路和照明信号电路三部分。

1. 主电路分析

主电路中共有三台电动机。M1 为主轴电动机，带动主轴旋转和刀架的进给运动；M2 为冷却泵电动机，输送冷却液；M3 为刀架快速移动电动机。

将钥匙开关 SB 向右转动，再扳动断路器 QF 将三相电源引入。主轴电动机 M1 由接触器 KM 控制，熔断器 FU 实现短路保护，热继电器 FR1 实现过载保护；冷却泵电动机 M2 由中

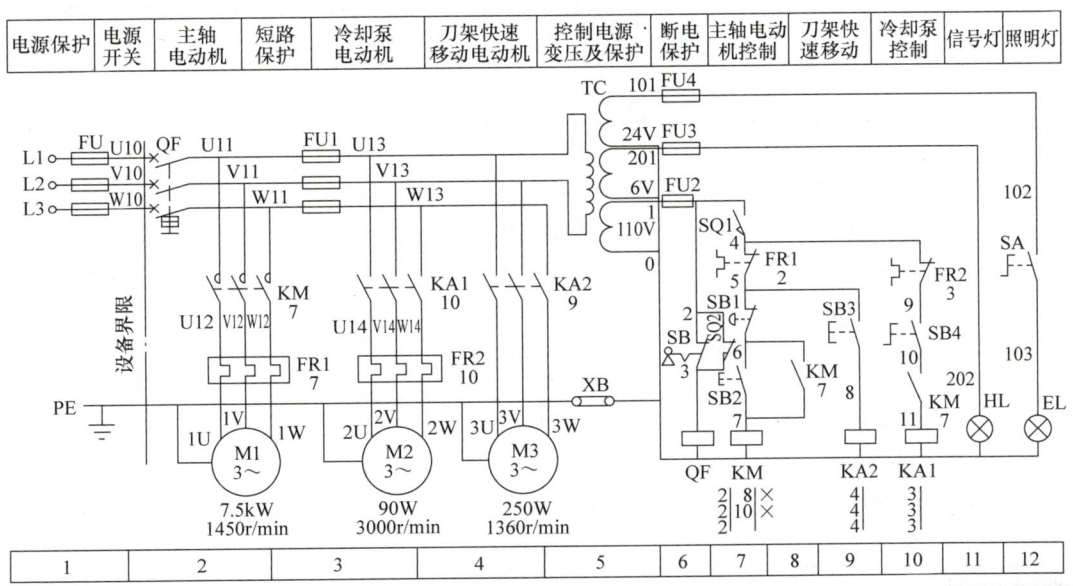

图 2-7　CA6140 卧式车床电路图

间继电器 KA1 控制，热继电器 FR2 实现过载保护。刀架快速移动电动机 M3 由中间继电器 KA2 控制，熔断器 FU1 实现对电动机 M2、M3 和控制变压器 TC 的短路保护。

2. 控制电路分析

控制电路的电源由控制变压器 TC 的二次侧输出 110V 电压提供。在正常工作时，位置开关 SQ1 的常开触点处于闭合状态。但当床头皮带罩被打开后，SQ1 常开触点断开，将控制电路切断，保证人身安全。在正常工作时，钥匙开关 SB 和位置开关 SQ2 是断开的，保证断路器 QF 能合闸。但当配电盘壁龛门被打开时，位置开关 SQ2 闭合使断路器 QF 线圈获电，则自动切断电路，以确保人身安全。

（1）主轴电动机 M1 的控制

停车时，按下停止按钮 SB1 即可。主轴的正反转是采用多片摩擦离合器实现的。

（2）冷却泵电动机 M2 的控制　由电路图可见，主轴电动机 M1 与冷却泵电动机 M2 两台电动机之间实现顺序控制。只有当电动机 M1 起动运转后，闭合旋钮开关 SB4，中间继电器 KA1 线圈才会获电，其主触点闭合使电动机 M2 释放冷却液。

（3）刀架快速移动电动机 M3 的控制　刀架快速移动的电路为点动控制，因此在主电路中未设过载保护。刀架移动方向（前、后、左、右）的改变，是由进给操作手柄配合机械装置来实现的。如需要快速移动，按下按钮 SB3 即可。

3. 照明、信号电路分析

照明灯 EL 和指示灯 HL 的电源分别由控制变压器 TC 二次侧输出 24V 和 6V 电压提供。

开关 SA 为照明灯开关。熔断器 FU3 和 FU4 分别作为信号灯 HL 和照明灯 EL 的短路保护。CA6140 车床的电气元件明细见表 2-1。

表 2-1 CA6140 车床电气元件明细

代号	名称	型号及规格	数量	用途
KM	交流接触器	CJ0-20B、线圈电压 110V	1 只	控制电动机 M1
KA1	中间继电器	JZ7-44、线圈电压 110V	1 只	控制电动机 M2
KA2	中间继电器	JZ7-44、线圈电压 110V	1 只	控制电动机 M3
M1	主轴电动机	Y132M-4-B3 7.5kW、1450r/min	1 台	主传动用
M2	冷却泵电动机	AOB-25、90W、3000r/min	1 台	输送冷却液用
M3	刀架快速移动电动机	AOS5634、250W	1 台	溜板快速移动用
FR1	热继电器	JR16-20/3D、15.4A	1 只	M1 的过载保护
FR2	热继电器	JR16-20/3D、0.32A	1 只	M2 的过载保护
SB1	按钮	LAY3-01ZS/1	1 只	停止电动机 M1
SB2	按钮	LAY3-10/3.11	1 只	起动电动机 M1
SB3	按钮	LA9	1 只	起动电动机 M3
SB4	旋钮开关	LAY3-10X/2	1 只	控制电动机 M2
SQ1、SQ2	位置开关	JWM6-11	2 只	断电保护
HL	信号灯	ZSD-0、6V	1 只	刻度照明
QF	断路器	AM2-40、20A	1 只	电源引入
TC	控制变压器	JBK2-100 380V/110V/24V/6V	1 只	控制电源电压
EL	机床照明灯	JC11	1 只	工作照明
SB	钥匙开关	LAY3-01Y/2	1 只	电源开关锁
FU1	熔断器	BZ001、熔体 6A	3 只	M2、M3、TC 短路保护
FU2	熔断器	BZ001、熔体 1A	1 只	110V 控制电路短路保护
FU3	熔断器	BZ001、熔体 1A	1 只	信号灯电路短路保护
FU4	熔断器	BZ001、熔体 2A	1 只	照明电路短路保护
SA	开关	LAY-10X/2	1 只	照明灯开关

第三节　X62W 卧式万能铣床电气控制电路阅读分析

铣床可用来加工平面、斜面、沟槽，装上分度头可以铣切直齿齿轮和螺旋面，装上圆工作台还可铣切凸轮和弧形槽，所以铣床在机械行业的机床设备中占有相当大的比重。铣床的种类很多，按照结构形式和加工性能的不同可分为卧式铣床、龙门铣床、立式铣床、仿形铣床和专用铣床等。

万能铣床是一种通用的多用途机床，它可以用圆柱铣刀、角度铣刀、端面铣刀等各种刀具对零件进行平面、斜面及成型表面等的加工，还可以加装圆工作台、万能铣头等附件来扩大加工范围。常用的万能铣床有两种：一种是 X52K 立式万能铣床，铣头垂直方向放置；另一种是 X62W 卧式万能铣床，铣头水平方向放置。这两种铣床在结构上大体相似，差别在于铣头的放置方向不同，而工作台的进给方式、主轴变速的工作原理等都一样，电气控制电路经过系列化以后也基本一样。本节以 X62W 卧式万能铣床为例分析其控制电路。

该铣床型号含义：

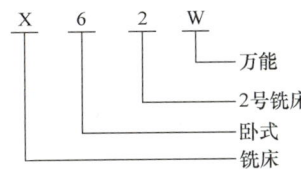

一、主要结构及运动形式

X62W 卧式万能铣床实物如图 2-8 所示。它主要由主轴、刀杆、悬梁、工作台、回转盘、横溜板、升降台、床身、底座等组成（部分图中未标出）。床身固定在底座上，在床身的顶部有水平导轨，上面的悬梁装有一个或两个刀杆支架。刀杆支架用来支撑铣刀心轴的一端，另一端则固定在主轴上，由主轴带动铣刀铣削。刀杆支架在悬梁上以及悬梁在床身顶部的水平导轨上都可以做水平移动，以便安装不同的心轴。在床身的前面有垂直导轨，升降台可沿着它上下移动。在升降台上面的水平导轨上，装有可前后移动的溜板。溜板上有可转动的回转盘，工作台就在回转盘的导轨上做左右移动。工作台用 T 形槽来固定工件。这样，安装在工作台上的工件就可以在 3 个坐标上的 6 个方向调整位置和进给。此外，由于回转盘

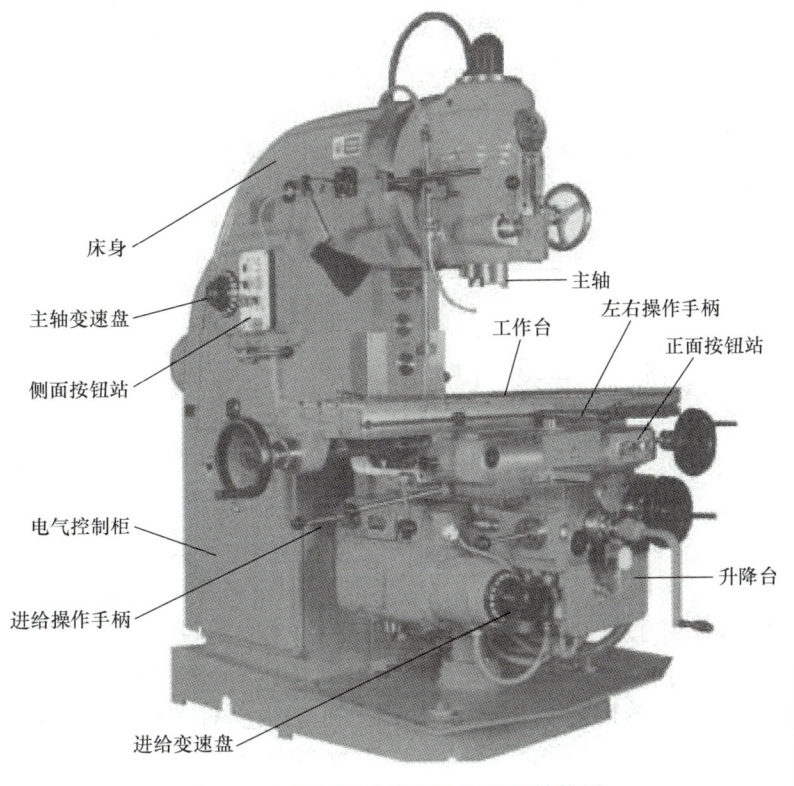

图 2-8　X62W 卧式万能铣床外形结构图

相对于溜板可绕中心轴线左右转过一个角度，因此，工作台还可以在倾斜方向进给，加工螺旋槽，故称万能铣床。

铣削是一种高效率的加工方式。主轴带动铣刀的旋转运动是主运动；工作台的前后、左右、上下6个方向的运动是进给运动；工作台的旋转等其他运动则属于辅助运动。

二、电力拖动特点及控制要求

1）由于主轴电动机的正反转并不频繁，因此采用组合开关来改变电源相序，实现主轴电动机的正反转。由于主轴传动系统中装有避免振动的惯性轮，使主轴停车困难，故主轴电动机采用电磁离合器制动来实现准确停车。

2）由于工作台要求有前后、左右、上下6个方向的进给运动和快速移动，所以也要求进给电动机能正反转，并通过操纵手柄和机械离合器配合实现。进给的快速移动是通过电磁铁和机械挂挡来实现的。为了扩大其加工能力，在工作台上可加装圆形工作台，圆形工作台的回转运动是由进给电动机经传动机构驱动的。

3）主轴和进给运动均采用变速盘来进行速度选择，为了保证齿轮的良好啮合，两种运动均要求变速后做瞬间点动。

4）当主轴电动机和冷却泵电动机过载时，进给运动必须立即停止，以免损坏刀具和铣床。

5）根据加工工艺的要求，该铣床应具有以下电气联锁措施：

① 由于6个方向的进给运动同时只能有一种运动产生，因此采用了机械手柄和位置开关相配合的方式来实现6个方向的联锁。

② 为了防止刀具和铣床的损坏，要求只有主轴旋转后才允许有进给运动。

③ 为了提高劳动生产率，在不进行铣削加工时，可使工作台快速移动。

④ 为了减少加工工件的表面粗糙度，要求只有进给停止后主轴才能停止或同时停止。

6）要求有冷却系统、照明设备及各种保护措施。

三、电气控制电路分析

图 2-9 为 X62W 卧式万能铣床的电气原理图。该电路主要由主电路、控制电路和照明电路三部分组成。

1. 主电路分析

主电路中共有三台电动机。M1 为主轴电动机，拖动主轴带动铣刀进行铣削加工，SA3 是 M1 的转换开关；M2 为进给电动机，拖动工作台进行前后、左右、上下6个方向的进给运动和快速移动，其正反转由接触器 KM3、KM4 实现；M3 为冷却泵电动机，供应冷却液，与主轴电动机 M1 之间实现顺序控制，即 M1 起动后，M3 才能起动。熔断器 FU1 作为 3 台电动机的短路保护，3 台电动机的过载保护由热继电器 FR1、FR2、FR3 实现。

2. 控制电路分析

（1）主轴电动机 M1 的控制　为了方便操作，主轴电动机 M1 采用两地控制方式，起动按钮 SB1、SB2，停止按钮 SB5、SB6 分别装在床身和工作台上。YC1 是主轴制动用的电磁离合器，KM1 是主轴电动机 M1 的起动接触器，SQ1 是主轴变速冲动行程开关。

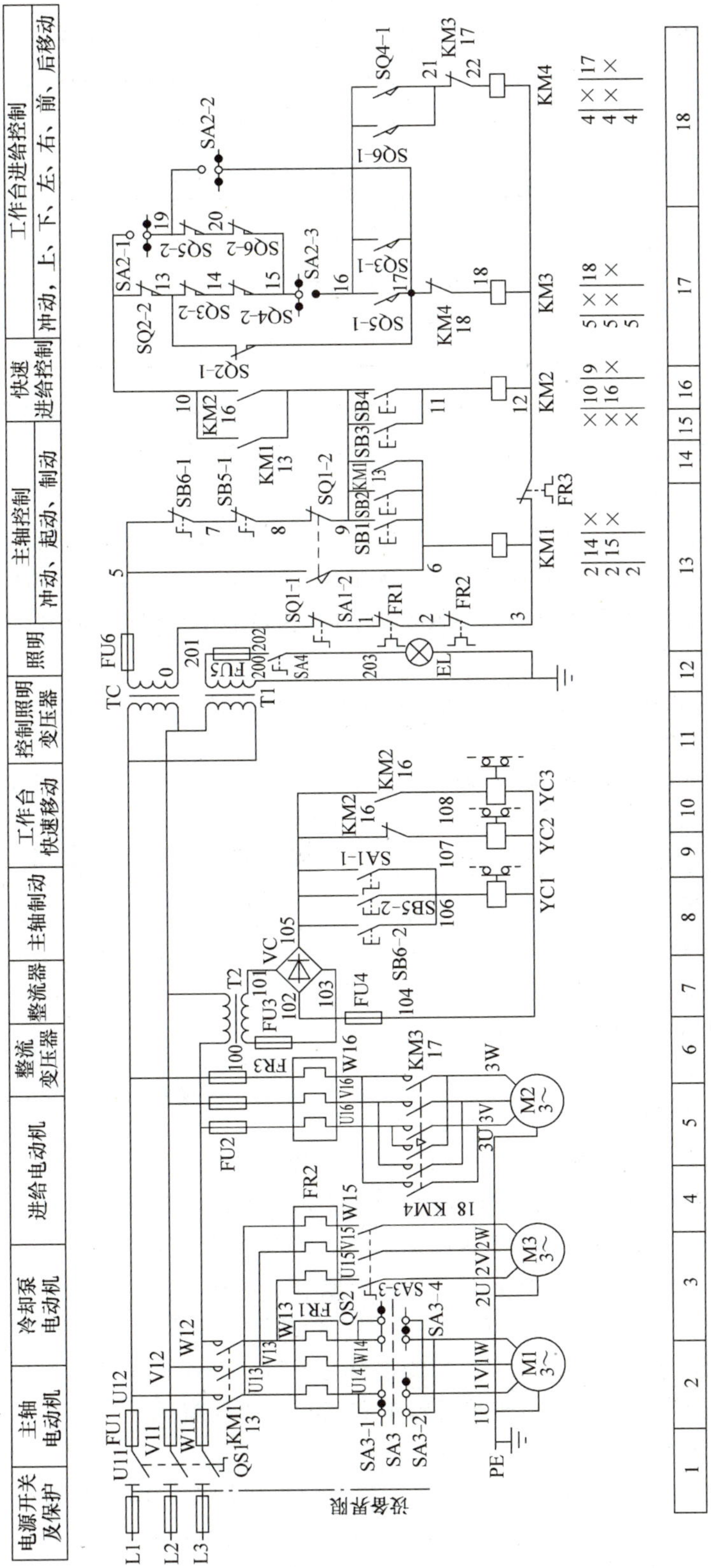

图 2-9 X62W 卧式万能铣床的电气原理图

1) 主轴电动机 M1 的起动。起动前,首先选好主轴的转速,然后闭合电源开关 QS1,再将主轴转换开关 SA3(2 区)扳到所需要的转向。SA3 的动作说明见表 2-2。按下起动按钮 SB1(或 SB2),接触器 KM1 线圈获电动作,其主触点和自锁触点闭合,主轴电动机 M1 起动运转,KM1 常开辅助触点(9-10)闭合,为工作台进给电路提供电源。

表 2-2 主轴电动机换向转换开关 SA3 的位置及动作说明

SA3-1	−	−	+
SA3-2	+	−	−
SA3-3	+	−	−
SA3-4	−	−	+

2) 主轴电动机 M1 的制动。按下停止按钮 SB5-1(或 SB6-1),接触器 KM1 线圈失电,主轴电动机 M1 断电惯性运转,同时 SB5-2(或 SB6-2)闭合,使电磁离合器 YC1 获电,使主轴电动机 M1 制动停转。

3) 主轴换铣刀控制。主轴在更换铣刀时,为避免其转动,造成更换困难,应将主轴制动。方法是将转换开关 SA1 扳到换刀位置,此时常开触点 SA1-1(9 区)闭合,电磁离合器 YC1 线圈获电,使主轴处于制动状态以便换刀;同时常闭触点 SA1-2 断开,切断了整个控制电路,保证了人身安全。

4) 主轴变速冲动控制。主轴变速是由一个变速手柄和一个变速盘来实现的。主轴变速冲动控制是利用变速手柄与冲动行程开关 SQ1 通过机械上的联动机构来实现,如图 2-10 所示。

变速时,先将变速手柄 3 压下,使手柄的榫块从定位槽中脱出,然后向外拉动手柄使榫块落入第二道槽内,使齿轮组脱离啮合。转动变速盘 4 选定所需要的转速,然后将变速手柄 3 推回原位,使榫块重新落进槽内,使齿轮组重新啮合。

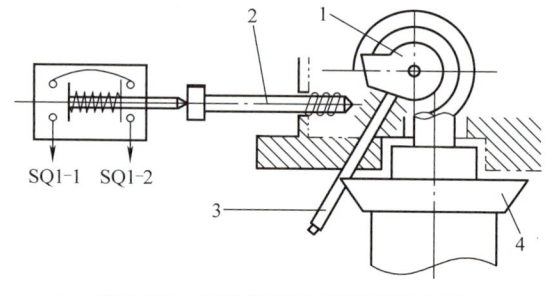

图 2-10 主轴变速冲动控制示意图

1—凸轮 2—弹簧杆 3—变速手柄 4—变速盘

由于齿之间不能刚好对上,若冲动一下,则啮合十分方便。当手柄推进时,凸轮 1 将弹簧杆 2 推动一下又返回,则弹簧杆 2 又推动一下位置开关 SQ1(13 区),使常闭触点 SQ1-2 先分断,常开触点 SQ1-1 后闭合,接触器 KM1 线圈瞬时得电,主轴电动机 M1 也瞬时起动;但紧接着凸轮 1 放开弹簧杆 2,位置开关 SQ1(13 区)复位,电动机 M1 断电。由于未采取制动而使电动机 M1 惯性运转,故电动机 M1 产生一个冲动力,使齿轮系统抖动,保证了齿轮的顺利啮合。变速前应先停车。

(2) 进给电动机 M2 的控制 工作台的进给是通过两个操作手柄和机械联动机构控制对应的位置开关使进给电动机 M2 正转或反转来实现的,并且前后、左右、上下 6 个方向的运动之间实现联锁,不能同时接通。

1) 工作台的左右进给运动。工作台的左右进给运动是由工作台左右进给操作手柄与位置开关 SQ5 和 SQ6 联动来实现的,其控制关系见表 2-3,共有左、中、右三个位置。当手柄扳向左(或右)位置时,行程开关 SQ5(或 SQ6)的常闭触点 SQ5-2 或 SQ6-2(17 区)被分断，常开触点 SQ5-1（17 区）或 SQ6-1（18 区）闭合，使接触器 KM3（或 KM4）获电动作，电动机 M2 正转或反转。在 SQ5 或 SQ6 被压合的同时，机械机构已将电动机 M2 的传动链与工作台的左右进给丝杠搭合，工作台则在丝杠带动下左右进给。当工作台向左或向右运动到极限位置时，工作台两端的挡铁就会撞动手柄使其回到中间位置，位置开关 SQ5 或 SQ6 复位，使电动机的传动链与左右丝杠脱离，电动机 M2 停转，工作台停止运动，从而实现左右进给的终端保护。当手柄扳向中间位置时，位置开关 SQ5 和 SQ6 均未被压合，进给控制电路处于断开状态。

表 2-3　工作台左右进给手柄功能

手柄位置	位置开关动作	接触器动作	电动机 M2 转向	工作台运动方向
左	SQ5	KM3	正转	向左
右	SQ6	KM4	反转	向右
中	—	—	停止	停止

2）工作台的上下和前后进给运动。工作台的上下和前后进给是由同一手柄控制的。该手柄与位置开关 SQ3 和 SQ4 联动，有上、下、前、后、中 5 个位置，其控制关系见表 2-4。当手柄扳到中间位置时，位置开关 SQ3 和 SQ4 未被压合，工作台无任何进给运动；当手柄扳到上或后位置时，位置开关 SQ4 被压合，使其常闭触点 SQ4-2（17 区）分断，常开触点 SQ4-1（18 区）闭合，接触器 KM4 获电动作，电动机 M2 反转，机械机构将电动机 M2 的传动链与前后进给丝杠搭合，电动机 M2 则带动溜板向后运动。若传动链与上下进给丝杠搭合，电动机 M2 则带动升降台向上运动。当手柄扳到下或前位置时，请读者参照上、后位置自行分析。和左、右进给一样，工作台的上、下、前、后 4个方向也均有极限保护，使手柄自动复位到中间位置，使电动机和工作台停止运动。当手柄扳到中间位置时，位置开关 SQ3 和 SQ4 均未被压合，工作台无任何进给运动。

表 2-4　工作台上、下、前、后、中进给手柄功能

手柄位置	位置开关动作	接触器动作	电动机 M2 转向	工作台运动方向
上	SQ4	KM4	反转	向上
下	SQ3	KM3	正转	向下
前	SQ3	KM3	正转	向前
后	SQ4	KM4	反转	向后
中	—	—	停止	停止

3）联锁控制。单独对上、下、前、后、左、右六个方向的进给只能选择其一，绝不可能出现两个方向的可能性。在两个手柄中，当一个操作手柄被置于某一进给方向时，另一个操作手柄必须置于中间位置，否则将无法实现任何进给运动，实现了联锁保护。若将左、右进给手柄扳向右时，而又将另一进给手柄扳到上时，则位置开关 SQ6 和 SQ4 均被压合，使 SQ6-2 和 SQ4-2 均分断，接触器 KM3 和 KM4 的通路均断开，电动机 M2 只能停转，保证了操作安全。

4）进给变速冲动。与主轴变速时一样，为使齿轮进入良好的啮合状态，也要进行变速后的瞬时点动。进给变速时，必须先把进给操作手柄放在中间位置，然后将进给变速盘拉出，使进给齿轮松开，选好进给速度，再将变速盘推回原位。在推进过程中，挡块压下位置开关 SQ2（17 区），使触点 SQ2-2 分断，SQ2-1 闭合，接触器 KM3 经 10—19—20—15—14—13—17—18 路径获电动作，电动机 M2 起动；但随着变速盘的复位，位置开关 SQ2 也复位，使 KM3 断电释放，电动机 M2 失电停转。由于使电动机 M2 瞬时点动一下，齿轮系统产生一次抖动，使齿轮顺利啮合。

5）工作台的快速移动。在加工过程中，在不进行铣削加工时，为了减少生产辅助时间，可使工作台快速移动，当进入铣削加工时，则要求工作台以原进给速度移动。6 个进给方向的快速移动是通过两个进给操作手柄和快速移动按钮配合实现的。

工件安装好后，扳动进给操作手柄选定进给方向，按下快速移动按钮 SB3 或 SB4（两地控制），接触器 KM2 得电，KM2 的一个常开触点接通进给控制电路，为工作台 6 个方向的快速移动做好准备；另一个常开触点接通电磁离合器 YC3，使电动机 M2 与进给丝杠直接搭合，实现工作台的快速进给；KM2 的常闭触点分断，电磁离合器 YC2 失电，使齿轮传动链与进给丝杠分离。当快速移动到预定位置时，松开快速移动按钮 SB3 或 SB4，接触器 KM2 断电释放，电磁离合器 YC3 断开，YC2 吸合，快速移动停止。

6）圆形工作台的控制。为了提高铣床的加工能力，可在工作台上安装附件圆形工作台，进行对圆弧或凸轮的铣削加工。圆形工作台工作时，所有的进给系统均停止工作，实现联锁。转换开关 SA2 是用来控制圆形工作台的。当圆形工作台工作时，将 SA2 扳到接通位置，此时触点 SA2-1 和 SA2-3（17 区）断开，触点 SA2-2（18 区）闭合，电流经 10-13-14-15-20-19-17-18 路径，使接触器 KM3 得电，电动机 M2 起动，通过一根专用轴带动圆形工作台做旋转运动。当不需要圆形工作工作时，则将转换开关 SA2 扳到断开位置，此时触点 SA2-1 和 SA2-3 闭合，触点 SA2-2 断开，以保证工作台在 6 个方向的进给运动，因为圆工作台的旋转运动和 6 个方向的进给运动也是联锁的。

（3）冷却和照明控制　冷却泵电动机 M3 只有在主轴电动机 M1 起动后才能起动，因而采用的是顺序控制。铣床照明由变压器 T1 供给 24V 安全电压，由开关 SA4 控制。照明电路的短路保护由熔断器 FU5 实现。

X62W 卧式万能铣床电气元件明细见表 2-5。

表 2-5　X62W 卧式万能铣床电气元件明细

代号	名称	型号及规格	数量	用途
QS1	开关	HZ10-60/3J、60A、380V	1 只	电源总开关
QS2	开关	HZ10-10/3J、10A、380V	1 只	冷却泵开关
SA1	开关	LS2-3A	1 只	换刀开关
SA2	开关	HZ10-10/3J、10A、380V	1 只	圆工作台开关
SA3	开关	HZ3-133、10A、500V	1 只	M1 换向开关
M1	主轴电动机	Y132M-4-B3、7.5kW、380V、1450r/min	1 台	驱动主轴
M2	进给电动机	Y90L-4、1.5kW、380V、1400r/min	1 台	驱动进给
M3	冷却泵电机	JCB-22、125W、380V、2790r/min	1 台	驱动冷却泵
FU1	熔断器	RL1-60、60A、熔体 50A	3 只	电源短路保护
FU2	熔断器	RL1-15、15A、熔体 10A	3 只	进给短路保护
FU3、FU6	熔断器	RL1-15、15A、熔体 4A	2 只	整流、控制电路短路保护
FU4、FU5	熔断器	RL1-15、15A、熔体 2A	2 只	直流、照明电路短路保护

（续）

代号	名称	型号及规格	数量	用途
FR1	热继电器	JR0-40,整定电流 16A	1 只	M1 过载保护
FR2	热继电器	JR0-10,整定电流 0.43A	1 只	M2 过载保护
FR3	热继电器	JR0-10,整定电流 3.4A	1 只	M3 过载保护
T2	变压器	BK-100,380/36V	1 台	整流电源
TC	变压器	BK-150,380/110V	1 台	控制电路电源
T1	照明变压器	BK-50,50VA,380/24V	1 台	照明电源
VC	整流器	2CZ×4,5A,50V	1 只	整流用
KM1	接触器	CJ0-20,20A、线圈电压 110V	1 只	主轴起动
KM2	接触器	CJ0-10,10A、线圈电压 110V	1 只	快速进给
KM3	接触器	CJ0-10,10A、线圈电压 110V	1 只	M2 正转
KM4	接触器	CJ0-10,10A、线圈电压 110V	1 只	M2 反转
SB1、SB2	按钮	LA2,绿色	1 只	起动电动机 M1
SB3、SB4	按钮	LA2,黑色	1 只	快速进给点动
SB5、SB6	按钮	LA2,红色	1 只	停止、制动
YC1	电磁离合器	B1DL-Ⅲ	1 只	主轴制动
YC2	电磁离合器	B1DL-Ⅱ	1 只	正常进给
YC3	电磁离合器	B1DL-Ⅱ	1 只	快速进给
SQ1	位置开关	LX3-11K,开启式	1 只	主轴冲动开关
SQ2	位置开关	LX3-11K,开启式	1 只	进给冲动开关
SQ3	位置开关	LX3-131,单轮自动复位	1 只	M2 正、反转及联锁
SQ4	位置开关	LX3-131,单轮自动复位	1 只	
SQ5	位置开关	LX3-11K,开启式	1 只	
SQ6	位置开关	LX3-11K,开启式	1 只	

实训项目一　CA6140 车床故障分析及排除

一、项目任务

1) 学会分析故障的思路和方法。
2) 能正确使用工具，并正确排除故障。

二、项目准备

（1）工具　常用电工工具。
（2）仪表　MF30 型万用表、5050 型绝缘电阻表、T301-A 型钳形电流表。
（3）车间现场　CA6140 车床或教学用 CA6140 配电柜。

三、常见故障分析与检修方法

（1）不能闭合电源开关 QF　CA6140 车床的电源开关 QF 采用钥匙开关 SB 做开锁断电保护，采用位置开关 SQ2 做开门（配电柜门）断电保护。因此，出现电源开关 QF 不能闭合时，先检查钥匙开关 SB 的位置是否正确（正确位置触点应断开），再检查位置开关 SQ2 是否因电气柜门没关紧、打开或其他原因造成触点闭合（正常工作时应断开）。

(2) 全无故障

1) 试车。所谓全无故障即试车时，信号灯、照明灯、机床电动机都不工作，且控制电动机的接触器、继电器等均无动作和响声。

2) 分析。全无故障通常发生在电源电路，读图发现，信号灯、照明灯、电动机控制电路的电源均由变压器 TC 提供，经逻辑分析，故障范围划在变压器 TC 以及为 TC 供电电路 U11-FU1-U13-TC，V11-FU1-V13-TC 上。值得注意的是，变压器 TC 二次侧三个绕组公共连接点 0 号线断线或接触不良时，也会造成全无故障。

3) 检查方法。

① 电压法。由电源侧向变压器 TC 方向测量，根据测量结果找出故障点，见表 2-6。

② 电阻法。由变压器 TC 向电源方向测量，根据测量结果找出故障点，见表 2-7。该方法利用变压器 TC 一次侧回路测量，可称电阻双分阶测量法。

表 2-6 电压法

故障现象	测试状态	U11-V11	U13-V13	故障点
全无现象	接通电源	0	0	机床无电源
		380V	0	FU1 断路
		380V	380V	TC 断路或 0 号线断线

表 2-7 电阻法

故障现象	测试状态	U13-V13	U11-V11	故障点
全无现象	切断电源	∞	∞	TC 断路
		R	∞	FU1 熔路或接触不良
		R	R	0 号线断线

注：R 为 TC 绕组电阻。

修复措施：若熔断器 FU1 熔断，要查明原因，如为短路，要排除短路点后，方可重新更换熔体，通电试车。若变压器绕组断路，要检查变压器配置熔断器熔体是否符合要求，方可更换变压器试车。

(3) 主轴电动机 M1 不能起动

1) 通电试车。主轴电动机 M1 不能起动原因较多，试车时首先观察接触器 KM 线圈是否得电，若不得电，测试刀架快速电动机，并观察中间继电器 KA2 线圈是否得电。若接触器 KM 线圈得电，观察电动机 M1 是否转动，是否有嗡嗡声，如有嗡嗡声，为缺相故障。

2) 故障分析。若接触器 KM 线圈不得电，故障在控制电路。如测试刀架快速电动机时，中间继电器 KA2 线圈也不能得电，逻辑分析故障范围在接触器 KM、中间继电器 KA2 线圈公共电路上，即 0-TC-1-FU2-2-SQ1-4。如中间继电器 KA2 线圈得电，故障范围在 5-SB1-4-SB2-7-KM 线圈-0 电路上。若接触器 KM 线圈正常得电，电动机 M1 不起动，则故障在电动机 M1 主电路上。

3) 检查方法。

① 控制电路故障检查。控制电路用电压法或电阻法检查皆可。值得注意的是，控制电路由变压器 TC 绕组 110V 电压提供电源，该绕组与接触器线圈电路串联，用电阻法测量时，要在确认变压器 TC 绕组无故障后，将其当作二次回路断开，将 FU2 拧下即可；或不断开，

利用其构成回路来测量，测量方法见表 2-8。该方法合理利用 TC 绕组 110V 电压所构成二次回路。若测量中发现位置开关 SQ1 断路，要检查床头皮带罩是否关紧。

表 2-8 利用二次回路测量法

故障现象	测试状态	7-5	7-4	7-2	7-1	7-0	故障点
KM、KA2均不能得电，照明灯亮	切断电源，不按 SB2	∞	R	R	R	R	FR1 动作或接触不良
		∞	∞	R	R	R	SQ1 接触不良
		∞	∞	∞	R	R	FU2 熔断或接触不良
		∞	∞	∞	∞	R	TC 线圈断路
		∞	∞	∞	∞	∞	KM 线圈断路

注：R 为 KM 线圈、TC 绕组串联后的直流电阻。

② 主电路故障检查。主电路故障多为电动机缺相故障，电动机缺相时，不允许长时间通电，故主电路故障检查不宜采用电压法，只有接触器 KM 主触点以上电路在接触器 KM 主触点不闭合时，可采用电压法测量，若必须用电压法测量，可将电动机 M1 与主电路分开，再接通电源，使接触器 KM 主触点闭合后进行测量，但拆、接工作比较烦琐，不宜采用。

测量缺相故障，用电阻法也很简单，测量时，利用电动机绕组构成的回路进行测量，方法是切断电源后，用万用表测量 U12-V12、U12-W12、V12-W12 之间电阻，如三次测量电阻值相等，且较小（电动机绕组直流电阻较小），判断 U12、V12、W12 三点至电动机三段电路无故障，若某一相与其他两相电阻无穷大，则该相断路，可用此法继续按图向下测量，找到故障点，或用电阻分段测量法测量断路相，找到故障点。接触器 KM 主触点上端电路用电阻分段法测量即可。

若上述两次检查没发现故障点，则故障在 KM 主触点上。

注意使用电阻法测量时如果压下接触器触点测量，变压器绕组会与电动机绕组构成回路，影响测量结果。

如维修者能灵活使用各种测量方法，接触器 KM 主触点上方电路可用电压法，接触器 KM 主触点下端电路采用电阻法，若都没找到故障，故障点必定在 KM 主触点上。

（4）主轴电动机 M1 起动后不能自锁 故障现象是按下按钮 SB2 时，主轴电动机 M1 能起动运行，但松开按钮 SB2 后，主轴电动机 M1 也随之停止。造成这种故障的原因是接触器 KM 的自锁常开触点接触不良或连接导线松脱。

（5）主轴电动机 M1 不能停车 造成这种故障的原因多是接触器 KM 的主触点熔焊；停止按钮 SB1 击穿或电路中 5、6 两点连接导线短路；接触器铁心表面粘牢污垢。可采用下列方法判明是哪种原因造成电动机 M1 不能停车：若断开 QF，接触器 KM 释放，则说明故障为 SB1 击穿或导线短接；若接触器过一段时间释放，则故障为铁心表面粘牢污垢；若断开 QF，接触器 KM 不释放，则故障为主触点熔焊，打开接触器灭弧罩，可直接观察到该故障。根据具体故障情况采取相应措施。

（6）刀架快速移动电动机不能启动 故障分析方法、检查方法与主轴电动机 M1 基本相同，若中间继电器 KA2 线圈不得电，故障多发生在按钮 SB3 上，按钮 SB3 安装在十字手柄上，经常活动，造成 FU2 熔断的短路点也常发生在按钮 SB3 上。试车时，注意将十字手柄扳到中间位置后再试，否则不易分清故障为电气部分故障还是机械部分故障。

（7）冷却泵电动机不能起动 故障分析方法与电动机 M1 的故障分析方法基本相同，如发生热继电器 FR2 热元件因水泵电动机接线盒进水发生短路而烧断，要考虑 FU1 是否超过额定值。

新安装水泵，如转动但不上水，多为水泵电动机电源相序不对，不能离心上水。

四、项目实施

1. 检修步骤及工艺要求

1）在教师指导下对车床进行操作，了解车床的各种工作状态及操作方法。

2）在教师的指导下，参照 CA6140 机床接线图（见图 2-11）和 CA6140 控制箱内配电盘（见图 2-12），熟悉车床电气元件的分布位置和走线情况。结合机械、电气等方面知识，弄清 CA6140 车床电气控制的特殊环节。

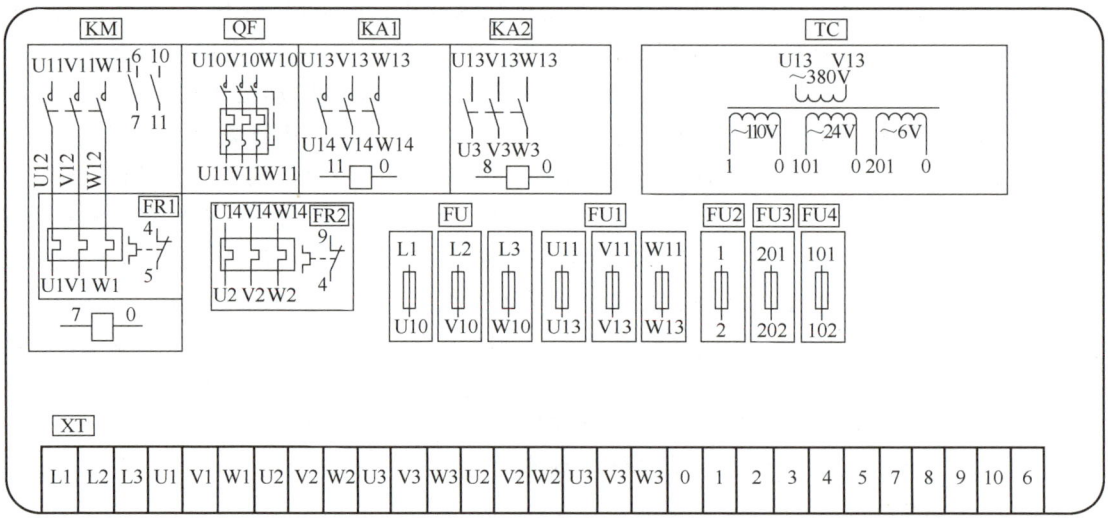

图 2-11　CA6140 车床接线图

图 2-12　CA6140 卧式车床电气控制箱配电盘

3）在机床电路上查找某一故障范围内电路走线情况。
4）在CA6140车床上，人为设置自然故障点。
5）教师示范检修。

检修时参照如下步骤：

① 通电试车过程中，引导学生观察故障现象。
② 根据故障现象，依据电路图用逻辑分析法确定故障范围。
③ 采用正确的检查方法查找故障点。
④ 用正确的方法排除故障。
⑤ 通电试车，恢复机床正常工作。

6）教师设置故障点，由学生检修。

设置故障点时，注意以下几点：

① 人为设置的故障要符合自然故障。
② 切忌设置更改电路的人为非自然故障。
③ 先设置一个故障，由学生检修，然后随学生能力逐渐提高再增加故障。
④ 设置一处以上故障点，故障现象尽可能不要相互掩盖，在同一电路上不设置重复故障（不符合自然故障逻辑）。
⑤ 设置的故障必须与学生应该具有的修复能力相适应，随着学生检修水平的逐步提高，再相应提高故障难度。
⑥ 应尽量设置不容易造成人身和设备事故的故障点。
⑦ 学生检修时，教师要密切注意学生的检修动态，随时做好采取应急措施的准备。

2. 注意事项

1）熟悉CA6140车床电气控制电路的基本环节及控制要求，认真观摩教师示范检修。
2）检修所用工具、仪表，应符合使用要求。
3）排除故障时，必须修复故障点，但不得采用元件代换法。
4）检修时，严禁扩大故障范围或产生新的故障。
5）带电检修时，必须有指导教师监护，以确保安全。

五、评分标准

评分标准见表2-9。

表2-9 评分标准

项目内容	配分	评分标准	扣分
故障分析	30分	（1）不进行调查研究，扣5分 （2）标不出故障范围或标错故障范围，每个故障点扣15分 （3）不能标出最小故障范围，每个故障点扣10分	
排除故障	70分	（1）停电不验电，扣5分 （2）仪器仪表使用不正确，每次扣5分 （3）排除故障的方法不正确，扣10分 （4）损坏电气元件，每个扣40分 （5）不能排除故障点，每个扣35分 （6）扩大故障范围，每个扣40分	

(续)

项目内容	配分	评分标准	扣分
安全文明生产		违反安全文明生产规程，扣 10~70 分	
定额时间 30min		不许超时检查，修复故障过程中允许超时，但每超时 5min 扣 5 分	
备注		除定额时间外，各项内容的最高扣分不得超过配分数	成绩
开始时间		结束时间	实际时间

实训项目二　X62W 万能铣床故障分析及排除

一、项目任务

掌握 X62W 万能铣床电气控制电路的故障分析及检修方法。

二、项目准备

（1）工具　常用电工工具。
（2）仪表　MF30 型万用表、5050 型绝缘电阻表、T301-A 型钳形电流表。
（3）车间现场　X62W 万能铣床或教学用 X62W 万能铣床配电柜。

三、X62W 万能铣床电气控制电路常见故障分析与检修方法

（1）全无故障　全无故障的分析方法与前面介绍机床全无故障分析方法类似，故障范围是为变压器 TC、TI 供电的电源电路，采用电压法测量，很快便可找到故障。

（2）主轴电动机 M1 不能起动　主轴电动机 M1 不能起动故障要与主轴电动机 M1 变速冲动故障合并检查，因此，试车时，既要试电动机 M1 的起动，也要试其变速冲动。若主轴电动机 M1 既没起动，也无冲动（接触器 KM 线圈不得电），则故障在其控制电路的公共电路上，即 5-FU6-4-TC-SA1-2-1-FR1-2-FR2-3-KM1 线圈-6。若变速冲动时接触器 KM1 线圈得电，起动时接触器 KM1 线圈不得电，则故障在 5-SB6-7-SB5-1-8-SQ1-2-9-SB1、SB2-6。测量故障前要先查看上刀制动开关 SA1 是否处于断开位置，变速冲动开关是否复位。检测方法可参照 CA6140 车床主轴电动机控制电路检测方法。

若接触器 KM1 线圈得电，电动机 M1 仍不起动，且有嗡嗡之声，应立即停止试车，判断故障为主电路缺相，具体检测方法可参照 CA6140 车床主轴电动机主电路检测方法。若电动机 M1 正反转有一个方向缺相而另一方向正常，故障是正反转换向转换开关 SA3 触点接触不良造成。

（3）工作台各个方向都不能进给　工作台的进给运动是通过进给电动机 M2 的正反转配合机械传动来实现的，若各个方向都不能进给，且试车时接触器 KM3、KM4 线圈都不得电，则故障在进给电动机控制电路公共部分，第一段 9-KM1-10，第二段转换开关 SA2-3，第三段 12-FR3-3。第一段故障范围，可通过试车快速进给确认，如快速进给时，接触器 KM3、KM4 线圈得电，则故障范围必在接触器 KM1（9-10）号触点及连线上。第二段很少出现断路故

障，通常是因转换开关 SA2 操作位置错转到"接通"位置造成。第三段通常是热继电器 FR3 脱扣，查明原因，复位即可。上述故障点还可用测量法确认。

若接触器 KM3、KM4 线圈可得电，则故障必在电动机 M2 主电路，范围是正反转公共电路。检测方法同本章第一节例 2-2 的检测方法。

（4）工作台能上、下、前、后进给，不能左右进给　工作台左右电路是：先起动主轴电动机，电流经 9-10-13-14-15-16-17-18-12-3，接触器 KM3 线圈得电，电动机 M2 正转，工作台向左；电流经 9-10-13-14-15-16-21-22-12-3，接触器 KM4 线圈得电，电动机 M2 反转，工作台向右。

因上、下、前、后可进给，首先排除进给电动机 M2 主电路，再排除 9-10 段、15-16 段、17-18-12-3 段、21-22-12-3 段。位置开关 SQ5 和位置开关 SQ6 不可能同时损坏（除非压合 SQ5、SQ6 的纵向手柄机械故障），故还要排除 16-17 段、16-21 段。最终确定故障范围是 10-13-14-15 段。该段电路正是上、下、前、后，及变速冲动，与左、右进给的联锁电路。如试车时进给变速冲动也正常，则排除 13-14-15 段，故障必在位置开关 SQ2-2（10-13）上。反之故障在 13-14-15 段，采用电阻法测量此电路时，为避免二次回路造成判断失误，可操作位置开关 SQ5、SQ6 或圆工作台转换开关将寄生回路切断，再进行测量。该故障多是因位置开关 SQ2、SQ3、SQ4 接触不良或未复位造成。

（5）工作台能左、右进给，不能上、下、前、后进给　参照故障（4）的分析方法，工作台不能上、下、前、后进给的故障范围是 10-19-20-15。检测方法同故障（4）。

（6）工作台上、下、前、后能进给，向左能进给，向右不能进给　采用（4）所使用的方法分析，判定该故障的故障范围是位置开关 SQ6-1 的常开触点及连线。反之，如只有向左不能进给故障，故障范围是位置开关 SQ5-1 的常开触点及其连线。

由此可分析判断只有向下、向前（向下、向前方向用不同的丝杠拖动，但电气电路是一个）不能进给时，故障范围是位置开关 SQ3-1 的常开触点及连线。

只有向上、向后不能进给时，故障范围在位置开关 SQ4-1 的常开触点及连线上。造成上述故障的原因多是位置开关经常被压合，使螺钉松动、开关移位、触点接触不良、开关机构卡住。

（7）工作台下、前、左能进给，上、后、右不能进给　工作台上、后、右由电动机 M2 反转拖动，电动机 M2 反转由接触器 KM4 控制，逻辑分析可知，若接触器 KM4 线圈不得电，故障范围是 21-KM3-22-KM4 线圈-12。若接触器 KM4 线圈得电，则故障必在接触器 KM4 的主触点及连线上。

如故障现象正相反，则故障范围是 17-KM4-18-KM3 线圈-12，或接触器 KM3 的主触点及其连线上。

（8）工作台不能快速移动、主轴制动失灵　这种故障是因电磁离合器电源电路故障所致。故障范围是变压器 TC-FU3、VC、熔断器 FU4 以及连接电路。首先检查变压器 TC 输出交流电压是否正常，再检查整流器 VC 输出直流电压是否正常。如不正常，采用相应的测量方法找到故障点，加以排除。

检修时还应注意，若整流器 VC 中一只二极管损坏断路，将导致输出电压偏低，吸力不够。这种故障与离合器的摩擦片因磨损导致摩擦力不足现象较相似。检修时要仔细检测辨认，以免误判。

（9）变速时不能冲动　如电动机能正常起动，变速时不能冲动是由于冲动位置开关 SQ1（主轴）、SQ2（进给）经常受频繁冲击，致使开关位置移动、电路断开或接触不良。检修时，如位置开关没有撞坏，可调整好开关与挡铁的距离，重新固定，即可恢复冲动控制。

四、项目实施

1. 检修步骤及工艺要求

1）在教师指导下，对铣床进行操作，了解机床的各种工作状态及操作方法。

2）在教师的指导下，参照电气位置图和机床接线图，熟悉机床电气元件的分布位置和走线情况；搞清操作手柄处于不同位置时，位置开关的工作状态及运动部件的工作情况。

3）在机床电路上查找某一故障范围内电路走线情况。

4）在 X62W 万能铣床上，人为设置自然故障点，教师示范检修。检修时参照如下步骤：

① 通电试车过程中，引导学生观察故障现象。

② 根据故障现象，依据电路图用逻辑分析法确定故障范围。

③ 采用正确的检查方法查找故障点。

④ 用正确的方法排除故障。

⑤ 通电试车，复核机床正常工作。

5）教师设置故障点，由学生检修。设置故障点时，注意以下几点：

① 人为设置的故障要符合自然故障。

② 切忌设置只改电路的人为非自然故障。

③ 先设置一个故障，由学生检修，然后随学生能力逐渐提高再增加故障。

④ 设置一处以上故障点，故障现象尽可能不要相互掩盖，在同一电路上不设置重复故障（不符合自然故障逻辑）。

⑤ 设置的故障必须与学生应该具有的修复能力相适应。随着学生检修水平的逐步提高，再相应提高故障难度。

⑥ 应尽量设置不造成人身和设备事故的故障点。

⑦ 学生检修时，教师要密切注意学生的检修动态。随时做好采取应急措施的准备。

2. 注意事项

1）熟悉 X62W 万能铣床电气控制电路的基本环节及控制要求，认真观摩教师示范检修。

2）检修所用工具、仪表应符合使用要求。

3）排除故障时，必须修复故障点，但不得采用元件代换法。

4）检修时，严禁扩大故障范围或产生新的故障。

5）带电检修时，必须有教师监护，以确保安全。

五、评分标准

评分标准参见表 2-9。

本 章 小 结

本章重点介绍了 CA6140 普通车床和 X62W 万能铣床的电气控制电路原理及维修。

对于机床电路的阅读分析方法介绍了查线分析法，对主电路—控制电路—辅助电路—联锁、保护环节—特殊控制环节进行逐步分析，最后总体检查。

对于机床电气控制电路的检修，讲解了机床维修的一般思路：结合工业机械电气设备维修的一般要求和方法，检修前先进行故障调查，用逻辑分析法确定并缩小故障范围，对故障范围进行外观检查，用试验法进一步缩小故障范围，用测量法确定故障点等，应灵活运用，遇到问题及时解决，更好地完成维护保养工作。

机床电气控制电路故障检查与维修是学习本章的主要目的。学生首先要学会方法，其次是习惯利用方法实践，通过大量的实践形成快速排故的思路，并在实践中不断总结提高，做好维修工作。

思考与练习

2-1 在 CA6140 车床中，若主轴电动机 M1 只能点动，则可能的故障原因是什么？在此情况下，冷却泵能否正常工作？

2-2 CA6140 车床的主轴是如何实现正反转控制的？

2-3 CA6140 车床的主轴电动机因过载而自动停车后，操作者立即按起动按钮，但电动机不能起动，试分析可能的原因。

2-4 X62W 万能铣床电气控制电路具有哪些电气联锁措施？

2-5 如果 X62W 万能铣床的工作台能左右进给，但不能前后、上下进给，试分析故障原因。

第三章

可编程控制技术的应用

【知识目标】

1) 了解可编程控制器的产生、发展及定义。
2) 掌握 PLC 元件功能和使用。
3) 掌握 PLC 控制系统的基本控制原理。
4) 掌握三菱 FX 系列 PLC 的基本指令、步进顺控指令及常用功能指令的使用。

【能力目标】

1) 能够使用 PLC 编程软件进行编程。
2) 能合理分配 I/O 地址,绘制 PLC 控制接线图。
3) 能够根据控制要求应用基本指令实现 PLC 控制系统的编程。
4) 能够使用步进顺控指令进行状态编程。
5) 会使用常用功能指令进行简化的编程。
6) 能正确连接 PLC 控制系统的电气控制电路并能实现系统调试。

50 多年来,可编程控制器从无到有,实现了工业控制领域接线逻辑到存储逻辑的飞跃;其功能从弱到强,实现了逻辑控制到数字控制的进步;其应用领域从小到大,实现了单体设备简单控制到胜任运动控制、过程控制及集散控制等各种任务的跨越。今天的可编程控制器正在成为工业控制领域的主流控制设备,在世界工业控制中发挥着越来越大的作用。

第一节 可编程控制器的概述

可编程控制器(Programmable Logic Controller,PLC)是以微处理器为核心,综合计算机技术、自动化技术和通信技术发展起来的一种新型工业自动控制装置。目前,PLC 已被广泛应用于各种生产机械和生产过程的自动控制中,成为一种最重要、最普及、应用场合最多的工业控制装置,被公认为现代工业自动化的三大支柱(PLC、机器人、CAD/CAM)之一。其应用的深度和广度成为衡量一个国家工业自动化程度高低的标志。

一、可编程控制器的产生

20 世纪 60 年代,计算机技术已开始应用于工业控制了。但由于计算机技术本身的复杂性、编程难度高、难以适应恶劣的工业环境以及价格昂贵等原因，未能在工业控制中广泛应用。当时的工业控制，主要还是以继电器-接触器控制系统占主导地位。

1968年，美国最大的汽车制造商通用汽车制造公司（GM）为适应汽车型号的不断更新，试图寻找一种新型的工业控制器，以尽可能减少重新设计和更换继电器控制系统的硬件及接线，减少设计时间，降低成本，因而设想把计算机的完备功能、灵活性及通用性等优点和继电器控制系统的简单易懂、操作方便、价格便宜等优点结合起来，制成一种适用于工业环境的通用控制装置，并把计算机的编程方法和程序输入方式加以简化，用面向控制过程、面向对象的自然语言进行编程。

1969年美国数字设备公司（DEC）根据美国通用汽车公司的要求，研制成功了世界上第一台可编程控制器，并在通用汽车公司的自动装配线上试用，取得很好的效果，从此这项技术迅速发展起来。早期的可编程控制器仅有逻辑运算、定时、计数等顺序控制功能，只是用来取代传统的继电器控制，通常称为可编程逻辑控制器（Programmable Logic Controller）。

20世纪80年代以后，随着大规模、超大规模集成电路等微电子技术的迅速发展，16位、32位及64位微处理器应用于PLC中，使PLC得到迅速发展。PLC不仅控制功能增强，同时可靠性提高，功耗降低，体积减小，成本降低，编程和故障检测更加灵活方便，而且具有通信和联网、数据处理和图像显示等功能，使PLC真正成为具有逻辑控制、过程控制、运动控制、数据处理、联网通信等功能的多功能控制器。

二、可编程控制器的特点、应用及分类

1. PLC的特点

PLC技术之所以高速发展，除了工业自动化的客观需要外，主要是因为它具有许多独特的优点。它较好地解决了工业领域中普遍关心的可靠、安全、灵活、方便、经济等问题。它主要有以下特点：

（1）可靠性高、抗干扰能力强　可靠性高、抗干扰能力强是PLC最重要的特点之一。PLC的平均无故障时间可达几十万个小时，之所以有这么高的可靠性，是因为它采用了一系列的硬件和软件的抗干扰措施。

（2）编程简单、使用方便　目前，大多数PLC仍采用继电控制形式的梯形图编程方式，既继承了传统控制电路的清晰直观，又考虑到大多数工厂企业电气技术人员的读图习惯及编程水平，所以非常容易被接受和掌握。

（3）功能完善、适应性强　现代PLC不仅具有逻辑运算、定时、计数、顺序控制等功能，而且还具有A/D和D/A转换、数值运算、数据处理、PID控制、通信联网等许多功能。同时，由于PLC产品的系列化、模块化，有品种齐全的各种硬件装置供用户选用，可以组成满足各种要求的控制系统。

（4）使用简单，调试维修方便　由于PLC用软件代替了传统电气控制系统的硬件，控制柜的设计、安装接线工作量大为减少。PLC的用户程序大部分可在实验室进行模拟调试，缩短了应用设计和调试周期。在维修方面，由于PLC的故障率低，维修工作量小，而且PLC具有很强的自诊断功能，如果出现故障，可根据PLC上指示或编程器上提供的故障信息，迅速查明原因，维修方便。

（5）体积小，能耗低　PLC是将微电子技术应用于工业设备的产品，其结构紧凑、坚

固、体积小、重量轻、功耗低，并且 PLC 的强抗干扰能力，易于装入设备内部，是实现机电一体化的理想控制设备。

2. PLC 的应用

经过 50 多年的发展，PLC 已广泛应用冶金、石油、化工、建材、机械制造、电力、汽车、轻工、环保及文化娱乐等各行各业，随着 PLC 性能价格比的不断提高，其应用领域不断扩大。目前，PLC 的应用大致可归纳为以下几个方面：

（1）开关量逻辑控制　这是 PLC 最基本、最广泛的应用领域。利用 PLC 最基本的逻辑运算、定时、计数等功能实现逻辑控制，可以取代传统的继电器控制，用于单机控制、多机群控制、生产自动线控制等，例机床、注射机、印刷机械、装配生产线及电梯的控制等。

（2）运动控制　PLC 可用于直线运动或圆周运动的控制。早期直接用开关量 I/O 模块连接位置传感器和执行机械，现在一般使用专用的运动模块。目前，制造商已提供了拖动步进电动机或伺服电动机的单轴或多轴位置控制模块，即把描述目标位置的数据送给模块，模块移动一轴或多轴到目标位置。当每个轴运动时，位置控制模块保持适当的速度和加速度，确保运动平滑。

（3）过程控制　PLC 可实现模拟量控制，具有 PID 控制功能的 PLC 可构成闭环控制，用于过程控制。这一功能已广泛用于钢铁冶金、精细化工、锅炉控制、热处理等场合。

（4）数据处理　现代 PLC 都具有数学运算（包括逻辑运算、函数运算、矩阵运算）、数据传送、转换、排序和查表等功能，可进行数据的采集、分析和处理，同时可通过通信接口将这些数据传送给其他智能装置。

（5）通信联网　可编程控制器的通信包括主机与远程 I/O 之间的通信、多台可编程控制器之间的通信、可编程控制器和其他智能控制设备（如计算机、变频器）之间的通信。可编程控制器与其他智能控制设备一起，可以组成"集中管理、分散控制"的分布式控制系统，满足工厂自动化（FA）系统发展的需要。

第二节　可编程控制器的结构及工作原理

一、可编程控制器的硬件组成

世界各国生产的 PLC 外观各异，但作为工业控制计算机，其硬件系统都大体相同，主要由中央处理器（CPU）、存储器、输入/输出单元、电源、编程设备、通信接口等部分组成。其中，CPU 是 PLC 的核心，输入/输出单元是连接现场输入/输出设备与 CPU 之间的接口电路，通信接口用于与编程器、上位计算机等外设连接。硬件结构图如图 3-1 所示。

1. 中央处理器

中央处理器是可编程控制器的核心，它在系统程序的控制下，完成逻辑运算、数学运算、协调系统内部各部分工作等任务。PLC 中所配置的 CPU 随机型不同而不同，常用有三类：通用微处理器（如 80286、80386 等）、单片微处理器（如 8031、8096 等）和位片式微处理器（如 AMD29W 等）。在 PLC 中，CPU 按系统程序赋予的功能，指挥 PLC 有条不紊地进行工作，归纳起来主要有以下几个方面。

1）接收从编程器输入的用户程序和数据。

第三章 可编程控制技术的应用

a) PLC硬件电路

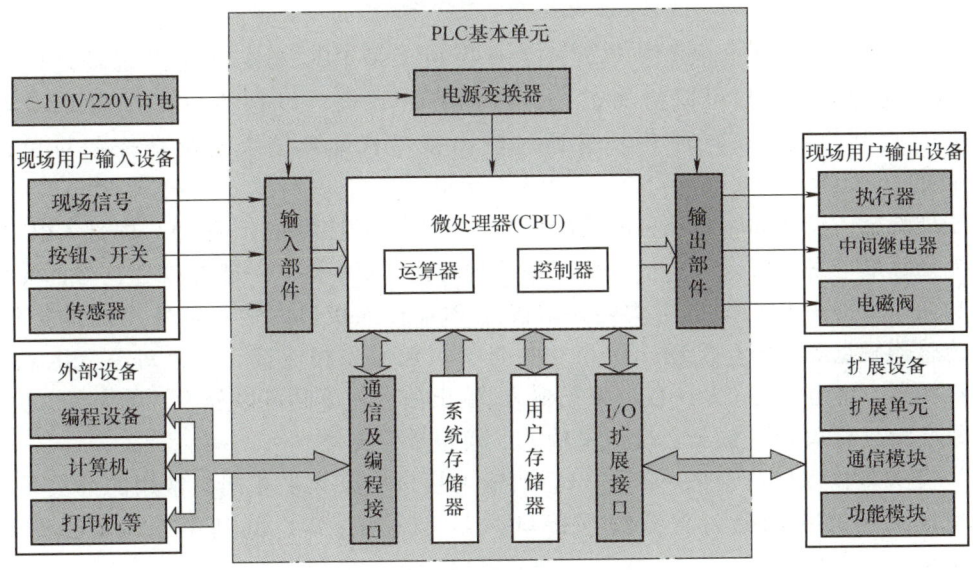

b) 系统结构框图

图 3-1 PLC 硬件结构图

2）诊断电源、PLC 内部电路的工作故障和编程中的语法错误等。

3）通过输入接口接收现场的状态或数据，并存入输入映像寄存器或数据寄存器中。

4）从存储器逐条读取用户程序，经过解释后执行。

5）根据执行的结果，更新有关标志位的状态和输出映像寄存器的内容，通过输出单元实现输出控制。有些 PLC 还具有制表打印或数据通信等功能。

2. 存储器

存储器主要有两种：一种是可读/写操作的随机存储器 RAM，另一种是只读存储器 ROM（不能修改）、EPROM（紫外线可擦）和 EEPROM（电可擦）。存储器区域按用途不同分为程序区和数据区。在 PLC 中，存储器主要用于存放系统程序、用户程序及工作数据。

系统程序是由 PLC 的制造厂家编写的，和 PLC 的硬件组成有关，完成系统诊断、命令解释、功能子程序调用管理、逻辑运算、通信及各种参数设定等功能，提供 PLC 运行的平台。系统程序关系到 PLC 的性能，而且在 PLC 使用过程中不会变动，所以是由制造厂家直接固化在只读存储器 ROM、PROM 或 EPROM 中，用户不能访问和修改。

用户程序是随 PLC 的控制对象而定的，由用户根据对象生产工艺的控制要求而编制的应用程序。为了便于读出、检查和修改，用户程序一般存于 CMOS 静态 RAM 中，用锂电池作为后备电源，以保证掉电时不会丢失信息。为了防止干扰对 RAM 中程序的破坏，当用户程序运行正常，不需要改变，可将其固化在只读存储器 EPROM 中。现在有许多 PLC 直接采用 EEPROM 作为用户存储器。

工作数据是 PLC 运行过程中经常变化、经常存取的一些数据，它存放在 RAM 中，以适应随机存取的要求。在 PLC 的工作数据存储器中，设有存放输入/输出继电器、辅助继电器、定时器、计数器等逻辑器件的存储区，这些器件的状态都是由用户程序的初始设置和运行情况而确定的。根据需要，部分数据在掉电时用后备电池维持其现有的状态，这部分在掉电时可保存数据的存储区域称为保持数据区。

3. 输入/输出单元

输入/输出单元通常也称 I/O 单元或 I/O 模块，是 PLC 与工业生产现场之间的连接部件。PLC 通过输入接口可以检测被控对象的各种数据，以这些数据作为 PLC 对被控制对象进行控制的依据；同时 PLC 又通过输出接口将处理结果送给被控制对象，以实现控制目的。

由于外部输入设备和输出设备所需的信号电平是多种多样的，而 PLC 内部 CPU 处理的信息只能是标准电平，所以 I/O 接口要实现这种转换。I/O 接口一般都具有良好的光电隔离和滤波功能，以提高 PLC 的抗干扰能力。接到 PLC 输入接口的输入器件往往是各种开关、按钮、传感器触点等；PLC 的输出接口往往是与被控对象相连接，被控对象有电磁阀、指示灯、接触器、继电器等。I/O 接口根据输入/输出信号的不同可以分为：数字量（开关量）输入、数字量（开关量）输出、模拟量输入、模拟量输出等。

（1）开关量输入接口电路　各种 PLC 的输入接口电路大多相同，常用的开关量输入接口按其使用的电源不同分为直流输入接口、交流输入接口，其基本原理电路如图 3-2、图 3-3 所示。

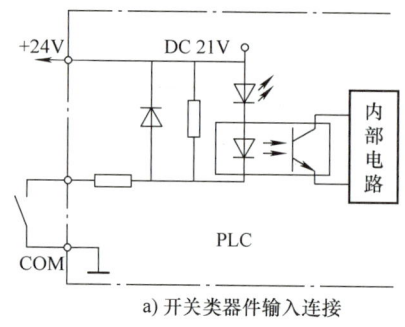
a) 开关类器件输入连接

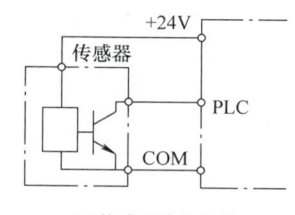
b) 传感器输入连接

图 3-2　直流输入接口

（2）开关量输出接口电路　常用的开关量输出接口按输出开关器件不同分为三种类型：继电器输出、晶体管输出和晶闸管输出，其基本原理电路如图3-4所示。继电器输出接口可驱动交流或直流负载，但其响应时间长，动作频率低；而晶体管输出和晶闸管输出接口的响应速度快，动作频率高，但前者只能用于驱动直流负载，后者只能用于驱动交流负载。

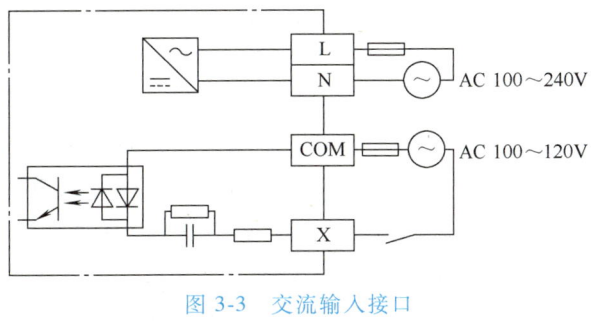

图3-3　交流输入接口

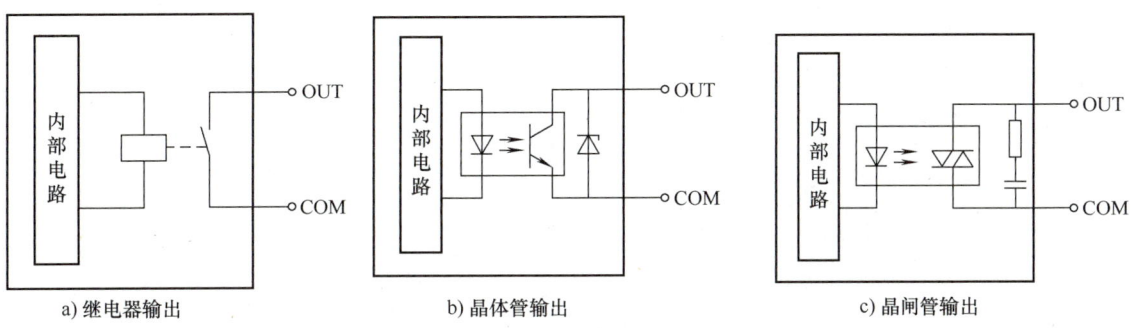

图3-4　开关量输出接口电路

4. 电源

PLC配有开关电源，以供内部电路使用。与普通电源相比，PLC电源的稳定性好、抗干扰能力强，对电网提供的电源稳定度要求不高，一般允许电源电压在其额定值±15%的范围内波动。许多PLC还向外提供直流24V稳压电源，用于对外部传感器供电，并备有备用锂电池，以确保外部故障时内部重要数据不至于丢失。

5. 外部设备

编程器的作用是编辑、调试、输入用户程序，也可在线监控PLC内部状态和参数，与PLC进行人机对话。它是开发、应用、维护PLC不可缺少的工具。一般有简易编程器和智能编程器两类。PLC还可以配设盒式磁带机、打印机、EPROM写入器、高分辨率大屏幕彩色图形监控系统等其他外部设备。

二、可编程控制器的软件

PLC是一种工业控制计算机，不仅有硬件，软件也必不可少。PLC的软件由系统程序和用户程序组成。系统程序由PLC制造厂商设计编写的，并存入PLC的系统存储器中，用户不能直接读写与更改。系统程序一般包括系统诊断程序、输入处理程序、编译程序、信息传送程序、监控程序等。PLC的用户程序是用户利用PLC的编程语言，根据控制要求编制的程序。

编程语言是学习PLC程序设计的前提，PLC的主要编程语言采用比计算机语言相对简单、易懂、形象的专用语言。国际电工委员会（IEC）的PLC编程语言标准中有5种编程语言：梯形图（Ladder Diagram）、指令表（Instruction List）、顺序功能图（Sequential Function

Chart)、功能图块（Function Block Diagram）、结构文本（Structured Text）。这里仅简单介绍前三种。

1. 梯形图

梯形图语言是应用最广泛的一种编程语言，是 PLC 的第一编程语言，是在传统继电器—接触器控制系统中常用的接触器、继电器等图形表达符号的基础上演变而来的一种图形语言。它与电气控制电路图相似，能直观的表达被控对象的控制逻辑顺序和流程，很容易被电气工程人员和维护人员掌握，特别适用于开关逻辑控制。

图 3-5 所示是传统的电气控制电路图和 PLC 梯形图。从图中可看出，两种图所表达的基本思想是一致的，但其本质却不相同。传统继电器—接触器控制系统控制电路图，其电路是由物理电气元件按钮、继电器、导线及电源构成的硬接线电路；PLC 梯形图程序，其接线电路使用的是 PLC 内部软元件，如输入继电器、输出继电器、定时/计数器等，程序修改灵活方便，是硬接线电路无法比拟的。

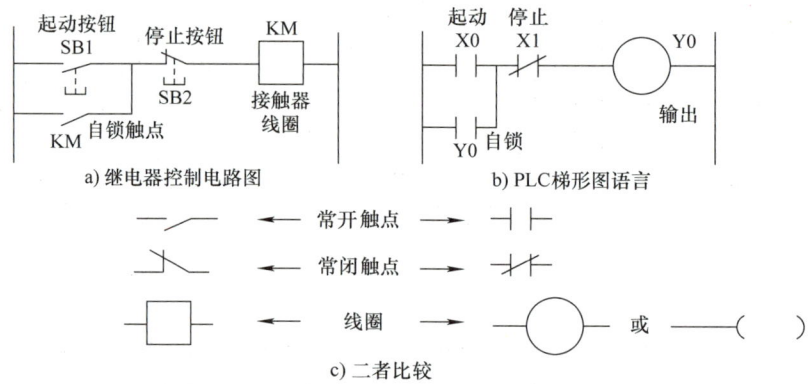

图 3-5 继电器控制电路图与 PLC 控制的梯形图的比较

梯形图结构如图 3-6 所示。

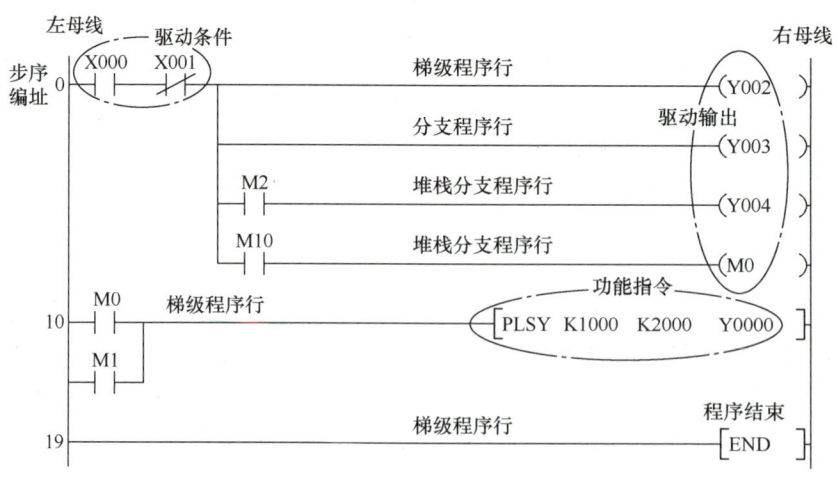

图 3-6 梯形图的结构

梯形图两侧的垂直公共线称为母线，在分析梯形图逻辑关系时，可以假想左右两侧母线之间有一个左正右负的直流电源，母线之间有"能流"从左流向右，一般右母线不画出。

梯级又称为逻辑行，是指从左母线出发，经过驱动条件和驱动输出到达右母线所形成的一个完整信号流回路。每个梯级至少有一个输出元件或指令，全部梯形图就是由多个梯级自上而下连接而成的。当一个梯级有多个输出时，其余输出所在路称为分支。分支和梯级输出共用一个驱动条件时称为一般分支，如果分支本身还有触点等驱动条件，称为堆栈分支。梯级本身是一行程序行，一个分支也是一行程序行。PLC 对梯形图的执行顺序和梯形图的编写顺序是相同的。

针对每一个梯级，在左母线左侧有一个数字，这个数字的含义是该梯级的程序步编址的首地址。程序步是 PLC 用来描述其用户程序存储容量的一个术语，每一步占用两个字节，步的编址从 0 开始，到 END 终止。例如，图 3-6 中第一个梯级数字为 0，表示该梯级程序占用程序步编号从 0 开始，第 2 梯级数字为 10，表示该梯级程序占用程序步从 10 开始。由此可以推断第 1 梯级程序占用了 10 步的存储容量。

注意：步序编址在编程软件上是自动计算并显示的，不需要用户计算输入。

2. 指令表

指令表类似于计算机的汇编语言，它是用指令助记符来编程的。在 PLC 应用中，经常采用简易编程器，而这种编程器中没有 CRT 屏幕显示，或没有较大的液晶屏幕显示。因此，就用一系列 PLC 操作命令组成的指令表将梯形图描述出来，再通过简易编程器输入到 PLC 中。虽然各个 PLC 生产厂家的指令表形式不尽相同，但基本功能相差无几。图 3-7 是梯形图对应的（FX 系列 PLC）指令表。

可以看出，指令是指令表程序的基本单元，每条指令包括指令部分和数据部分。指令部分是指定逻辑功能，数据部分要指定功能存储器的地址号或设定数值。

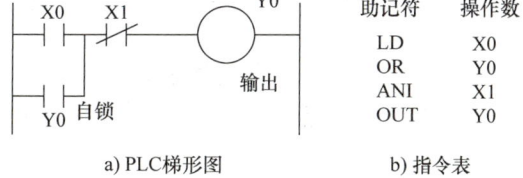

图 3-7 梯形图与指令表

3. 顺序功能图

顺序功能图（SFC）用来描述开关量控制系统的功能，是一种用于编制顺序控制程序的图形语言。它将一个完整的控制过程分为若干阶段，各阶段具有不同的动作，阶段间有一定的转换条件，转换条件满足就实现阶段转移，即上一阶段动作结束，下一阶段动作开始。步、转换和动作是顺序功能图的三要素，如图 3-8 所示。顺序功能图提供了一种组织程序的图形方法，根据它可以方便地画出顺序控制梯形图。

三、可编程控制器的工作原理

可编程控制器的工作原理可以简单地表述为在系统程序的管理下，通过运行应用程序完成用户任务。个人计算机与 PLC 的工作方式有所不同，计算机一般采用等待命令的工作方式。而 PLC 在确定了工作任务，装入了专用程序后，成为一种专用机。它采用循环扫描工作方式，系统工作任务管理及应用程序执行都是通过循环扫描方式完成的。

可编程控制器由两种基本的工作状态，即运行

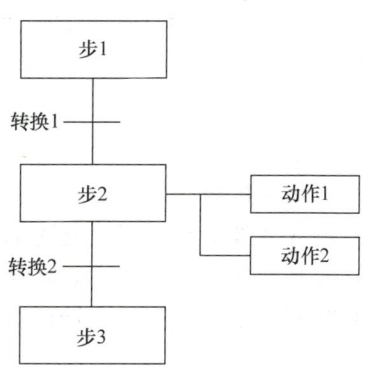

图 3-8 顺序功能图

（RUN）状态和停止（STOP）状态，当处于停止状态时，PLC 只进行内部处理和通信服务等内容，一般用于程序的编制与修改。当处于运行状态时，PLC 除了要进行内部处理和通信服务之外，还要执行反映控制要求的用户程序，即执行输入处理、程序处理、输出处理，其循环扫描工作流程如图 3-9 所示。

1. 内部处理阶段

PLC 接通电源后，在进行循环扫描之前，首先确定自身的完好性，若发现故障，除了故障灯亮之外，还可判断故障性质：一般性故障，则只报警不停机，等待处理；严重故障，则停止运行用户程序，此时 PLC 切断一切输出联系。

确定内部硬件正常后，进行清零或复位处理，清除各元件状态的随机性；检查 I/O 连接是否正确；起动监控定时器，执行一段涉及各种指令和内存单元的程序，然后监控定时器复位，允许扫描用户程序。

2. 通信服务阶段

PLC 在通信服务阶段检查是否有与编程器和计算机的通信请求，若有则进行相应处理，如果有与计算机等的通信要求，也在这段时间完成数据的接收和发送任务。

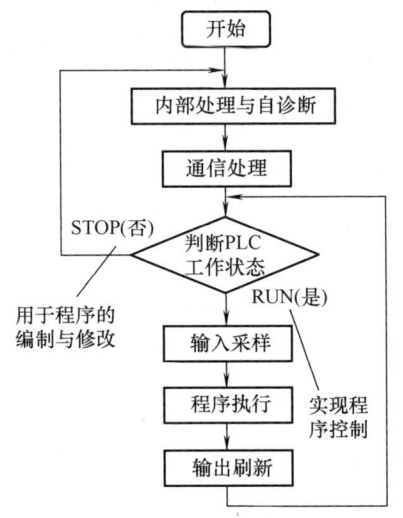

图 3-9 可编程控制器的循环扫描流程图

可编程控制器处于停止状态时，只执行以上的操作。可编程控制器处于运行状态时，还要完成下面三个阶段的操作，即输入采样阶段、程序执行阶段、输出刷新阶段，如图 3-10 所示。

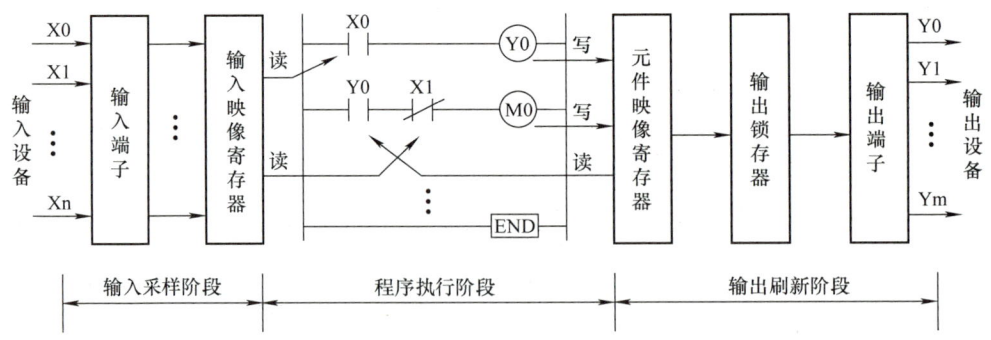

图 3-10 PLC 执行程序过程示意图

3. 输入采样阶段

在输入采样阶段，PLC 以扫描工作方式按顺序对所有输入端的输入状态进行采样，并存入输入映像寄存器中，此时输入映像寄存器被刷新。接着进入程序处理阶段，在程序执行阶段或其他阶段，即使输入状态发生变化，输入映像寄存器的内容也不会改变，输入状态的变化只有在下一个扫描周期的输入处理阶段才能被采样。

4. 程序执行阶段

在程序执行阶段，PLC 对程序按顺序进行扫描执行。若程序用梯形图来表示，则总是按先上后下，从左到右的顺序进行。当遇到程序跳转指令时，则根据跳转条件是否满足来决定程序是否跳转。当指令中涉及输入、输出状态时，PLC 从输入映像寄存器和元件映像寄存器中读出，根据用户程序进行运算，运算的结果再存入元件映像寄存器中。对于元件映像寄存器来说，其内容会随程序执行的过程而变化。

5. 输出刷新阶段

当所有程序执行完毕后，进入输出处理阶段。在这一阶段里，PLC 将元件映像寄存器中与输出有关的状态（输出继电器状态）转存到输出锁存器中，并通过一定方式输出，驱动外部负载。

从 PLC 输入端的输入信号发生变化到 PLC 输出端对该输入变化做出反应，需要一段时间，这种现象称为 PLC 输入/输出响应滞后。对一般的工业控制，这种滞后是完全允许的。应该注意的是，这种响应滞后不仅是由于 PLC 扫描工作方式造成，更主要是由 PLC 输入接口的滤波环节带来的输入延迟，以及输出接口中驱动器件的动作时间带来的输出延迟，同时还与程序设计有关。滞后时间是设计 PLC 应用系统时应注意把握的一个参数。

从以上分析可以看出，用可编程控制器实施控制，其实质是按一定算法进行输入、输出的变换，并将这个变换予以物理实现。入出变换、物理实现是 PLC 实施控制的两个基本点。入出变换实际上就是信息处理，PLC 应用微处理技术，并使其专业化应用于工业现场。物理实现即 PLC 要考虑实际的控制要求，要求 PLC 的输入应当排除干扰信号，输出应放大到工业控制的水平，能方便实际控制系统使用，这就要求 PLC 的 I/O 电路应专门设计。

第三节　三菱 FX 系列 PLC 的系统配置和编程元件

一、FX 系列 PLC 型号的含义及基本单元

1. FX 系列 PLC 型号的含义

三菱 FX 系列的 PLC 基本单元和扩展单元的型号命名由字母和数字组成，其命名的基本格式如下：

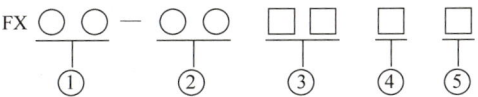

① 系列序号：0、2、0N、0S、2C、2N、2NC、1N、1S，即 FX0、FX2、FX0N、FX0S、FX2C、FX2N、FX2NC、FX1N 和 FX1S。

② 输入/输出的总点数：4~256。

③ 单元类型：M 为基本单元；E 为输入/输出混合扩展单元及扩展模块；EX 为输入专用扩展模块；EY 为输出专用扩展模块。

④ 输出形式：R 为继电器输出；T 为晶体管输出；S 为晶闸管输出。

⑤ 特殊品种的区别：D 为 DC（直流）电源，DC 输入；A1 为 AC（交流）电源，AC 输入（AC 100~120V）或 AC 输入模块；H 为大电流输出扩展模块；V 为立式端子排的扩展模块式；C 为接插口输入输出方式；F 为输入滤波器 1ms 的扩展模块；L 为 TTL 输入型模块；S 为独立端子（无公共端）扩展模块；无记号为 AC 电源，DC 输入，横式端子排，标准输出

(继电器输出 2A/点、晶体管输出 0.5A/点或晶闸管输出 0.3A/点)。

2. 基本单元

FX2N 系列 PLC 基本单元各部分说明如图 3-11 所示。

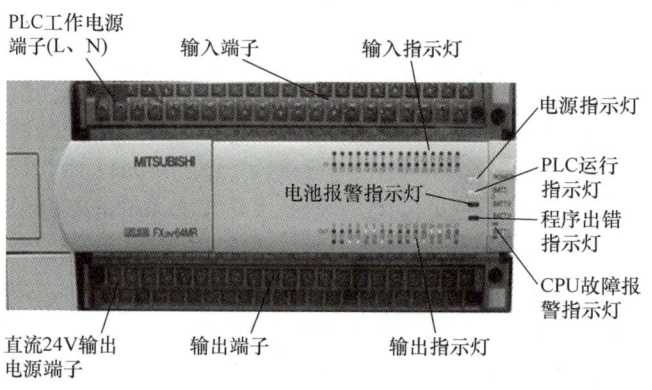

图 3-11　FX2N 系列 PLC 基本单元各部分说明

1) 外接电源端子：AC 电源型为 L、N 端子，通过这部分端子外接 PLC 的外部电源 (AC 220V)。

2) 输入公共端子 COM：在外接传感器、按钮、行程开关等外部信号元件时必须接的一个公共端子。

3) 24V 电源端子：PLC 自身为外部设备提供的直流 24V 电源，多用于三端传感器。

4) X 端子：为输入（IN）继电器的接线端子，是将外部信号引入 PLC 的必经通道。

5) 输入指示灯：为 PLC 的输入（IN）指示灯，PLC 有正常输入时，对应输入点的指示灯亮。

6) "."端子：表示此端子未被使用，不具功能。

7) 输出公共端子 COM：为 PLC 输出公共端子，在 PLC 连接交流接触器线圈、电磁阀线圈、指示灯等负载时必须连接的一个端子。

8) Y 端子：为 PLC 的输出（OUT）继电器的接线端子，是将 PLC 指令执行结果传递到负载侧的必经通道。

9) 输出指示灯：当某个输出继电器被驱动后，则对应的 Y 指示灯就会点亮。

二、FX2N 系列 PLC 的外部接线

1. PLC 与输入设备的连接

FX2N 系列 PLC 输入回路的连接如图 3-12 所示。输入回路的连接是 COM（公共）端通过具体的输入设备（如按钮、行程开关、继电器触点、传感器等），连接到对应的输入点 X 上，通过输入点将外部信号传送到 PLC 内部。当某个输入设备的状态发生变化时，对应输入点 X 的状态就随之变化，这样 PLC 可随时检测到这些外部信号的变化。

对于热继电器的常闭触点可以作为输入信号进行过载保护，也可以在输出侧进行保护。对于停止按钮、热继电器保护触点等的输入，如果输入信号由常开触点提供，梯形图中的触点类型与继电器电路的触点类型完全一致。如果接入 PLC 的是输入信号的常闭触点，这时

在梯形图中所用触点的类型与 PLC 外接的常开触点刚好相反,与继电器电路图中的习惯也是相反的,建议尽可能采用常开触点作为 PLC 的输入信号。对于热继电器,为提高保护的快速性可以采用常闭触点输入。

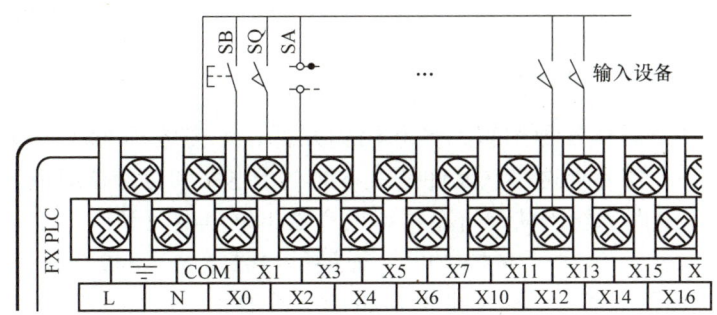

图 3-12　PLC 与输入设备的连接

2. PLC 与输出设备的一般连接方法

输出回路就是 PLC 的负载回路,FX2N 系列 PLC 输出回路的连接如图 3-13 所示。PLC 提供输出端子,通过输出端子将负载和负载电源连接成一个回路,这样,负载的状态就由输出端子对应的输出继电器进行控制,输出继电器的常开触点闭合即可得电。

在设计输出回路的接线时,应注意输出回路的公共端问题。一般情况下,每一路输出应有两个输出端子。为了减少输出端子的个数,以减小 PLC 的体积,在 PLC 内部将每路输出的其中一个输出端子采用公共端连接,即将几路输出的一端连接到一起,形成公共端 COM。FX2N 系列 PLC 采用四路输出共用一个公共端 COM。接在同一个公共端上的各路负载必须使用同一个电源,在使用时要特别注意这一点,否则将导致负载不能正常工作。PLC 与输出设备连接的注意事项如下:

1) 除了 PLC 输入和输出共用同一电源外,输入公共端与输出公共端一般不能接在一起。

2) PLC 的晶体管和晶闸管型输出都有较大的漏电流,尤其是晶闸管输出,将可能会出现输出设备的误动作,所以要在负载两端并联一个旁路电阻。

3) 多种负载和多种电源共存的处理。同一台 PLC 控制的负载和负载类别、等级可能不同。在连接负载时(I/O 点分配),应尽量让电源不同的负载使用不同的 COM 输出点。

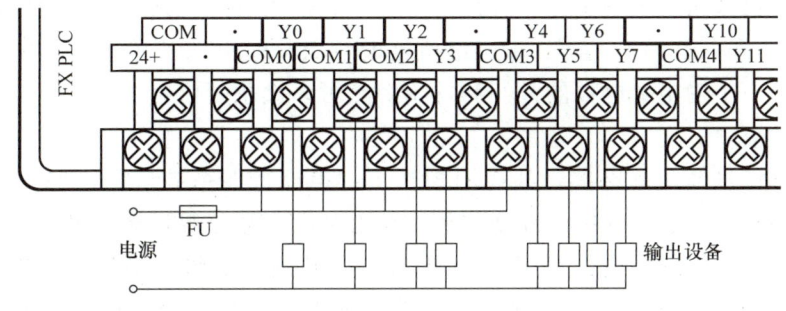

图 3-13　PLC 与输出设备的连接

3. 通信线的连接

PLC 一般设有专用的通信口，通常为 RS485 口或 RS422 口，FX 系列 PLC 为 RS422 口，与通信口的接线常采用专用的接插件连接，通信线与 PLC 连接时务必注意通信线接口内的针与 PLC 上接口正确对应后才能将通信线接口插入 PLC 通信接口，以免损伤插针和接口。

三、FX2N 系列可编程控制器的编程元件

PLC 在软件设计中需要各种逻辑元件和运算元件，称为编程元件。PLC 内部有许多具有不同功能的软元件，实际上这些软元件是由不同电子电路和存储器组成的。例如，输入继电器（X）是由输入电路和输入映像寄存器组成；输出继电器（Y）是由输出电路和输出映像寄存器组成；定时器（T）、计数器（C）、辅助继电器（M）、状态继电器（S）、数据寄存器（D）、变址寄存器（V/Z）等都是由存储器组成的。一般地可认为编程元件和继电接触器的元件类似。作为计算机的存储单元，从实质上来说某个元件被选中，只是代表这个元件的存储单元置 1，失去选中条件只是这个存储单元置 0，由于元件只不过是存储单元，可以无限次地访问，可编程控制器的编程元件可以有无数多个常开、常闭触点。作为计算机的存储单元，可编程控制器的元件可以组合使用。

1. 输入继电器 X（X0～X267）

在 PLC 内部，与输入端子相连的输入继电器是光电隔离的电子继电器，采用八进制编号，有无数个常开和常闭触点，输入继电器不能用程序驱动，其等效电路如图 3-14 所示。

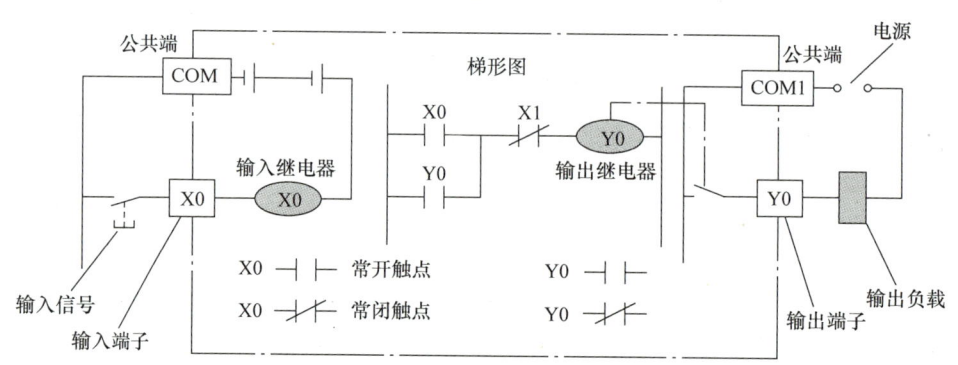

图 3-14　输入/输出继电器的等效电路

2. 输出继电器 Y（Y0～Y267）

输出继电器也采用八进制编号，有无数个常开和常闭触点，其线圈由程序驱动。其等效电路如图 3-14 所示。在 PLC 内部，输出继电器的触点与输出端子相连，向外部负载输出信号。编程时，每一个输出继电器的常开和常闭触点可多次重复使用。

3. 辅助继电器 M

PLC 内部有许多辅助继电器，其作用相当于继电器控制系统中的中间继电器，它的接点不能直接驱动外部负载。这些元件往往用作状态暂存、移位等运算，另外，辅助继电器还具有一些特殊功能。辅助继电器采用符号 M 与十进制数共同组成编号。FX2N 系列 PLC 中有三种特性不同的辅助继电器，分别是通用辅助继电器（M0～M499）、断电保持辅助继电器（M500～M3071）和特殊功能辅助继电器（M8000～M8255）。

(1) 通用辅助继电器（M0～M499）　FX2N 系列共有 500 点通用辅助继电器。通用辅助继电器在 PLC 运行时，如果电源突然断电，则全部线圈均为 OFF。当电源再次接通时，除了因外部输入信号而变为 ON 以外，其余的仍将保持 OFF 状态，它们没有断电保持功能。通用辅助继电器常在逻辑运算中作为辅助运算、状态暂存、移位等功能使用。根据需要，可通过程序设定，将 M0～M499 转变为断电保持辅助继电器。

(2) 断电保持辅助继电器（M500～M3071）　FX2N 系列有 M500～M3071 共 2572 个断电保持辅助继电器。它与普通辅助继电器不同的是具有断电保持功能，即能记忆电源中断瞬时的状态，并在重新通电后保持断电前的状态，其原因是电源中断时采用 PLC 锂电池保持其映像寄存器中的内容。其中 M500～M1023 可由软件将其设定为通用辅助继电器。图 3-15 所示，若辅助继电器 M600 及 M601 的状态决定电动机的转向，且 M600 及 M601 为具有掉电保持的通用型辅助继电器，当机构掉电又来电时，电动机可仍按掉电前的转向运行，直至碰到限位开关才发生转向的变化。

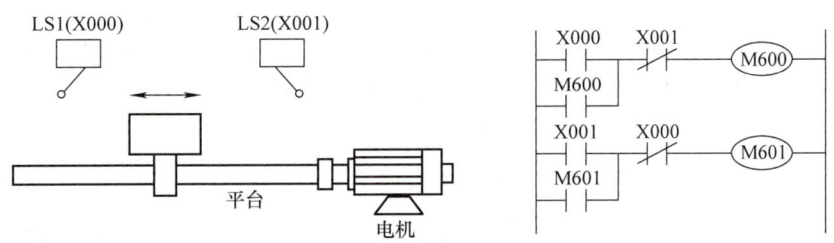

图 3-15　断电保持辅助继电器的应用

(3) 特殊功能辅助继电器（M8000～M8255）　特殊功能辅助继电器共 256 点，各具特定的功能，一般分为触点利用型和线圈利用型两类。

1) 触点利用型特殊辅助继电器。

其线圈由 PLC 自动驱动，用户只可使用其触点。例如：

M8000：运行监视，PLC 运行时 M8000 接通，M8001 与 M8000 逻辑相反。

M8002：初始脉冲，仅在运行开始瞬间接通一个扫描周期，因此可以用 M8002 的常开触点使具有断电保持功能的元件初始化复位或给它们置初始值。M8003 与 M8002 逻辑相反。

M8011、M8012、M8013 和 M8014 分别是产生 10ms、100ms、1s 和 1min 时钟脉冲的特殊辅助继电器。M8000、M8002、M8012 的波形图如图 3-16 所示。

2) 线圈利用型特殊辅助继电器。

由用户程序驱动其线圈，使 PLC 执行特定的操作，用户并不使用它们的触点，例如：

M8030 为锂电池电压指示特殊辅助继电器，当锂电池电压下降到某一值时，M8030 动作，指示灯亮，提醒 PLC 维修人员及时更换锂电池。M8033 为 PLC 停止时输出保持特殊辅助继电器。M8034 为禁止

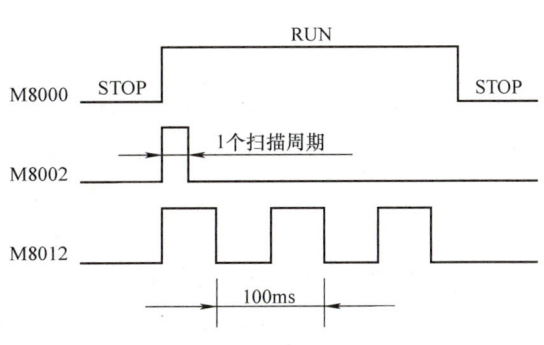

图 3-16　M8000、M8002、M8012 波形图

输出特殊辅助继电器。M8039 为定时扫描特殊辅助继电器。

需要说明的是未定义的特殊辅助继电器不可在用户程序中使用。

4. 状态继电器 S（S0~S999）

状态继电器是构成状态转移图的重要软元件，它与后述的步进顺序控制指令配合使用。状态继电器的符号位 S，其地址按十进制编号。FX2N 系列有 S0~S999 共 1000 点。状态继电器包括以下 5 种类型。

1）初始状态继电器 S0~S9 共 10 点。

2）回零状态继电器 S10~S19 共 10 点。

3）通用状态继电器 S20~S499 共 480 点。

4）保持状态继电器 S500~S899 共 400 点。

5）报警用状态继电器 S900~S999 共 100 点，这 100 个状态继电器可用作外部故障诊断输出。

5. 定时器 T（T0~T255）

定时器实际是内部脉冲计数器，可对内部 1ms、10ms 和 100ms 时钟脉冲进行加计数，当达到用户设定值时，触点动作。定时器可以用用户程序存储器内的常数 k 或 H 作为设定值，也可以用数据寄存器 D 的内容作为设定值。

（1）通用定时器（T0~T245） 100ms 定时器 T0~T199 共 200 点，设定范围 0.1~3276.7s。10ms 定时器 T200~T245 共 46 点，设定范围 0.01~327.67s。其工作原理如图 3-17 所示。

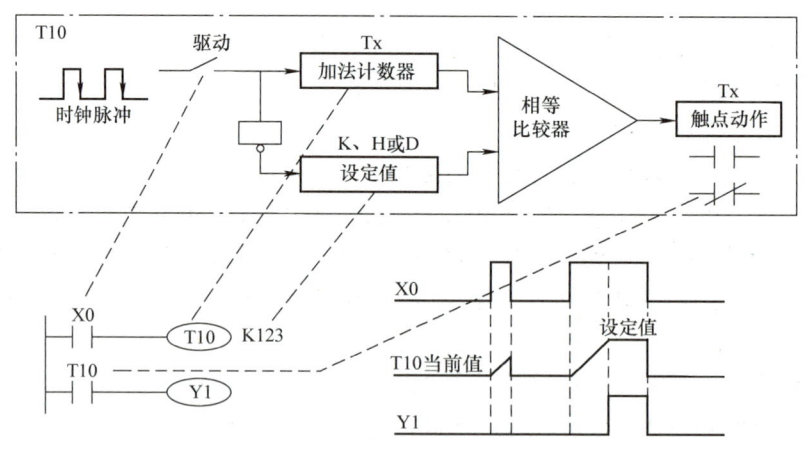

图 3-17 通用定时器工作原理

（2）积算定时器（T246~T255） 1ms 定时器 T246~T249 共 4 点，设定范围 0.001~32.767s。100ms 定时器 T250~T255 共 6 点，设定范围为 0.1~3276.7s。其工作原理如图 3-18 所示。

6. 计数器 C（C0~C255）

FX2N 系列提供了 256 点计数器，根据计数方式、工作特点可以分为内部信号计数器（简称内部计数器）和外部高速计数器（简称高速计数器）。

（1）16 位通用加计数器 C0~C199 共 200 点，设定值：1~32767。设定值与当前值相同时，其输出触点动作。通用型：C0~C99 共 100 点，断电保持型：C100~C199 共 100 点，

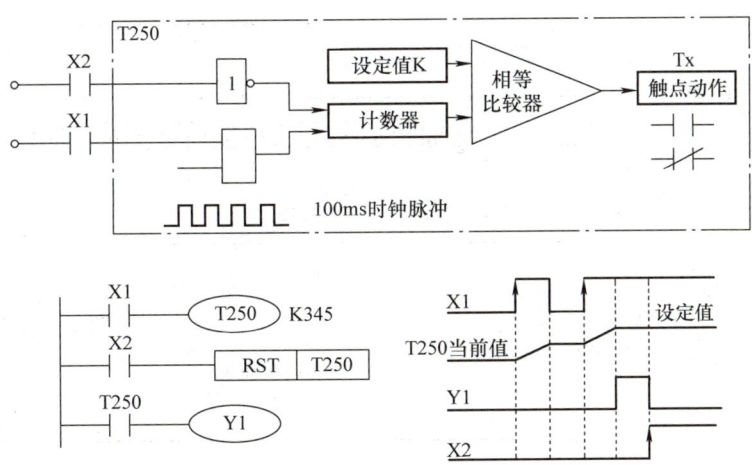

图 3-18 积算定时器工作原理

16 位加计数器工作原理如图 3-19 所示。

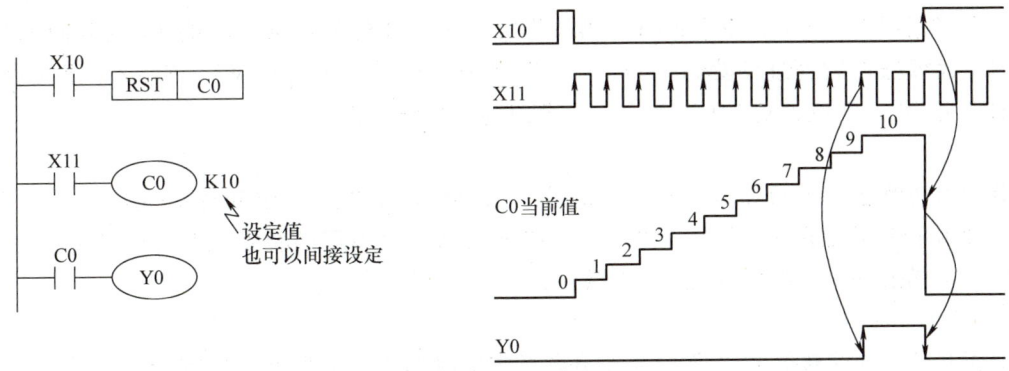

图 3-19 16 位加计数器工作原理示意图

（2）32 位通用加/减计数器　C200~C234 共 35 点，设定值：-2147483648~2147483647。通用计数器：C200~C219 共 20 点，保持计数器：C220~C234 共 15 点。

计数方向由特殊辅助继电器 M8200~M8234 设定，加/减计数方式设定：对于 C×××，当 M8××××接通（置 1）时，为减计数器，断开（置 0）时，为加计数器。

计数值设定：直接用常数 K 或间接用数据寄存器 D 的内容作为计数值。间接设定时，要用元件号紧连在一起的两个数据寄存器。其工作原理如图 3-20 所示。

（3）高速计数器　C235~C255 共 21 点，共享 PLC 上 6 个高速计数器输入（X0~X5）。高速计数器按中断原则运行。

7. 数据寄存器 D（D0~D8255）

PLC 在进行输入/输出处理、模拟量控制、位置控制时，需要许多数据寄存器存储数据和参数。数据寄存器为 16 位，最高位为符号位。可用两个数据寄存器来存储 32 位数据，最高位仍为符号位。数据寄存器有以下几种类型：

（1）通用数据寄存器（D0~D199）

（2）断电保持数据寄存器（D200~D7999）

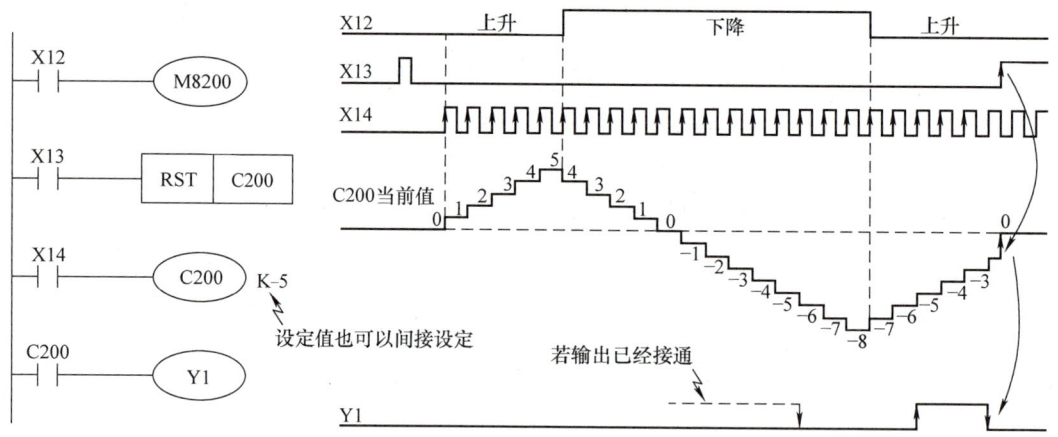

图 3-20 32 位通用加/减计数器工作原理示意图

(3) 特殊数据寄存器（D8000~D8255）

8. 变址寄存器（V0~V7，Z0~Z7）

变址寄存器 V、Z 和通用数据寄存器一样，是进行数值数据读、写的 16 位数据寄存器，主要用于运算操作数地址的修改。进行 32 位数据运算时，将 V0~V7、Z0~Z7 对号结合使用，如指定 Z0 为低位，则 V0 为高位，组合成为：(V0, Z0)。

9. 指针（P/I）

指针用作跳转、中断等程序的入口地址，与跳转、子程序、中断程序等指令一起应用。地址号采用十进制数分配。指针（P/I）包括分支和子程序用的指针（P）以及中断用的指针（I）。在梯形图中，指针放在左侧母线的左边。

10. 常数（K/H）

K 是表示十进制整数的符号，主要用来指定定时器或计数器的设定值及应用功能指令操作数中的数值；H 是表示十六进制数，主要用来表示应用功能指令的操作数值。例如，20 用十进制表示为 K20，用十六进制则表示为 H14。

四、FX3U 与 FX2N 的比较

FX3U 系列 PLC 是三菱公司 2005 年推出的第三代小型 PLC，是目前三菱公司小型 PLC 中性能最高，速度最快，定位控制和通信网络控制功能最强，I/O 点数最多的产品，可完全兼容 FX1N/FX2N 的全部功能。FX3U 的 I/O 的连接也可以采用漏型和源型两种方式（FX2N 只能采用漏型连接），使外电路设计和外接有源传感器类型（NPN、PNP）更为灵活方便。FX3U 与 FX2N 基本性能对照表见表 3-1。

表 3-1 FX3U 与 FX2N 基本性能对照表

项　目		FX2N	FX3U
最大 I/O 点数		256	348
指令条数	基本指令	29	
	步进指令	2	
	功能指令	132	209

(续)

项　　目		FX2N	FX3U
指令速度	基本指令	0.08μs/条	0.065μs/条
	功能指令	1.52μs/条至数百 μs/条	0.642μs/条至数百 μs/条
程序容量		内置 8000 步 EEPROM	内置 64000 步 EEPROM
辅助继电器	通用辅助继电器	500 点 M0～M499	
	锁存辅助继电器	2572 点，M500～M3071	7180 点，M500～M7679
	特殊辅助继电器	256 点，M8000～M8255	512 点，M8000～M8511
状态继电器	初始状态继电器	10 点，S0～S9	
	通用状态继电器	490 点，S10～S499	
	锁存状态继电器	400 点，S500～S899	3496 点，S500～S899，S1000～S4095
	报警状态继电器	100 点，S900～S999	
定时器	100ms 非积算定时器	200 点，T0～T199	
	10ms 非积算定时器	46 点，T200～T245	
	1ms 非积算定时器	无	256 点，T256～T512
	100ms 积算定时器	6 点，T250～T255	
	1ms 积算定时器	4 点，T246～T249	
计数器	16 位通用加计数器	100 点，C0～C99	
	16 位锁存加计数器	100 点，C100～C199	
	32 位通用加减计数器	20 点，C200～C219	
	32 位锁存加减计数器	15 点，C220～C234	
数据寄存器	通用数据寄存器	16 位 200 点，D0～D199	
	锁存数据寄存器	16 位 312 点，D200～D511	
	文件寄存器	7000 点，D1000～D7999	
	特殊寄存器	16 位 256 点，D8000～D8255	16 位 512 点，D8000～D8511
	变址寄存器	16 位 16 点，V0～V7 和 Z0～Z7	

1. FX3U 系列 PLC 的基本功能得到了大幅度的提升

1）CPU 基本指令处理速度达到了 0.065μs/条。

2）内置了高达 64KB 的大容量 RAM 存储器。

3）大幅度增加了内部软元件的数量。

2. FX3U 系列 PLC 中集成了多种业界最高水平的功能

1）内置了高性能的显示模块，在上面可以显示英、日、汉文字和数字，最多能够显示：半角 16 个字符（全角 8 个字符)×4 行，通过该模块还可以进行软元件的监控、测试，时钟的设定，存储器卡盒与内置 RAM 间程序的传送、比较等多项操作。此外，该显示模块还可以从本体上拉出并安装到控制柜的面板上。

2）内置了 3 轴独立最高 100kHz 的定位功能并增加了新的定位指令：带 DOG 搜索的原点回归（DSZR）和中断单速定位（DVIT），从而使得定位控制功能更为强大。

3）内置 6 点同时 100kHz 的高速计数功能。

4）内置了 CC-Link/LT 主站功能，可以轻松实现小点数的省配线网络。

第四节　三菱 FX 系列 PLC 基本指令及编程

基本逻辑指令是基于继电器、定时器、计数器类软元件，主要用于逻辑处理的指令。用基本逻辑指令可以编制出开关量控制系统的用户程序。基本逻辑是 PLC 程序中应用最频繁的指令，熟练应用基本逻辑指令是 PLC 编程的基础。FX 系列 PLC 共有 29 条基本逻辑指令。

一、FX2N 系列 PLC 基本逻辑指令

1. 逻辑取及线圈驱动指令 LD、LDI、OUT

（1）指令说明

1）LD（load）取指令：用于常开触点与左母线连接的指令。操作元件可以是 X、Y、M、T、C 和 S。

2）LDI（load inverse）取反指令：用于常闭触点与左母线连接的指令。操作元件可以是 X、Y、M、T、C 和 S。

3）OUT（out）线圈驱动指令：用于驱动线圈的输出指令。操作元件可以是 Y、M、T、C 和 S，不能用于输入继电器。

4）LD 和 LDI 指令还可以与 ANB、ORB 指令配合，用于电路块的起点。

5）OUT 线圈驱动指令可以连续使用若干次，相当于线圈的并联。OUT 线圈驱动指令的操作元件是定时器 T 和计数器 C 时，必须设置常数 K，如图 3-21 所示。

（2）指令应用　逻辑取、取反及线圈驱动指令的应用如图 3-21 所示。

图 3-21　逻辑取、取反及线圈驱动指令的应用

2. 触点串联、并联指令 AND、ANI、OR、ORI

（1）指令说明

1）AND（and）与指令：用于单个常开触点与左边电路的串联连接。

2）ANI（and inverse）与非指令：用于单个常闭触点与左边电路的串联连接。

AND 和 ANI 都是一个程序步的指令，后面必须有被操作的元件名称及元件号，操作元件可以是 X、Y、M、T 和 C。在使用该指令时，串联触点的个数没有限制，但是受到图形编辑器和打印机的功能限制。

值得注意的是，如果是两个或两个以上触点并联连接的电路再串联连接时，需要用到后述的 ANB 指令。

3）OR（or）或指令：用于单个常开触点与前面电路的并联连接。

4）ORI（or inverse）或非指令：用于单个常闭触点与前面电路的并联连接。

OR 和 ORI 都是一个程序步的指令，后面必须有被操作的元件名称及元件号，操作元件可以是 X、Y、M、T 和 C。

OR 和 ORI 指令是从该指令的当前步开始，对前面的 LD、LDI 指令进行并联连接的指令，左端接到该指令所在电路块的起始点（LD、LDI 点）上，右端与前一条指令对应的触点的右端相连。OR 和 ORI 并联连接的次数无限制，但是因为图形编辑器和打印机的功能限制，建议尽量并联的次数不超过 24 次。值得注意的是，如果是两个或两个以上触点串联连接的电路再并联连接时，需要用到后述的 ORB 指令。

（2）指令应用　单个触点的串联和并联的应用如图 3-22 所示。

（3）连续输出　OUT 线圈驱动指令使用后，再通过触点对其他线圈使用 OUT 线圈驱动指令的方式称为纵接输出或连续输出。如图 3-23a 所示，Y0 输出后通过 X4 的触点去驱动线圈 Y1。这种连续输出只要顺序不错，可以重复多次使用。但是如果驱动顺序换成如图 3-23b 的形式，则属于多重输出结构，必须使用堆栈指令（MPS、MRD、MPP），使用堆栈指令则使程序步数增多，因此不推荐使用多重输出结构。

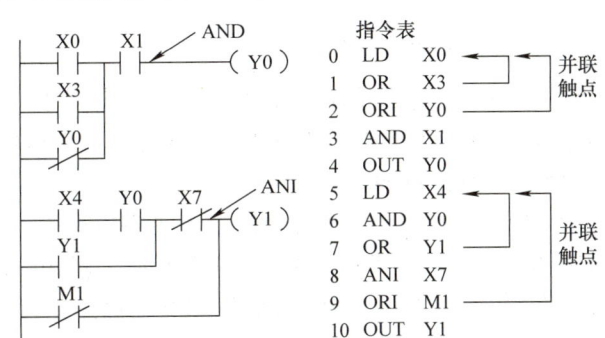

图 3-22　单个触点的串联和并联的应用

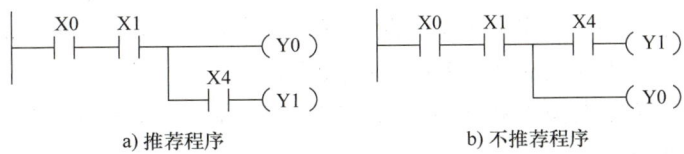

a）推荐程序　　　　　　b）不推荐程序

图 3-23　连续输出电路、多重输出电路

3. 电路块连接指令 ANB、ORB

两个或两个以上的触点组成的电路称为"电路块"。

（1）指令说明

1）ANB（and block）与块指令：电路块串联连接指令。由两个或两个以上触点并联的电路称为并联电路块，ANB 指令将并联电路块与前面的电路串联。在使用 ANB 指令之前应该先完成并联电路块的内部连接，并联电路块中各支路的起始触点使用 LD 或 LDI 指令。

2）ORB（or block）或块指令：电路块并联连接指令。由两个或两个以上触点串联连接的电路称为串联电路，ORB 指令用于将串联电路块进行并联连接。串联电路块的起始触点要使用 LD 或 LDI 指令，完成了电路块的内部连接后，使用 ORB 指令将前面已经连接好的电路块并联起来。

3）ANB、ORB 指令可以重复使用多次，但是连续使用 ORB 时，应限制在 8 次以下。

（2）指令应用　ANB、ORB 指令的应用如图 3-24 所示。

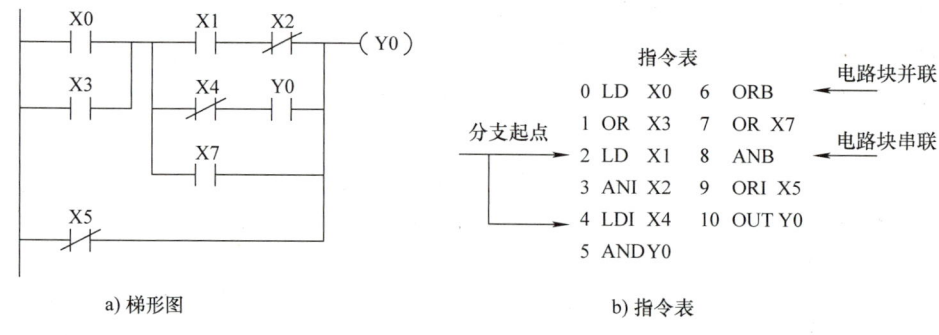

图 3-24 电路块连接

4. 置位与复位指令 SET、RST

（1）指令说明

1）SET（set）置位指令：用于驱动线圈，使元件保持的指令，操作元件为 Y、M、S。如图 3-25 所示，当 X0 常开触点接通时，Y0 变为 ON 并保持该状态，即使 X0 常开触点断开，Y0 也仍然保持 ON 的状态。

2）RST（reset）复位指令：用于线圈的复位，使元件保持复位的指令，操作元件是 Y、M、S、T、C、D、V 和 Z。如图 3-25 所示，当 X1 常开触点接通时，Y0 变为 OFF 并保持该状态，即使 X1 常开触点再次断开，Y0 也仍然保持 OFF 状态。

3）对于同一编程元件可以重复多次使用 SET、RST 指令，顺序可以任意，但是对于外部输出，只有最后执行的一条指令才有效。

4）RST 指令可以对定时器、计数器、数据寄存器、变址寄存器的内容清零。如图 3-26 所示，当 X0 常开触点接通时，累积型定时器 T246 复位；当 X3 常开触点接通时，计数器 C200 复位，当前值变为 0。如果不希望计数器和累积型定时器具有断电保持功能，可以在用户程序开始运行时用初始化脉冲 M8002 将其复位。

（2）指令应用 置位与复位指令的应用如图 3-25 所示，RST 复位指令对定时器与计数器的应用如图 3-26 所示。

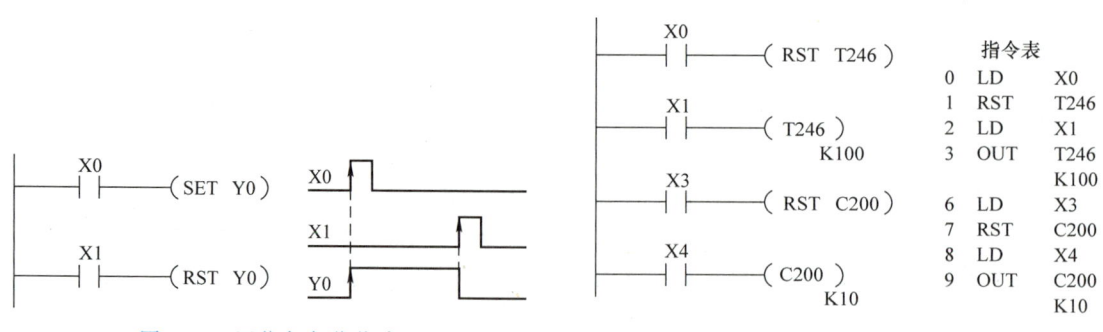

图 3-25 置位与复位指令　　　　　图 3-26 定时器与计数器的复位

5. 脉冲输出指令 PLS、PLF

（1）指令说明

1）PLS：上升沿微分输出指令。当输入条件从断变为通时，PLS 指令使其操作数的线圈接通一个扫描周期。使用 PLS 指令后，元件 Y、M（不包括特殊辅助继电器）仅在驱动输入由 OFF 转为 ON 时的一个扫描周期内动作。如图 3-27 所示，M0 仅在 X0 常开触点由断开变为接通的一个扫描周期内为 ON。

2) PLF：下降沿微分输出指令。当输入条件从通变为断时，PLF 指令使其操作数的线圈接通一个扫描周期。使用 PLF 指令后，元件 Y、M 仅在驱动输入由 ON 转为 OFF 的一个扫描周期内动作。如图 3-27 所示，M1 仅在 X1 常开触点由接通变为断开的一个扫描周期内为 ON。

（2）指令应用　脉冲输出指令的应用如图 3-27 所示。

6. 边沿检测触点指令 LDP、LDF、ANDP、ANDF、ORP、ORF

边沿检测触点指令也称为脉冲式触点指令，见表 3-2。

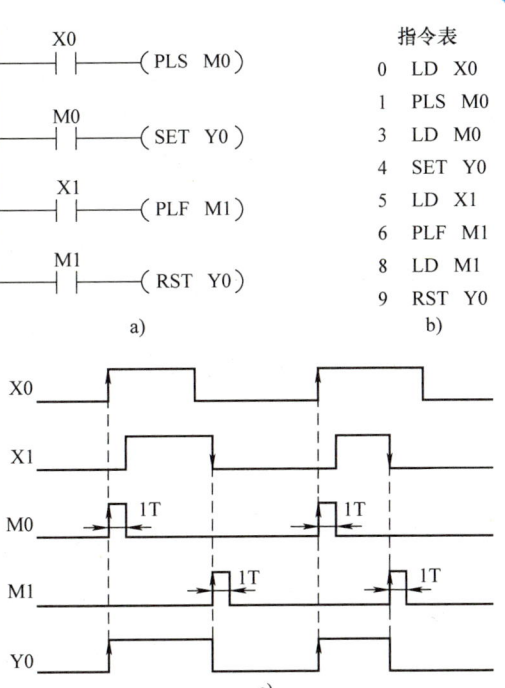

图 3-27　脉冲输出指令应用

表 3-2　边沿检测触点指令

符号	名称	功能	电路表示	操作元件
LDP	取脉冲上升沿	脉冲上升沿逻辑运算开始	X0—(Y0)	X、Y、M、S、T、C
LDF	取脉冲下降沿	脉冲下降沿逻辑运算开始	X0—(Y0)	X、Y、M、S、T、C
ANDP	与脉冲上升沿	脉冲上升沿串联连接	X0 X1—(Y0)	X、Y、M、S、T、C
ANDF	与脉冲下降沿	脉冲下降沿串联连接	X0 X1—(Y0)	X、Y、M、S、T、C
ORP	或脉冲上升沿	脉冲上升沿并联连接	X0—(Y0) X1	X、Y、M、S、T、C
ORF	或脉冲下降沿	脉冲下降沿并联连接	X0—(Y0) X1	X、Y、M、S、T、C

（1）指令说明

1）LDP、ANDP 和 ORP 是用作上升沿检测的触点指令，仅在指定位元件的上升沿（由

OFF 变为 ON）时接通一个扫描周期。

2）LDF、ANDF 和 ORF 是用作下降沿检测的触点指令，仅在指定位元件的下降沿（由 ON 变为 OFF）时接通一个扫描周期。

(2) 指令应用　边沿检测触点指令的应用如图 3-28 所示。

7. 多重输出电路指令 MPS、MRD、MPP

FX 系列 PLC 有 11 个存储中间运算结果的存储区域，称为栈存储器，如图 3-29 所示。堆栈采用先进后出的数据存取方式。使用一次进栈指令 MPS 时，就将该时刻的运算结果压入栈的第一层存储空间，再次使用进栈 MPS 指令时，又将此时刻的运算结果压入栈的第一层存储空间，而将栈中此前压入的数据依次向下一层推移。

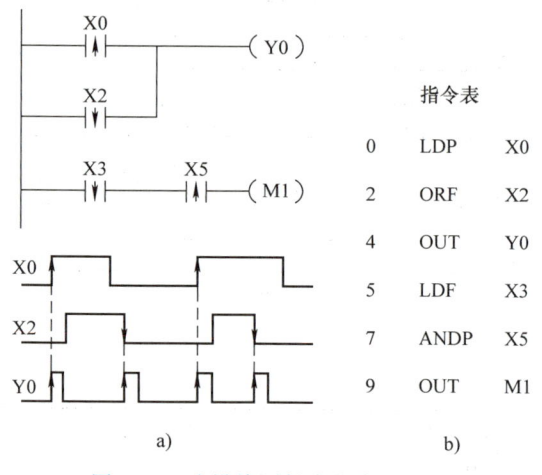

图 3-28　边沿检测触点指令的应用　　　　图 3-29　栈存储器

设计程序时，通常有某一触点或某一触点组的状态需多次使用的情况，在 PLC 中专门设置了 3 条完成此类任务的指令即栈操作指令。它是把运算结果暂时存入栈存储器中，用户可以随时调用，这样可以使用户程序编写简单，功能更强。

(1) 指令说明

1）MPS：进栈指令。MPS 指令可以将多重输出电路的公共触点或电路块先存储起来。

2）MPP：出栈指令。使用出栈指令 MPP 时，各层的数据依次向上移动一次，将最上端的数据读出后，数据就从栈中消失。多重电路的最后一个支路前使用 MPP 出栈指令。

3）MRD：读栈指令。MRD 是读出最上层所存储的最新数据的专用指令。读出时栈内数据不发生移动，仍然保持在栈内且位置不变。多重电路的中间支路前使用 MRD 读栈指令。

4）MPS 和 MPP 指令必须成对使用，而且连续嵌套使用次数应少于 11 次。

(2) 指令应用

1）一层栈电路。如图 3-30 所示，堆栈只使用了一层存储空间。

2）二层栈电路。如图 3-31 所示，堆栈使用了两层存储空间。

8. 主控触点指令 MC、MCR

在编程时，经常会遇到多个线圈同时受一个或一组触点控制的情况。如果在每个线圈的控制电路中都串入同样的触点，程序显得很烦琐，主控触点指令可以解决这一问题。使用主控指令的触点称为主控触点，它在梯形图中与其他触点垂直，它是与母线相连的常开触点，

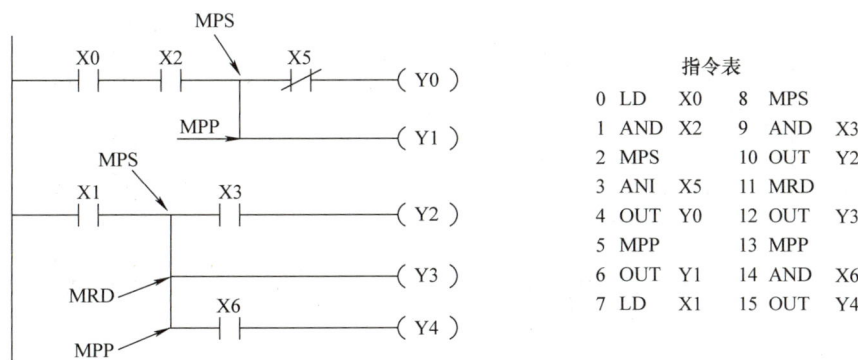

图 3-30 一层栈电路

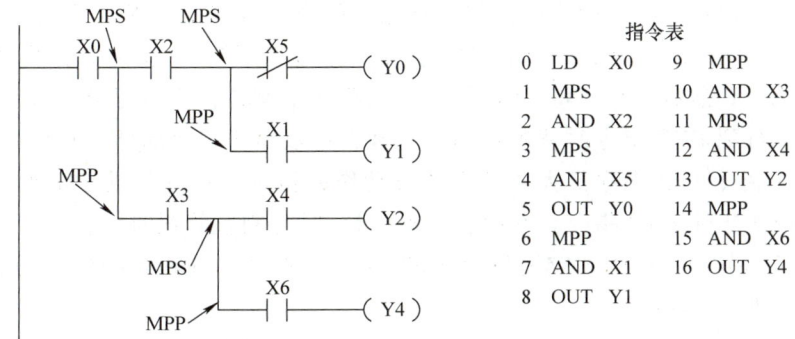

图 3-31 二层栈电路

是控制一组电路的总开关。

（1）指令说明

1) MC（Master Control）：主控指令，用于公共触点的串联连接。操作数 N（0~7）为嵌套层数。在 MC 指令内再次使用 MC 指令时，嵌套层数 N 的编号依次增大，最多可以编写 8 层（N7）。

2) MCR（Master Control Reset）：主控复位指令，是主控指令的结束。如果主控指令有嵌套，在主控复位时应从大的嵌套层开始解除，嵌套层数 N 的编号依次减小。

3) 与主控触点相连的触点必须使用 LD 或 LDI 指令，即执行 MC 指令后，母线移动到主控触点的后面，MCR 使母线回到原来的位置。MC 和 MCR 必须成对使用。

4) 如图 3-32 所示，当 X0 常开触点接通时，执行 MC 和 MCR 之间的指令；当 X0 常开触点断开时不执行 MC 和 MCR 之间的指令，此时非积算定时器和用 OUT 指令驱动的元件均复位，积算定时器、计数器、用置位/复位指令驱动的软元件保持其当时的状态。

（2）指令应用　图 3-32 所示为一级主控触点指令的应用。

9. 取反指令、空操作指令和结束指令 INV、NOP、END

（1）指令说明

1) INV（Inverse）：取反指令，将执行该指令之前的运算结果取反。如果运算结果为 0，则将它变为 1；如果运算结果为 1，则将它变为 0。

2) NOP（Non Processing）：空操作指令，使此步做空操作。在程序中很少使用 NOP 指

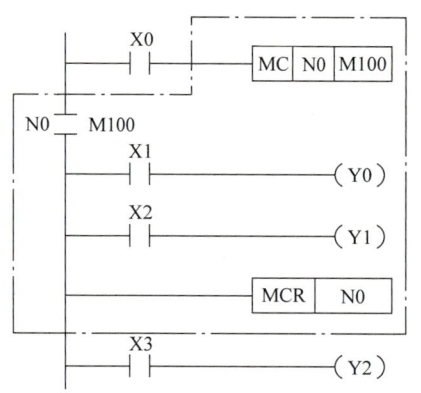

图 3-32 一级主控触点指令

令,执行完清除用户存储器的操作后,用户存储器的内容全部变为 NOP 指令。

3) END (End):结束指令,表示程序结束。若程序不写 END 指令,将从用户程序存储器的第一步执行到最后一步。将 END 指令放在程序结束处,只执行第一步至 END 之间的程序,PLC 当执行到 END 指令时就进行输出处理,可以缩短扫描周期。在程序调试过程中,按段插入 END 指令,可以顺序扩大对各程序段动作的检查,在确认处于前面电路块的动作正确无误后,依次删除 END 指令。在执行 END 指令时也刷新监视时钟。

(2)指令应用 INV 指令的应用如图 3-33 所示。图中,如果 X0 常开触点接通,则 Y0 为 OFF;反之,则 Y0 为 ON。

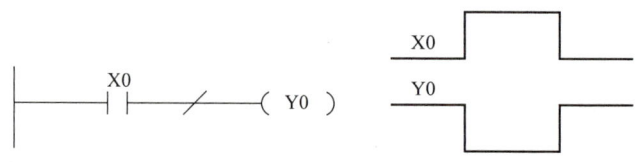

图 3-33 INV 指令应用

二、梯形图的设计规则及技巧

梯形图作为 PLC 程序设计的一种最常用的编程语言,被广泛应用于工程现场的系统设计。为了更好地使用梯形图,在程序的设计过程中应该遵循一些基本规则。

1. 设计规则

(1)线圈的布置 在梯形图设计过程中,应该遵守梯形图语言规范,线圈应该放在逻辑行的最右边。梯形图中每一逻辑行从左到右排列,以触点与左母线连接开始,以线圈、功能指令与右母线连接结束,右母线可以省略,如图 3-34 所示。

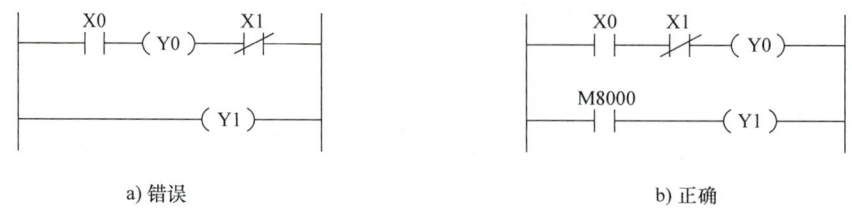

a)错误   b)正确

图 3-34 梯形图设计规则一

（2）触点的布置　梯形图的触点应该画在水平线上，不能画在垂直分支上，如图3-35所示。

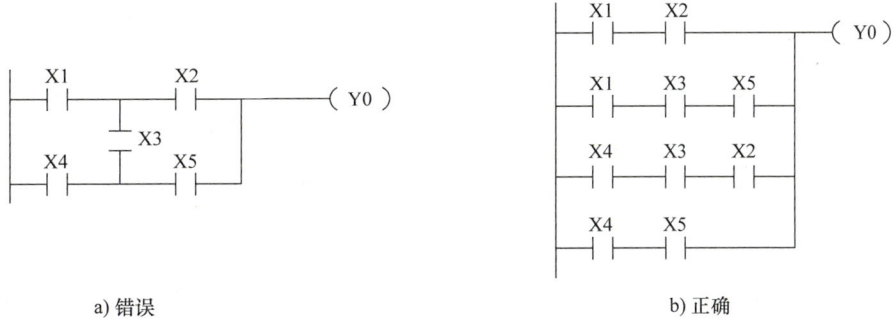

a) 错误　　　　　　　　　　　　b) 正确

图3-35　梯形图设计规则二

（3）不采用双线圈输出　在同一个梯形图中，如果同一元件的线圈使用两次或多次称为双线圈输出。这时前面的输出无效，只有最后一次才有效，因此程序中一般不出现双线圈输出，如图3-36所示。

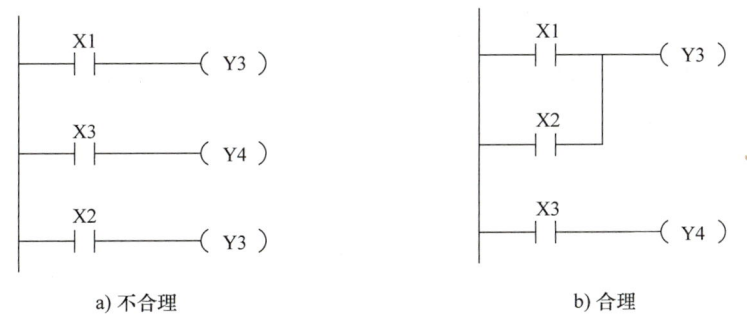

a) 不合理　　　　　　　　　　　　b) 合理

图3-36　梯形图设计规则三

（4）线圈只能并联不可串联　在梯形图中若要表示几个线圈同时得电的情况，应该将线圈并联而不能串联，如图3-37所示。

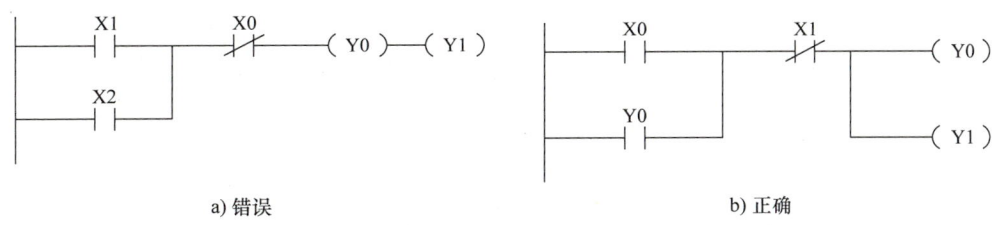

a) 错误　　　　　　　　　　　　b) 正确

图3-37　梯形图设计规则四

2. 梯形图设计技巧

为了更好地使用梯形图语言，在程序的设计过程中除了遵循一些基本规则外，还应该掌握一些设计技巧，以减少程序的长度，节省内存和提高运行效率。

（1）上面多、下面少　串联电路并联时，应将串联触点多的电路放在梯形图的最上面，这样可以减少梯形图程序的长度，使程序更简洁，如图3-38所示。

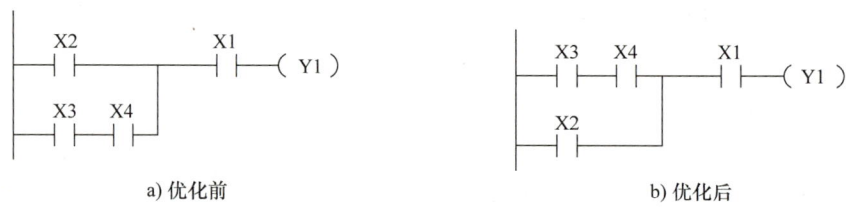

图 3-38 梯形图设计技巧一

（2）左边多、右边少　并联电路串联时，应该将并联触点多的电路放在最左边，这样可以使得编制的程序简洁，指令语句减少，如图 3-39 所示。

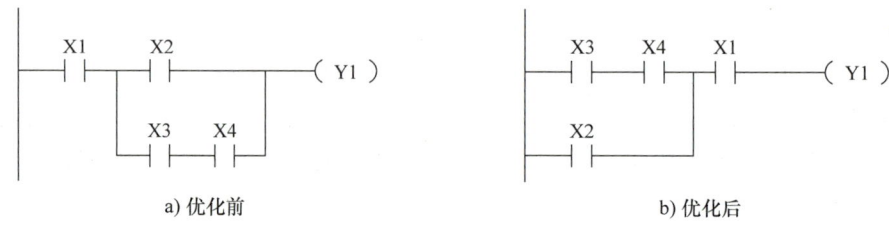

图 3-39 梯形图设计技巧二

（3）避免出现多重输出电路　尽量调整为连续输出电路，避免使用 MPS、MPP 指令，如图 3-40 所示。

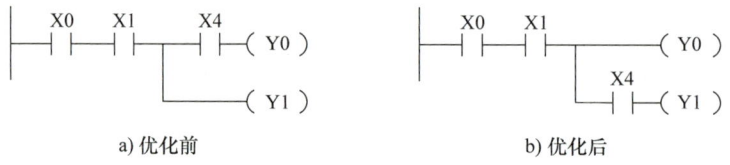

图 3-40 梯形图设计技巧三

（4）尽量减少 PLC 的输入和输出点数　PLC 的价格与 I/O 点数有关，每一个输入信号和输出信号分别要占用一个输入点和一个输出点，因此减少输入信号和输出信号的点数是降

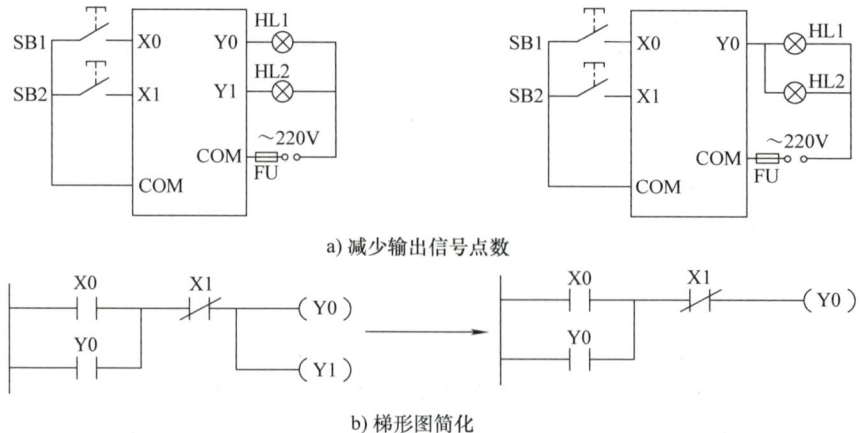

图 3-41 梯形图设计技巧四

低硬件费用的主要措施。如图 3-41a 所示，如果输出元件 HL1 和 HL2 的输出规律完全一样，则可以将 HL1 和 HL2 并联后接入一个输出点，这样梯形图也可以简化，如图 3-41b 所示。

（5）合理设置中间单元　在梯形图中，若多个线圈都受某些触点串并联电路的控制，为了简化电路，在梯形图中可设置用该电路控制的辅助继电器，如图 3-42 中的 M0，辅助继电器作用类似于继电器控制电路中的中间继电器。

（6）时间继电器瞬时触点的处理　在继电器控制电路中，时间继电器除了有延时动作的触点外，还有在线圈通电或断电时立即动作的瞬时触点。在 PLC 设计时，定时器没有可供使用的瞬时触点，如果需要可以在梯形图中对应的定时器线圈的两端并联辅助继电器，此辅助继电器的触点功能类似于定时器的瞬时动作触点，如图 3-43 所示。

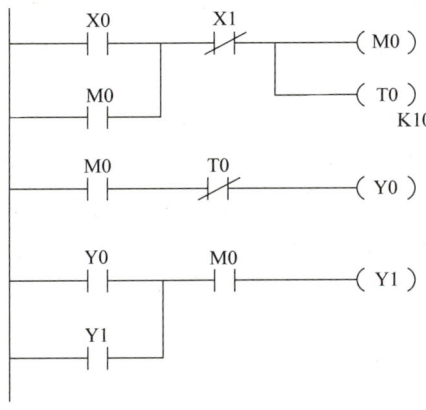

图 3-42　梯形图设计技巧五

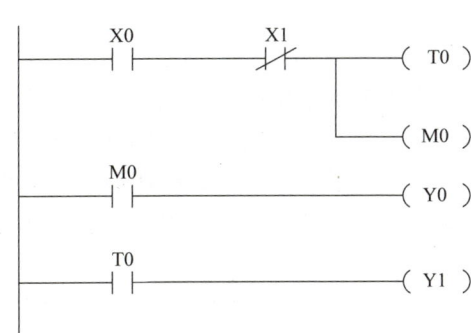

图 3-43　梯形图设计技巧六

三、基本控制电路的程序设计

梯形图程序设计是 PLC 应用中的关键环节，为了方便初学者顺利掌握 PLC 程序设计的方法和技巧，这里介绍一些基本电路的程序设计。

1. 起—保—停电路

实现 Y10 的起动、保持和停止的四种梯形图如图 3-44 所示。这些梯形图均能实现起动、保持和停止的功能。X0 为起动信号，X1 为停止信号。图 3-44a、c 是利用 Y10 常开触点实现自锁保持，而图 3-44b、d 是利用 SET、RST 指令实现自锁保持；而图 3-44a、b 为停止优先梯形图，图 3-44c、d 起动优先梯形图。

2. 多地控制电路

图 3-45 是两个地方控制一个继电器线圈的梯形图。其中 X0 和 X1 是一个地方的起动和停止控制按钮，X2 和 X3 是另一个地方的起动和停止控制按钮。

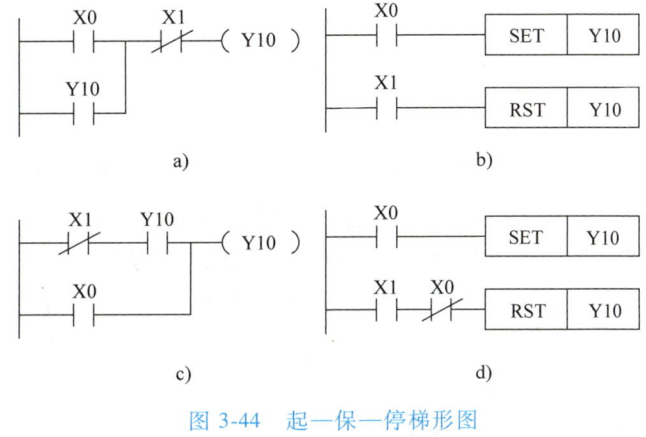

图 3-44　起—保—停梯形图

3. 顺序起动控制电路

如图 3-46 所示，Y0 的常开触点串联在 Y1 的控制回路中，Y1 的接通是以 Y0 的接通为条件。这样，只有 Y0 接通才允许 Y1 接通。Y0 关断后 Y1 也被关断停止，而且 Y0 接通条件下，Y1 可以自行接通和停止。X0、X2 为起动按钮，X1、X3 为停止按钮。

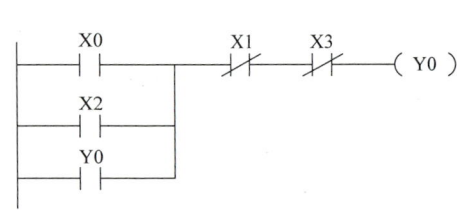

图 3-45　两地控制梯形图　　　　　图 3-46　顺序起动梯形图

4. 集中与分散控制电路

在多台单机组成的自动线上，有在总操作台上的集中控制和在单机操作台上分散控制的联锁。集中与分散控制的梯形图如图 3-47 所示。X2 为选择开关，以其触点为集中控制与分散控制的联锁触点。当 X2 为 ON 时，为单机分散起动控制；当 X2 为 OFF 时，为集中总起动控制。在两种情况下，单机和总操作台都可以发出停止命令。

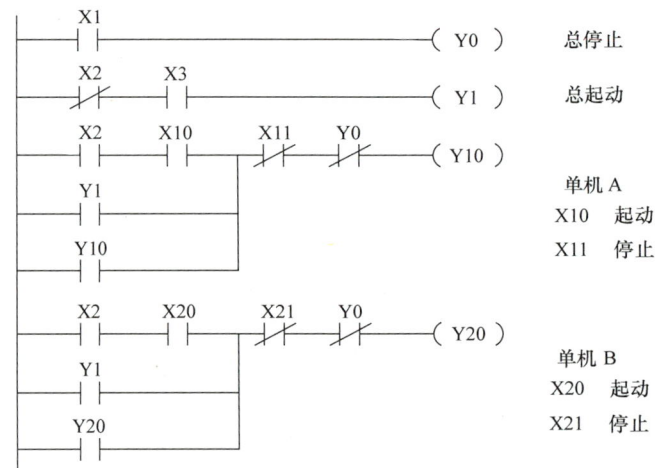

图 3-47　集中与分散控制梯形图

5. 自动与手动控制电路

在自动与半自动工作设备中，有自动控制与手动控制的联锁，如图 3-48 所示。输入信号 X1 是选择开关，选其触点为联锁触点。当 X1 为 ON 时，执行主控指令，系统运行自动控制程序，自动控制有效，同时系统执行功能指令 CJ　P63，直接跳过手动控制程序，手动调整控制无效。当 X1 为 OFF 时，主控指令不执行，自动控制无效，跳转指令也不执行，手动控制有效。

6. 定时电路图

（1）延合、延分电路

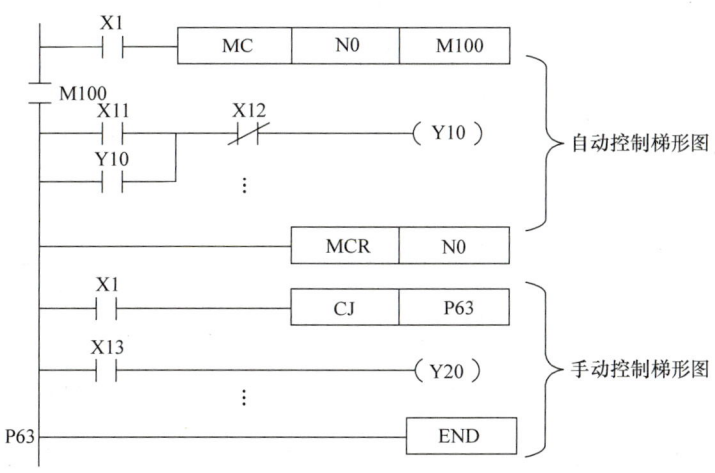

图 3-48　自动与手动控制梯形图

1）通电延时闭合电路。当按下起动按钮时，X0 为 ON，延时 2s 后 Y0 得电接通；当按下停止按钮时，X2 为 OFF，Y0 失电断开。这种电路属于通电延时闭合电路，如图 3-49 所示。

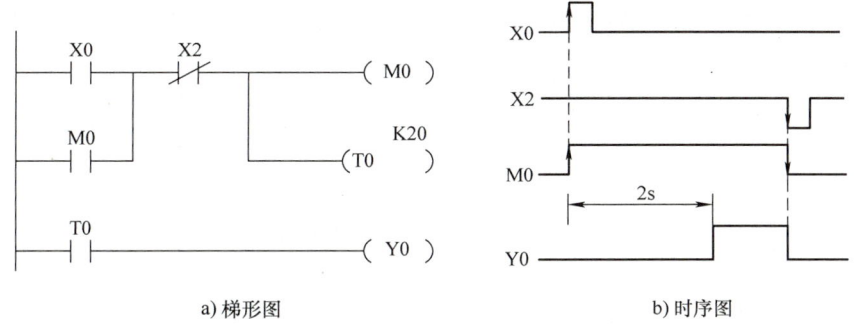

a) 梯形图　　　　　　　　　　　　b) 时序图

图 3-49　通电延时闭合电路

2）断电延时分断电路。当按下起动按钮时，X0 为 ON，Y0 得电接通并保持；当松开起动按钮时，X0 为 OFF，延时 10s 后 Y0 失电分断。这种电路属于断电延时分断电路，如图 3-50 所示。

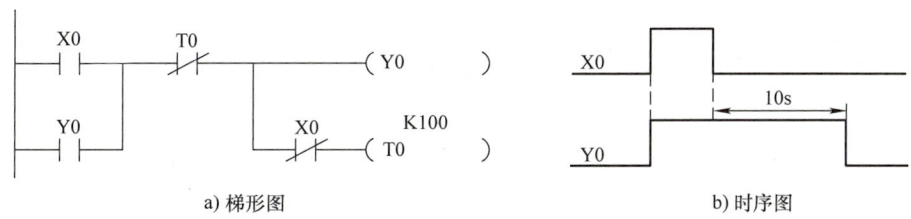

a) 梯形图　　　　　　　　　　　　b) 时序图

图 3-50　断电延时分断电路

（2）定时范围扩展电路　FX 系列 PLC 定时器的最长定时时间为 3276.7s，如果需要更长的时间可以采用以下两种方法。

1）多个定时器组合电路。图 3-51 为 6000s 的延时的多个定时器组合电路。当 X0 接通时，T0 线圈得电并且延时 3000s，延时时间到后，T0 常开触点闭合，使 T1 线圈得电并且延时 3000s，延时时间到后，Y0 线圈得电接通。因此，从 X0 接通到 Y0 得电共延时 6000s。

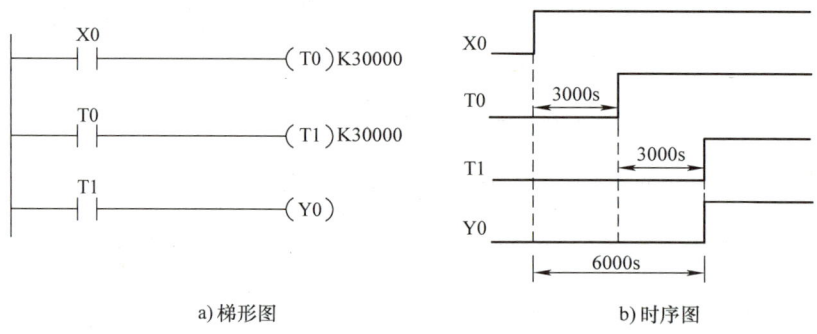

图 3-51　多个定时器组合电路

2）定时器和计数器组合电路。图 3-52 为定时器和计数器的组合电路。当 X0 断开时，T0 和 C0 复位；当 X0 接通时 T0 开始定时，100s 以后 T0 定时时间到，T0 常闭触点断开使其复位，同时常开触点闭合计数器 C0 计数为 1；T0 复位后当前值变为 0，同时其常闭触点接通、常开触点断开，T0 线圈又一次得电，开始计时。如此周而复始地工作，计数器不断计数直到计满 200 次，200 次后 Y0 线圈得电接通。从 X0 接通到 Y0 得电共延时 20000s。

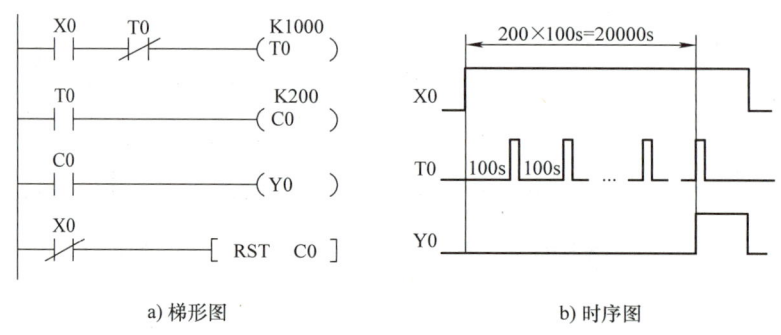

图 3-52　定时器与计数器组合电路

7. 闪烁电路

闪烁电路实际上是一种具有正反馈的振荡电路，它可以产生特定的通断时序脉冲，经常应用在脉冲信号源或闪光报警电路中。

（1）定时器闪烁电路　如图 3-53 所示，方法一是通过两个定时器 T0 和 T1 分别进行定时。设开始时 T0 和 T1 均为 OFF，当 X0 为 ON 时 T0 线圈通电开始定时，0.5s 后 T0 的常开触点接通，使得 Y0 得电接通，同时 T1 线圈通电开始定时，T1 线圈通电 0.5s 后，其常闭触点断开，使得 T0 线圈断电，T0 常开触点断开，使 Y0 线圈失电，同时 T1 线圈失电。T1 线圈失电后，T1 常闭触点接通，T0 又开始定时，Y0 线圈也随之进行周期性通电和断电，直到 X0 变为 OFF。

方法二是两个定时器 T0 和 T1 累积定时。Y0 通电和断电的时间分别等于 T1 和 T0 的设定值，通过改变定时器的设定值可以调整输出脉冲的宽度。

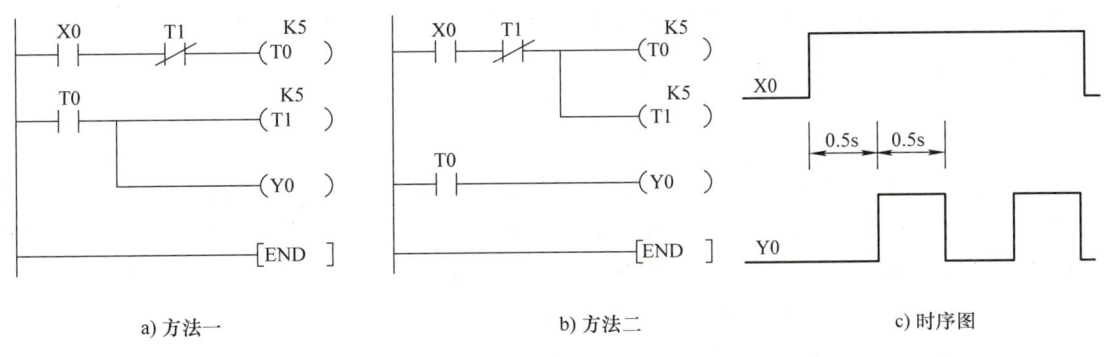

a) 方法一   b) 方法二   c) 时序图

图 3-53　定时器闪烁电路

（2）M8013 闪烁电路　闪烁电路也可以由特殊辅助继电器 M8013 来实现。M8013 可实现周期为 1s 的时钟脉冲，如图 3-54 所示，Y0 输出的脉冲宽度为 0.5s，同样 M8014 可以实现周期为 1min 的闪烁电路。

图 3-54　M8013 闪烁电路

（3）二分频电路　若输入一个频率为 f 的方波，则在输出端得到一个频率为输入频率 1/2 的方波，其梯形图如图 3-55 所示。由于 PLC 程序是按顺序执行的，当 X0 的上升沿到来的时候，第一个扫描周期 M0 映像寄存器为 ON（只接通一个扫描周期），此时 M1 线圈由于 Y0 常开触点断开而无法得电，Y0 线圈则由于 M0 常开触点接通而得电。下一个扫描周期，M0 映像寄存器为 OFF，虽然 Y0 常开触点接通，但此时 M0 常开触点（第二个逻辑行）已经断开，所以 M1 线圈仍然无法得电，Y0 线圈则由于自锁触点而一直得电，直到下一个 X0 的上升沿到来时，M1 线圈才得电，从而将 Y0 线圈断电，实现二分频。

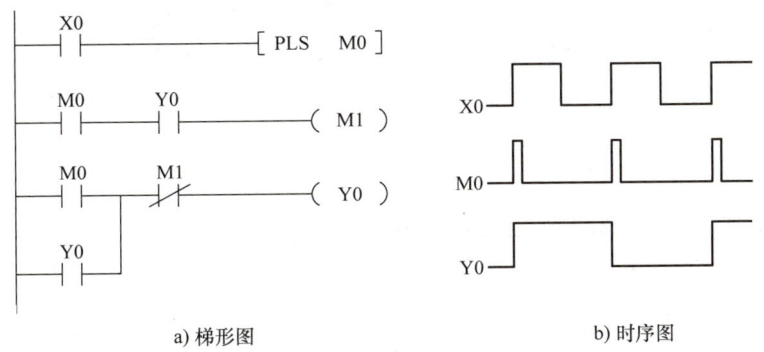

a) 梯形图   b) 时序图

图 3-55　二分频电路

第五节　三菱 FX 系列 PLC 步进顺控指令及状态编程

PLC 状态编程的思想是将一个复杂的控制过程分解为若干个工作状态，明确各状态的任务、状态转移条件和转移方向，再依据总的控制顺序要求，将这些状态组合形成状态转移图，最后依一定的规则将状态转移图转绘为梯形图程序。针对顺序控制要求，PLC 提供了 SFC（Sequential Function Chart）语言编程。

一、状态转移图

状态转移图又称顺序功能图，是描述顺序控制系统的控制过程、功能和特性的一种语言，专门用于编制顺序控制程序。它由一系列状态（用 S 表示）组成，系统提供 S0～S999 共 1000 个状态供编程使用。顺序功能图主要由步、动作、有向连线、转移条件组成，如图 3-56 所示。

（1）流程步 流程步又称为工作步。它是控制系统中的一个稳定状态。流程步用矩形方框表示，框中用数字表示该步的编号，编号可以是实际的控制步序号，也可以是 PLC 中的工作位编号。对应于系统的初始状态工作步，称为初始步。该步是系统运行的起点，一个系统至少需要有一个初始步，初始步用双线矩形框表示。步可根据被控对象工作状态的变化来划分，在任何一步之内，各输出状态不变，但是相邻步之间输出状态是不同的。如图 3-57 所示，某液压滑台的整个工作过程可划分为停

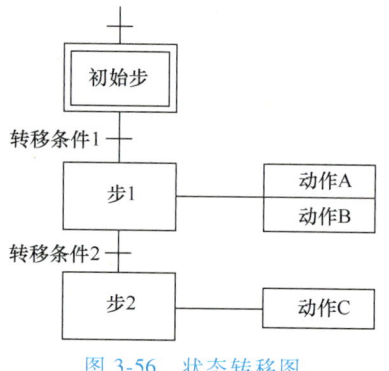

图 3-56　状态转移图

止（原位）、快进、工进、快退四步。但这四步的状态改变都必须是由 PLC 输出状态的变化引起的，否则就不能这样划分，例如从快进转为工进与 PLC 输出无关，那么快进和工进只能算一步。

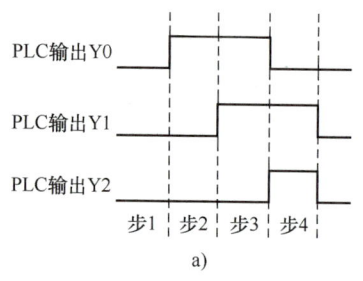

a)

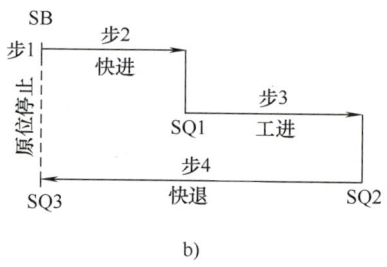

b)

图 3-57　步的划分

在状态转移图中，一个完整的状态必须包括：
1）该状态的控制元件。
2）该状态所驱动的对象。
3）向下一个状态转移的条件。
4）明确的转移方向。

（2）转移 转移就是从一个步向另外一个步之间的切换，两个步之间用一个有向线段表示，可以从一个步切换到另一个步，代表向下转移方向的箭头可以忽略。通常转移用有向线段上的一段横线表示，在横线旁可以用文字、图形符号或逻辑表达式标注描述转移的条件。当相邻步之间的转移条件满足时，就从一个步按照有向线段的方向进行切换。

二、步进顺控指令及编程方法

1. 步进顺控指令

FX 系列 PLC 仅有两条步进顺控指令,见表 3-3。其中 STL（Step Ladder）是步进节点指令,表示步进开始,以使该状态的动作可以被驱动；RET 是步进返回指令,使步进顺控程序执行完毕时,非步进顺控程序的操作在主母线上完成。为防止出现逻辑错误,步进顺控程序的结尾必须使用 RET 步进返回指令。步进顺控指令功能及梯形图符号见表 3-3。

表 3-3 步进顺控指令功能及梯形图符号

指令助记符、名称	功能	梯形图符号	程序步
STL 步进节点指令	步进节点驱动	─┤S├──◯	1
RET 步进返回指令	步进程序结束返回	──┤ RET ├──	1

2. 状态转移图与步进梯形图之间的转换

STL 指令只有与状态继电器 S 配合才具有步进的功能,使用 STL 指令的状态继电器的常开触点称为 STL 触点。使用 STL 和 RET 指令编制步进梯形图的原则为:先进行负载的驱动处理,然后进行状态的转移处理,如图 3-58 所示。从图中可以看出状态转移图和梯形图之间的对应关系。STL 触点驱动的电路块具有三个功能,即对负载的驱动处理、指定转换条件和指定转换目标。

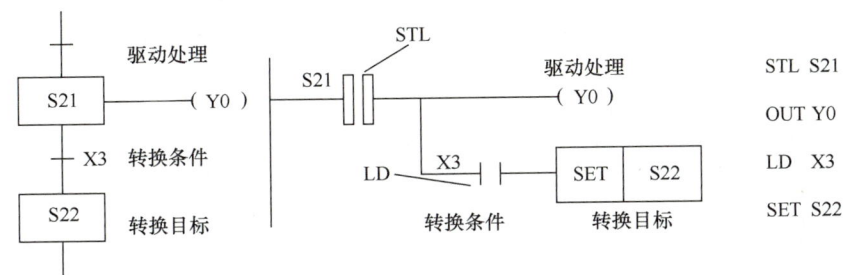

图 3-58 步进梯形图编制

除了并行流程的电路外,STL 触点是与左母线相连的常开触点,当某一步为活动步时,对应的 STL 触点接通,该步的负载被驱动。该步后面的转换条件满足时,转换实现,即后续步对应的状态被 SET 指令或是 OUT 指令置位,后续步变为活动步,同时与原活动步对应的状态被系统程序复位,原活动步对应的 STL 触点断开。

3. 编程的注意事项

1) STL 指令只有与状态继电器 S 配合才具有步进功能。S0~S9 用于初始步,S10~S19 用于自动返回原点。

2) 与 STL 触点相连的触点应使用 LD 或 LDI 指令,下一条 STL 指令的出现意味着当前 STL 程序区的结束和新的 STL 程序区的开始,最后一个 STL 程序区结束时一定要用 RET 指令,否则程序出错。

3) 初始状态必须预先做好驱动,否则状态流程不能向下进行。

M8000 是运行监视信号，它在 PLC 的运行开关由 STOP→RUN 后一直得电，初始状态 S0 一直处在被"激活"的状态，直到 PLC 停电或是 PLC 运行开关由 RUN→STOP。M8002 是初始脉冲信号，它只在 PLC 运行开关由 STOP→RUN 时产生一个扫描周期的脉冲信号，初始状态 S0`只被它"激活"一次。

4）STL 触点可以直接驱动或通过其他触点驱动 Y、M、S、T、C 等元件的线圈。

5）由于 CPU 只执行活动步对应的程序，在没有并行流程结构时，任何时候只有一个活动步，因此使用 STL 指令时允许双线圈输出，即同一元件的线圈可以分别被几个不同时闭合的 STL 触点驱动。在并行流程结构中，同一元件的线圈不能在同时为活动步的 STL 程序区内出现。需要注意的是，状态软元件 S 在状态转移图中不能重复使用。

6）STL 触点驱动的电路块不能使用 MC、MCR 指令，同样不能使用栈（MPS）指令，但是可以使用 CJ 指令。

7）顺序不连续的状态转移不能使用 SET 指令，应改为 OUT 指令进行状态转移。

8）在活动状态的转移过程中，相邻两个状态的状态继电器会同时 ON 一个扫描周期，可能会引起瞬时的双线圈问题。因此，要注意两个问题：

一是定时器在下一次运行之前，应将它的线圈断电复位。因此，同一定时器的线圈不可以在相邻的状态使用。

二是为了避免不能同时动作的两个输出同时动作，除了在程序中设置软件互锁以外，还应在 PLC 外部设置硬件互锁电路。

9）需要在停电恢复后继续保持电路的运行状态时，可以使用 S500~S899 停电保持型状态继电器。

三、基本流程的程序设计

状态转移图的基本结构根据步和步之间转换的不同情况，有以下几种不同的基本结构形式。单流程结构、选择流程结构、并列流程结构、跳步和循环流程。在这里主要对前三种流程的程序设计给予介绍。

1. 单流程的程序设计

（1）设计步骤　单流程结构是顺序功能图中最简单的一种形式，其设计步骤如下：

1）根据控制要求，列出 PLC 的 I/O 分配表，画出 I/O 分配图。

2）将整个工作过程按工作步序进行分解，每个工作步对应一个状态，将其分为若干个状态。

3）理解每个状态的功能和作用，设计驱动程序。

4）找出每个状态的转移条件和转移方向。

5）根据上述分析，画出控制系统的状态转移图。

6）根据状态转移图写出指令表。

（2）单流程程序设计实例

例 3-1　用步进顺控指令设计一个三相异步电动机正反转循环的控制系统。其控制要求如下：按下起动按钮，电动机正转 3s，暂停 2s，反转 3s，暂停 2s，如此循环 5 个周期，然后自动停止。运行中，可按停止按钮停止，热继电器动作也可以使电动机停止运行。

解：1）I/O 分配。

根据控制要求，其 I/O 分配为 X0：SB 常开触点（停止按钮）；X1：SB1 常开触点（起动按钮）；X2：FR 常开触点（热继电器）；Y0：KM1（电动机正转接触器）；Y1：KM2（电动机反转接触器）。根据以上分析绘制 PLC 的 I/O 接线图，如图 3-59 所示。

2）顺序功能图程序设计。通过分析控制要求可知，这是一个单流程控制程序，其工作流程图如图 3-60 所示。根据工作流程图画出状态转移图如图 3-61 所示，其梯形图如图 3-62 所示，指令表见表 3-4。

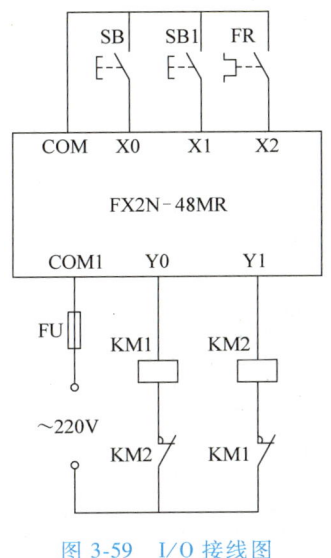

图 3-59　I/O 接线图

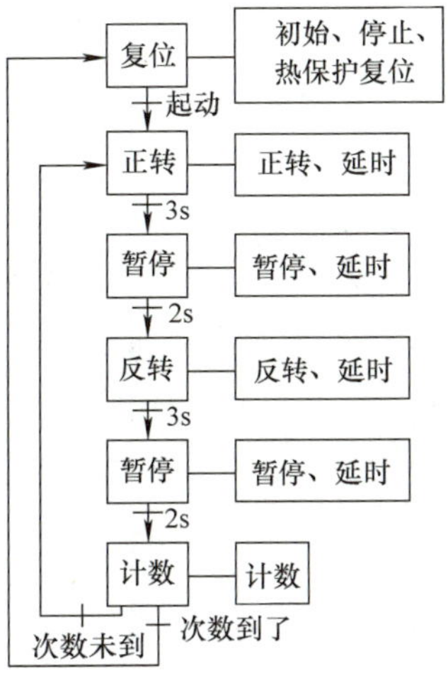

图 3-60　工作流程图

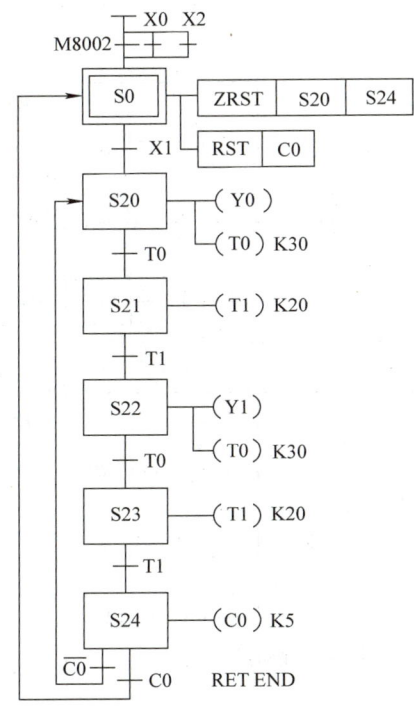

图 3-61　状态转移图

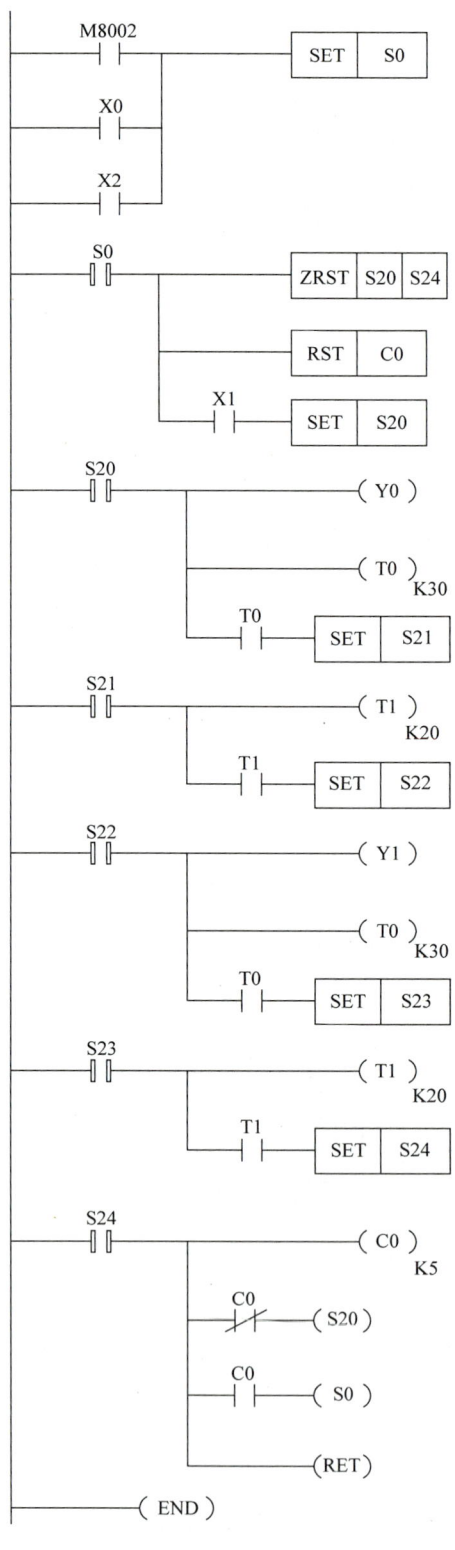

图 3-62 梯形图

表 3-4　指令表程序

LD　M8002	STL　S21	OUT　C0　K5
OR　X0	OUT　T1　K20	LDI　C0
OR　X2	LD　T1	OUT　S20
SET　S0	SET　S22	LD　C0
STL　S0	STL　S22	OUT　S0
ZRST　S20　S24	OUT　Y1	RET
RST　C0	OUT　T0　K30	END
LD　X1	LD　T0	
SET　S20	SET　S23	
STL　S20	STL　S23	
OUT　Y0	OUT　T1　K20	
OUT　T0　K30	LD　T1	
LD　T0	SET　S24	
SET　S21	STL　S24	

2. 选择流程的程序设计

（1）选择流程的结构形式　由两个或两个以上的分支流程组成的，根据控制要求只能从中选择 1 个分支流程执行的程序称为选择流程程序。图 3-63 为两个支路的选择流程程序。

（2）选择流程的编程　选择流程分支的编程与一般状态的编程一样，先进行驱动处理，然后进行转移处理，所有的转移处理按顺序执行，简称"先驱动后转移"。

选择流程合并的编程是先进行汇合前状态的驱动处理，然后按顺序向汇合状态进行转移处理。图 3-63 所示的选择流程可以转换成步进梯形图，如图 3-64 所示，其指令见表 3-5。

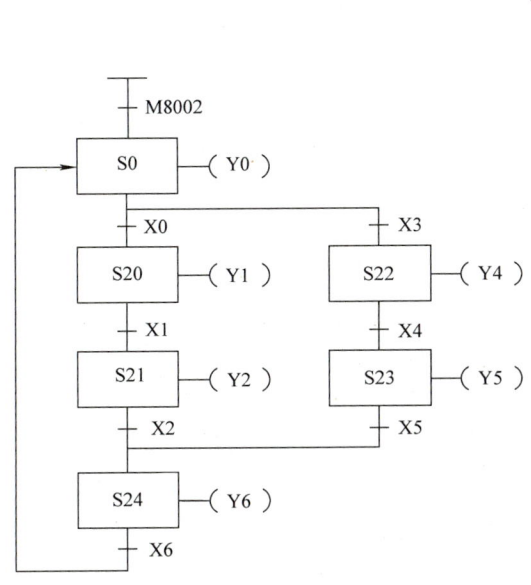

图 3-63　选择流程的结构形式

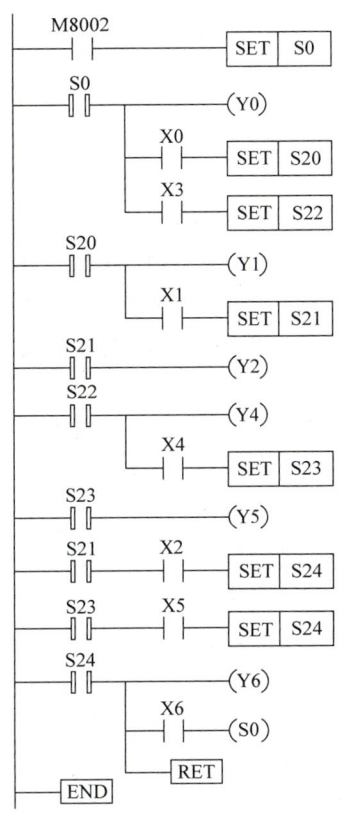

图 3-64　步进梯形图

表 3-5 指令表

指 令	说 明	指 令	说 明
LD M8002	驱动处理	LD X4	第二分支驱动处理
SET S0		SET S23	
STL S0		STL S23	
OUT Y0		OUT Y5	
LD X0	转移到第一分支	STL S21	第一分支转移到汇合点
SET S20		LD X2	
LD X3	转移到第二分支	SET S24	
SET S22		STL S23	
STL S20	第一分支驱动处理	LD X5	第二分支转移到汇合点
OUT Y1		SET S24	
LD X1		STL S24	合并处理
SET S21		OUT Y6	
STL S21		LD X6	
OUT Y2		OUT S0	
STL S22	第二分支驱动处理	RET END	
OUT Y4			

（3）编程举例

例 3-2 用步进指令设计三相异步电动机正反转能耗制动的控制系统。其控制要求如下：按下正转按钮 SB1，KM1 接通，电动机正转；按下反转按钮 SB2，KM2 接通，电动机反转；按下停止按钮 SB，KM1 或 KM2 断开，KM3 接通，进行能耗制动 5s。要求有必要的电气互锁，若热继电器 FR1 动作，电动机停车。

解： 1) I/O 分配。根据控制要求，其 I/O 分配为

X0：SB0；　　Y0：KM1；
X1：SB1；　　Y1：KM2；
X2：SB2；　　Y2：KM3
X3：FR1（常开）

根据以上分析绘制 PLC 的 I/O 接线图，如图 3-65 所示。

2) 状态转移图程序设计。通过分析控制要求可知，这是一个选择流程控制程序，设计状态转移图如图 3-66 所示。

3) 步进梯形图和指令表程序。将上述状态转移图转换为步进梯形图，如图 3-67 所示。指令表程序略。

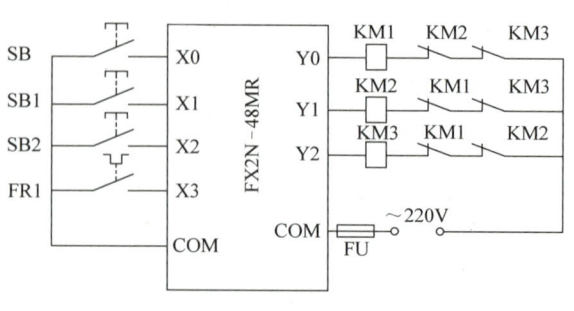

图 3-65　I/O 接线图

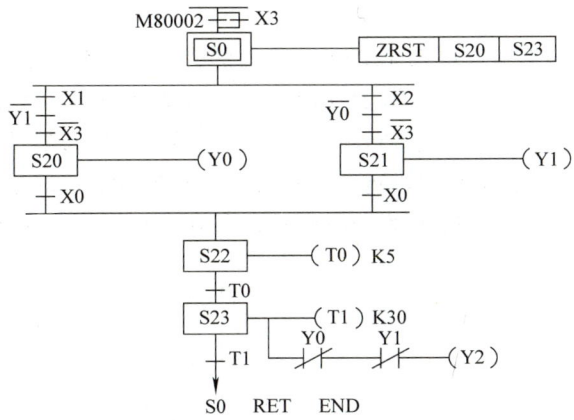

图 3-66 能耗制动状态转移图

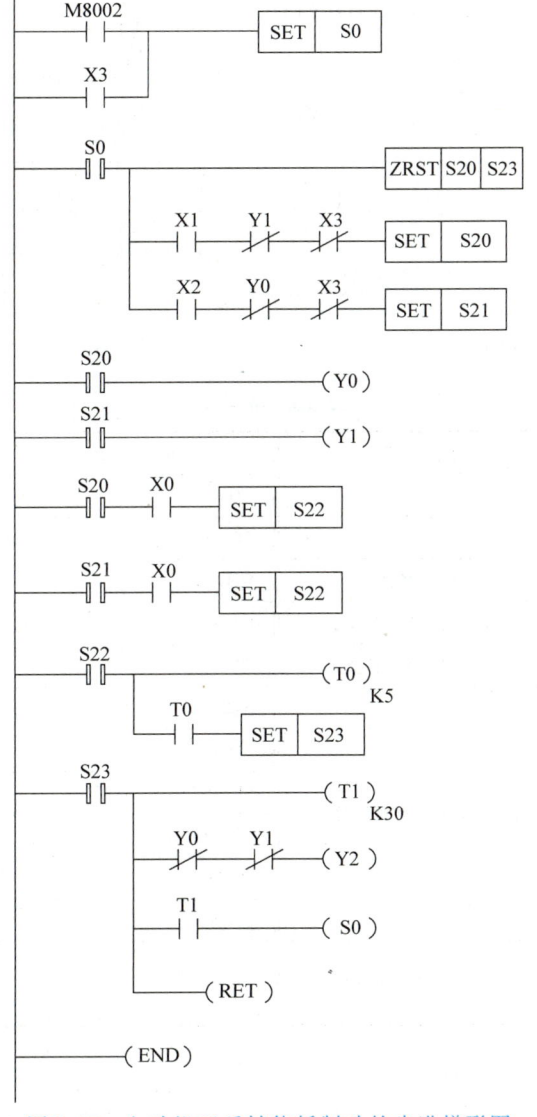

图 3-67 电动机正反转能耗制动的步进梯形图

3. 并行流程的程序设计

（1）并行流程的结构形式　由两个或两个以上的分支流程组成的，必须同时执行各分支的程序，称为并行流程程序。图 3-68 所示为两个并行分支的并行流程程序。并行流程分支的编程与选择流程分支的编程一样，先进行驱动处理，然后进行转移处理，所有的转移处理按顺序执行。并行流程合并的编程也是先进行汇合状态的驱动处理，然后按顺序向汇合状态进行转移处理。图 3-68 所示的并行流程转换的步进梯形图如图 3-69 所示，指令表程序见表 3-6。

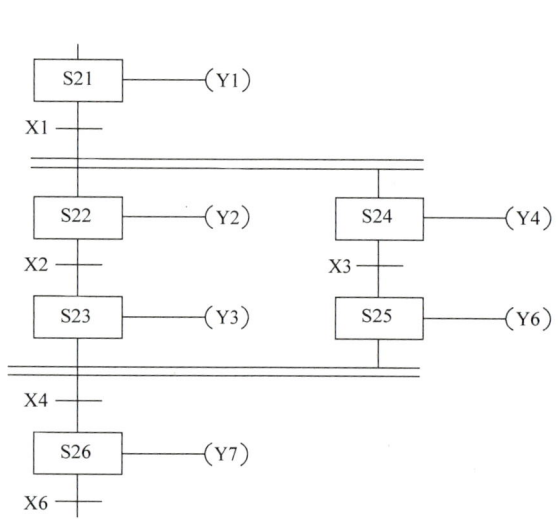

图 3-68　并行流程的结构

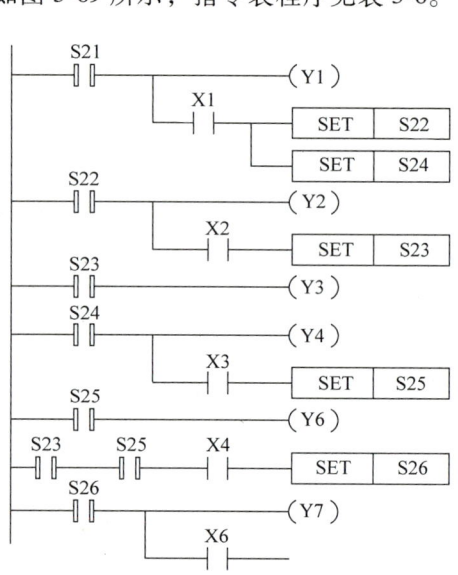

图 3-69　并行流程步进梯形图

表 3-6　指令表

指　　令	说　　明	指　　令	说　　明
STL S21	驱动处理	LD X3	第二分支驱动处理
OUT Y1		SET S25	
LD X1	转移条件	STL S25	
SET S22	转移到第一分支	OUT Y6	
SET S24	转移到第二分支	STL S23	各分支转移到汇合点
STL S22	第一分支驱动处理	STL S25	
OUT Y2		LD X4	
LD X2		SET S26	
SET S23		STL S26	合并处理
STL S23		OUT Y7	
OUT Y3		LD X6	
STL S24	第二分支驱动处理	……	
OUT Y4			

（2）并行流程程序设计实例

例 3-3　设计一个用 PLC 控制的十字路口交通灯的控制系统，其控制要求如下：自动运行时，按起动按钮，交通灯1个周期120s，南北向和东西向灯同时工作如图3-70所示。0~50s南北向绿灯及东西向红灯亮；50~60s南北向黄灯及东西向红灯亮；60~110s南北向红灯及东西向绿灯亮；110~120s南北向红灯及东西向黄灯亮。

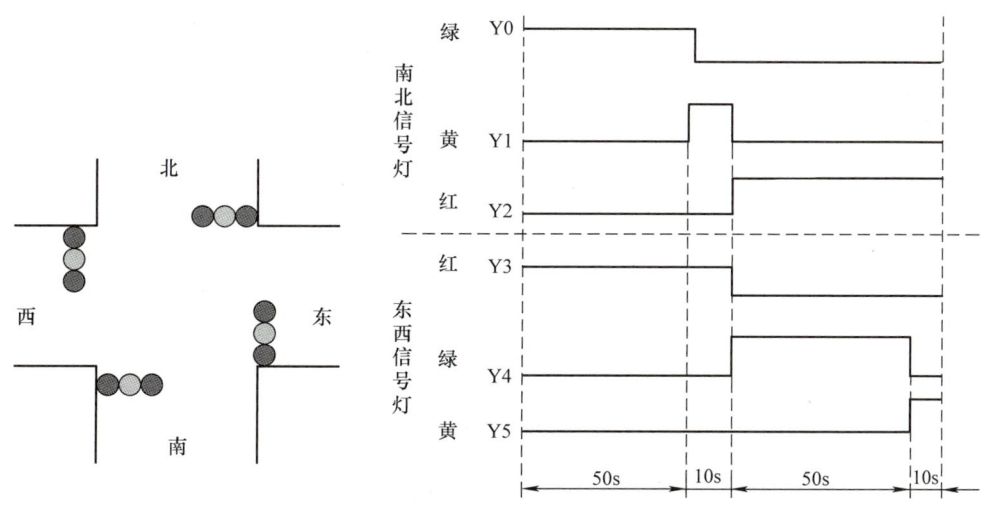

图3-70 交通灯一周期工作示意图

解： 1) I/O分配。根据控制要求，其I/O分配为X0：起动按钮SB1；Y0：南北向绿灯；Y1：南北向黄灯；Y2：南北向红灯；Y3：东西向红灯；Y4：东西向绿灯；Y5：东西向黄灯。绘制I/O接线图如图3-71所示。

2) 状态转移图程序设计。根据交通灯控制要求，由时序图可知，东西方向和南北方向各信号灯是两个同时进行的独立顺序控制过程，是一个典型的并行流程控制程序。设计状态转移图如图3-72所示，转换成步进梯形图如图3-73所示。

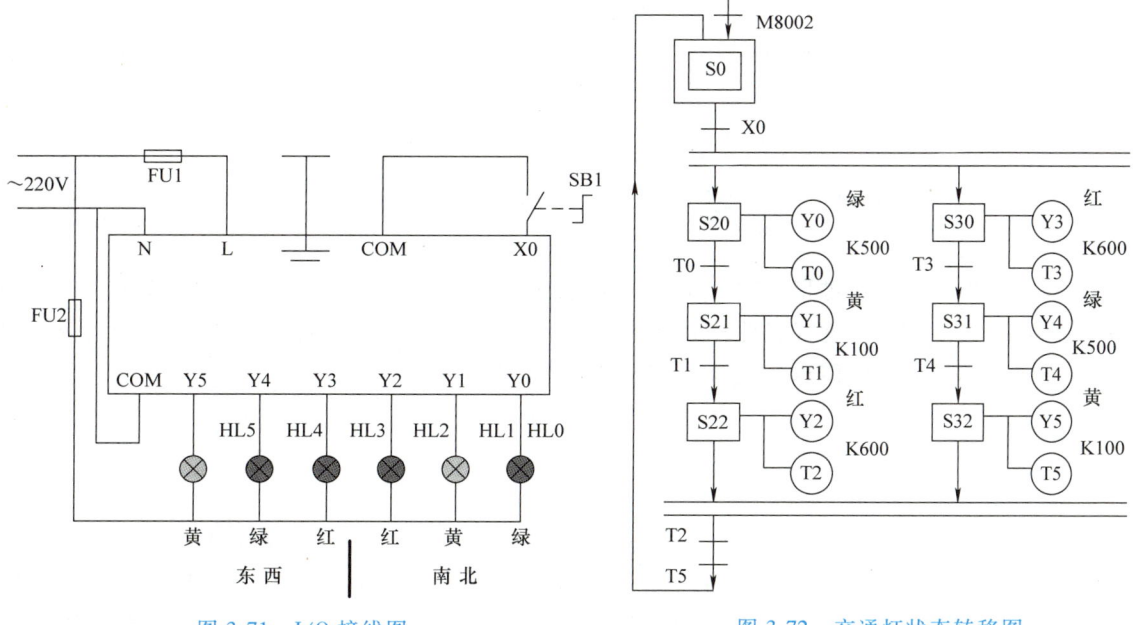

图3-71 I/O接线图　　　　图3-72 交通灯状态转移图

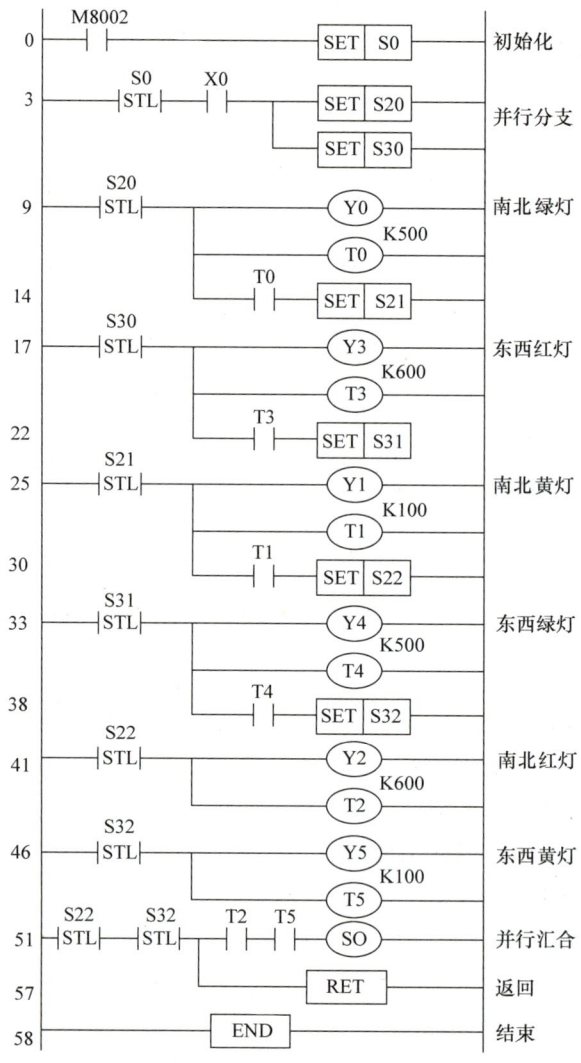

图 3-73 交通灯步进梯形图

第六节 三菱 FX 系列 PLC 功能指令及编程

基本逻辑指令和步进指令主要用于逻辑处理的指令。作为工业控制用的计算机，仅仅进行逻辑处理是不够的，现代工业控制在很多场合需要进行数据处理，这就用到功能指令。功能指令主要用于数据的传送、运算、变换及程序控制等。

一、功能指令

1. 功能指令的数据形式

在基本指令中所使用的元器件是基于继电器、定时器、计数器类软元件，主要用于逻辑处理，这些软元件在可编程控制器内部反映的是"位"的变化，主要用于开关量信息的传递、变换及逻辑处理。而 PLC 的功能指令主要处理大量的数据信息，需设置大量的用于存储数值数据的"字"或"双字"软元件。另外,一定量的软元件组合也可用于数据存储,例如,KnX000 表示位组合元件是由从 X000 开始的 n 组位元件组合。若 n 为 1,则 K1X0 指由 X000~X003 四位输入继电器的组合;而 n 为 2,则 K2X0 是指 X000~ X007 八位输入继电器的二组组合。上述这些能处理数值数据的软元件称为"字软件"。

2. 功能指令的使用

功能指令不含表达梯形图符号间相互关系的成分,而是直接表达该指令要做什么。现以算术运算指令中的加法指令为例,介绍功能指令的使用要素。

图 3-74 中 X0 常开触点是功能指令的执行条件,其后的方框即为功能框。使用功能指令需注意指令要素,现说明如下:

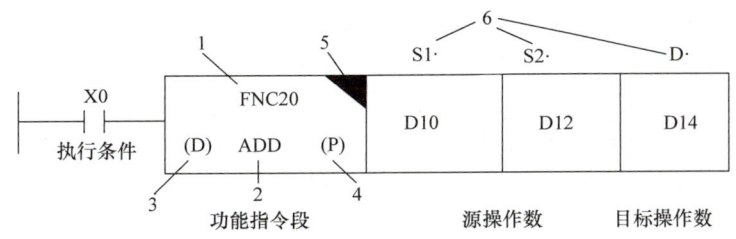

图 3-74 功能指令的格式及要素

(1) 功能指令编号 每条功能指令都有一定的编号。

(2) 助记符 该指令的英文缩写。

(3) 数据长度 功能指令处理的数据长度分为 16 位和 32 位,有(D)表示 32 位,无(D)表示 16 位。

(4) 执行形式 指令中标(P)为脉冲执行型,在执行条件满足时仅执行一个扫描周期。无(P)表示为连续执行方式,即在执行条件满足时每个扫描周期都要执行一次。在连续方式下应特别注意,某些指令加"▼"起警示作用 。

(5) 操作数 [S] 表示源操作数,[D] 表示目标操作数,m 和 n 表示其他操作数。某种操作数不止一个时,可用下标数码区别,例 [S1] [S2]。

(6) 变址功能 操作数旁加"·"即为具有变址功能,如 [S1·] [S2·]。

(7) 程序步数 一般 16 位指令占 7 个程序步,32 位指令占 13 个程序步。

限于篇幅及根据专业要求,下面仅介绍几类比较常用的指令。

二、传送、比较指令及应用

1. 传送、比较类指令说明

(1) 传送类指令 传送指令(D) MOV (P) 指令的编号为 FNC12,该指令要素见表 3-7。其指令格式是:(D) MOV (P) [S·][D·]。其中,[S·] 为源操作数;[D·] 为目标操作数。该指令的功能是将源操作数 [S·] 的内容传送到目标操作数 [D·] 中去。如图 3-75 所示,当 X0 为 ON 时,则将 [S·] 中的数据 K100 传送到目标操作数 [D·],即 D10 中。在指令执行时,常数 K100 会自动转换成二进制数。当 X0 为 OFF 时,则指令不执行,数据保持不变。

表 3-7 指令要素

功能编号	助记符	功能	操作软元件 S	操作软元件 D
12	MOV	将源操作元件的数据传送到指定的目标操作元件	K、H、KnX、KnY、KnM、KnS、T、C、D、V、Z	KnY、KnM、KnS、T、C、D、V、Z

（2）比较指令 CMP 是两数比较指令，该指令要素见表 3-8。源操作数[S1·]和[S2·]都被看作二进制数，其最高位为符号位。如果该位为"0"，则表示该数为正；如果该位为"1"，则表示该数为负。目的操作数[D·]由三个位软设备组成，梯形图中标明的是其首地址，另外两个位软设备紧随其后。例如，在图 3-76 中，目的操作数[D·]由 M0 和紧随其后的 M1、M2 组成，当执行比较操作，即常开触点 X000 闭合时，每扫描一次该梯形图，就对两个源操作数[S1·]和[S2·]进行比较，结果如下：

当[S1·]>[S2·]时，M0 当前值为 1；
当[S1·]=[S2·]时，M1 当前值为 1；
当[S1·]<[S2·]时，M2 当前值为 1。

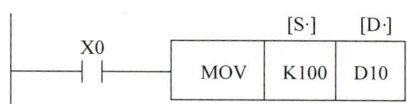

图 3-75 传送指令的使用

表 3-8 CMP 指令要素

指令名称	助记符	指令代码位数	操作数范围 [S1·]	操作数范围 [S2·]	操作数范围 [D·]	程序步
比较	CMP CMP（P）	FNC10 (16/32)	K、H KnX、KnY、KnM、KnS T、C、D、V、Z		Y、M、S	CMP、CMPP…7 步 DCMP、CMPP…13 步

执行比较操作后，即使其控制电路断开，其目标操作数的状态仍保持不变，除非用 RST 指令将其复位。如要清除比较结果，要采用 RST 或 ZRST 复位指令，如图 3-77 所示。

（3）区间比较指令 ZCP 区间比较指令 ZCP 的使用要素见表 3-9。指令的编号为 FNC11，指令格式是：(D)ZCP(P)[S1·][S2·][S·][D·]。其中[S1·]和[S2·]为区间起点和终点；[S·]为另一比较软元件；[D·]为标志软元件，指令中给出的标志软元件的首地址。指令执行时源操作数[S·]与[S1·]和[S2·]的内容进行比较，并将比较结果送到目标操作数[D·]中，如图 3-78 所示。

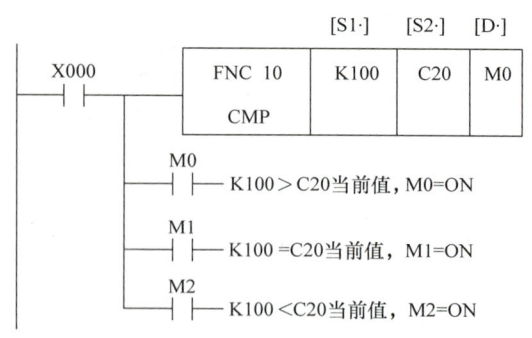

图 3-76 CMP 指令使用说明

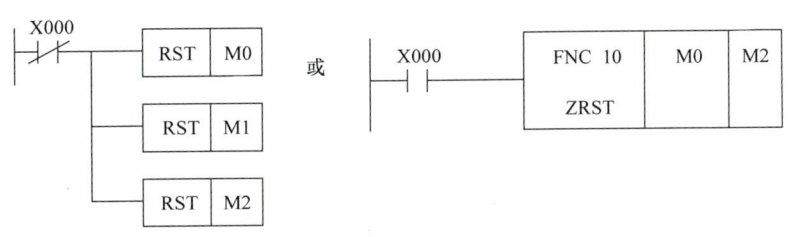

图 3-77 比较结果复位

表 3-9 区间比较指令 ZCP 使用要素

指令名称	助记符	指令代码位数	操作数范围 [S1·]	[S2·]	[S·]	[D·]	程序步
区间比较	ZCP ZCP（P）	FNC11 (16/32)	K、H KnX、KnY、KnM、KnS T、C、D、V、Z			Y、M、S	ZCP、ZCPP…9 步 DZCP、DZCPP…17 步

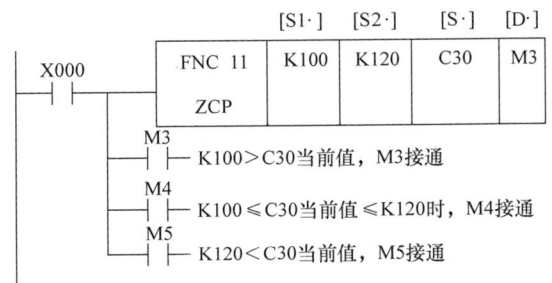

图 3-78 ZCP 指令使用说明

（4）触点型比较指令 触点型比较指令是使用触点符号进行数据 [S1·]、[S2·] 比较的指令，根据比较结果确定触点是否允许能流通过。按照触点在梯形图中的位置分为 LD 类、AND 类、OR 类，其指令要素分别见表 3-10 ~ 表 3-12。其指令应用说明如图 3-79 ~ 图 3-81 所示。

表 3-10 从母线取用触点比较指令要素

FNC No	16 位助记符（5 步）	32 位助记符（9 步）	操作数 [S1·]	[S2·]	导通条件	非导通条件
224	LD=	(D)LD=	K、H、KnX、KnY、KnM、KnS、T、C、D、V、Z		[S1·]=[S2·]	[S1·]≠[S2·]
225	LD>	(D)LD>			[S1·]>[S2·]	[S1·]≤[S2·]
226	LD<	(D)LD<			[S1·]<[S2·]	[S1·]≥[S2·]
228	LD<>	(D)LD<>			[S1·]≠[S2·]	[S1·]=[S2·]
229	LD≤	(D)LD≤			[S1·]≤[S2·]	[S1·]>[S2·]
239	LD≥	(D)LD≥			[S1·]≥[S2·]	[S1·]<[S2·]

表 3-11 串联型触点比较指令要素

FNC No	16 位助记符 (5 步)	32 位助记符 (9 步)	操作数		导通条件	非导通条件
			[S1·]	[S2·]		
232	AND=	(D)AND=	K、H、KnX、KnY、KnM、KnS、T、C、D、V、Z		[S1·]=[S2·]	[S1·]≠[S2·]
233	AND>	(D)AND>			[S1·]>[S2·]	[S1·]≤[S2·]
234	AND<	(D)AND<			[S1·]<[S2·]	[S1·]≥[S2·]
236	AND<>	(D)AND<>			[S1·]≠[S2·]	[S1·]=[S2·]
237	AND≤	(D)AND≤			[S1·]≤[S2·]	[S1·]>[S2·]
238	AND≥	(D)AND≥			[S1·]≥[S2·]	[S1·]<[S2·]

表 3-12 并联型触点比较指令要素

FNC No	16 位助记符 (5 步)	32 位助记符 (9 步)	操作数		导通条件	非导通条件
			[S1·]	[S2·]		
240	OR=	(D)OR=	K、H、KnX、KnY、KnM、KnS、T、C、D、V、Z		[S1·]=[S2·]	[S1·]≠[S2·]
241	OR>	(D)OR>			[S1·]>[S2·]	[S1·]≤[S2·]
242	OR<	(D)OR<			[S1·]<[S2·]	[S1·]≥[S2·]
244	OR<>	(D)OR<>			[S1·]≠[S2·]	[S1·]=[S2·]
245	OR≤	(D)OR≤			[S1·]≤[S2·]	[S1·]>[S2·]
246	OR≥	(D)OR≥			[S1·]≥[S2·]	[S1·]<[S2·]

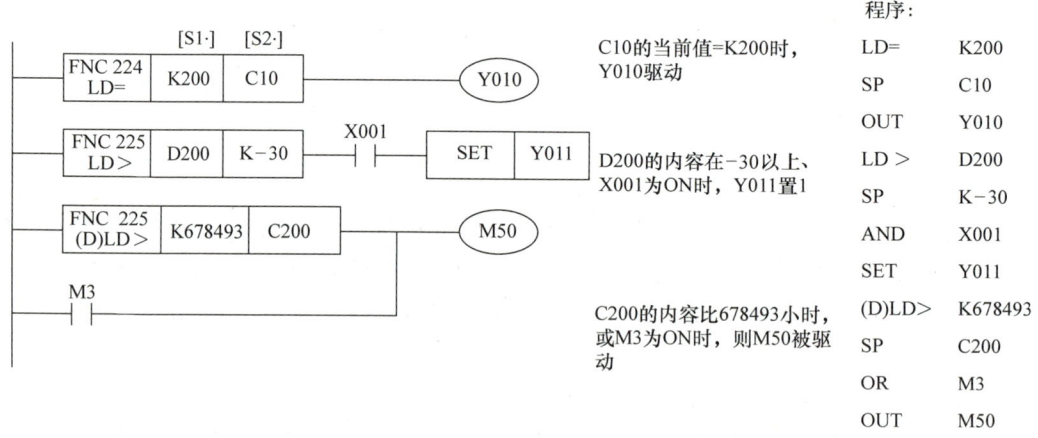

图 3-79 从母线取用触点比较指令应用说明

2. 传送、比较指令的应用实例

例 3-4 电动机的Y/△减压起动控制。

设置起动按钮为 X000，停止按钮为 X001；电路主（电源）接触器 KM1 接于输出口 Y000，电动机Y联结，接触器 KM2 接于输出口 Y001，电动机△联结，接触器 KM3 接于输出口 Y002。依电动机Y/△起动控制要求，通电时，Y000、Y001 为 ON（传送常数为 1+2=3），电动机Y起动；当转速上升到一定程度，断开 Y000、Y001，接通 Y002（传送常数为 4）。然后接通 Y000、Y002（传送常数为 1+4=5），电动机△运行。停止时，应传送常数为 0。另

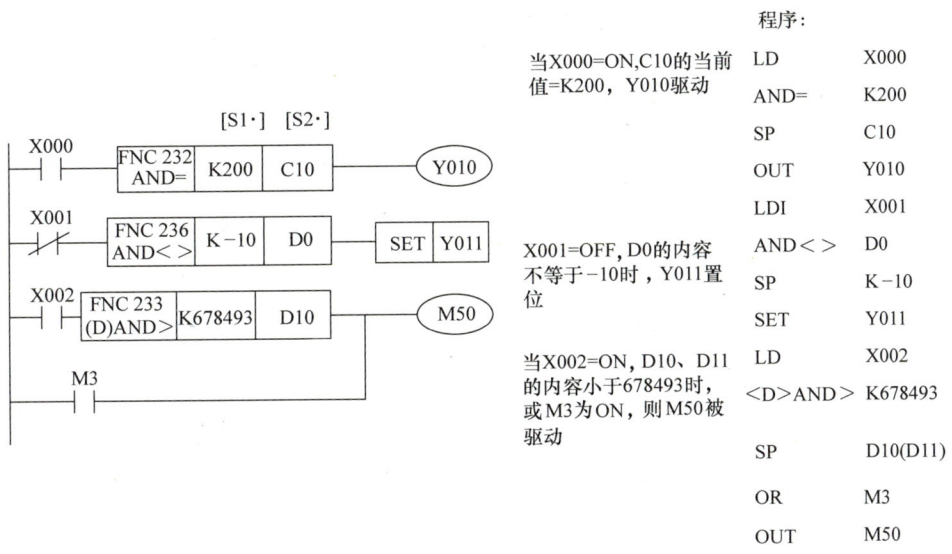

图 3-80　串联型触点比较指令应用说明

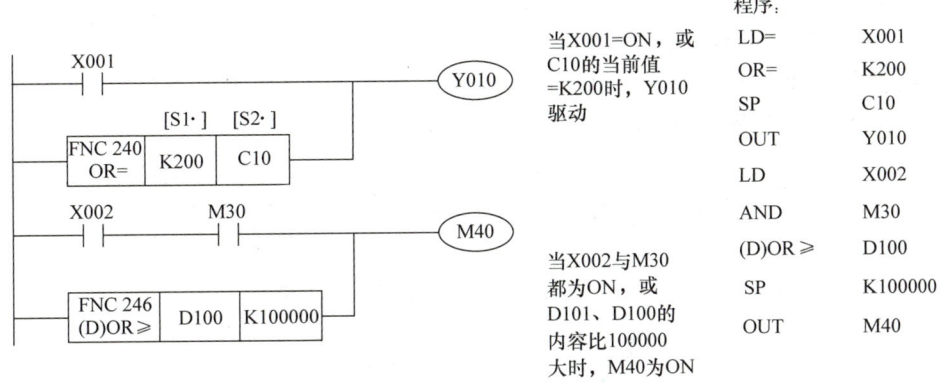

图 3-81　并联型触点比较指令应用说明

外，起动过程中的每个状态间应有时间间隔。

本例使用向输出端口送数的方式实现控制，梯形图及说明如图 3-82 所示。

例 3-5　密码锁的程序设计。

密码锁有 3 个置数开关（即 12 个按钮），分别代表 3 个十进制数，如所拨数据与密码锁设定值相等，则 3s 后开锁，20s 后重新上锁。

开锁时，数据只能从 PLC 输入端送进去，也就是机器接收机外信号的窗口为输入继电器 X，输入数据是要和 3 位十六进制常数（或十进制常数）比较，而 X 本身为开关量，表示的是二进制数，因此要选用位组合元件 KnX。如果密码是 3 位十六进制数（或十进制

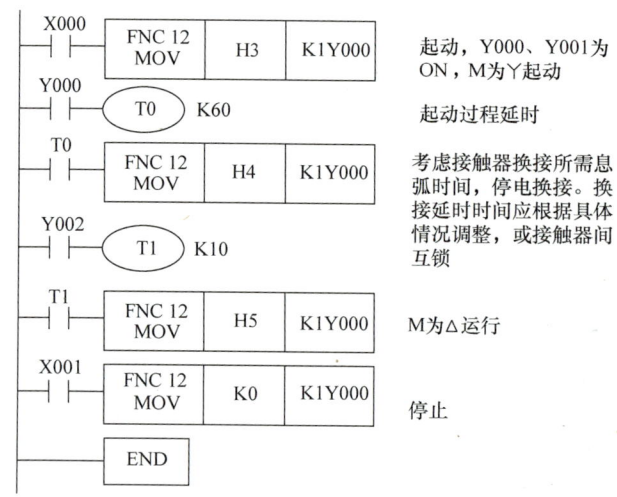

图 3-82 电动机的Y/△起动梯形图及说明

数），则输入元件只需要用 K3X0；如果密码是 4 位十六进制数（或十进制常数），则输入元件要用 K4X0，才能保证所有数据输入。本例中密码锁的密码是 3 位十进制数，所以输入元件需用 K3X0，即密码锁有 12 位按钮，分别接入 X013～X000，其中 X003～X000 代表第 1 个十进制数；X007～X004 代表第 2 个十进制数；X013～X010 代表第 3 个十进制数，密码锁的控制信号从 Y000 输出。假定密码锁密码为 H316。

用比较指令实现密码锁系统，根据控制要求，要想开锁必须使输入数据和程序设定密码一致，可以使用比较指令判断。程序如图 3-83 所示。

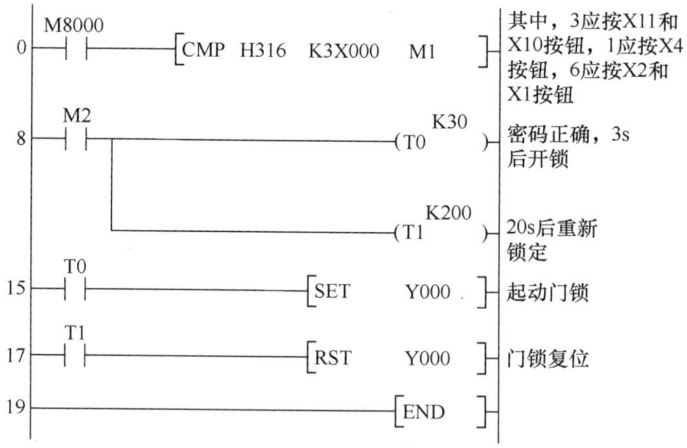

图 3-83 密码锁梯形图及说明

三、算术运算指令及应用

1. 算术运算指令说明

算术运算指令可完成加、减、乘、除，加 1、减 1 的运算。

（1）加法指令 ADD 加法指令是将指定的源元件中的二进制数相加，结果送到目标元件中。加法指令要素见表 3-13。ADD 加法指令有 3 个常用标志：M8020 为零标志，M8021

为借位标志，M8022 为进位标志。加法指令使用说明如图 3-84 所示，当执行条件 X000 由 OFF→ON 时，[D10]+[D12]→[D14]。

表 3-13 加法指令要素

指令名称	助记符	指令代码位数	操作数范围			程序步
			[S1·]	[S2·]	[D·]	
加法	ADD ADD(P)	FNC20 (16/32)	K、H KnX、KnY、KnM、KnS T、C、D、V、Z		KnY、KnM、KnS T、C、D、V、Z	ADD、ADDP…7 步 DADD、DADDP…13 步

（2）减法指令 该指令是将 [S1·] 指定元件中的内容以二进制形式减去 [S2·] 指定元件的内容，其结果存入由 [D·] 指定的元件中。其指令要素见表 3-14。减法指令使用说明如图 3-85 所示，当执行条件 X000 由 OFF→ON 时，[D10]-[D12]→[D14]。

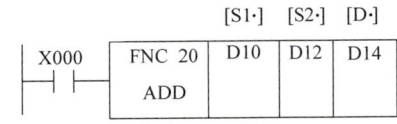

图 3-84 加法指令使用说明

表 3-14 减法指令要素

指令名称	助记符	指令代码位数	操作数范围			程序步
			[S1·]	[S2·]	[D·]	
减法	SUB SUB(P)	FNC21 (16/32)	K、H KnX、KnY、KnM、KnS T、C、D、V、Z		KnY、KnM、KnS T、C、D、V、Z	SUB、SUBP…7 步 DSUB、DSUBP…13 步

（3）乘法指令 该指令是将 [S1·] 指定元件中的内容乘以 [S2·] 指定元件中的内容，其结果存入由 [D·] 指定的元件中，数据均为有符号数。其指令要素见表 3-15。

如图 3-86 所示，当 X0 为 ON 时，将二进制 16 位数 [S1·]、[S2·] 相乘，结果送入 [D·]

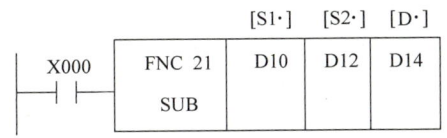

图 3-85 减法指令使用说明

中。D 为 32 位，即数据寄存器 D0 中的数据和 D2 中的数据相乘，结果存放在数据寄存器 D5、D4 中（16 位乘法）；当 X1 为 ON 时，数据寄存器 D1、D0 中的数据和 D3、D2 中的数据相乘，结果存放在数据寄存器 D7、D6、D5、D4 中（32 位乘法）。

表 3-15 乘法指令要素

指令名称	助记符	指令代码位数	操作数范围			程序步
			[S1·]	[S2·]	[D·]	
乘法	MUL MUL(P)	FNC22 (16/32)	K、H KnX、KnY、KnM、KnS T、C、D、Z		KnY、KnM、KnS T、C、D	MUL、MULP…7 步 DMUL、DMULP…13 步

（4）除法指令　其指令要素见表 3-16。[S1·]、[S2·] 分别为作为被除数和除数的源软元件；[D·] 为存放商和余数的目标软元件。其功能是将 [S1·] 指定为被除数，[S2·] 指定为除数，将除得的结果送到 [D·] 指定的目标元件中，余数送到 [D·] 的下一个元件中。如图 3-87 所示，当 X0 为 ON 时，数据寄存器 D0 中的数据除以 D2 中的数据，商存放在数据寄存器 D4 中，余数存放在数据寄存器 D5 中（16 位除法）；当 X1 为 ON 时，数据寄存器 D1、D0 中的数据除以 D3、D2 中的数据，商存放在数据寄存器 D5、D4 中，余数存放在数据寄存器 D7、D6 中（32 位除法）。

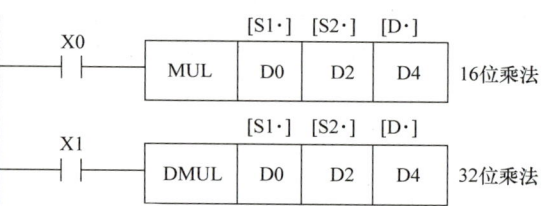

图 3-86　乘法指令的使用说明

表 3-16　除法指令要素

指令名称	助记符	指令代码位数	操作数范围			程序步
			[S1·]	[S1·]	[D·]	
除法	DIV DIV(P)	FNC23 (16/32)	K、H KnX、KnY、KnM、KnS T、C、D、Z		KnY、KnM、KnS T、C、D	DIV、DIVP…7 步 DDIV、DDIVP…13 步

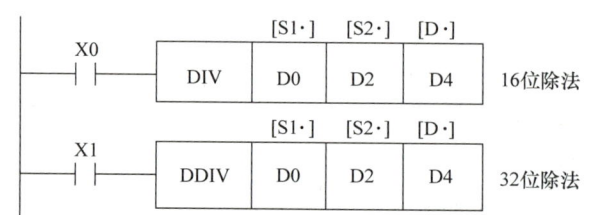

图 3-87　除法指令的使用说明

（5）加 1 指令　指令要素见表 3-17，其指令使用如图 3-88 所示。当 X000 由 OFF→ON 变化时，由 [D·] 指定的元件 D10 中的二进制数加 1。若用连续指令时，则每个扫描周期加 1。

表 3-17　加 1 指令要素

指令名称	助记符	指令代码位数	操作数范围	程序步
			[D·]	
加 1	INC INC(P)	FNC24 (16/32)	KnY、KnM、KnS T、C、D、V、Z	INC、INCP…3 步 DINC、DINCP…5 步

（6）减 1 指令　指令要素见表 3-18，其指令使用说明如图 3-89 所示。当 X001 由 OFF→ON 变化时，由 [D·] 指定的元件 D10 中的二进制数减 1。若用连续指令时，则每个扫描周期减 1。

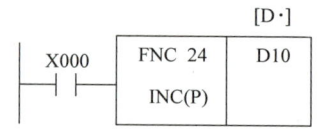

图 3-88　加 1 指令的使用说明

表 3-18　减 1 指令要素

指令名称	助记符	指令代码位数	操作数范围 [D·]	程序步
减 1	DEC DEC（P）	FNC25 （16/32）	KnY、KnM、KnS T、C、D、V、Z	DEC、DECP…3 步 DDEC、DDECP…5 步

2. 算术运算指令应用实例

例 3-6　算术运算式的实现。

某控制程序中要进行以下算式的运算：38X÷255+2。式中"X"代表输入端口 K2X000 送入的二进制数，运算结果需送输出口 K2Y000；X020 为起停开关。其梯形图如图 3-90 所示。

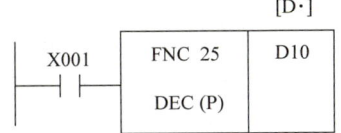

图 3-89　减 1 指令的使用说明

（1）I/O 分配　I/O 分配见表 3-19。

表 3-19　I/O 分配

输入		功能说明	输出		功能说明
K2X000	X0	二进制数输入	K2Y000	Y0	二进制数输出
	X1			Y1	
	X2			Y2	
	X3			Y3	
	X4			Y4	
	X5			Y5	
	X6			Y6	
	X7			Y7	
	X020	起动			

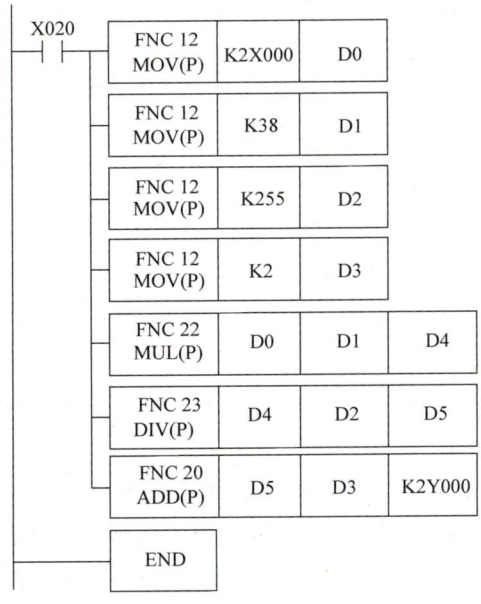

图 3-90　四则运算应用举例梯形图

（2）程序编写

例 3-7 使用乘除运算实现灯移位点亮控制。

用乘除法指令实现灯组的移位点亮循环。有一组灯 15 个，接于 Y000～Y016。要求：当 X000 为 ON 时，灯正序每隔 1s 单个移位，并循环；当 X000 为 OFF 时，灯反序每隔 1s 单个移位，至 Y000 为 ON，停止，其程序如图 3-91 所示。

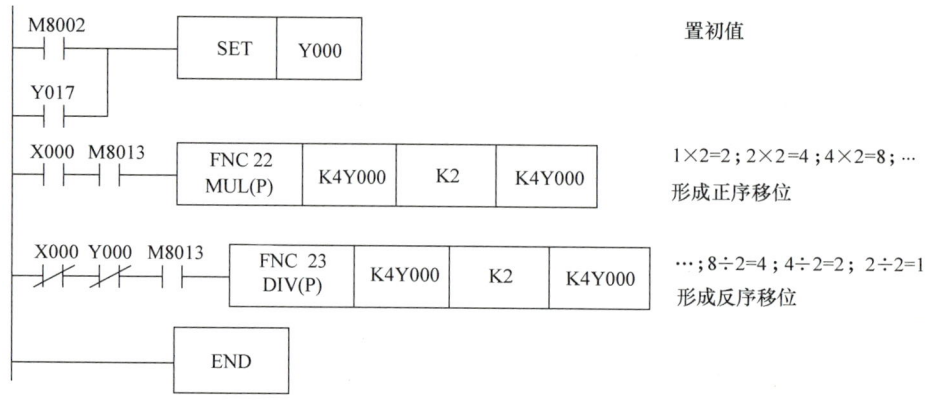

图 3-91 灯组移位控制梯形图

四、程序控制类指令及应用

条件跳转指令、子程序指令、中断指令及程序循环指令，统称为程序控制类指令，见表 3-20。程序控制指令用于程序执行流程的控制。对一个扫描周期而言，跳转指令可以使程序出现跨越或跳跃以实现程序段的选择。子程序指令可调用某段子程序。循环指令可多次重复执行特定的程序段。中断指令则用于中断信号引起的子程序调用。程序控制类指令可以影响程序执行的流向及内容。对合理安排程序的结构，有效提高程序的功能，实现某些技巧性运算，都有重要的意义。鉴于篇幅所限，这里只介绍条件跳转指令。

表 3-20 程序控制类指令

FNC NO	指令助记符	指令名称	FNC NO	指令助记符	指令名称
00	CJ	条件跳转	05	DI	禁止中断
01	CALL	子程序调用	06	FEND	主程序结束
02	SRET	子程序返回	07	WDT	警戒时钟
03	IRET	中断返回	08	FOR	循环范围开始
04	EI	允许中断	09	NEXT	循环范围结束

1. 条件跳转指令使用说明

1）条件跳转指令的要素和含义。条件跳转指令的要素见表 3-21。在满足跳转条件之后的各个扫描周期中，PLC 将不再扫描执行跳转指令与跳转指针 P△ 间的程序，即跳到以指针 P△ 为入口的程序段中执行。直到跳转的条件不再满足，跳转停止进行，其使用说明如图 3-92 所示。

表 3-21　条件跳转指令要素

指令名称	助记符	指令代码位数	操作数 [D·]	程序步
条件跳转	CJ CJ(P)	FNC00 (16)	P0~P63 P63 即 END	CJ 和 CJ(P)…3 步 标号 P…1 步

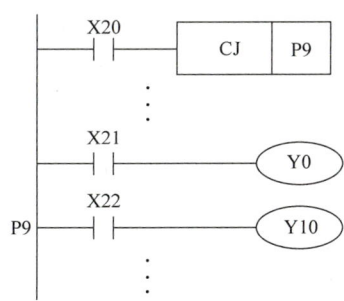

图 3-92　条件跳转指令使用说明

2) 使用条件跳转指令的几点注意事项：

① CJP 指令表示为脉冲执行方式。

② 在一个程序中一个标号只能出现一次，否则将出错。

③ 在跳转执行期间，即使被跳过程序的驱动条件改变，但其线圈（或结果）仍保持跳转前的状态，因为跳转期间根本没有执行这段程序。

④ 如果在跳转开始时定时器和计数器已在工作，则在跳转执行期间它们将停止工作，到跳转条件不满足后又继续工作。但对于正在工作的定时器 T192~T199 和高速计数器 C235~C255 不管有无跳转仍连续工作。

⑤ 若累积定时器和计数器的复位（RST）指令在跳转区外，即使它们的线圈被跳转，但对它们的复位仍然有效。

2. 跳转指令的应用

跳转指令可用来选择执行一定的程序段，在工业控制中经常使用。例如，同一套设备在不同的条件下有两种工作方式，需运行两套不同的程序时，可使用跳转指令。常见的手动、自动工作状态的转换即是这样的情况。为了设备的可靠性也为了调试的需要，许多设备要建立自动及手动两种工作方式，这就要求在程序中编排两段程序，一段手动，一段自动。然后建立一个手动/自动转换开关，对程序段进行选择。

例 3-8　某设备有手动和自动两种工作方式，由 SA 选择开关控制，断开时为手动控制，接通时为自动控制。手动操作时，按下 SB2，电动机运行，SB1 为停止；自动操作时，按下 SB2 起动电动机，1min 后自动停止，按下 SB1，电动机停止。其接线图及梯形图如图 3-93 所示。

程序执行过程：

手动方式：SB3 断开，X3 常开触点断开，不执行 CJ P0，顺序执行 4~8 步，因 X3 常闭触点闭合执行 CJ P1 跳过自动操作至结束。

自动方式：SB3 接通，X3 常开触点闭合，执行 CJ P0，跳过 4~8 步，因 X3 常闭触点断开不执行 CJ P1，执行自动操作至结束。

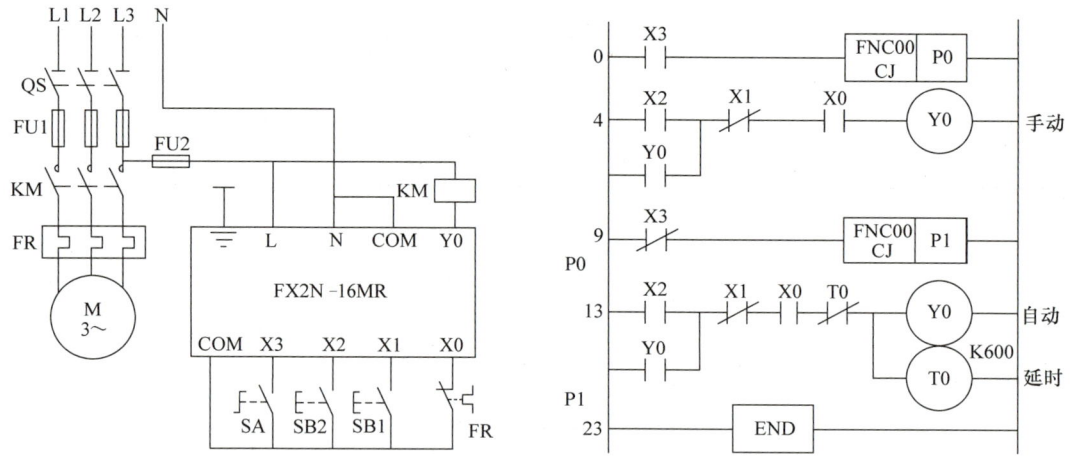

图 3-93 跳转指令应用举例

第七节 PLC 控制系统设计及维护

PLC 控制系统应用设计应该以 PLC 为程序控制中心，组成电气控制系统，实现对生产设备或过程的控制。PLC 控制系统是以程序形式来体现其控制功能的，大量的工作时间将用在软件设计，也就是程序设计上。本节主要介绍 PLC 应用设计步骤、PLC 的选型、硬件配置以及系统的可靠性、稳定性和软件设计方法。

一、PLC 控制系统的应用设计步骤

PLC 应用设计一般应按图 3-94 所示的步骤进行。

1. 熟悉被控制对象，明确控制要求

首先应分析系统的工艺要求，对被控制对象的工艺过程、工作特点、环境条件、用户要求及其他相关情况进行仔细全面的分析，特别要确定哪些外围设备是送信号给 PLC 的，哪些外围设备是接收来自 PLC 的信号的。确定被控系统所必须完成的动作及动作顺序。

在分析被控对象及其控制要求的基础上，根据 PLC 的技术特点，优选控制方案。

2. 确定控制方案，选择 PLC

根据生产工艺和机械运动的控制要求，确定电气控制系统是手动，还是半自动、全自动，是单机控制还是多机控制，明确其工作方式。还要确定系统中的各种功能，如是否有定时计数功能、紧急处理功能、故障显示报警功能、通信联网功能等。通过研究工艺过程和机械运动的各个步骤和状态，来确定各种控制信号和检测反馈信号的相互转换和联系。确定 PLC 输入/输出信号的性质及数量，综合上述结果来选择合适的 PLC 型号，确定其各种硬件配置。

3. 硬件与软件设计

（1）硬件设计　PLC 控制系统硬件设计包括 PLC 选型、I/O 配置、电气电路的设计与安装，例如 PLC 外部电路和电气控制柜、控制台的设计、装配、安装及接线等工作，可与软件设计工作平行进行。

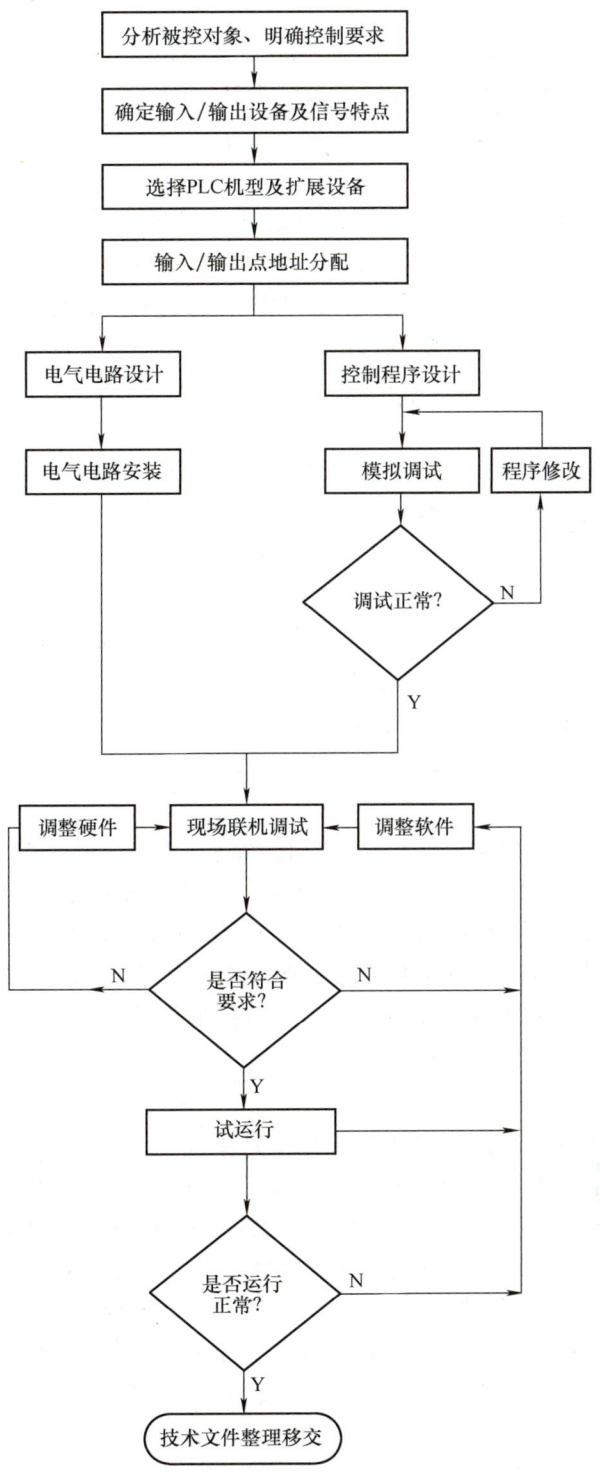

图 3-94　PLC 控制系统的应用设计步骤

（2）软件设计

1）控制程序设计。用户控制程序的设计即为软件设计，画出梯形图，写出语句表，将程序输入 PLC。

2）模拟调试。将设计好的用户控制程序键入 PLC 后应仔细检查与验证，并修改程序。之后在工作室里进行用户程序的模拟运行和程序调试，对于复杂的程序先进行分段调试，然后进行总调试，并做必要的修改，直到满足要求为止。

4. 现场联机运行总调试

PLC 控制系统设计和安装好以后，可进行现场联机运行总调试。在检查接线等无差错后，先对各单元环节和各电柜分别进行调试，然后再按系统动作顺序，逐步进行调试，并通过指示灯显示器，观察程序执行和系统运行是否满足控制要求，如有问题先修改软件，必要时调整硬件，直到符合要求为止。现场调试后，一般将程序固化在有长久记忆功能的可擦可编只读存储器（EPROM）卡盒中长期保存。

5. 技术文件的整理

系统现场调试和运行考验成功后，整理技术资料，编写技术文件（包括设计图样、程序清单、调试运行情况等资料）及使用、维护说明书等。

二、可编程控制器的选型

PLC 是一种应用广泛的工业控制装置，它的功能设置总是面向广大用户的，因此，选择配置合适的 PLC 会给设计、操作以及将来的扩展带来极大的方便。通常 PLC 的选择是在设计开始时进行的，即根据工艺流程特点、控制要求及现场所需信号的数量和类型预先进行。在选择设备配置时，一般应从以下几方面来考虑。

1. PLC 的功能选择

通常控制系统需要什么功能，就选择具有什么样功能的 PLC，当然还要兼顾可持续性、经济性和备件的通用性。对于单机控制要求简单仅需开关量控制的设备，一般的小型 PLC 都可以满足要求。但随着计算机控制技术的飞速发展，PLC 与 PLC、PLC 与上位机之间都具备了联网通信以及数据处理、模拟量控制等功能。因此在功能选择方面，还要注意特殊功能模块的使用，提高 PLC 的控制能力，如输入/输出扩展模块、模拟量的输入/输出模块、高速计数模块、通信模块和人机界面模块等。

2. 输入/输出点数的确定

根据控制要求，将各输入设备和被控设备详细列表，准确地统计出被控设备对 I/O 点数的需求量，然后在实际统计的 I/O 点数基础上加 15%～20% 的备用量，以便今后调整和扩充。同时要充分利用好输入/输出扩展单元，提高主机的利用率，例如 FX2N 系列 PLC 主机分为 16、24、32、64、80、128 点六挡，还有多种输入/输出扩展模块，这样在增加 I/O 点数时，不必改变机型，可以通过扩展模块实现，降低了经济投入。

在确定好 I/O 点数后，还要注意它们的性质、类型和参数。例如，开关量还是模拟量、交流还是直流以及电压大小等级等，同时还要注意输出端的负载特点，以此选择和配置相应机型和模块。

3. 对 PLC 响应时间的要求

对于多数应用场合，PLC 的响应时间基本能满足控制要求。响应时间包括输入滤波时间、输出滤波时间和扫描周期。PLC 的工作方式决定了它不能接收频率过高或持续时间小于扫描周期的输入信号，当有此类信号输入时，需要选用扫描速度高的 PLC 或快速响应模块和中断输入模块。

4. 程序存储器容量的估算

用户程序所需存储器容量可以预先估算。对于开关量控制系统，用户程序所需存储器的字数等于输入/输出信号总数乘以 8；对于有模拟量输入/输出的系统，每一路模拟量信号大约需 100 字的存储容量。

通常 PLC 的存储器采用模块式的存储器卡盒，同一型号的 PLC 可以选择不同容量的存储器卡盒，以便适应不同用户对存储容量的需要。例如 FX2 型 PLC 有 2K 步、8K 步等。此外，还应根据用户程序的使用特点来选择存储器类型。当程序需频繁修改时，应选用 COMS-RAM。当程序长期不变和长期保存时应选用 EEPROM 或 EPROM。

5. 系统可靠性

根据生产环境及工艺要求，应采用功能完善可靠性适宜的 PLC。对可靠性要求极高的系统，应考虑是否采用冗余控制系统或热备份系统。

6. 编程器与外围设备

小型控制系统一般选用价格便宜的简易编程器；如果系统较大或多台 PLC 共用，可以选用功能强、编程方便的图形编辑器；如果有现成的个人计算机，可选用能在计算机上使用的编程软件。为了防止写入 RAM 中的用户程序被破坏或丢失，可选用 EPROM 写入器，将用户程序写入 EPROM。

三、软件设计

用户程序的设计是 PLC 应用中的最关键的问题。在掌握 PLC 的指令以及操作方法的同时，还要掌握正确的程序设计方法，才能有效地利用可编程控制器，使它在工业控制中发挥巨大作用。一般用户程序的设计可分为经验设计法、逻辑设计法和状态流程图设计法等。相关设计方法已在前述章节中有介绍，这里不再赘述。以下对软件设计中的几个重要问题说明如下。

1. 复杂系统程序设计的思路

实际的 PLC 应用系统往往比较复杂，不仅需要 PLC 输入/输出点数多，控制过程复杂，而且为了满足生产的需要，很多工业设备都需要设置多种不同的工作方式，常见的有手动和自动（连续、单周期、单步）等工作方式。

对于复杂系统在进行程序设计时，首先需要确定程序的总体结构，将系统的程序按工作方式和功能分成若干部分，如：公共程序、手动程序、自动程序等。手动程序和自动程序是不同时执行的，所以用跳转指令将它们分开，用工作方式的选择信号作为跳转的条件，然后再分别设计局部程序。公共程序和手动程序相对较为简单，一般采用经验设计法进行设计；自动程序相对比较复杂，对于顺序控制系统一般采用逻辑设计法或状态流程图设计法。最后是程序的综合与调试，进一步理顺各部分程序之间的相互关系，并进行程序的调试。

2. 程序的内容和质量

1）PLC 程序的内容。应能最大限度地满足控制要求，完成所要求的控制功能。除控制功能外，通常还应包括以下几个方面的内容：

① 初始化程序：在 PLC 上电后，一般都要做一些初始化的操作。其作用是为起动做必要的准备，并避免系统发生误动作。

② 检测、故障诊断、显示程序：应用程序一般都设有检测、故障诊断和显示程序等内容。

③ 保护、联锁程序：各种应用程序中，保护和联锁是不可缺少的部分。它可以杜绝由于非法操作而引起的控制逻辑混乱，保证系统的运行更安全、可靠。

2) PLC 程序的质量可以由以下几个方面来衡量：

① 程序的正确性。所谓正确的程序必须能经得起系统运行实践的考验，离开这一条对程序所做的评价都是没有意义的。

② 程序的可靠性。好的应用程序可以保证系统在正常和非正常（短时掉电再复电、某些被控量超标、某个环节有故障等）工作条件下都能安全可靠地运行，也能保证在出现非法操作（如按动或误触动了不该动作的按钮）等情况下不至于出现系统控制失误。

③ 参数的易调整性。容易通过修改程序或参数而改变系统的某些功能。例如，有的系统在一定情况下需要变动某些控制量的参数（如定时器或计数器的设定值等），在设计程序时必须考虑怎样编写才能易于修改。

④ 程序的简洁性。编写的程序应尽可能简练。

⑤ 程序的可读性。程序不仅仅给设计者自己看，系统的维护人员也要看。因此，为了有利于交流，也要求程序有一定的可读性。

3. 程序的调试

PLC 程序的调试可以分为模拟调试和现场调试。调试之前对 PLC 外部接线做仔细检查，也可以用事先编写好的试验程序对外部接线做扫描通电检查来查找接线故障。

为了安全考虑，最好将主电路断开。当确认接线无误后再连接主电路，将模拟调试好的程序送入用户存储器进行调试，直到各部分的功能都正常，并能协调一致地完成整体的控制功能为止。

1) 模拟调试。将设计好的程序写入 PLC 后，首先逐条仔细检查，并改正写入时出现的错误。用户程序一般先在实验室模拟调试，实际的输入信号可以用钮子开关和按钮来模拟，各输出量的通/断状态用 PLC 上有关的发光二极管来显示，一般不用接 PLC 实际的负载（如接触器、电磁阀等）。在调试时应充分考虑各种可能的情况，各种可能的进展路线，都应逐一检查，不能遗漏。

发现问题后应及时修改梯形图和 PLC 中的程序，直到在各种可能的情况下输入量与输出量之间的关系完全符合要求。

如果程序中某些定时器或计数器的设定值不合适，应该选择合适的设定值。

2) 现场调试。将 PLC 安装在控制现场进行联机总调试，在调试过程中将暴露出系统中和梯形图程序设计中的问题，应对出现的问题及可能存在的传感器、执行器和硬接线等方面的问题，以及 PLC 的外部接线加以解决。

如果调试达不到指标要求，则对相应硬件和软件部分做适当调整，通常只需要修改程序就可达到调整的目的。

全部调试通过后，经过一段时间的考验，系统就可以投入实际的运行了。

四、可靠性要求

PLC 是专门为工业生产服务的控制装置，通常不需要采取什么措施，就可以直接在工业环境使用。但是，当生产环境过于恶劣，电磁干扰特别强烈，或安装使用不当，就不能保证 PLC 的正常运行，因此使用时应注意以下问题。

1. 工作环境

可编程控制器使用环境 PLC 可直接应用于工业现场，对使用环境要求不高。但在下列任一环境下使用都会影响 PLC 使用寿命，甚至会影响其操作性能。

1）环境温度低于 0℃ 或高于 55℃ 的场所。
2）温度变化急剧和凝露场所。
3）环境湿度超过 85% 或存在凝露的场所。
4）具有高腐蚀气体或易燃气体的场所。
5）有过多尘埃（特别是导电尘埃）或氯化物的场所。
6）PLC 会接触到水、油或化学试剂的场合。
7）直接在阳光下的场合。
8）PLC 被频繁、连续振动的场合。

如果在上述环境下使用必须采取措施，例如采用机罩方式。

2. 安装与布线

1）为达到最大程度的对流冷却，所有 PLC 元件都应安装于垂直（竖直）位置。
2）PLC 可根据要求用 DIN 导轨安装，也可直接安装在符合要求的坚固支持物上。
3）PLC 主机应安装在一个使用、维护方便的工作面上（如与坐势或站立时的眼睛处于同一水平面），I/O 机架常安装在 PLC 主机之下或与其相邻的位置。
4）为了避免其他外围的电干扰，PLC 应远离高压电源和高压设备，PLC 不能与高压电器安装在同一个控制柜内。
5）PLC 的电源线应与系统的动力线、控制线分开配线。对于来自电源线的干扰，PLC 本身应有足够的抑制能力。如果电源干扰特别严重，可加接一带屏蔽层的隔离变压器以减少设备与地之间的干扰。隔离变压器与 PLC 和 I/O 之间应采用双绞线连接。若一个系统中选用了扩充单元，则其电源必须与基本单元共用一个开关，也就是说基本单元与扩展单元的上电与断电必须同时进行。
6）PLC 的输入/输出线与系统控制线应分开布线，并保持一定距离，如不得已需要在同一槽中布线，则应使用屏蔽电缆，同时，PLC 的交流线与直流线、开关量和模拟量的 I/O 线也要分开敷设，后者最好用屏蔽线。模拟信号的传送应采用屏蔽线，屏蔽层应一端或两端接地，接地电阻要小于屏蔽层电阻的 1/10。

此外，PLC 基本单元与扩展单元之间的传送信号电压低，频率高，很容易受到干扰，所以，它们之间传送电缆不能与其他线敷设在同一个管道内。

3. I/O 端的接线

（1）输入接线　输入接线一般不要超过 30m。但如果环境干扰较小，电压降不大时，输入接线可适当长些。输入、输出线不能用同一根电缆，输入线与输出线应分开走线。尽可能采用常开触点形式连接到输入端，使编制的梯形图与继电器原理图一致，便于阅读。

（2）输出接线　输出接线分为独立输出和公共输出。在不同组中可采用不同类型和电压等级的输出电压。但在同一组中的输出只能用同一类型、同一电压等级的电源。由于 PLC 的输出元件被封装在印制电路板上，并且连接至端子板，如将连接输出元件的负载短路，将烧毁印制电路板，因此应用熔丝保护输出元件。采用继电器输出时，所承受的电感性负载的大小，会影响到继电器的工作寿命，因此使用继电器输出时，选择继电器工作寿命要长。PLC 的输出负载可能产生干扰，因此要采取措施加以控制，如直流输出的续流管保护，交流输出的阻容吸收电路，晶体管及双向晶闸管输出的旁路电阻保护。

4. 外部安全电路

为确保整个系统能在安全状态下可靠工作，避免由于外部电源发生故障、PLC 出现异常、误操作以及误输出造成的重大经济损失和人身伤亡，PLC 外部应安装必要的保护电路。

（1）急停电路　对于能使用户造成伤害的危险负载除了在控制程序中加以考虑外，还应设计外部紧急停车电路，使 PLC 发生故障时，能将引起伤害的负载电源可靠切断。

（2）保护电路　正反向运转等可以操作的控制系统，要设置外部电路互锁；往复运行及升降移动的控制系统，要设置外部限位保护电路。

（3）可编程控制器　有监视定时器等自检功能检测出异常时，输出全部关闭。但当可编程控制器 CPU 故障时就不能控制输出，因此对于能使用户造成伤害的危险负载，为确保设备在安全状态下运行，需设计外部电路加以防护。

1）电源过负荷的防护。如果 PLC 电源发生故障，中断时间少于 10ms，PLC 工作不受影响，若电源中断时间超过 10ms，或电源下降超过允许值，则 PLC 停止工作，所有的输出点均同时断开；当电源恢复时，如 RUN 输入接通，则操作自动进行。因此，对于一些易过负荷的输入设备应设置必要的限流保护电路。

2）重大故障的报警和防护。对于易发生重大事故的场所，为确保控制系统在重大事故发生时仍可靠的报警及防护，应将与重大故障有联系的信号通过外电路输出，以使控制系统在安全状况下运行。

5. PLC 的接地

对 PLC 控制系统进行良好的接地。在 PLC 控制系统中具有多种形式的"地"，主要有以下几种：

1）信号地。它是输入端信号元件——传感器的地。

2）交流地。它是交流供电电源的 N 线，通常噪声主要由此产生。

3）屏蔽地。一般是为了防止静电、磁场感应而设置外壳或全屏网通过专用的铜导线与地壳之间的连接。

4）保护地。一般将机械设备外壳或设备内独立器件的外壳接地，用以保护人身安全和防护设备漏电。

为了抑制附加电源及输入/输出端的干扰，应对 PLC 控制系统进行良好的接地。当信号频率低于 1MHz 时，可用一点接地；高于 10MHz 时，采用多点接地；1~10MHz 时，采用哪种接地应视实际情况而定。此外，接地线的截面积应大于 $2mm^2$，接地电阻应小于 100Ω，且接地点应尽可能靠近 PLC。

五、PLC 控制系统的维护与故障检修

1. PLC 控制系统的维护

PLC 控制系统的维护主要包括以下方面。

1）对大中型 PLC 系统，应指定维护保养制度，做好运行、维护、保养记录。

2）定期对系统进行检查保养，时间间隔为半年，最长不超过一年，特殊场合应缩短时间间隔。

3）检查设备安装、接线有无松动现象及焊点、接点有无松动或脱落。

4）检查供电电压是否在允许的范围之内。

5）重要器件或模块应有备份。

6）校验输入元件、信号是否正常，有无出现偏差异常现象。

7）机内后备电池的定期更换锂电池寿命通常为 3—5 年，当电池电压降到一定值时，电池电压指示 BATT. V 亮。

8）加强 PLC 维护和使用人员的思想教育和业务素质教育。

2. 故障检查与排除

（1）PLC 的自诊断　PLC 本身具有一定的自诊断能力，使用者可从 PLC 面板上各种指示灯的发亮和熄灭，判断 PLC 系统是否存在故障，这给用户初步诊断故障带来很大的方便。PLC 基本单元面板上的指示灯如下。

1）POWER 电源指示。当供给 PLC 的电源接通时，该指示灯亮。

2）RUN 运行指示。SW1 置于"RUN"位置或基本单元的 RUN 端与 COM 端的开关闭合，则 PLC 处于运行状态，该指示灯亮。

3）BATT. V 机内后备电池电压指示。PLC 的电源接通，如果锂电池电压跌落到一定值时，该指示灯亮。

4）PROG. E（CPU. E）程序出错指示。若出现以下错误时，该指示灯闪烁。

① 程序语法有错。

② 程序线路有错。

③ 定时器或计数器没有设置常数。

④ 锂电池电压跌落。

⑤ 由于噪声干扰或导线头落在 PLC 内导致"求和"检查出错。

当发生以下情况时，该指示灯持续亮。

① 程序执行时间超过允许时，使监视器动作。

② 由于电源浪涌电压的影响，造成有噪声瞬时加到 PLC 内，致使程序执行出错。

5）输入指示。PLC 输入端有正常输入时，输入指示灯亮。有输入而指示灯不亮的或无输入而指示灯亮则有故障。

6）输出指示。若有输入且输出继电器触点动作，输出指示灯亮。如果指示灯亮而触点不动作，可能输出继电器触点已烧坏。

（2）故障检查　利用 PLC 基本单元面板上各种指示灯运行状态，可初步判断出发生故障的范围，在此基础上可进一步查清故障。先检查确定故障出现在哪一部分，即先进行 PLC 系统的总体检查，检查的顺序和步骤以及检查的项目和内容如下。

1）电源系统的检查。从 POWER 指示灯的亮或灭，较容易判断出电源系统正常与否。因为只有电源正常工作时，才能检查其他部分的故障，所以应先检查或修复电源系统。电源系统故障往往发生在供电电压不正常、熔断器熔断或连接不好、接线或插座接触不良，有时也可能是指示灯或电源部件坏了。

2）系统异常运行检查。先检查 PLC 是否置于运行状态，再监视检查程序是否有错，若还不能查出,应接着检查存储器芯片是否插接良好,仍查不出时,则检查或更换微处理器。

3) 检查输入部分。输入部分常见故障及产生原因和处理建议,见表3-22。

表3-22 输入部分检查表

故障现象	可能的原因	处理建议
输入均不接通	1. 未向输入信号源供电 2. 输入信号源电源电压过低 3. 端子螺钉松动 4. 端子板接触不良	1. 接通有关电源 2. 调整合适 3. 拧紧 4. 处理后重接
PLC输入全异常	输入单元故障	更换输入器件
某特定输入继电器不接通	1. 输入信号源(器件)故障 2. 输入配线断 3. 输入端子松动 4. 输入端接触不良 5. 输入接通时间过短 6. 输入回路(电路)故障	1. 更换输入器件 2. 重接 3. 拧紧 4. 处理后重接 5. 调整有关参数 6. 查电路或更换
某特定输入继电器关闭	输入回路(电路)故障	查电路或更换
输入随机性动作	1. 输入信号电平过低 2. 输入接触不良 3. 输入噪声过大	1. 查电源及输入器件 2. 检查端子接线 3. 加屏蔽或滤波措施
动作正确,但指示灯灭	LED损坏	更换LED

4) 检查输出部分。输出部分常见的故障及产生的原因和处理建议,见表3-23。系统的输入、输出部分通过接线端子、连接器件和PLC连接起来,而且输入外围设备和输出驱动的外围设备均为硬件和硬线连接,因此,检查时须多加注意。

5) 检查电池。机内电池部分出现故障,一般是由于电池装接不好或使用时间过长所致,把电池装接牢固或更换电池即可。

表3-23 输出部分检查

故障现象	可能的原因	处理建议
输出均不能接通	1. 未加负载电源 2. 负载电源已坏或电压过低 3. 接触不良(端子排) 4. 熔丝管已坏 5. 输出回路(电路)故障 6. I/O总线插座脱落	1. 接通电源 2. 调整或修理 3. 处理后重接 4. 更换熔丝 5. 更换输出器件 6. 重接
输出均不关断	输出回路(电路)故障	更换输出器件
特定输出继电器不接通(指示灯灭)	1. 输出接通时间过短 2. 输出回路(电路)故障	1. 修改输出程序或数据 2. 更换输出器件
特定继电器(输出)不接通(指示灯亮)	1. 输出继电器损坏 2. 输出配线断 3. 输出端子接触不良 4. 输出驱动电路故障	1. 更换继电器 2. 重接或更新 3. 处理后更新 4. 更换输出器件

6) 外部环境检查。PLC 控制系统工作正常与否，与外部条件环境也有关系，有时发生故障的原因可能就在于外部环境不合乎 PLC 系统工作的要求。检查外部工作环境主要包括以下几个方面。

① 如果环境温度高于 55℃，应安装电风扇或空调，以改善通风条件；假如温度低于 0℃，应安装加热设备。

② 如果相对湿度高于 85%。容易造成控制柜中挂霜或滴水，引起电路故障，应安装空调等，相对湿度不应低于 35%。

③ 周围有无大功率电气设备（例如晶闸管变流装置、弧焊机、大电机起动）产生不良影响，如果有就应采取隔离、滤波、稳压等抗干扰措施。

④ 特别指出的是，不能忽视检查交流供电电源是否经常性波动及波动幅度的大小，如果经常性波动且幅度大时，就应加装交流稳压器。

⑤ 其他方面也不能忽视，例如周围环境粉尘、腐蚀性气体是否过多，振动是否过大等。

（3）设计故障检修程序　充分利用 PLC 的内部功能，提供设备的有关运行信息，以方便检查、维护和故障排除。查找故障，尤其是查找大中型系统的故障，是比较困难的。

上面介绍了查找故障的思路和基本方法，使用者对要通过实践提高对系统的熟悉程度和检修经验。

实训项目一　FX3U 系列 PLC 的认知

一、项目任务

1）认知三菱 FX3U 外观、结构、功能，掌握与计算机的连接方法。

2）PLC 控制功能实现。用 PLC 作为控制器，控制一台电动机的起停。要求列出 I/O 分配表，并完成 I/O 接线图。在教师给定程序的情况下完成电动机的控制。通过此任务的训练，学会实现一个完整的控制过程的硬件接线方法。

3）根据提供的接线图与程序，教师预先将程序写入到 PLC 内，由学生完成接线。学生根据要求操作，并观察 PLC 的运行情况和计算机监视情况，理解内部软元件的意义和应用情况。

二、项目准备

计算机、FX3U PLC 主机、按钮开关、导线，实训工作台。

三、相关知识讲解

1. 型号含义和结构

FX3U 系列 PLC 的外形及结构示意图如图 3-95 所示。其型号含义如下。

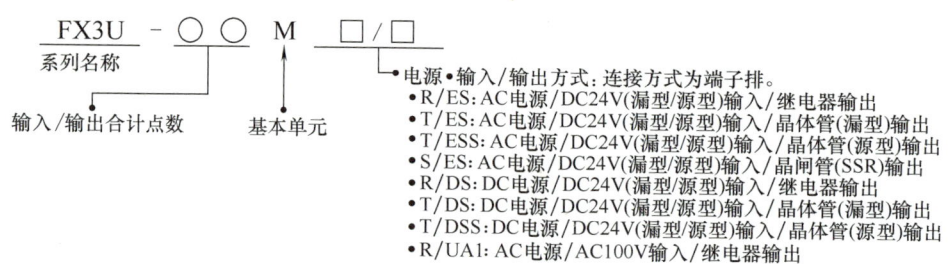

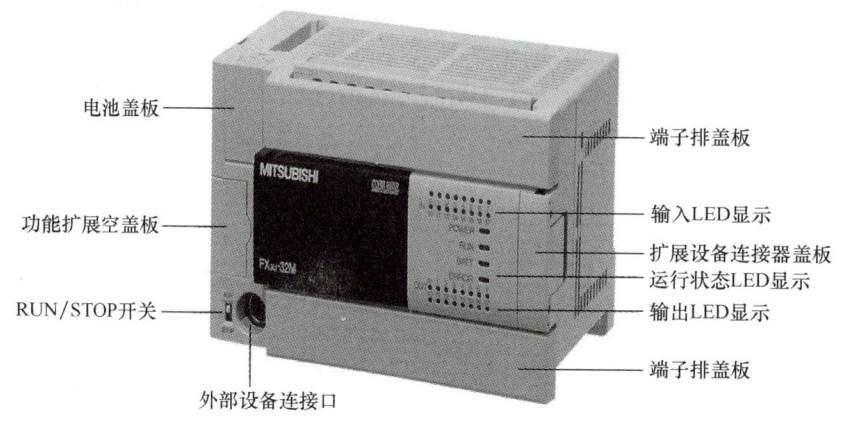

a) FX3U系列PLC外观

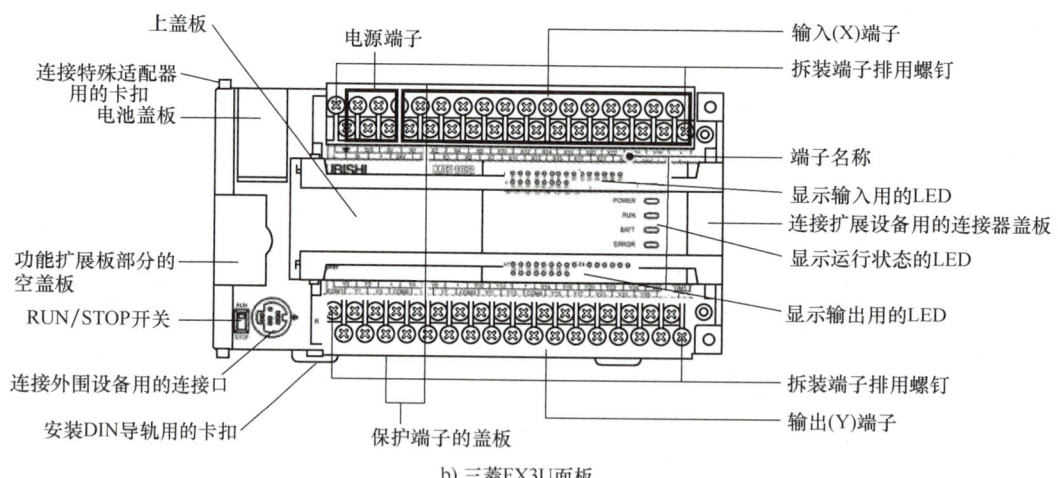

b) 三菱FX3U面板

图 3-95　FX3U 系列 PLC 的外形及结构示意图

2. PLC 与计算机的连接

教师以实训台上的 PLC 与计算机连接,参照图 3-96 编程电缆与计算机的连接方法,现场演示 PLC 与计算机的连接方法,讲解注意事项。

通信接口用来连接手持式编程器或计算机,通信线一般有手持式编程器通信线和计算机通信线两种,通信线与 PLC 连接时,须注意通信线接口内的"针"与 PLC 上的接口正确对应后才可将通信线接口用力插入 PLC 的通信接口,避免损坏接口。编程电缆与计算机的连接有两种方式,一种是与计算机侧为 RS232 口的连接方式,如图 3-96a 所示;另一种是计算机侧为 USB 口的连接方式,如图 3-96b 所示。

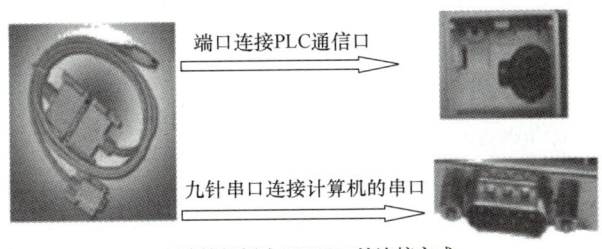

a) 计算机侧为RS232口的连接方式

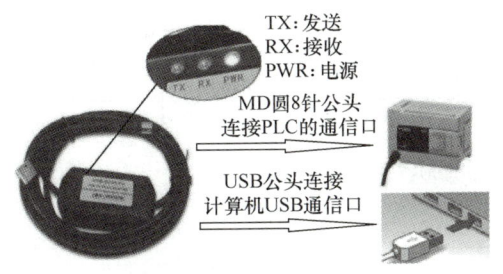

b) 计算机侧为USB口的连接方式

图 3-96　编程电缆与计算机的连接

3. FX3U 系列 PLC 的端子及接线

（1）端子说明　PLC 的电源端子、输入端子与输出端子如图 3-97 所示。其端子功能跟 FX2N 系列 PLC 类似，不同的地方在于输入公共端子为 S/S，是外接传感器、按钮、行程开关等外部信号元件必须接的一个公共端子。

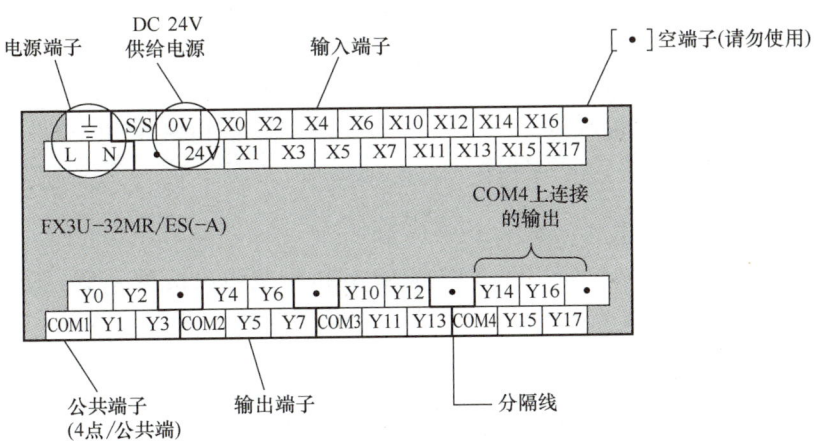

图 3-97　FX3U 系列 PLC 的端子

（2）输入接线　三菱 FX3U 系列 PLC 分为源型输入和漏型输入，电源分为交流输入和直流输入。其各自的接线图如图 3-98 所示。在输入电路中，直流电流从 PLC 公共端 S/S 流入，从输入端 X 流出，称为漏型输入。而源型输入电路的电流是从 PLC 输入点 X 流入，从公共端 S/S 流出。

（3）输出接线　输出公共端的类型是若干输出端子构成一组，共用一个输出公共端，各组的输出公共端用 COM1，COM2……表示，各组公共端之间相互独立，可使用不同的电

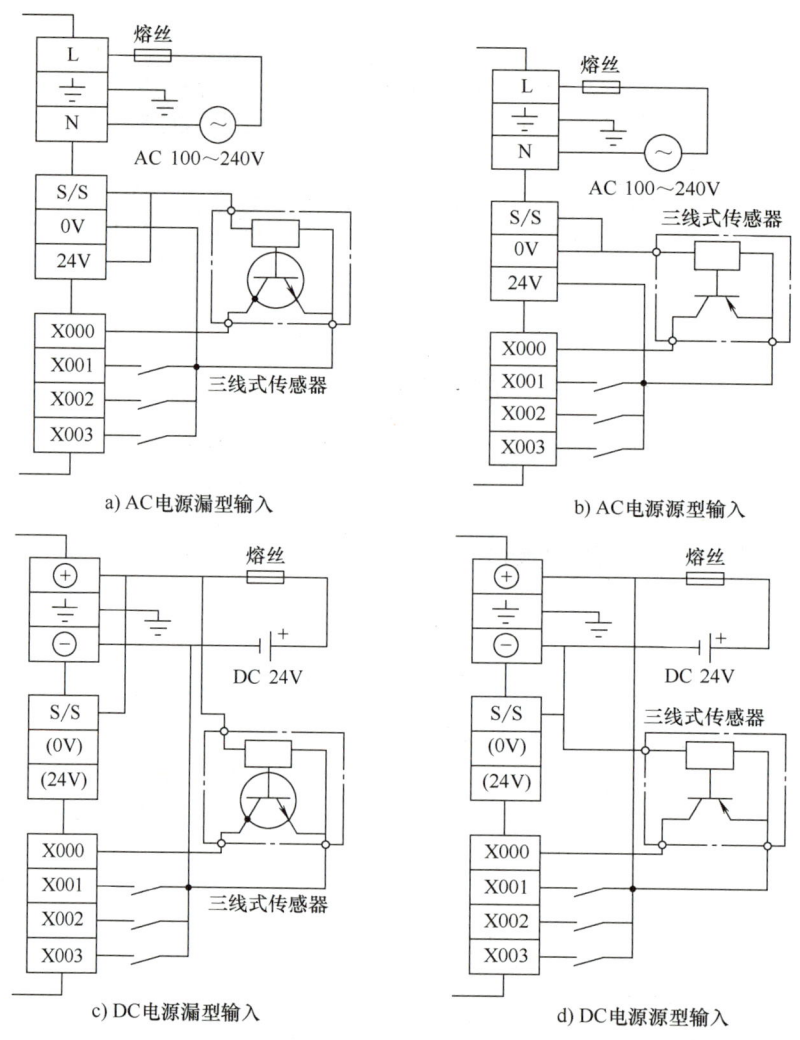

图 3-98 输入接线图

源类型和电压等级负载驱动电源,如图 3-99 所示。

三菱 FX3U 系列晶体管输出型 PLC 有源型输出和漏型输出两种类型。图 3-100 所示为 FX3U 晶体管输出接线图。漏型输出(-公共端)是电流从输出端 Y 流入(NPN 是输出低电平的),其接线如图 3-100a 所示,漏型输出型号后面带 ES,例如 FX3U-32MT/ES。源型输出(+公共端)是电流从输出端 Y 流出(PNP 是输出高电平的),其接线图如图 3-100b 所示,源型输出型号后面带 ESS,例如 FX3U-32MT/ESS。

四、项目实施及指导

(一)FX3U PLC 认知

教师以实训台上的 PLC,参照图 3-95 FX3U 系列 PLC 的外形结构及结构示意图,给学生讲解,让学生结合讲解熟悉 FX3U 系列 PLC 结构,记住接线端子功能和接线方法。

(二)PLC 控制功能实现

1)教师交代控制任务。参照第一章第三节电动机连续控制电路内容。

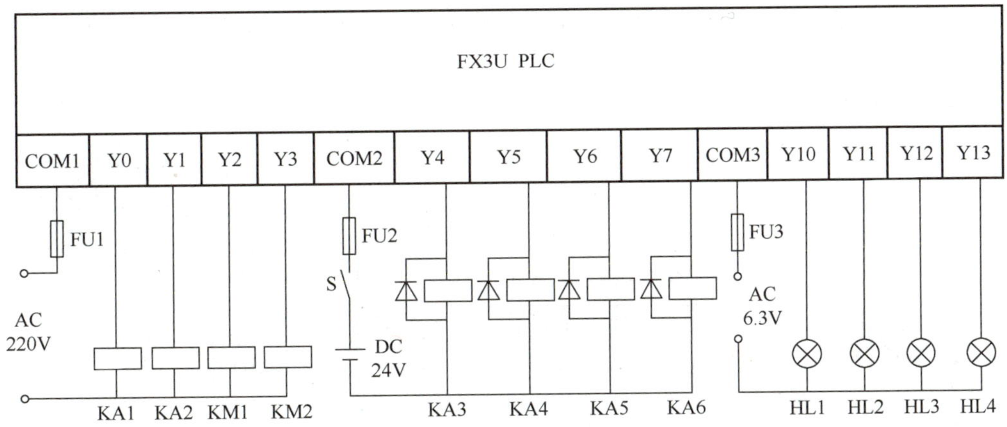

图 3-99 输出接线

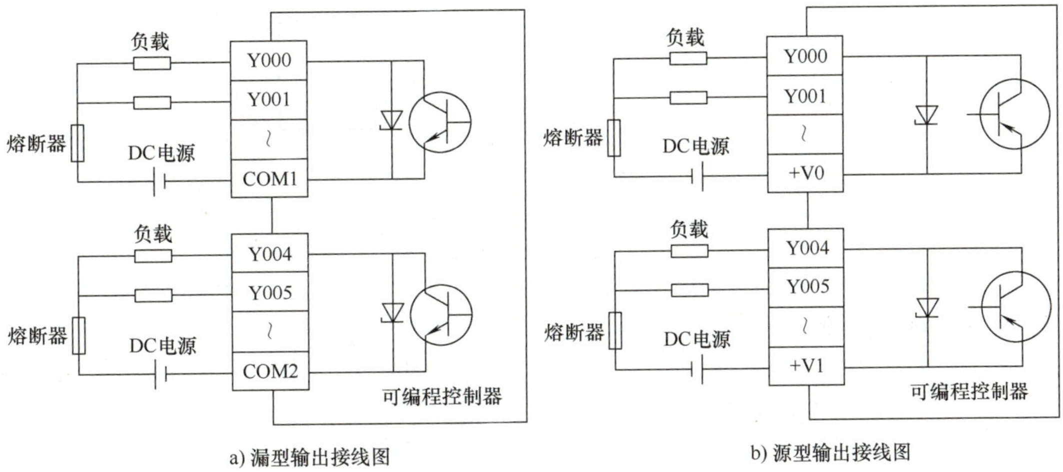

a) 漏型输出接线图　　　　b) 源型输出接线图

图 3-100　FX3U 系列晶体管输出接线图

2）按照如图 3-101 所示，讲解程序，以及 PLC 控制过程，并将程序通过计算机输入 PLC。

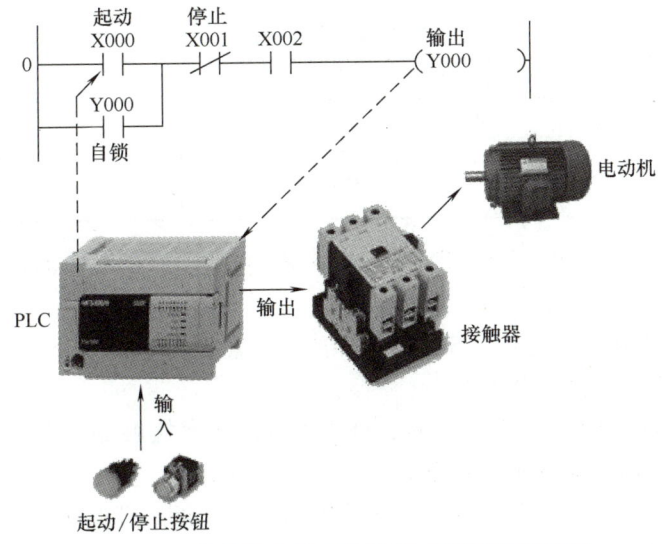

图 3-101　接触器自锁电路的 PLC 程序控制过程

3) 教师对照第一章交流电动机接触器自锁电路讲解如图 3-102 所示主电路和控制电路,并演示接线。

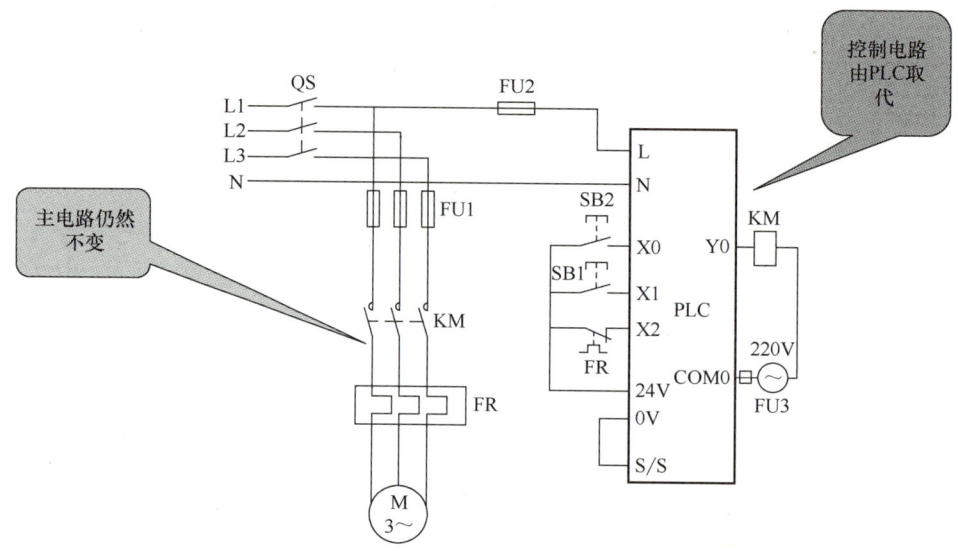

图 3-102 接触器自锁电路 PLC 控制的接线图

4) 引导学生结合本任务,对比、总结 PLC 控制与继电-接触控制系统的异同。

(三) 实施及指导

1) 按表 3-24 的 I/O 情况和图 3-103 所示接线图。

2) 教师按照图 3-104 所示的梯形图输入到计算机,并将计算机和 PLC 通信连接好,学生按照以下步骤练习。

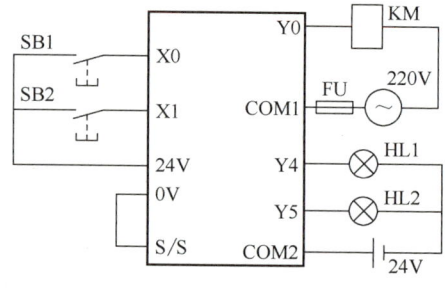

图 3-103 接线图

表 3-24 I/O 分配

名称	输入点编号	名称	输出点编号
停止按钮 SB1	X0	交流接触器 KM	Y0
起动按钮 SB2	X1	指示灯 HL1	Y4
		指示灯 HL2	Y5

① 指导学生按照图 3-103 接线。注意:图中没有标出 PLC 电源的接线,在实训接线时必须接上。

② PLC 通电,并置于非运行 (STOP) 状态。观察 PLC 面板上的 LED 指示灯和计算机上显示程序中各触点和线圈的状态。

③ PLC 置于运行 (RUN) 状态,按下起动按钮,观察接触器 KM 及指示灯的状态及计算机上显示程序中各触点和线圈的状态。

④ 断开 PLC 电源 5s 后,再通电,观察接触器 KM 和指示灯的状态以及计算机上显示程序中各触点和线圈的状态。

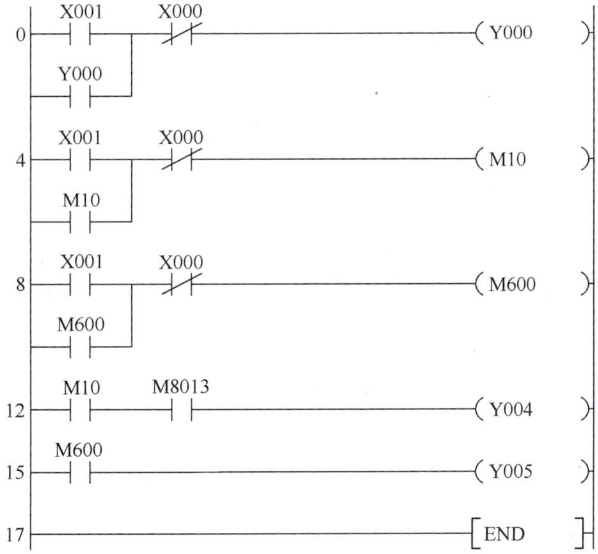

图 3-104　梯形图

实训项目二　GX Developer 编程软件的使用

一、项目任务

1）GX Developer 编程软件（离线）操作练习。
2）GX Developer 编程软件（在线）监控练习。

二、项目准备

计算机、GX Developer 编程软件、FX2N-64MR PLC 主机、按钮开关、连接导线等。

三、相关知识讲解

1. 起动编程软件

接通个人计算机电源，单击"开始"进入"程序"中，选择"GX Developer"，即可起动编程软件，进入操作界面。

2. 建立新项目

打开工程，单击"新建"命令，弹出如图 3-105 界面，先在 PLC 系列中选出需使用的可编程序控制器的 CPU 系列，如在本实验中，选用的是 FX 系列，所以选 FXCPU。PLC 类型是指选机器的型号，本实验用 FX3U 系列，所以选中 FX3U（C），单击"确定"按钮后出现如图 3-106 所示的界面。

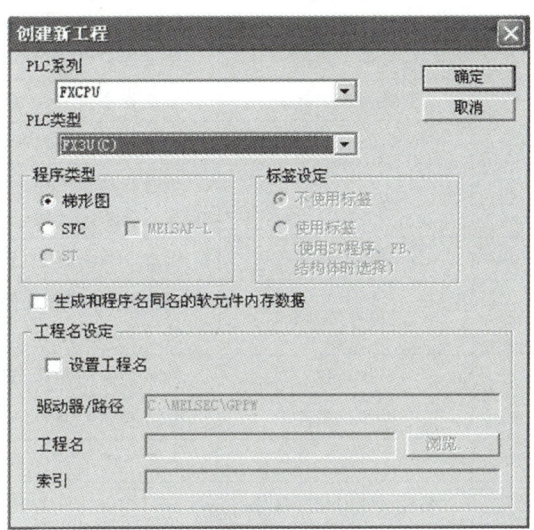

图 3-105　新建工程界面

3. 操作界面介绍

图 3-106 为 GX Developer 编程软件的操作界面，该操作界面大致由下拉菜单、工具条、编程区、工程数据列表、状态条等部分组成。这里需要特别注意的是在 FX-GP/WIN-C 编程软件里称编辑的程序为文件，而在 GX Developer 编程软件中称为工程。图 3-106 中引出线所示的名称、内容说明见表 3-25。

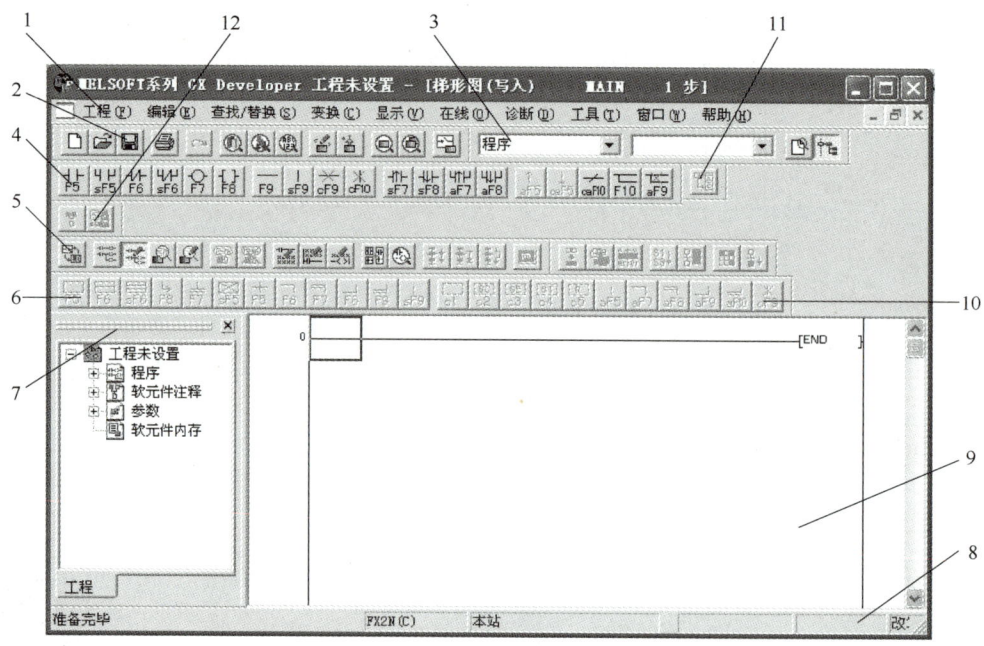

图 3-106　GX Developer 编程软件操作界面

表 3-25　操作界面说明

序号	名称	内容
1	下拉菜单	包含工程、编辑、查找/替换、变换、显示、在线、诊断、工具、窗口、帮助，共10个菜单
2	标准工具条	由工程菜单、编辑菜单、查找/替换菜单、在线菜单、工具菜单中常用的功能组成
3	数据切换工具条	可在程序菜单、参数、注释、编程元件内存这四个项目中切换
4	梯形图标记工具条	包含梯形图编辑所需要使用的常开触点、常闭触点、应用指令等内容
5	程序工具条	可进行梯形图模式,指令表模式的转换;进行读出模式,写入模式,监视模式,监视写入模式的转换
6	SFC 工具条	可对 SFC 程序进行块变换、块信息设置、排序、块监视操作
7	工程参数列表	显示程序、编程元件注释、参数、编程元件内存等内容,可实现这些项目的数据的设定
8	状态栏	提示当前的操作;显示 PLC 类型以及当前操作状态等
9	操作编辑区	完成程序的编辑、修改、监控等的区域
10	SFC 符号工具条	包含 SFC 程序编辑所需要使用的步、块起动步、选择合并、平行等功能键
11	编程元件内存工具条	进行编程元件的内存的设置
12	注释工具条	可进行注释范围设置或对公共/各程序的注释进行设置

4. 梯形图的编写

在画面上清楚地看到，最左边是根母线，虚线下方表示现在可写入区域，上方有菜单，只要任意单击其中的元件，就可得到所要的线圈、触点等。也可以利用工具条中的快捷图标进行梯形图的输入，工具条中各种功能图标的含义如图 3-107 所示。

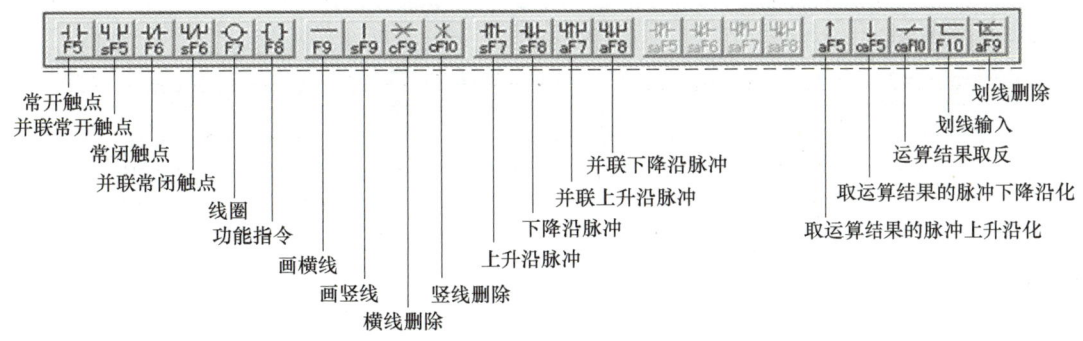

图 3-107　工具栏上各种功能图标

如要在某处输入 X000，只要把光标移动到你所需要写入的地方，然后在菜单栏或工具条上选中 ┤├ 触点，出现如图 3-108a 界面，再输入 X000，即可完成写入 X000。如要输入一个线圈（包含输出继电器、辅助继电器、定时器、计数器），先选中线圈，再输入相应数据，数据的输入要符合标准，图 3-108b 为其操作过程。

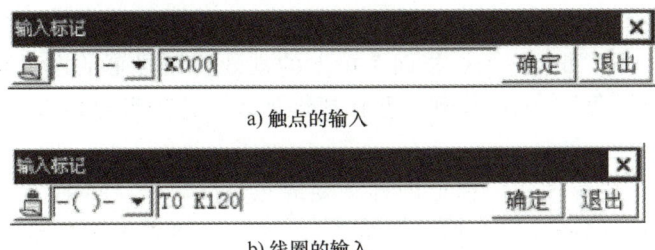

图 3-108　触点和线圈的输入

对于计数器，因为它要用到两个输入端，所以在操作上既要输入线圈部分，又要输入复位部分，其操作过程如图 3-109、图 3-110 所示。注意，在图 3-110 中的箭头所示复位指令 RST 复位计数器的输入，要选中的是功能指令，而不是线圈。

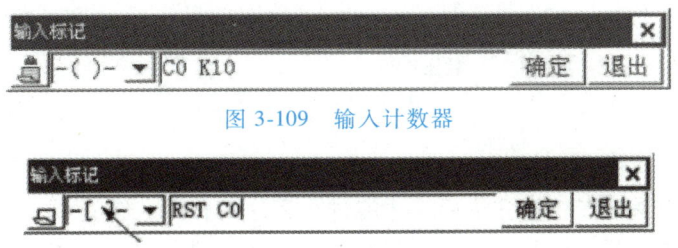

图 3-109　输入计数器

图 3-110　计数器复位输入

图 3-111 是一个简单的计数器显示形式。
通过上面的举例可知，如果需要画梯形图中的其他一些线、输出触点、定时器、计时

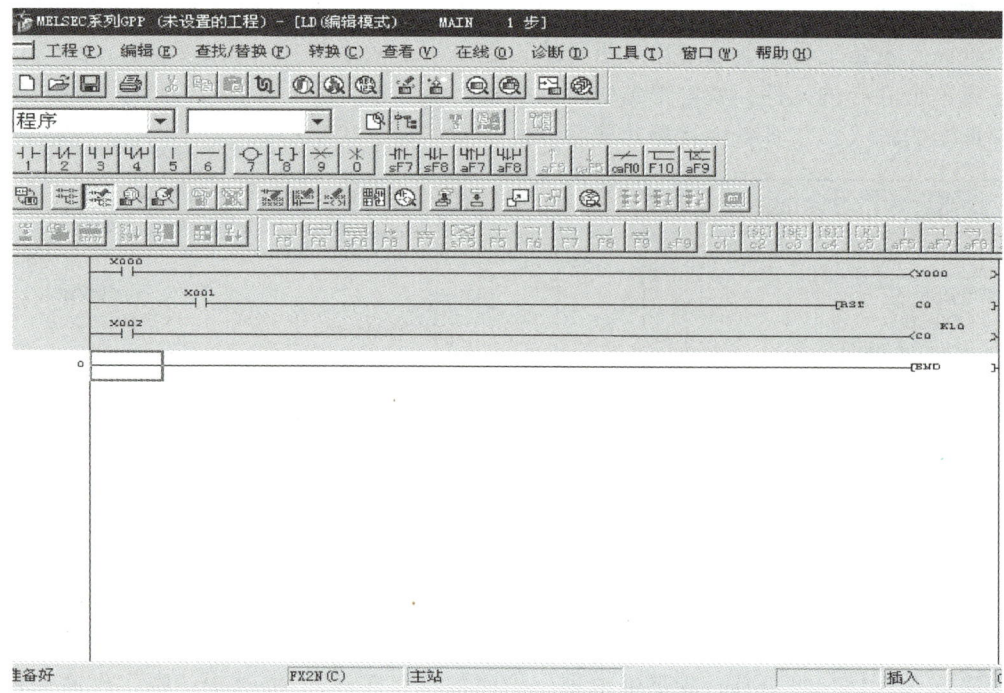

图 3-111 一个简单的计数器显示形式

器、辅助继电器等,在菜单上都能方便地找到,再输入元件编号即可。在图 3-107 的上方还有其他的一些功能菜单,如果把光标指向菜单上的某处,在屏幕的左下角就会显示其功能,或者打开菜单上的"帮助",也可找到一些快捷键列表、特殊继电器/寄存器等信息。

5. 程序转换、传输、调试

在梯形图编制了一段程序后,梯形图程序变成灰色。单击"变换"菜单,选择"变换"或工具栏上的程序变换/编译按钮图标,如图 3-112 所示,将梯形图转换成指令语句表。变换成功后的梯形图不再有灰色阴影。当写完梯形图,最后写上 END 语句后,必须进行程序转换。

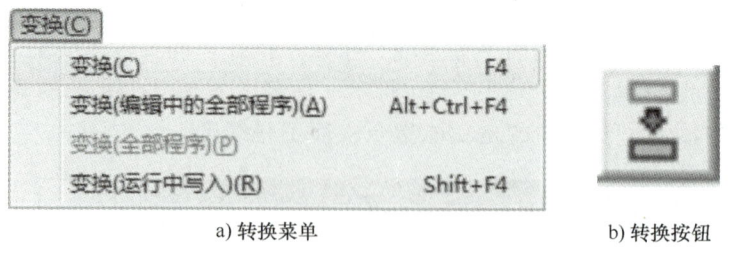

a) 转换菜单   b) 转换按钮

图 3-112 程序转换方法

在程序的转换过程中,如果程序有错,它会显示,也可通过菜单"工具"命令,查询程序的正确性。只有当梯形图转换完毕后,才能进行程序的传送,传送前,必须将 FX 系列 PLC 与计算机的编程电缆上开关按开,再打开"在线"菜单,进行传送设置,如图 3-113 所示。

根据图示,必须确定 PLC 与计算机的连接是通过 COM1 口还是 COM2 口连接,在实验中已统一将 RS232 总线连在计算机的 COM1 口,在操作上只要进行设置选择。写完梯形图后,在菜单上还是选择"在线"选项,选中"写入 PLC(W)"命令,就弹出如图 3-114 所示界面。

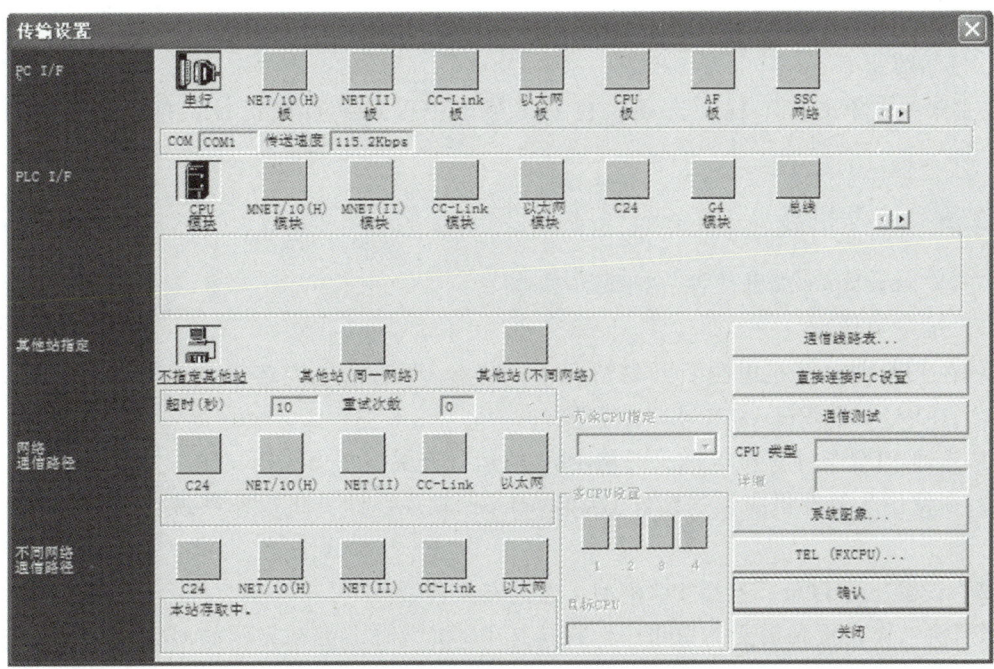

图 3-113　程序传送

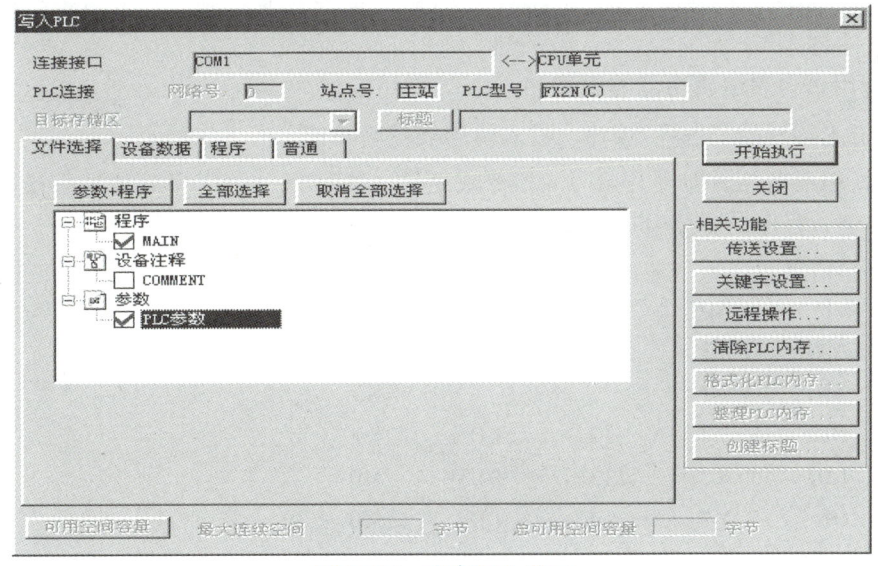

图 3-114　程序写入界面

从图上可看出，在执行读取及写入前必须先选中"MAIN""PLC 参数"选项，否则，不能执行对程序的读取、写入，然后单击"开始执行"按钮即可。

程序下载到 PLC 后即可进行调试工作，先进行模拟调试，即 PLC 的输出端先不接输出电器，按控制要求在各输入端输入信号，观察输出指示灯的状态，若输出不符合要求，则应重新修改梯形图程序，再下载到 PLC 中调试，直至符合输出要求。模拟调试完成后，就可进行整个系统的现场运行调试。

6. 监视功能

编程软件能将正在运行的 PLC 的数据，通过与计算机相连的通信电缆，送至计算机屏幕显示，以监视 PLC 的运行状态。

7. 打印功能

在主菜单中单击"工程"选项，在下拉菜单中可选择页面设计、打印预览和打印等操作。

四、项目实施及指导

1. GX Developer 编程软件（离线）操作

（1）准备工作

1）在 PLC 与计算机电源断开的情况下，将 SC09 通信电缆连接到计算机的 RS232C 串行接口（COM1）和 PLC 的 RS422 编程接口。

2）接通 PLC 与计算机电源，并将 PLC 的运行开关置于 STOP 一侧。

3）所使用的计算机应预先装好 GX Developer 软件。计算机操作系统为 WINDOWS 操作系统。

（2）设置工作目录、选择 PC 机型、建立新文件

把当前工作设置到需要的目录中。在选择 PC 机型时，可在显示的 GX Developer 支持机种表中选取。

对 FX0、FX0S 等机种选 FX0、FX0N、FX1N、FX2N 单独有项。选取后需要输入一个新建文件的文件名。

（3）使用语句表编辑功能编辑程序

1）单击工具栏的""按钮，进入语句表编辑功能。

2）进入编程功能后即可开始写入指令或地址。每写完一个指令或地址后按回车键，写入区自动移动，程序的步序号亦自动出现。

输入下列指令：

0	LD	X0	10	LD	X4
1	AND	Y1	11	OUT	T1
2	ANI	T0			K5
3	OUT	Y2	12	LD	X7
4	LDI	X2	13	PLS	M0
5	OR	Y1	14	LD	M0
6	AND	X3	15	OUT	C15
7	OUT	Y1	16		K5
8	LD	X4	17	END	
9	OUT	T0			
		K50			

3）在输入操作中试用两种方法进行，一是直接选数字键，二是助记符字母逐个键入。输入完上述语句后试退出编辑区，进行测试，测试完成后存盘。

4）再进入语句表编辑功能，完成对程序的插入、删除、改变指令、地址号等的操作。

编辑修改后一是要校对，第二要及时测试。要注意的是软件仅对语法错误产生反应，而

对非语法错误则不会告警。

删除　　　　AND　　　　Y1
　　　　　　LD　　　　　X7
　　　　　　PLS　　　　 M0

在 AND X3 前插入：
删除　　　　OR　　　　　T1
　　　　　　LD　　　　　M11
　　　　　　AND　　　　 S0
　　　　　　ORB

5）通过练习加强使用的熟练程度。
用下列程序段进行输入练习：

0	LD	X0	10	OUT	Y2
1	AND	X1	11	MRD	
2	MPS		12	AND	X5
3	AND	X2	13	OUT	T3
4	OUT	Y0			D0
5	MPP		14	MPP	
6	OUT	Y1	15	AND	X7
7	LD	X3	16	OUT	Y4
8	MPS		17	END	
9	AND	X4			

（4）使用梯形图编辑功能编辑程序　回到主菜单，建立一个新文件。单击工具栏的""按钮，即进入梯形图编辑功能。进入梯形图编辑功能后即可写入梯形图。

1）写入梯形图。输入（3）步 2）中的程序，要求每写入一段完整的梯形图需进行转换，再写入下一段梯形图。这样做的目的是使一段完整的梯形图由编程软件自行转换为语句表。在输入完成后，退出编辑，完成测试及存盘。

2）再进入梯形图编辑功能，练习编辑、修改。
对以上输入的梯形图完成如下操作。
① 删除第 1 段梯形图。
② 把第 11 段梯形图插入至原 3 与 4 段之间。
③ 把 X4 改为 X15。
④ 修改 T0 的设定值为 10s。

3）综合练习。
① 按图 3-115 的梯形图输入。
② 退出梯形图编辑。

打开由语句表输入程序文档，进入梯形图编辑功能，把用输入语句表方法形成的程序转换成梯形图与输入语句表比较检查，看是否完全相同。

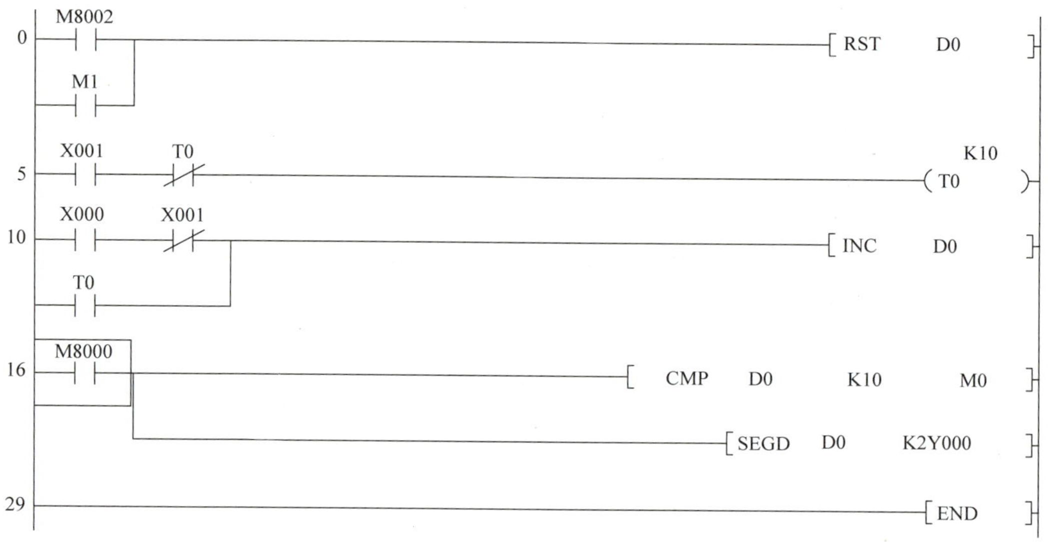

```
   M8002
0  ─┤├──┬─────────────────────────[RST  D0 ]
   M1   │
   ─┤├──┤
        │
   X001 │ T0
5  ─┤├──┼─┤/├────────────────────────(T0  K10)
        │
   X000 │ X001
10 ─┤├──┼─┤/├────────────────────────[INC  D0 ]
        │
   T0   │
   ─┤├──┘

   M8000
16 ─┤├──┬─────────────────[CMP  D0  K10  M0 ]
        │
        └─────────────────[SEGD  D0  K2Y000 ]

29 ────────────────────────────────────[END]
```

图 3-115　示例梯形图

2. GX Developer 编程软件（在线）监控操作

（1）准备工作

1）在计算机与 PLC 均断电情况下，用 SC09 电缆或 FX 专用通信接口连接好 PLC 与计算机。

2）PLC 运行开关置"STOP"。

3）开启 PLC 与计算机的电源。

（2）联机参数设置

1）在主菜单下选择"PLC/传送"选项。

2）在子菜单中选择"串行口设置"选项。

3）在参数栏中用光标键选择；用回车键修改参数。

说明：在打开一个工作文件后，GX Developer 软件已针对该文件所使用 PLC 类型对参数做了默认预置，所以除串行口 COM1、COM2 的选择外，建议使用默认参数。

（3）程序传送

1）打开 GX Developer 编程软件（离线）练习操作编写的文件。

2）检查该文件在"INSTR"项下是否为"OK"，如是"TEST"则应退回主编辑功能下进行测试存盘。

3）按"PLC"→"传送"→"写入"顺序进入程序发送功能。选择是否校验后，即开始进行传送。传送完成后要按回车键加以确认，否则传送无效。

4）退回主菜单，重新建立一个新文件并打开该文件。

从 PLC 向 GX Developer 传送程序，按"PLC"→"传送"→"读入"顺序进入程序接收功能，接收并存盘该文件。

5）在编辑功能下比较该程序与原发送程序。

（4）监控功能操作　建立一个新文件，按图 3-116 的梯形图，用梯形图编辑功能写入程序文件，并传送至 PLC。

```
      X000   X001
 0    ─┤├────┤/├──────────────────────────────────(Y000)
       │Y000│
       ├┤├──┤
      Y000                                         K100
 4    ─┤├─────────────────────────────────────────(T0)
       T0
 8    ─┤├─────────────────────────────────────────(Y001)
      X005
10    ─┤├──────────────────────────[ MOVP  K4   Z0 ]
       │
       ├────────────────────────────[ MOVP  K10  D4 ]
       │
       └────────────────────────────[ ADDP D0Z0 K70 D10 ]
      X002                                         D10
28    ─┤├─────────────────────────────────────────(T2)
       T2
32    ─┤├─────────────────────────────────────────(Y002)
      X003
34    ─┤├──────────────────────────────────[ RST  C0 ]
      X004                                         D4
37    ─┤├─────────────────────────────────────────(C0)
       C0
41    ─┤├─────────────────────────────────────────(Y003)
```

图 3-116　示例梯形图

实训项目三　PLC 控制三相异步电动机Y-△减压起动电路的设计和安装

一、项目任务

按照规范的要求实现三相异步电动机Y-△减压起动主电路和 PLC 控制电路的设计、安装、接线；完成软件设计、系统调试。

二、项目准备

计算机、FX3U PLC 主机、按钮开关、接触器、电动机、热继电器、连接导线等。

三、项目实施及指导

1. 硬件设计

（1）I/O 点的分配　根据被控对象对 PLC 系统的功能要求和需要进行 I/O 点的分配，见表 3-26。

（2）PLC（I/O）的接线图

本项目的电动机控制主电路和 PLC 控制的 PLC（I/O）的接线如图 3-117 所示。

表 3-26 I/O 点的分配

输入（I）			输出（O）		
元件	功能	信号地址	元件	功能	信号地址
按钮 SB1	电动机起动	X000	接触器 KM1	公共接触器	Y000
按钮 SB2	电动机停止	X001	接触器 KM2	Y起动	Y001
FR1	过载保护	X002	接触器 KM3	△运行	Y002

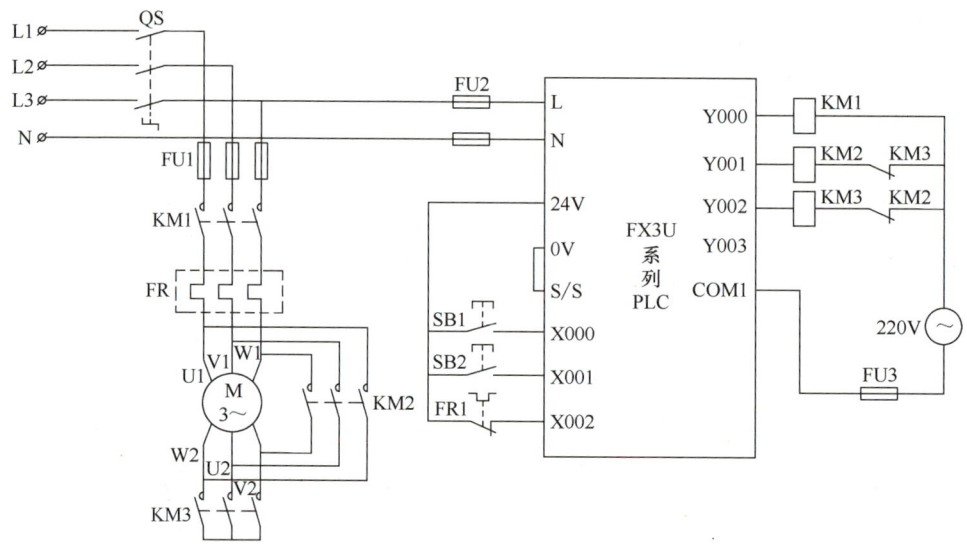

图 3-117 接线图

2. 程序设计

1) 根据被控对象的工艺条件和控制要求，设计梯形图如图 3-118 所示。电动机在由Y起

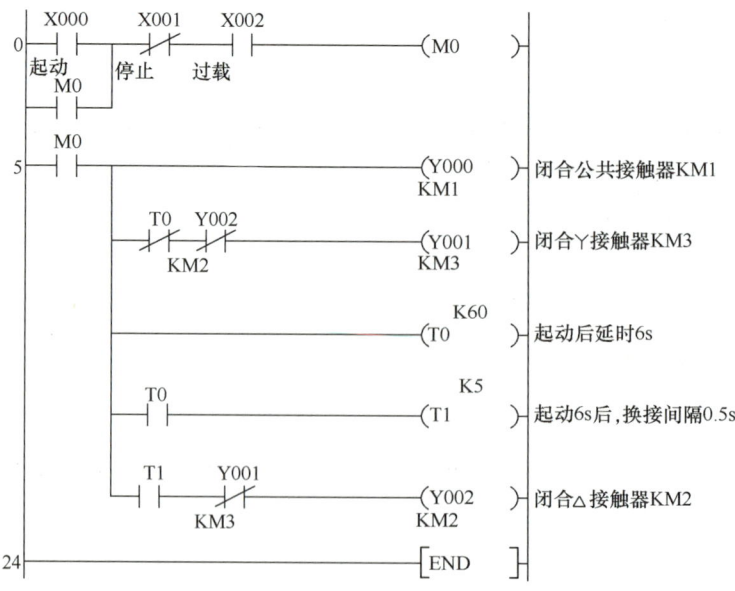

图 3-118 PLC 控制的电动机Y-△减压起动梯形图

动换接到△运行时,为防止接触器 KM2 和 KM3 同时闭合,造成电源直通短路,因此在程序里设置了软件互锁,在外部接线上采用了硬件互锁同时在程序。为保险起见,在程序中设置了定时器 T1,使得在 Y001 复位,Y002 动作时有 0.5s 的延时。

2)将梯形图程序写入 PLC。进行程序的检查,确认无误。

3. 运行与调试程序

调试系统首先按系统接线图连接好系统,然后根据控制要求对系统进行在线调试,直到符合要求。

1)PLC 通电,但置于非运行(RUN)状态。观察 PLC 面板上的 LED 指示灯和计算机上显示程序中各触点和线圈的状态。

2)PLC 置于运行 RUN 状态,按下起动按钮,观察接触器 KM 及指示灯状态和计算机上显示程序中各触点和线圈的状态。

3)断开 PLC 的电源 5s 后,再通电(PLC 在运行 RUN 状态),观察接触器 KM 及指示灯状态以及计算机上显示程序中各触点和线圈的状态。

四、评分标准

评分标准见表 3-27。

表 3-27 评分标准

序号	项目	配分	评分标准		得分
1	I/O 分配与接线	20 分	1. I/O 地址分配错误或遗漏,每处扣 2 分 2. I/O 接线不正确,每处扣 2 分		
2	程序设计、输入及模拟调试	60 分	1. 梯形图表达不正确或画法不规范,每处扣 4 分 2. 指令错误,每条扣 4 分 3. 编程软件或编程器使用不熟练,扣 5 分 4. 不会使用按钮开关模拟调试,扣 5 分 5. 调试时没有严格按照被控设备动作过程进行或达不到设计要求,扣 10 分		
3	时间	10 分	未按规定时间完成,扣 2~10 分		
4	安全文明操作	10 分	每违规操作一次扣 2 分;发生严重安全事故扣 10 分		
5	实训记录		调试是否成功	接线工艺情况记录	
6	安全情况				
7	合计	100 分	总评得分	实习时间	工位号
8	教师签名				

实训项目四　PLC 控制 3 台电动机顺序起动的设计和安装

一、项目任务

某设备有 3 台电动机,控制要求如下:按下起动按钮,第 1 台电动机 M1 起动,运行 5s 后,第 2 台电动机 M2 起动,M2 运行 10s 后,第 3 台电动机 M3 起动;按下停止按钮,3 台电动机全部停止。

二、项目准备

计算机、FX3U PLC 主机、按钮开关、接触器、电动机、热继电器、连接导线等。

三、项目实施及指导

1. 硬件设计

（1）I/O 点的分配　根据被控对象对 PLC 系统的功能要求和需要进行 I/O 点的分配，见表 3-28。

表 3-28　I/O 点的分配

输入(I)			输出(O)		
元件	功能	信号地址	元件	功能	信号地址
按钮 SB1	起动	X000	接触器 KM1	第 1 台电动机	Y000
按钮 SB2	停止	X001	接触器 KM2	第 2 台电动机	Y001
FR1、FR2、FR3	3 台电机过载保护	X002	接触器 KM3	第 3 台电动机	Y002

（2）PLC（I/O）的接线图　本项目的电动机控制主电路和 PLC 控制的 PLC（I/O）的接线如图 3-119 所示，3 个热继电器串联用 1 个输入点，这种接法可以节省输入点，简化电路。

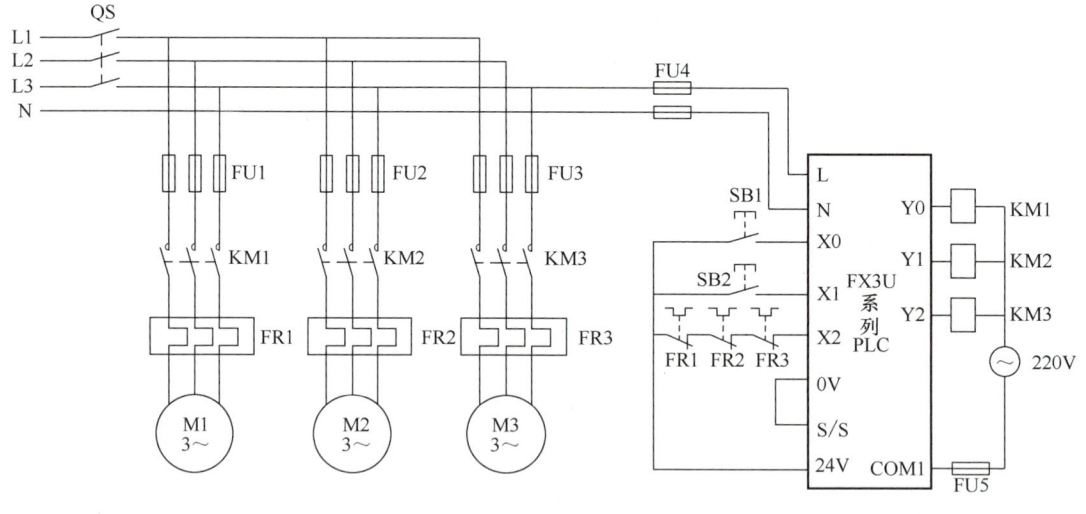

图 3-119　接线图

2. 程序设计

1）根据被控对象的工艺条件和控制要求，设计梯形图如图 3-120 所示。
2）将梯形图程序写入 PLC。进行程序的检查，确认无误。

3. 运行与调试程序

调试系统，首先按系统接线图连接好系统，然后根据控制要求对系统进行在线调试，直到符合要求。

1）PLC 通电，但置于非运行（RUN）状态。观察 PLC 面板上的 LED 指示灯和计算机

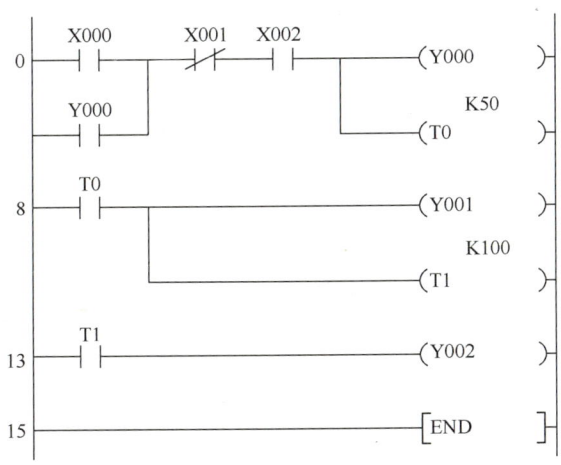

图 3-120　PLC 控制三台电动机顺序起动梯形图

上显示程序中各触点和线圈的状态。

2）PLC 置于运行 RUN 状态，按下起动按钮，观察接触器 KM 及指示灯状态和计算机上显示程序中各触点和线圈的状态。

3）断开 PLC 的电源 5s 后，再通电（PLC 在运行 RUN 状态），观察接触器 KM 及指示灯状态以及计算机上显示程序中各触点和线圈的状态。

四、评分标准

评分标准见表 3-27。

实训项目五　PLC 控制剪板机的设计与安装

一、项目任务

剪板机示意图如图 3-121 所示。其控制要求如下：开始时压钳和剪刀在上限位置，限位开关 SQ1 和 SQ2 闭合。按下起动按钮后，板料右行至限位开关 SQ3 处，然后压钳下行，压紧板料后压力继电器吸合，压钳保持压紧，剪刀开始下行。剪断板料后，压钳和剪刀同时上行，分别碰到限位开关 SQ1 和 SQ2 后，停止上行。压钳和剪刀都停止后，又开始下一周期的工作。

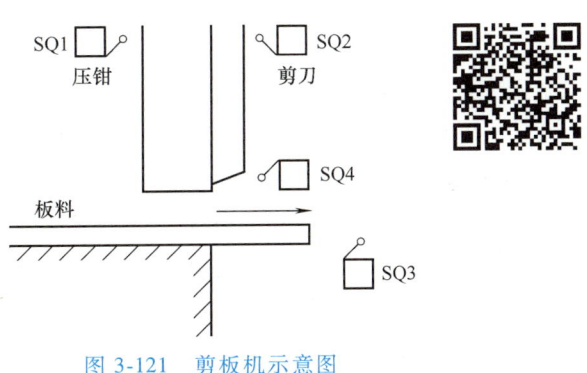

图 3-121　剪板机示意图

二、项目准备

计算机、FX3U PLC 主机、实验台、导线、万用表等。

三、项目实施及指导

1. 硬件设计

根据以上原理分析的动作关系,可以确定本系统需要输入 6 个,输出 5 个。

(1) I/O 分配表 根据剪板机控制要求确定 I/O 分配,见表 3-29。

表 3-29 剪板机 PLC 控制系统 I/O 分配

输入		输出	
输入设备	输入编号	输出设备	输出编号
起动按钮 SB1	X000	板料右行电动机 KM1	Y000
压钳上限位开关 SQ1	X001	压钳下行电磁阀 YV1	Y001
剪刀上限位开关 SQ2	X002	压钳上行电磁阀 YV2	Y002
右行限位开关 SQ3	X003	剪刀下行电磁阀 YV3	Y003
压力继电器 KP	X004	剪刀上行电磁阀 YV4	Y004
剪刀下限位开关 SQ4	X005		

(2) PLC 电气接线图 其接线图如图 3-122 所示。

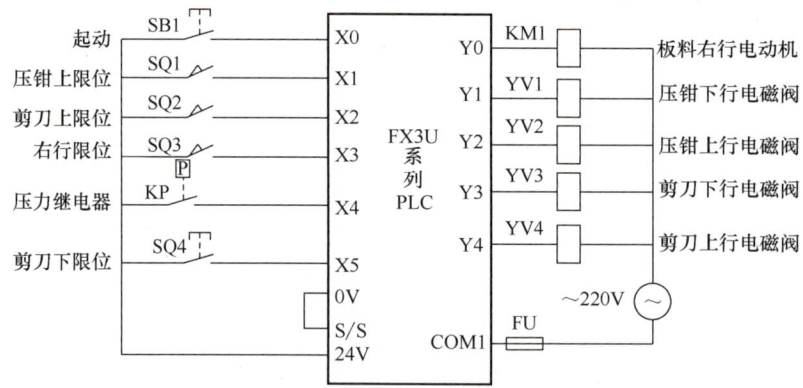

图 3-122 剪板机 PLC 接线图

2. 程序设计

1) 根据工艺要求画出状态转移图,如图 3-123 所示。图中是一个简单流程的状态转移图,其中特殊辅助继电器 M8002 为开机脉冲特殊辅助继电器,利用它使 PLC 在开机时进入初始状态 S0,当程序运行完毕时,利用限位开关 SQ1 (X001) 和 SQ2 (X002) 为转移条件使程序返回初始状态 S0,等待下一次起动(即程序停止)。特别指出:该程序结束后,一定要返回初始状态 S0,否则下次无法起动。

2) 根据状态转移图画出的梯形图,如图 3-124 所示。

3. 调试运行步骤

1) 按图 3-122 接线图接线。

2) 用编程软件编写如图 3-124 的程序,并将程序编译无误后下载到 PLC,将模式开关拨至 RUN 状态。

3）按照剪板机的动作顺序，顺序按下模拟开关 X0～X5，观察剪板机各部分动作（Y0～Y4）是否与其工艺要求一致。

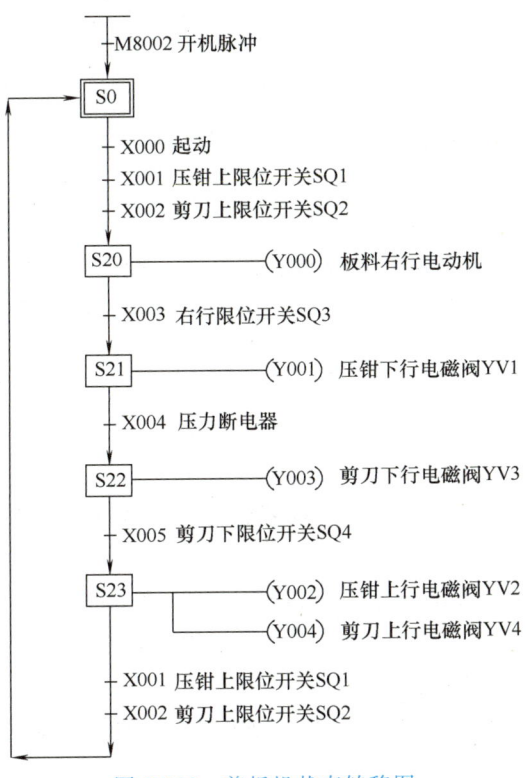

图 3-123　剪板机状态转移图

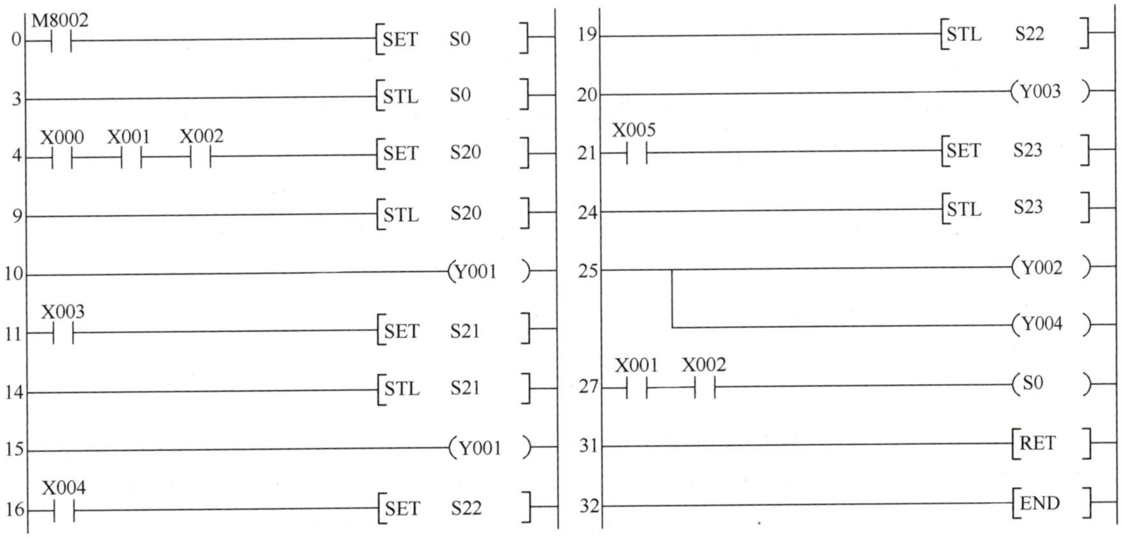

```
 0  M8002 ──────────────────[SET  S0 ]      19 ───────────────────[STL  S22 ]
 3  ─────────────────────────[STL  S0 ]      20 ──────────────────────(Y003)
 4  X000 X001 X002 ──────────[SET  S20]      21  X005 ───────────────[SET  S23]
 9  ─────────────────────────[STL  S20]      24 ─────────────────────[STL  S23]
10  ────────────────────────────(Y001)      25 ──────────────────────(Y002)
11  X003 ────────────────────[SET  S21]                              (Y004)
14  ─────────────────────────[STL  S21]      27  X001 X002 ──────────(S0)
15  ────────────────────────────(Y001)      31 ─────────────────────────[RET]
16  X004 ────────────────────[SET  S22]      32 ─────────────────────────[END]
```

图 3-124　剪板机 PLC 控制梯形图

四、项目考核

考核项目、内容、要求及评分标准见表 3-27。

实训项目六 CA6140 车床电气控制电路的改造

一、项目任务

将 CA6140 车床的电气控制电路改由 PLC 实现控制。

二、项目准备

本项目在车床模版上实施，需要尖嘴钳、偏口钳、剥线钳、旋具、万用表、个人计算机（配置相应的编程软件包）、FX3U PLC 主机、CA6140 摇臂钻床模版、RV-500-0.5mm^2 导线等。

三、相关知识讲解

1. 改造步骤

1）反复熟悉掌握 CA6140 车床的运动形式特点、电拖形式和控制要求以及 CA6140 车床电气电路原理图。

2）完成 I/O 端口分配及 I/O 电路设计；绘制 PLC 控制该铣床的电气原理图。

3）根据 PLC 控制该铣床的电气原理图，完成 PLC 与铣床模板的连接配线。

4）设计梯形图，编程控制程序。

5）在个人计算机上编程、调试、修改、脱机运行存储并传送程序。

6）带载调试和演示运行。

2. PLC 用于继电器-接触器控制系统改造中对若干技术问题的处理

1）输入回路处理。

① 停车按钮用常闭输入，PLC 内部用常开，以缩短响应时间。

② 将热继电器的触点与相应的停车按钮串联后一同作为停车信号，以减少输入点。系统中的电动机负载较多时，输入点节约潜力很大。

2）输出回路处理。

① 负载容量不能超过允许承受能力，否则一会损坏输出器件，二会降低寿命。

② 输出回路加装熔断器。

③ 输出回路中重要互锁关系，除软件互锁外，硬件必须同时互锁。

3）程序设计中要充分考虑 PLC 与继电器-接触器运行方式上的差异，要以满足原系统的控制功能和目标为原则，绝不可将原继电控制电路生搬硬套。

4）要根据系统需要，充分发挥 PLC 的软件优势，赋予设备新的功能。

5）延时断开时间继电器的处理。实际控制中，延时有通电延时，也有断电延时。但 PLC 的定时器为通电延时，要实现断电延时，还必须对定时器进行必要的处理。

6）现场调试前模拟调试运行。用 PLC 改造继电器控制，并非两种控制装置的简单代换。由于原理结构上的差异，仅仅根据对逻辑关系的理解编制的程序不一定正确，更谈不上是完善的。能否完全取代原系统的功能，必须由实验验证。因此，现场调试前的模拟调试运行是不可缺少的环节。

7）改造后试运转期间的跟踪监测、程序的优化和资料整理。仅仅通过调试试车还不足以检测出所有的问题，因此，设备投入运行后，负责改造的技术人员应跟班作业，对设备运行跟踪监测，一方面可及时处理突发事件，另一方面可发现程序设计中的不足，对程序进行修改、完善和优化，提高系统的可靠性。

四、项目实施及指导

1. 硬件设计

根据以上原理分析的动作关系，可以确定本系统需要输入8个，输出6个。

1）I/O分配表。PLC的输入设备包括：按钮SB1、SB2、SB3；旋钮开关SB4；照明开关SA；热继电器触点FR1、FR2；位置开关SQ1、SQ2；钥匙开关SB。PLC的输出设备包括：交流接触器线圈KM；中间继电器线圈KA1、KA2；电源指示灯HL和照明灯EL；断路器线圈QF。根据电气控制电路确定I/O分配见表3-30。

表3-30 I/O分配

输入元件	输入点	输出元件	输出点
SB1	X0	EL	Y3
SB2	X1	HL	Y7
SB3	X2	KM	Y10
SA	X3	KA1	Y11
SB4	X4	KA2	Y12
FR1\FR2	X5	QF	Y13
SQ1	X6		
SB\SQ2	X7		

2）分析CA6140车床电气控制电路的工作原理，确定PLC的输入设备和输出设备，画出PLC的输入、输出接线图，如图3-125所示。

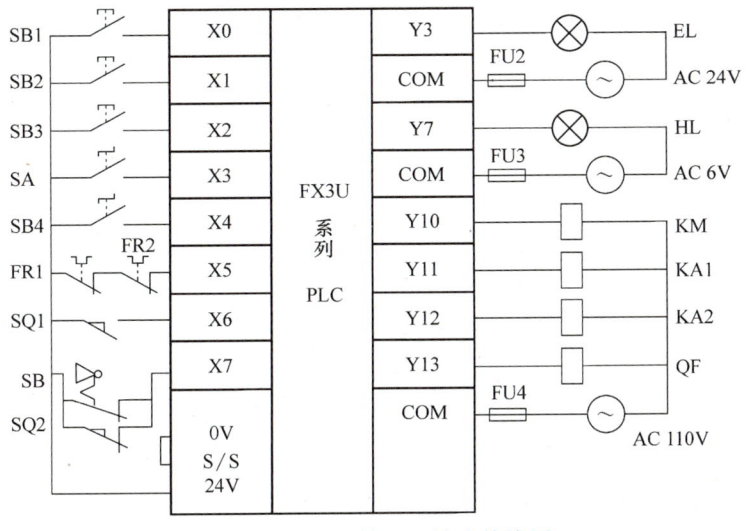

图3-125 PLC输入、输出接线图

2. 程序设计

根据 CA6140 车床电气控制电路的工作原理，画出梯形图，PLC 的梯形图如图 3-126 所示。

3. 输入程序，调试运行

PLC 调试和运行的步骤如下：

（1）程序输入　检查程序是否有重复输出，各种参数值是否超出范围及有无基本语法错误。若无错误存入 PLC 的存储器中。

（2）模拟运行　模拟系统的实际输入信号，并在程序运行中的适当时刻通过扳动开关、接通或断开输入信号，来模拟各种机械动作使检测元件状态发生变化，同时通过 PLC 输出端状态指示灯的变化观察程序执行的情况，并与执行元件应完成的动作相对照，判断程序的正确性。

（3）实物调试　采用现场的主令元件、检测元件及执行元件组成模拟控制系统，检验检测元件的可靠性及 PLC 的实际负载能力。

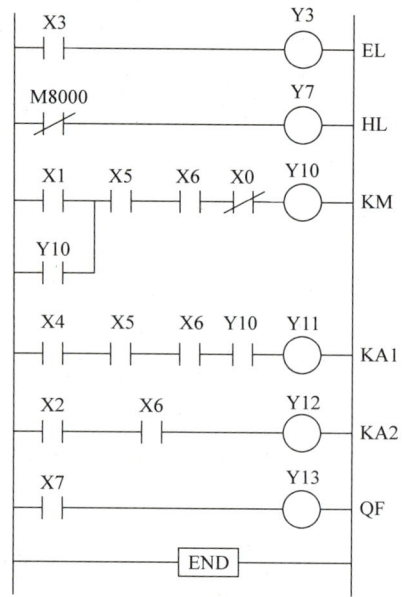

图 3-126　PLC 的梯形图

（4）现场调试　PLC 控制装置在现场安装后，对一些参数（检测元件的位置、定时器的设定值等）进行现场整定和调试。

（5）投入运行　最后对系统的所有安全措施（接地、保护和互锁等）进行检查后，即可投入系统的试运行。试运行一切正常后，再把程序固化到 EEPROM 中去。

五、项目考核

考核项目、内容、要求及评分标准见表 3-27。

实训项目七　送料车自动往返系统的设计与安装

一、项目任务

送料车自动往返系统如图 3-127 所示。控制要求如下：

1）送料车开始应能准确停留在 6 个工作台中任意一个到位开关的位置上。

2）设送料车现暂停于 m 号工作台（SQm 为 ON）处，这时 n 号工作台呼叫（SBn 为 ON），若：①m>n，送料车左行，直至 SQn 动作，到位停车。即送料车所停位置 SQ 的编号大于呼叫按钮 SB 的编号时，送料车往左运行至呼叫位置后停止。②m<n，送料车右行，直至 SQn 动作，到位停车。即送料车所停位置 SQ 的编号小于呼叫按钮 SB 的编号时，送料车往右运行至呼叫位置后停止。③m=n，送料车原位不动。即送料车所停位置 SQ 的编号与呼叫按钮 SB 的编号相同时，送料车不动。

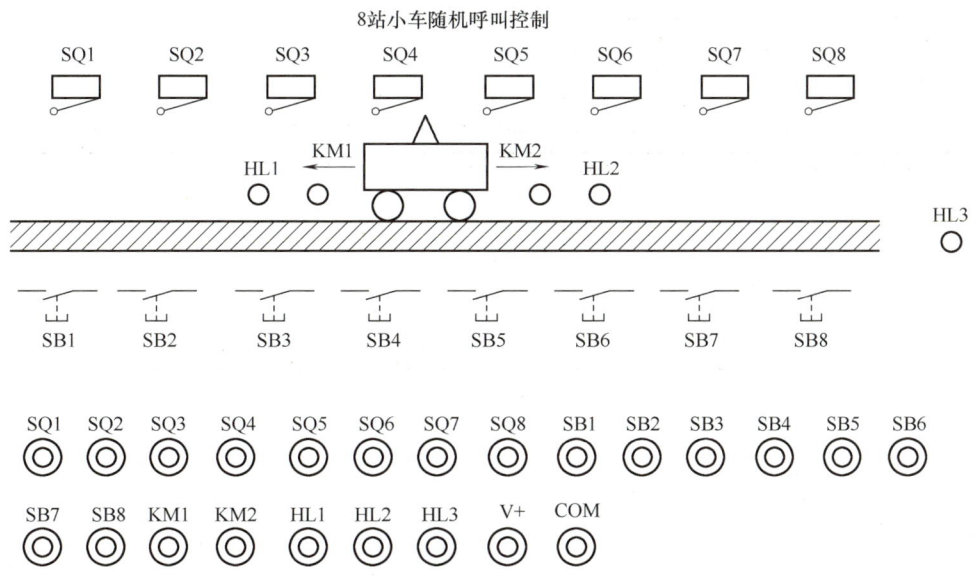

图 3-127 送料车自动往返系统

二、项目准备

计算机、PLC 主机、按钮开关、接触器、电动机、热继电器、连接导线等。

三、项目实施及指导

1. 硬件设计

1）I/O 的分配表见表 3-31。

表 3-31 I/O 的分配

输入			输出		
名称	符号	X 元件编号	名称	符号	Y 元件编号
1# 限位开关	SQ1	X000	小车左行控制接触器	KM1	Y000
2# 限位开关	SQ2	X001	小车右行控制接触器	KM2	Y001
⋮	⋮	⋮	小车左行指示	HL1	Y004
7# 限位开关	SQ7	X006	小车右行指示	HL2	Y005
8# 限位开关	SQ8	X007	小车原位指示	HL3	Y006
1# 呼叫按钮	SB1	X010			
2# 呼叫按钮	SB2	X011			
⋮	⋮	⋮			
7# 呼叫按钮	SB7	X016			
8# 呼叫按钮	SB8	X017			

2）I/O 的外部接线。绘制 PLC 外部接线图如图 3-128 所示。

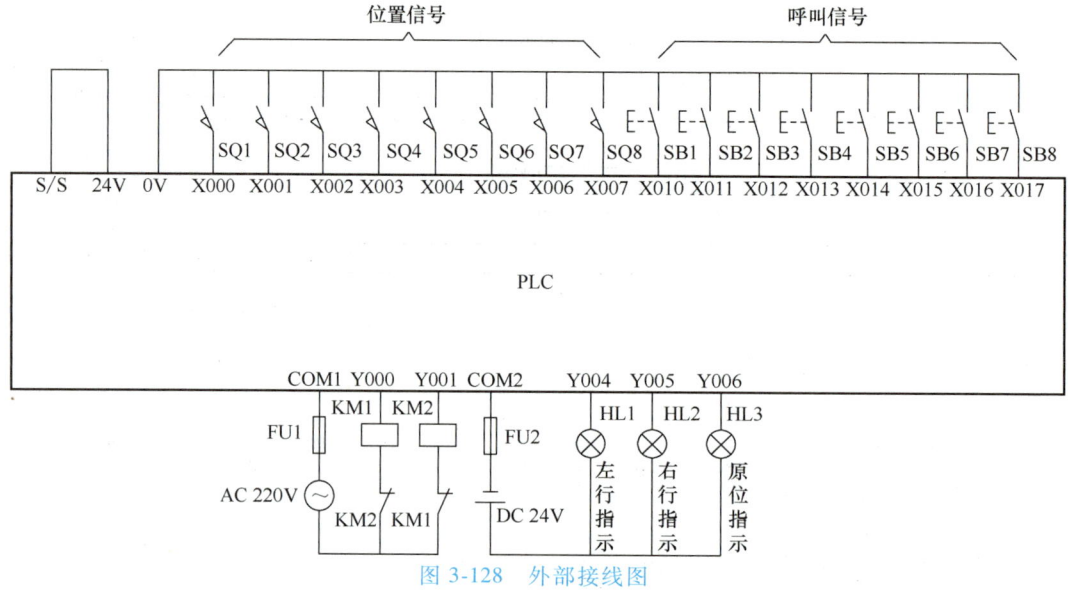

图 3-128　外部接线图

2. PLC 软件的设计

根据被控对象的工艺条件和控制要求设计系统梯形图，参考梯形图如图 3-129 所示。

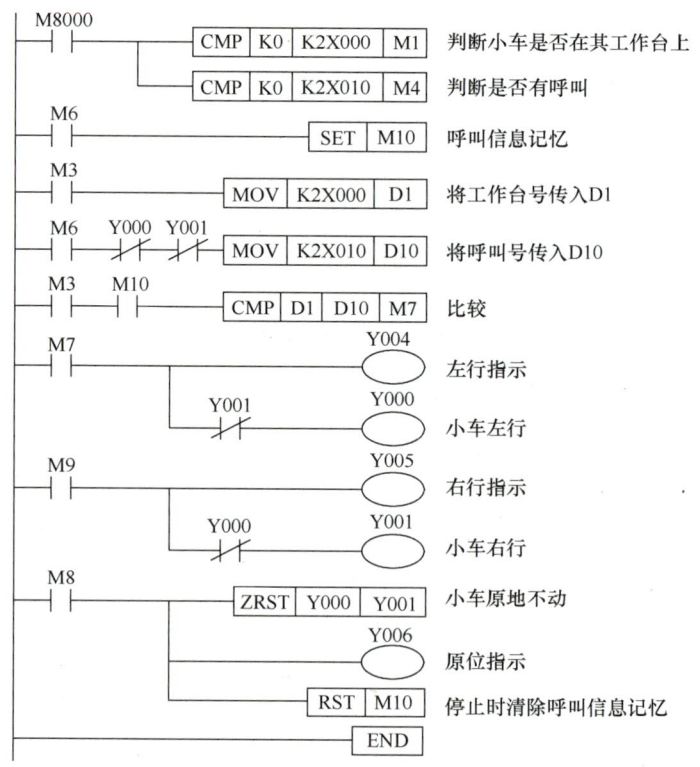

图 3-129　参考梯形图

3. 综合调试软、硬件

调试系统，首先按系统接线图连接好系统，根据控制要求对系统进行调试，直到符合要求。

1）PLC通电，通过编程软件将PLC置于非运行（RUN）状态，并将程序下载到PLC。

2）通过编程软件将PLC置于运行RUN状态，按下起动按钮，指示灯状态和计算机上显示程序中各触点和线圈的状态。

3）进行系统的运行和通过PLC编程软件进行监控联合调试，发现问题进行修改，直到系统完善。

四、项目考核

考核项目、内容、要求及评分标准见表3-27。

本 章 小 结

本章主要讲述了可编程控制器的一般结构、工作原理，三菱FX系列PLC的系统配置和编程元件，基本指令及应用，步进顺控指令和常用功能指令的应用，基本指令的直接设计法，GX Developer软件。在技能训练方面，本章提供了7个实训项目。供初学者尽快掌握PLC的应用，提高PLC的初步设计能力。

本章是学习PLC知识的入门与基础。因此，学习本章一定要掌握PLC的软件和硬件、工作原理，熟练掌握基本指令，反复阅读基本电路的程序，掌握基本的编程步骤和方法。既要与前面学习过的继电器-接触器控制系统联系起来，又要同原先的控制方式相区别，既要亲眼看到PLC控制过程，体会PLC控制的特点和优点，同时自己动手做一个简单的PLC控制程序，以此培养学习兴趣。在熟练掌握基本指令的编程基础上加深学习和练习步进顺控指令以及功能指令，为控制过程的设计提供不同的编程思路。

学习本章一定要结合实践，多阅读，多做练习，只有这样才能学会熟练的编写程序。

思考与练习

3-1 PLC有哪些特点？

3-2 为了提高PLC的抗干扰能力，在PLC的硬件上采取了哪些措施？

3-3 说明PLC与继电器控制的差异。

3-4 构成PLC的主要器件有哪些？各部分主要作用是什么？

3-5 PLC有哪几种输出方式？各种输出方式有什么特点？

3-6 PLC的一个工作扫描周期主要包括哪几个阶段？

3-7 说明PLC输入/输出的处理规则。

3-8 FX2系列PLC的扩展单元与扩展模块有何异同？

3-9 FX2系列PLC有哪些内部编程元件？

3-10 非积算定时器与积算定时器有何异同？

3-11 说明PLC的编程步骤。

3-12 说明PLC的编程规则。

3-13 画出下面指令语句表所对应的梯形图。

```
0    LD     X0
1    AND    X1
2    LD     X2
```

3	ANI	X3
4	ORB	
5	LD	X4
6	AND	X5
7	LD	X6
8	ANI	X7
9	ORB	
10	ANB	
11	LD	M0
12	AND	M1
13	ORB	
14	AND	M2
15	OUT	Y0
16	END	

3-14 设计一个声光报警器，并上机调试、运行程序。控制要求为：当输入条件接通时，蜂鸣器鸣叫，报警灯连续闪烁 20 次（每次点亮 1s，熄灭 1s），此后，停止报警。

3-15 编写出用定时器和计数器配合完成 365 天计时任务的 PLC 控制程序，并上机调试、运行。

3-16 某电动葫芦起升机构的动负荷实验的控制要求为：自动运行时，上升 8s，停 7s；再下降 8s，停 7s，反复运行 1h，然后发出声光报警信号，并停止运行。试设计控制程序。

3-17 某地下通风系统有 3 台通风机，要求在以下几种运行状态下应显示不同的信号：2 台及以上通风机运转时，绿色指示灯亮；只有 1 台通风机运转时，黄色指示灯闪烁；3 台通风机都停转时，红色指示灯亮。

3-18 某加工自动生产线有一个钻孔动力头拟用 PLC 控制，其工作过程如图 3-130 所示。

控制要求如下：

（1）动力头在原位，按起动按钮，这时接通电磁阀 YV1，动力头快进。

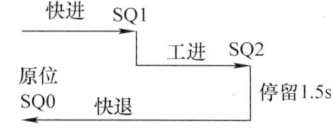

图 3-130 钻孔动力头工作过程图

（2）动力头碰到行程开关 SQ1，接通电磁阀 YV1 和 YV2，动力头工进。

（3）动力头碰到行程开关 SQ2，YV1 和 YV2 断电，并开始延时。

（4）停留 1.5s 后，接通电磁阀 YV3，动力头快退。

（5）动力头回到原位，碰到行程开关 SQ0 时自动停止，且停止指示灯亮。

设计要求：

（1）I/O 分配。

（2）画出输入/输出设备与 PLC 的接线图。

（3）设计出梯形图程序并加以调试。

3-19 设计如下报警系统：一个展厅中只能容纳 10 人，在展厅进口装设一传感器检测进入展厅的人数，在展厅的出口装设一传感器检测离开展厅的人数，试用算术运算指令设计一段程序，当展厅中的总人数多于 10 人时就报警。

3-20 利用算术运算指令完成下式的计算：

$$\frac{(1234+4321) \times 123 - 4565}{1234}$$

第四章

变频调速控制技术

【知识目标】

1. 变频器的额定参数。
2. 变频器的基本组成和结构。
3. 变频器变频调速的控制原理。

【能力目标】

1. 认识变频器。
2. 变频器面板的拆装。
3. 变频器的基本操作。

随着交流电动机调速控制理论、电力电子及数字化控制技术的发展,交流变频调速技术已经成熟。在各种异步电动机调速控制系统中,目前效率最高、性能最好的系统是变压变频调速控制系统。异步电动机的变压变频调速控制系统一般简称为变频器。由于通用变频器使用方便、可靠性高,所以它成为现代自动控制系统的主要组成元件之一。

第一节　变频调速的基本工作原理

一、交流异步电动机变频调速原理

交流异步电动机转速公式为

$$n = \frac{60f_1}{p}(1-s) \tag{4-1}$$

式中,f_1 为输入定子的电源频率,单位为 Hz;p 为磁极对数;s 为转差率;n 为电动机转子转速,单位为 r/min。

由式(4-1)可知,当磁极对数 p 不变时,同步转速和电源频率 f_1 呈正比。连续地改变供电电源的频率,就可以平滑地调节电动机的速度,这种调速方法称为变频调速。

二、异步电动机变频调速的控制方式

由《电机学》可知,定子绕组的反电动势是定子绕组切割旋转磁场磁力线的结果,本

质上是定子绕组的自感电动势。其三相异步电动机定子每相电动势的有效值为

$$E_1 = 4.44 k_{r1} f_1 N_1 \Phi_M \tag{4-2}$$

式中，E_1 为气隙磁通在定子每相中感应电动势的有效值，单位为 V；f_1 为定子频率，单位为 Hz；N_1 为定子每相绕组串联匝数；k_{r1} 为与绕组结构有关的常数；Φ_M 为每极气隙磁通量，单位为 Wb。

由式（4-2）可知，如果定子每相电动势的有效值 E_1 不变，当改变定子频率时就会出现下面两种情况：

如果 f_1 大于电动机的额定频率 f_{1N}，那么气隙磁通量 Φ_M 就会小于额定气隙磁通量 Φ_{MN}。其结果是：尽管电动机的铁心没有得到充分利用，但是在机械条件允许的情况下长期使用不会损坏电动机。

如果 f_1 小于电动机的额定频率 f_{1N}，那么气隙磁通量 Φ_M 就会大于额定气隙磁通量 Φ_{MN}。其结果是：电动机的铁心产生过饱和，从而导致过大的励磁电流，严重时会因绕组过热而损坏电动机。

要实现变频调速，在不损坏电动机的条件下，充分利用电动机铁心，发挥电动机转矩的能力，最好在变频时保持每极气隙磁通量 Φ_M 为额定值不变。

（1）基频以下调速　由式（4-2）可知，要保持 Φ_M 不变，当频率 f_1 从额定值 f_{1N} 向下调节时，必须同时降低 E_1，使 E_1/f_1 = 常数，即采用电动势与频率之比恒定的控制方式。然而，绕组中的感应电动势是难以直接控制的，当电动势的值较高时，可以忽略定子绕组的漏磁阻抗压降，而认为定子相电压 $U_1 \approx E_1$，则得 U_1/f_1 = 常数，这就是恒压频比的控制方式。在恒压频比条件下改变频率时，机械特性基本上是平行下移的。由于基频以下调速时磁通恒定，所以转矩恒定。因此在基频以下调速属于恒转矩调速，其机械特性如图 4-1 所示。

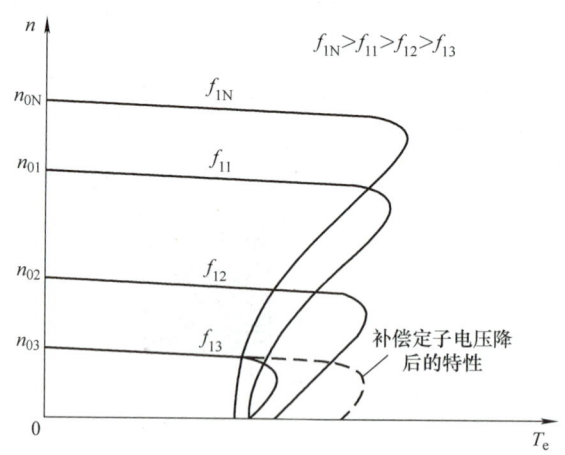

图 4-1　基频以下调速时的机械特性

（2）基频以上调速　在基频以上调速时，频率可以从 f_{1N} 往上增高，但电压 U_1 却不能超过额定电压 U_{1N}，最多只能保持 $U_1 = U_{1N}$。由上式可知，这将迫使磁通随频率升高而降低，相当于直流电动机弱磁升速的情况。

在基频 f_{1N} 以上变频调速时，由于电压 $U_1 = U_{1N}$ 不变，不难证明当频率提高时，同步转速随之提高，最大转矩减小，机械特性上移，如图 4-2 所示。

第四章 变频调速控制技术

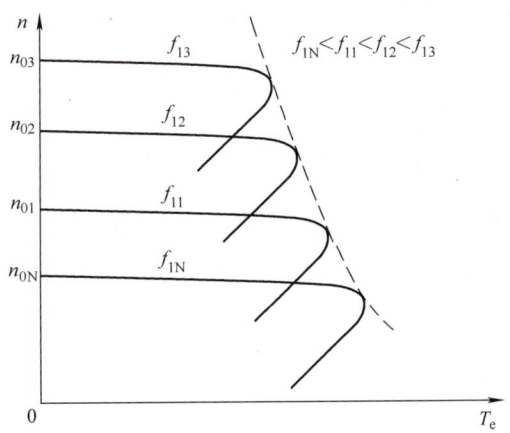

图 4-2 基频以上调速时的机械特性

由于频率提高而电压不变，气隙磁动势必然减弱，导致转矩减小。由于转速升高了，可以认为输出功率基本不变。所以，基频以上变频调速属于弱磁恒功率调速。

把基频以上调速和基频以下调速两种情况结合起来，可得到图 4-3 所示的异步电动机变频调速控制特性。

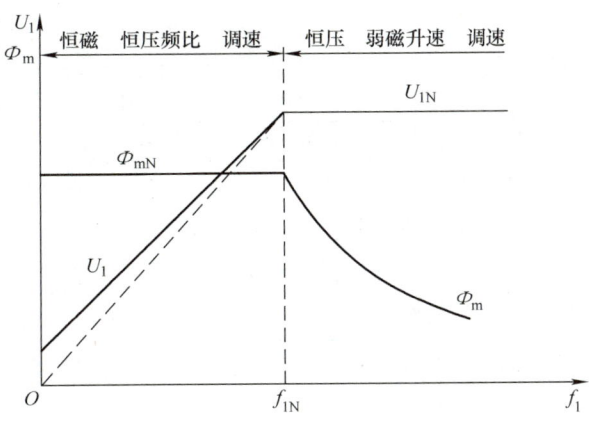

图 4-3 异步电动机变频调速控制特性

第二节 通用变频器基本结构

一、变频器的分类

从结构上变频器可分为直接变频和间接变频。直接变频器将工频交流电一次变换为可控电压、频率的交流电，没有中间直流环节，也称为交-交变频器。交-交变频器连续可调的频率范围较窄，主要用于大容量、低速场合。

间接变频器也称为交-直-交变频器。在交-直-交变频器中，又可分为电流源型和电压源型。电流源型的变频器中间直流环节采用大电感滤波，输出交流电流波形是矩形，如图 4-4a

所示；电压源型的变频器中间直流环节采用大电容滤波，直流电压波形比较平直，输出交流电压是矩形波，如图 4-4b 所示。

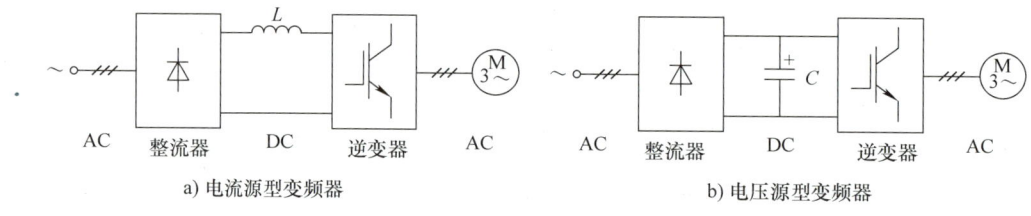

a) 电流源型变频器　　　　　　　　　b) 电压源型变频器

图 4-4　电流源型变频器和电压源型变频器

二、通用变频器电路结构

通用变频器电路的基本结构如图 4-5 所示，它由主电路、控制电路、输入输出控制端子和操作面板组成。

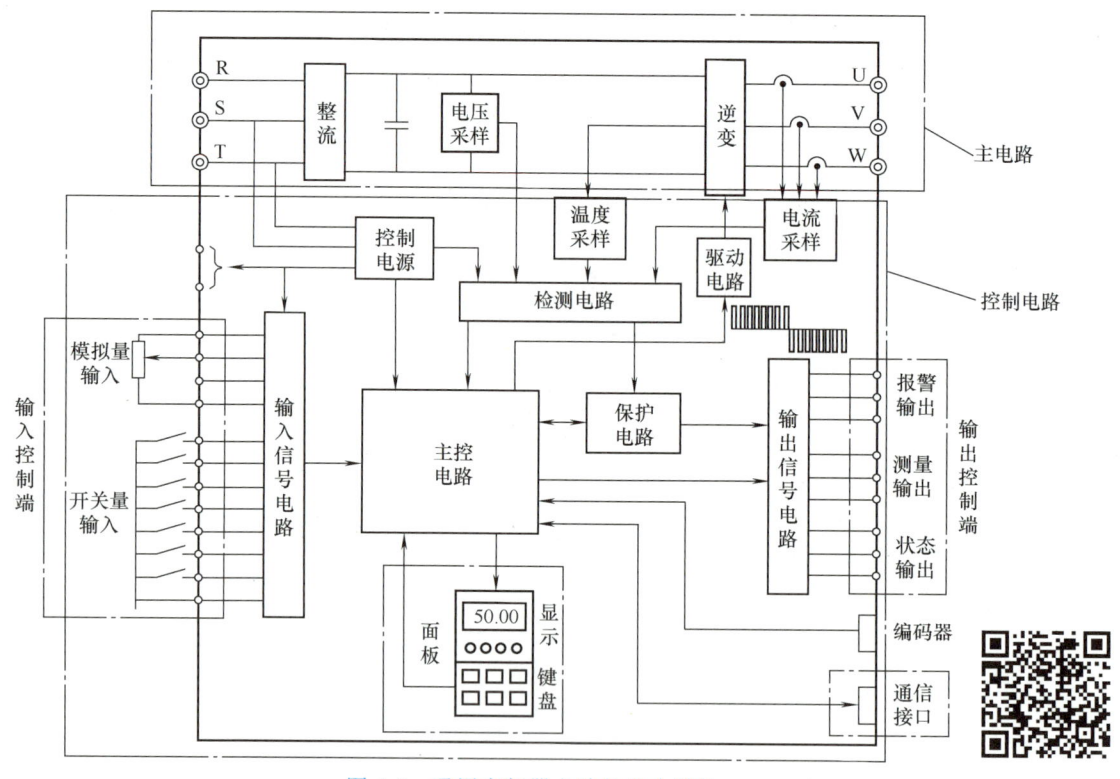

图 4-5　通用变频器电路的基本结构

1. 变频器的主电路

通用变频器的主电路由整流电路、直流中间电路及逆变电路等构成，其电路如图 4-6 所示。

（1）整流电路　整流电路由 $VD_1 \sim VD_6$ 组成三相不可控整流桥，它们将电源的三相交流全波整流成直流。整流电路因变频器输出功率大小不同而异，小功率的输入电源多用单相 220V，整流电路为单相全波整流桥；功率较大的一般用三相 380V 电源，整流电路为三相桥式全波整流电路。整流桥集成电路模块如图 4-7 所示。

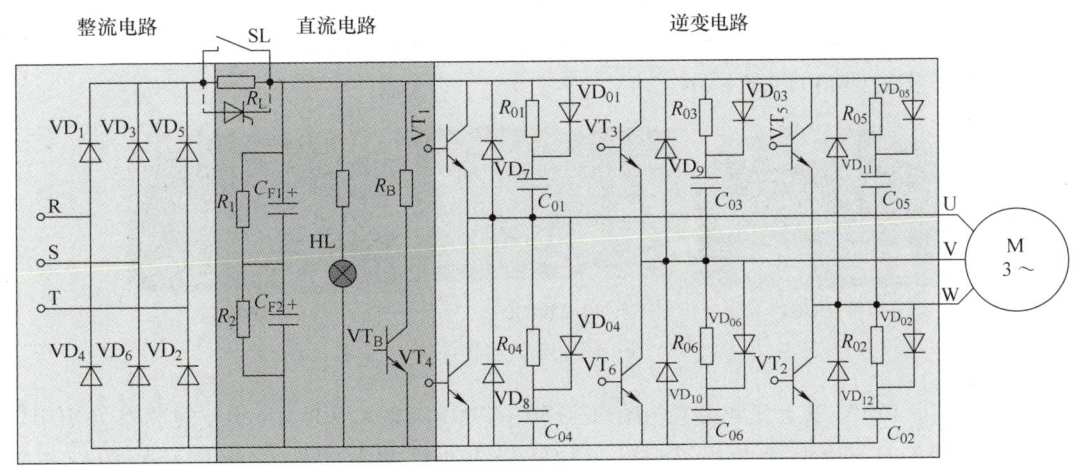

图 4-6 变频器主电路

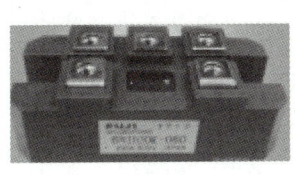

图 4-7 整流桥集成电路模块

（2）滤波储能电容器 C_F　整流电路输出的整流电压是脉动的直流电压，必须加以滤波。电容 C_F 的作用是：除了滤除整流后的电压纹波外，还在整流电路与逆变器之间起去耦合作用，以消除相互干扰，这就给作为感性负载的电动机提供必要的无功功率。中间直流电路电容器的电容量必须较大，起到储能作用，所以中间直流电路的电容器又称储能电容器。R_1 和 R_2 并联在 C_{F1} 和 C_{F2} 两端起到均压作用。

电源指示 HL：除了表示电源是否接通以外，还有一个十分重要的功能，即在变频器切断电源后，表示滤波电容器 C_F 上的电荷是否已经释放完毕。

（3）制动电阻和制动单元

1）制动电阻 R_B：电动机在工作频率下降过程中，异步电动机的转子转速将超过此时的同步转速处于再生制动状态，拖动系统的动能要反馈到直流电路中，使电容上的直流电压不断上升（即泵升电压），甚至可能达到危险的地步。因此，必须将再生到直流电路的能量消耗掉，使电容上的直流电压保持在允许范围内。制动电阻 R_B 就是用来消耗这部分能量的。

2）制动单元 VT_B：制动单元 VT_B 由大功率晶体管 GTR 及其驱动电路构成。其功能是控制流经 R_B 的放电电流 I_B。

（4）逆变器　逆变管 $VT_1 \sim VT_6$ 组成逆变器，把 $VD_1 \sim VD_6$ 整流后的直流电，再"逆变"成频率、幅值都可调的交流电。这是变频器实现变频的执行环节，因而是变频器的核心部分。当前常用的逆变管有绝缘栅双极晶体管（IGBT）、大功率晶体管（GTR）、门极关断晶闸管（GTO）以及功率场效应晶体管（MOSFET）等。

IGBT 单管封装模块较小，电流通常在 100A 以下。IGBT 模块就是将多个 IGBT 集成封装在一起，IGBT 实物图如图 4-8 所示。

a) 单管 IGBT

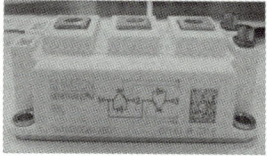
b) 单桥 IGBT

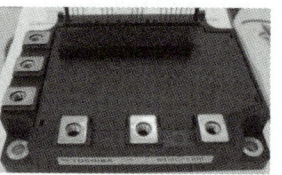
c) 全桥 IGBT

图 4-8　IGBT 实物图

目前市场上 15kW 以上变频器使用的是 150A/200A/300A/400A/450A 的两单元 IGBT 模块或 100A/150A 的三相逆变 IGBT 模块。15kW 以下小功率变频器多采用 25A/50A/75A 的 PIM 模块。PIM 是将整流桥、制动单元以及三相逆变桥集成在一起，即变频器的主回路全部封装在一个模块内，在中小功率变频器上（15kW 以下）均使用 PIM 模块以降低成本。

2. 变频器的控制电路

变频器控制部分一般有：CPU 单元、显示单元、电流检测单元、电压检测单元、输入输出控制端子、驱动放大电路、开关电源等。变频器的控制电路为主电路提供控制信号，其主要任务是完成对逆变器开关元件的开关控制和提供多种保护功能。通用变频器的控制电路框图可以简化成如图 4-9 所示，主要由主控板、键盘与显示板、电源板与驱动板、外接控制电路等构成。大多数中小容量通用变频器外接控制电路往往与主控电路设计在同一电路板上，以减小整体体积，降低成本，提高电路可靠性。

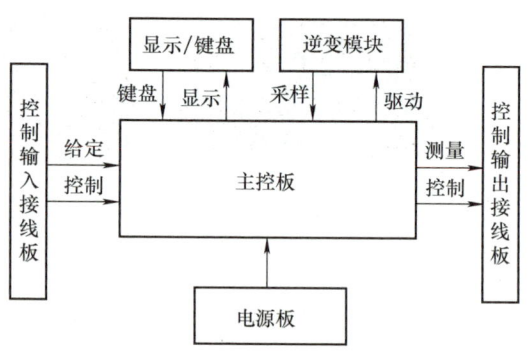

图 4-9　通用变频器的控制框图

（1）主控板　主控板是变频器运行的控制中心，其核心器件是微控制器（单片机）或数字信号处理器（DSP）。

其主要功能如下：

1）接收从键盘输入与外部控制电路输入的各种信号。

2）将接收的各种信号进行判断和综合运算，产生相应的调制指令，并分配给各逆变管的驱动电路。

3）接收内部的采样信号，如电压与电流的采样信号、各部分温度的采样信号及各逆变管工作状态的采样信号等。

4）发出保护指令。变频器必须根据各种采样信号随时判断其工作是否正常，一旦发现异常工况，必须发出保护指令进行保护。

5）向外电路发出控制信号及显示信号，如正常运行信号、频率到达信号及故障信号等。

（2）键盘与显示板　键盘与显示板总是组合在一起。键盘向主控板发出各种信号或指令，主要向变频器发出运行控制指令或修改运行数据等。显示板将主控板提供的各种数据进行显示，大部分变频器配置了液晶或数码管显示屏，还有 RUN（运行）、STOP（停止）、FWD（正转）、REV（反转）、FLT（故障）等状态指示灯和单位指示灯，如 Hz、A、V 等，可以完成以下指示功能：

1) 在运行监视模式下，显示各种运行数据，如频率、电压、电流等。
2) 在参数模式下，显示功能码和数据码。
3) 在故障状态下，显示故障原因代码。

（3）电源板与驱动板　变频器的内部电源普遍采用开关稳压电源，电源板主要提供以下直流电源。

1) 主控板电源：具有极好稳定性和抗干扰能力的一组直流电源。
2) 驱动电源：逆变电路中上桥臂的三只逆变管驱动电路的电源是相互隔离的三组独立电源，下桥臂三只逆变管驱动电源则可共"地"，但驱动电源与主板电源必须可靠绝缘。
3) 外控电源：为变频器外电路提供稳恒直流电源。

中小功率变频器的驱动电路往往与电源电路在同一块电路板上，驱动电路接受主控板发来的 SPWM 调制信号，在进行光电隔离、放大后驱动逆变管的开关工作。

（4）外接控制电路　外接控制电路可实现由电位器、主令电器、继电器及其他自控设备对变频器的运行控制，并输出其运行状态、故障报警、运行数据信号等。它一般包括外部给定电路、外接输入控制电路、外接输出电路、报警输出电路等。

大多数中小容量通用变频器外接控制电路往往与主控电路设计在同一电路板上，以减小整体体积，降低成本，提高电路可靠性。

第三节　变频器的脉宽调制原理

变频器就是将恒压频（Constant Voltage Constant Frequency，CVCF）的交流电转换为变压变频（Variable Voltage Variable Frequency，VVVF）的交流电，以满足交流电动机变频调速的需要。脉宽调制（PWM）变频的设计思想，源于通信系统中的载波调制技术，目前 PWM 已成为现代变频器产品的主导设计思想。

一、变频器输出的正弦等效脉宽波

通用变频器输出的波形并非是标准正弦波，而是一系列幅值相等而宽度不等的矩形波脉冲，变频器输出的三相电压波形如图 4-10 所示。逆变器输出的三相波形完全一样，所不同的是它们在相位上互差 120°。

变频器正是用这些等幅等距不等宽的脉冲序列来等效正弦波，这种等效的原则是每一区间的面积相等。如果把一个正弦半波分成 n 等分，然后把每一等分的正弦曲线与横轴所包围的面积都用一个与此面积相等的矩形脉冲来代替，矩形脉冲的幅值不变，各脉冲的中点与正弦波每一等分的中点相重合。这样，由 n 个等幅不等宽的矩形脉冲所组成的波形就与正弦波的半周等效。

二、脉宽调制过程

将输出波形作调制信号，采用等腰三角波或锯齿波作为载波，进行调制得到期望脉宽波

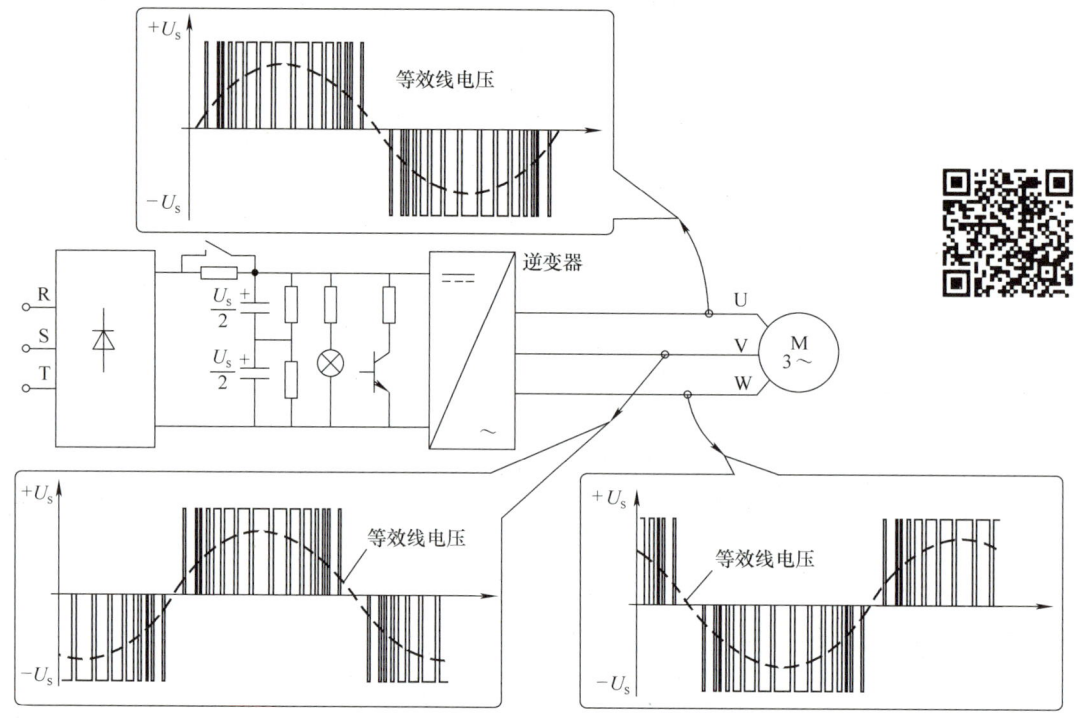

图 4-10 变频器输出的三相电压波形

的过程称为 PWM 调制。用幅值、频率均可调的正弦波作调制信号,用等腰三角波或锯齿波作为载波信号,利用载波和正弦调制波相互比较的方式来确定脉宽和间隔,就可以产生与正弦波等效的脉宽调制波。一般将调制信号为正弦波的脉宽调制称为正弦波脉宽调制,简称 SPWM。

为使分析简明起见,将以单相逆变器来分析电路的工作原理。

图 4-11 为一单相 IGBT-SPWM(电压型)交流变压变频电路原理图(图中二极管整流器部分未画出)。主电路 $VT_1 \sim VT_4$ 为 IGBT 开关管,$VD_1 \sim VD_4$ 为续流二极管,Z_L 为负载,$R_{G1} \sim R_{G4}$ 为 IGBT 栅极限流电阻,C 为大容量电容器。

图 4-11 中四个 IGBT 开关管,以 VT_1 与 VT_4 为一组,VT_2 与 VT_3 为另一组,调制工作时,正弦调制波电压 u_R 与载波三角波电压 u_C 相比较,控制 $VT_1 \sim VT_4$ 通断,从而控制感性负载两端电压 u_o 的变化,实现了 PWM 调制。若使两组开关管依次轮流通、断,则在负载上流过的将是正、反向交替的交流电流,从而实现了将直流电变换成交流电的要求。

1. 采用单极性脉宽调制

单极性脉宽调制的特征是:参考信号和载波信号都为单极性的信号。逆变器输出的基波电压大小和频率均由参考电压来控制。当改变参考电压幅值时脉宽随之改变,从而改变输出电压大小;当改变参考电压频率时,输出电压频率随之改变。如图 4-12 所示,任一时刻载波与调制波的极性相同,在任意半个周期内,PWM 波单方向变化。

在 u_R 的正半周,VT_1 保持通,VT_2 保持断:当 $u_R > u_C$ 时,VT_4 通,VT_3 断,$u_o = U_d$;当 $u_R < u_C$ 时,VT_3 通,VT_4 断,$u_o = 0$。

在 u_R 的负半周,VT_1 保持断,VT_2 保持通:当 $u_R < u_C$ 时,使 VT_3 通,VT_4 断,$u_o = -U_d$;当 $u_R > u_C$ 时,VT_3 断,VT_4 通,$u_o = 0$。

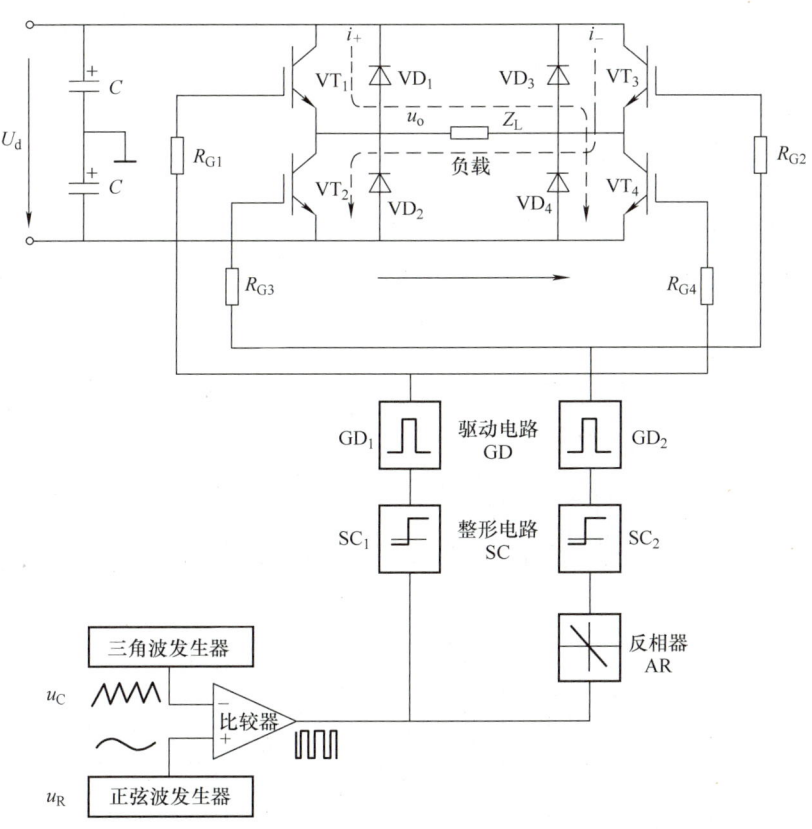

图 4-11　单相 IGBT-SPWM（电压型）交流变压变频电路原理图

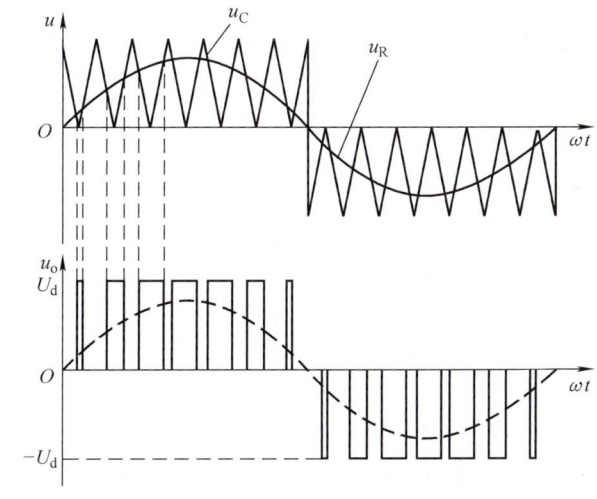

图 4-12　单极性正弦波 PWM

每半个周期内，逆变桥同一桥臂的两个逆变器件中，只有一个器件按脉冲系列的规律时通时断地工作，另一个完全截止；而在另半个周期内，两个器件的工作情况正好相反。流经负载 Z_L 的便是正、负交替的交变电流。

2. 采用双极性 PWM 控制方式

双极性调制和单极性调制原理相同，输出基波大小和频率也是通过改变正弦参考信号幅值和频率而改变的，如图 4-13 所示。

当 $u_R > u_C$ 时，VT_1、VT_4 通，VT_2、VT_3 断，$u_o = U_d$；

当 $u_R < u_C$ 时，VT_2、VT_3 通，VT_1、VT_4 断，$u_o = -U_d$。

在双极性 PWM 调制过程中，载频信号和调制信号的极性交替地不断改变。让同一桥臂上、下两个开关交替导通。由于是双极性调制，所以不像单极性调制那样，不必加倒向控制信号。

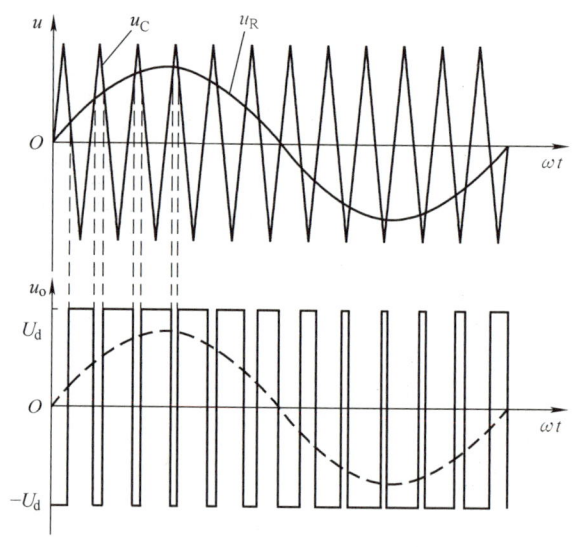

图 4-13 双极性正弦波 PWM

第四节 变频器的常用功能参数

了解变频器的常用功能参数的含义对于参数的设定是非常重要的，变频器参数设置可看成是一种特殊方式的编程，常用功能参数如下。

一、变频器的控制方式

变频器的控制主要有两方面，一是起、停，二是调速。这两类的控制都有如下的三种控制方式。

（1）操作面板控制方式 各种通用变频器一般都配有操作面板，上面有按键和显示器，可以设定变频器的运行频率、监视操作命令、设定各种符合运行要求的参数和显示故障报警信息等，同时也可以利用其按键进行变频器的起停控制。此模式无须外接其他操作控制信号，可直接在变频器的面板上进行操作。操作面板也可以从变频器上取下来，通过选件用电缆进行远距离操作。此种方式在变频器试用和初期调试时使用比较方便，但不适用于自动控制系统中。

（2）外接端子控制方式 通用型变频器均具有专门用于起停控制的外部端子和控制速

度的模拟端子，一般由外部的命令按钮或 PLC 的输出端子控制起、停；通过控制系统的传感器或者数控系统的对应接口输出模拟量控制速度，适合于构成自动控制系统，使用较多。

（3）通信控制方式　目前的变频器一般均具有通信功能，通过 RS485 等通信线路实现 PC 与变频器之间，以及变频器与 PLC 之间的数据交换，可以实现变频器的起停控制、速度控制及参数设定等。这种控制方式具有传输数据量大、节省导线等优点，在大型自动控制系统中应用较多。

变频器需要设置频率指令与起动指令。将起动指令设为 ON 后，电动机便开始运转，同时根据频率指令（设定频率）来决定电动机的转速。其运行步骤请参照图 4-14 所示的流程图进行设定。

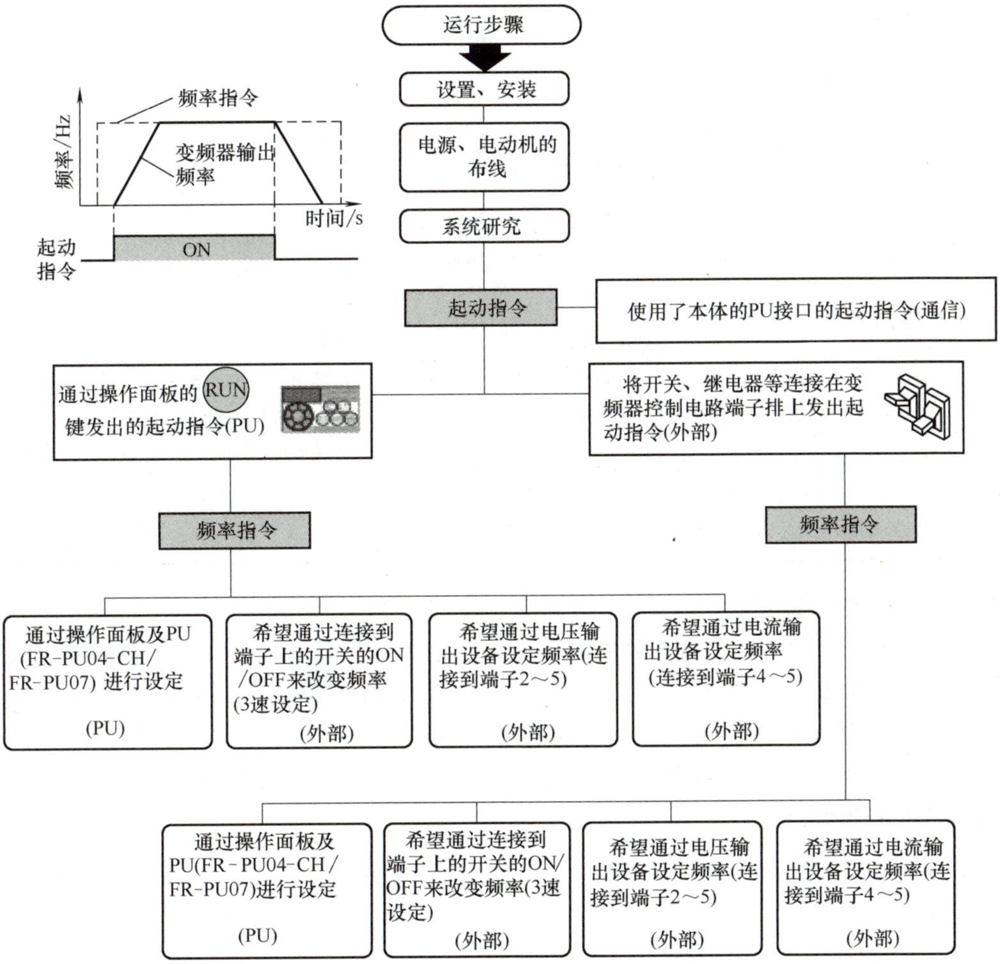

图 4-14　运行流程图

二、变频器的常用功能参数

变频器有简单功能显示和扩展功能显示，其中参数 Pr.160 是扩展功能显示参数，当 Pr.160 = 9999（初始值）只显示简单模式的参数，当 Pr.160 = 0，可以显示简单模式和扩展模式的参数。

1. 简单功能参数

表 4-1 为简单功能参数表。

表 4-1 简单功能参数表

参数编号	名称	单位	初始值	范围	用途
0	转矩提升	0.1%	6%/4%/3%	0~30%	V/F 控制时,在需要进一步提高起动时的转矩,以及负载后电动机不转动,输出报警(OL)且(OC1)发生跳闸的情况下使用 初始值根据变频器容量不同而不同(0.75kW 以下/1.5kW~3.7kW/5.5kW、7.5kW)
1	上限频率	0.01Hz	120Hz	0~120Hz	设置输出频率的上限时使用
2	下限频率	0.01Hz	0Hz	0~120Hz	设置输出频率的下限时使用
3	基准频率	0.01Hz	50Hz	0~400Hz	请确认电动机的额定铭牌
4	3 速设定(高速)	0.01Hz	50Hz	0~400Hz	用参数预先设定运转速度,用端子切换速度时使用
5	3 速设定(中速)	0.01Hz	30Hz	0~400Hz	
6	3 速设定(低速)	0.01Hz	10Hz	0~400Hz	
7	加速时间	0.1s	5s/10s*	0~3600s	可以设定加减速时间 * 初始值根据变频器容量不同而不同(3.7kW 以下/5.5kW、7.5kW)
8	减速时间	0.1s	5s/10s*	0~3600s	
9	电子过电流保护	0.01A	变频器额定电流	0~500A	用变频器对电动机进行热保护 设定电动机的额定电流
79	操作模式选择	1	0	0、1、2、3、4、6、7	选择起动指令场所和频率设定场所
125	端子 2 频率设定增益	0.01Hz	50Hz	0~400Hz	改变电位器最大值(5V 初始值)的频率
126	端子 4 频率设定增益	0.01Hz	50Hz	0~400Hz	可变更电流最大输入(20mA 初始值)时的频率
160	扩展功能显示选择	1	9999	0、9999	可以限制通过操作面板或参数单元读取的参数

2. 常用功能参数的意义

(1) 转矩提升(Pr.0) 此参数主要用于设定电动机起动时的转矩大小,通过设定此参数,补偿电动机绕组上的电压降,改善电动机低速时的转矩性能,假定基底频率电压为 100%,用百分数设定 0 时的电压值,如图 4-15 所示。

(2) 上限频率(Pr.1)和下限频率(Pr.2) 这是两个设定电动机运转上限和下限频率的参数,如图 4-16 所示。

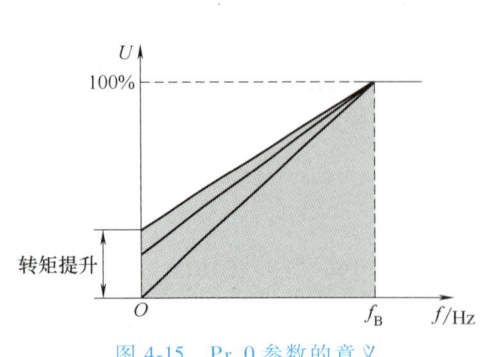

图 4-15 Pr.0 参数的意义

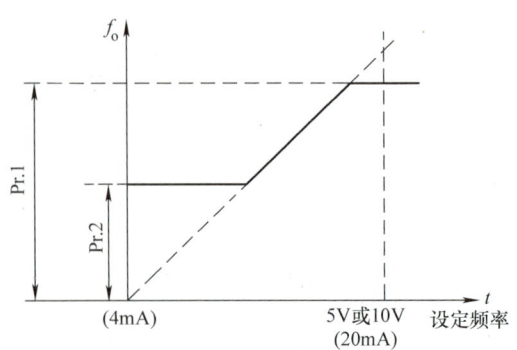

图 4-16 Pr.1、Pr.2 参数的意义

(3) 基底频率（Pr.3） 此参数主要用于调整变频器输出到电动机的额定值，当用标准电动机时，通常设定为电动机的额定频率，当需要电动机运行在工频电源与变频器切换时，设定与电源频率相同。

(4) 多段速度（Pr.4、Pr.5、Pr.6） 用此参数将多段运行速度预先设定，经过输入端子进行切换。

(5) 加、减速时间（Pr.7、Pr.8）及加、减速基准频率（Pr.20） Pr.7、Pr.8 用于设定电动机加速、减速时间，Pr.7 的值设得越大，加速时间越快；Pr.8 的值设得越大，减速越慢，如图 4-17 所示。

(6) 电子过电流保护（Pr.9） 通过设定电子过电流保护的电流值，可防止电动机过热，可以得到最优的保护性能。

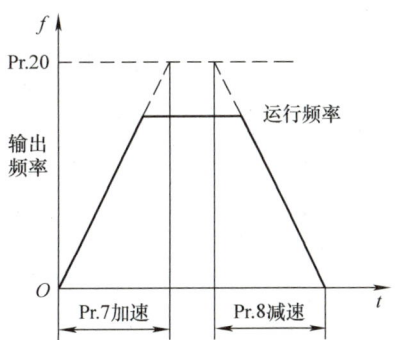

图 4-17　Pr.7、Pr.8 参数的意义

1) 当变频器带动两台或三台电动机时，此参数的值应设为"0"，即不起保护作用，每台电动机外接热继电器来保护。

2) 特殊电动机不能用过电流保护和外接热继电器保护。

3) 当控制一台电动机运行时，此参数的值应设为 1~1.2 倍的电动机额定电流。

(7) 点动运行频率（Pr.15）和点动加、减速时间（Pr.16） Pr.15 参数设定点动状态下的运行频率。

(8) 运行模式选择（Pr.79） 所谓变频器的运行模式是指输入变频器的起动、停止指令及设定频率的场所。变频器的运行模式见表 4-2，有"外部运行模式""PU 运行模式""组合运行模式"和"通信运行模式"。

表 4-2　Pr.79 设定值及其相对应的运行模式

参数编号	名称	初始值	设定范围	内容	LED 显示 ■：灭灯 □：亮灯
79	操作模式选择	0	0	外部/PU 切换模式 （通过 可切换 PU、外部运行模式） 电源接通时为外部运行模式	外部运行模式 EXT PU 运行模式 PU
			1	PU 运行模式固定	PU
			2	外部运行模式固定，可以切换外部、通信运行模式进行运行	外部运行模式 EXT 通信运行模式 NET
			3	外部/PU 组合运行模式 1 频率指令 | 起动指令 用操作面板、PU（FR-PU04-CH/FR-PU07）设定或外部信号输入（多段速设定，端子 4、5 间（AU 信号 ON 时有效）） | 外部信号输入（端子 STF、STR）	PU　EXT

（续）

参数编号	名称	初始值	设定范围	内容		LED 显示 ▭:灭灯 ▬:亮灯
79	操作模式选择	0	4	外部/PU 组合运行模式 2		PU EXT
				频率指令	起动指令	
				外部信号输入（端子 2、4、JOG、多段速选择等）	通过操作面板的 [RUN] 键、PU（FR-PU04-CH/FR-PU07）的 [FWD]、[REV] 键输入	
			6	切换模式：可以一边继续运行状态，一边实施 PU 运行、外部运行、通信运行的切换		PU 运行模式 PU 外部运行模式 EXT 通信运行模式 NET
			7	外部运行模式（PU 运行互锁） X12 信号 ON * 可切换到 PU 运行模式（外部运行中输出停止） X12 信号 OFF * 禁止切换到 PU 运行模式		PU 运行模式 PU 外部运行模式 EXT

1）面板（PU）运行模式。通过操作面板按键进行变频器的起动指令和运行频率的操作，无须外接信号。采用 PU 运行模式时，可通过设定"运行模式选择"参数 Pr.79＝1 或 0 来实现。

2）外部运行模式。接通电源时，变频器为外部运行模式。根据外部起动信号和频率设定信号进行的运行方法。

① 起动信号。开关，继电器等。

② 频率设定信号。外部旋钮或来自外部的 DC 0~5V、DC 0~10V 或 DC 4~20mA 信号以及多段速信号等。

3）组合运行模式 1（pr.79＝3）。

① 起动信号。开关、继电器等。

② 操作单元。操作面板（FR-PU-04）。

4）组合运行模式 2（pr.79＝4）。起动信号是操作面板的运行指令键，频率设定是外部频率设定信号的运行方法。

① 设定信号。外部旋钮或来自外部的 DC 0~5V、DC 0~10V 或 DC 4~20mA 信号。

② 操作单元。操作面板（FR-PU04）。

5）切换操作模式（pr.79＝6）。

本运行可以切换到网络模式，通过 RS485 接口和通信电缆可以将变频器的 PU 接口与 PLC 和工业用计算机（PC）等数字化控制器进行连接，实现先进的数字化控制、现场总线系统等。该模式适用于各类中大型生产线或系统。这时不仅可以进行数字化控制器与变频器的通信操作，还可以进行计算机通信运行与其他运行模式的相互切换。

（9）直流制动相关参数（Pr. 10、Pr. 11、Pr. 12） Pr. 10 是直流制动时的动作频率，Pr. 11 是直流制动时的动作时间（作用时间），Pr. 12 是直流制动时的电压（转矩），通过这 3 个参数的设定，可以提高停止的准确度，使之符合负载的运行要求，如图 4-18 所示。

（10）起动频率（Pr. 13） Pr. 13 参数设定在电动机开始起动时的频率，如果设定频率（运行频率）设定值较此值小，电动机不运转；若 Pr. 13 的值低于 Pr. 2 的值，即使没有运行频率（即为"0"），起动后电动机也将运行在 Pr. 2 的设定值，如图 4-19 所示。

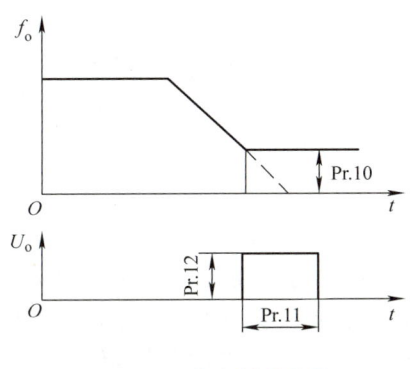

图 4-18 直流制动参数

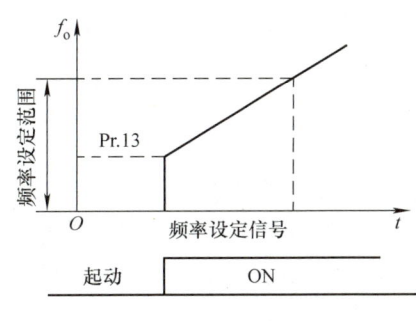

图 4-19 起动频率参数

（11）负载类型选择参数（Pr. 14） 用此参数可以选择与负载特性最适宜的输出特性（U/f 特性），如图 4-20 所示。

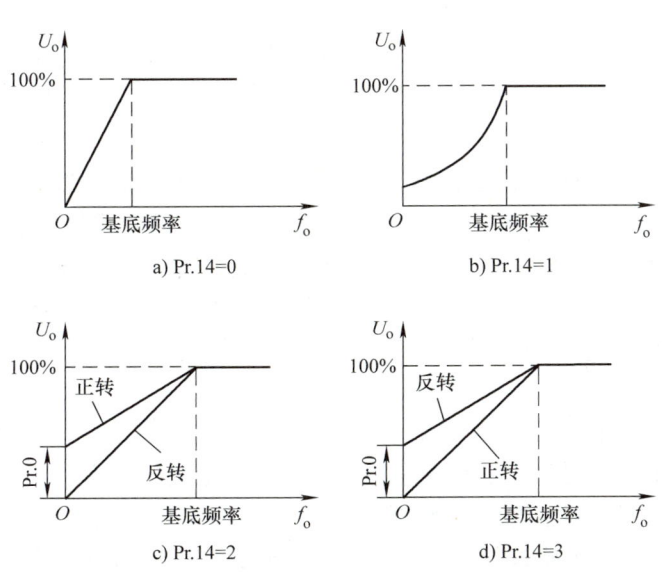

图 4-20 Pr. 14 参数的意义

（12）参数写入禁止选择（Pr. 77）和逆转防止选择（Pr. 78） Pr. 77 用于参数写入禁止或允许，主要用于参数被意外改写；Pr. 78 用于泵类设备，防止反转，具体设定值见表 4-3。

表 4-3　Pr. 77、Pr. 78 设定值

参数	显示	名称	设定范围	最小设定单位	出厂时设定	参照页	客户设定值
77*	P77	参数写入禁止选择	0：仅在停止中可以写入 1：不可写入（部分除外） 2：运行中可以写入	1	0	79	
78	P78	反转防止选择	0：正转、反转均可 1：反转不可 2：正转不可	1	0	79	

第五节　变频调速控制系统的选用、安装、调试与检修

一、变频器的选用

变频器的选用包括类型选择、容量选择、外围设备选择三方面。

（1）类型选择　根据控制功能可将变频器分为三类：普通功能型 U/f 控制变频器、具有转矩控制功能的高功能型 U/f 控制变频器和矢量控制高性能型变频器。变频器类型的选择要根据负载要求进行。风机、泵类负载，低速下负载转矩较小（为二次方转矩负载），通常可以选择普通功能型；恒转矩类负载，例如挤压机、搅拌机、传送带、起重机的平移机构和提升机等有以下两种情况。

1）采用普通功能型变频器。为了保证低速时的恒转矩调速，常需要采用加大电动机和变频器容量的办法，以提高低速转矩。

2）采用比较理想的具有转矩控制功能的高功能型 U/f 控制变频器，实现恒转矩负载的恒速运行。这种变频器低速转矩大，静态机械特性硬度大，不怕冲击负载，具有挖土机特性，性价比高。

（2）容量选择　变频器容量通常用额定输出电流（A）、输出容量（kV·A）、适用电动机功率（kW）表示。标准 4 极电动机拖动的连续恒定负载变频器容量可根据适用电动机的功率选择；其他极数电动机拖动的负载、变动负载、短时负载和断续负载，因其额定电流比标准电动机大，不能根据适用电动机的功率选择变频器容量。变频器功率应按运行过程中可能出现的最大工作电流来选择，即

$$I_N \geq I_{Mmax} \tag{4-3}$$

式中，I_N 为变频器额定电流，单位为 A；I_{Mmax} 为电动机最大工作电流，单位为 A。

无论变频器做什么用途，都不允许连续输出超过额定值的电流。

（3）外围设备选择　在选择了变频器后，下一步的工作就是根据需要选择与变频器配合工作的各种外边设备。正确选择外边设备可以达到保证变频器驱动系统能够正常工作、提供对变频器和电动机的保护、减少对其他设备的影响等目的。

外围设备通常是指配件，分为常规配件和专用配件，如图 4-21 所示。其图中断路器和接触器是常规配件；交流电抗器、滤波器、制动电阻、直流电抗器和输出交流电抗器是专用配件。

1）常用常规配件的选择。由于变频调速系统中电动机的起动电流可控制在较小范围内，因此，电源侧的断路器的额定电流可按变频器的额定电流来选用。接触器的选用方法与

断路器相同，使用时应注意：不要用交流接触器进行频繁的起动或停止（变频器输入回路的开闭寿命大约为10万次）；不能用电源侧的交流接触器停止变频器。

变频器内部、电动机内部及输入输出引线均存在对地静电电容，且变频器所使用的载波频率较高，因此变频器对地漏电流较大，有时甚至会导致保护电路误动作。若需要使用漏电保护器时，应注意以下两点：一是漏电保护器应设于变频器的输入侧，置于断路器之后；二是漏电保护器的动作电流应大于该电路在工频下不使用变频器时漏电流的10倍。

2）专用配件的选择。专用配件的选择应以变频器厂家提供的变频器使用手册中的要求为依据，不可盲目选取。

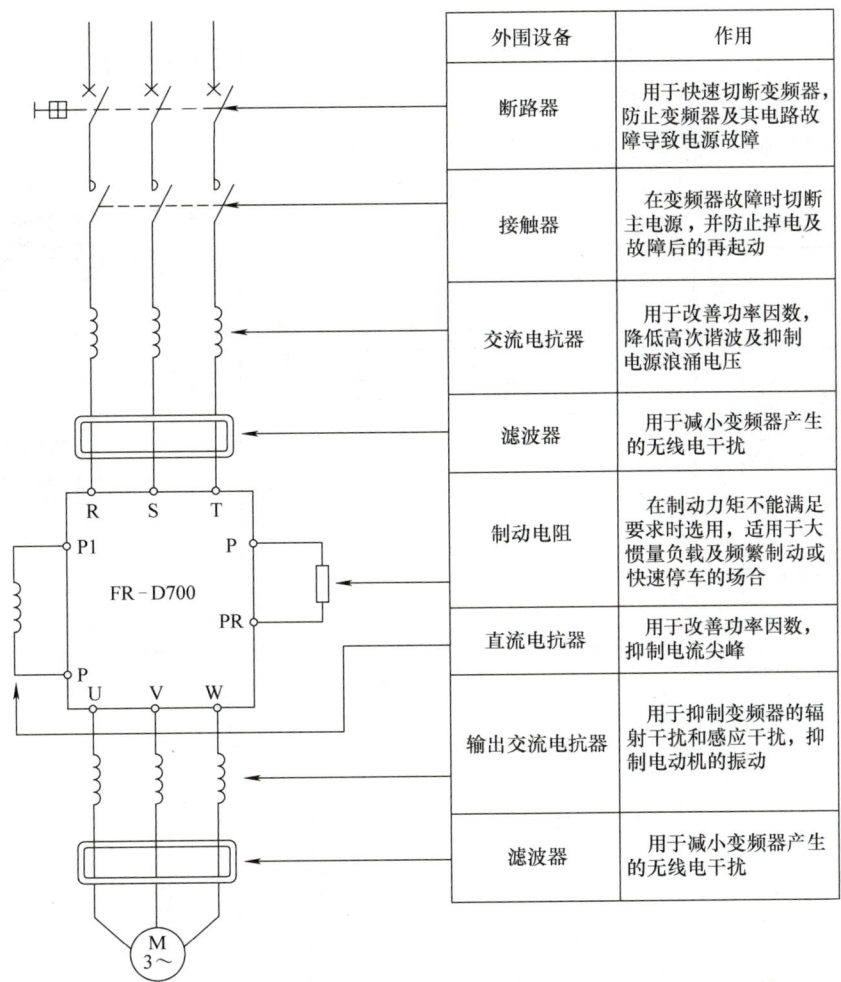

图 4-21 变频器的外围设备

二、变频器的安装

1. 变频器对安装环境的要求

1）环境温度：变频器的工作环境温度范围一般为 -10~40℃。

2）环境湿度：变频器工作环境的相对湿度为 20%～90%（无结露现象）。

3）海拔：变频器应用的海拔应低于 1000m。

4）周围空气：无水滴、蒸汽、酸、碱、腐蚀性气体及导电粉尘。

5）电磁辐射：变频器柜内的仪表和电子系统，应该选用金属外壳，屏蔽变频器对仪表的干扰。所有的元器件均应可靠接地。

6）振动：变频器在运行的过程中，要注意避免受到振动和冲击。

2. 变频器的安装方式

（1）墙挂式安装　如图 4-22 所示，正面是变频器面板，请勿上下颠倒或平放安装，且周围留有一点空间，上下间距 150mm 以上，左右间距 100mm 以上。因变频器在运行过程中会产生热量，必须保持冷风通畅。

（2）柜式安装　当周围有较多尘埃时，或和变频器配用的其他控制电器较多而需要和变频器安装在一起时，采用柜式安装。如图 4-23 所示，柜内安装多台变频器时要横向安装。在配电柜内要注意变频器和排风扇的位置，如图 4-24 所示。

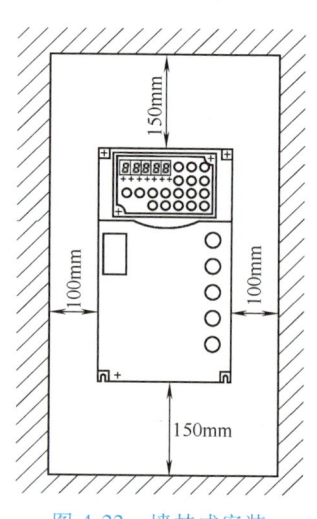

图 4-22　墙挂式安装

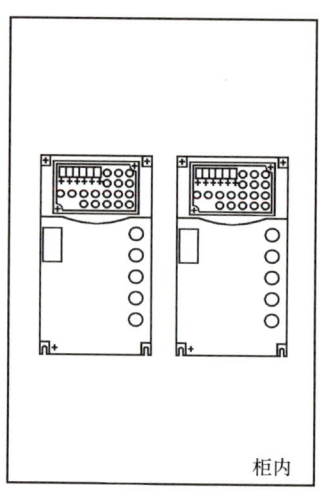

a）正确方法

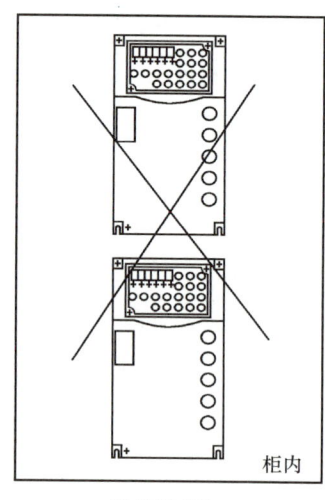

b）错误方法

图 4-23　柜式安装方法

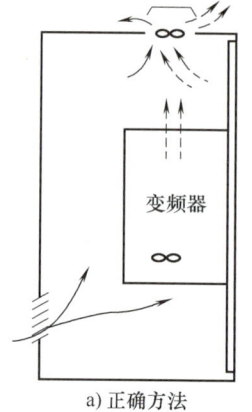

a）正确方法

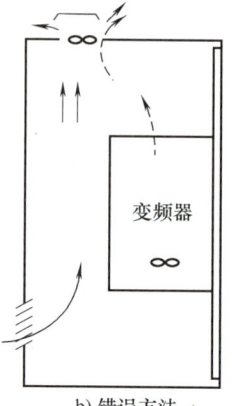

b）错误方法

图 4-24　通风口开设位置

3. 变频器接线

1）在电源和变频器之间，通常要接入低压断路器和接触器，以便在发生故障时能迅速切断电源。

2）变频器的输入端和输出端绝对不允许接错，在变频器和电动机之间一般不允许接入接触器。由于变频器具有电子热保护功能，一般情况下可以不接热继电器。变频器输出侧不允许接电容器，也不允许接电容式单相电动机。

3）输入侧的给定信号线和反馈信号线、输出侧频率信号线和电流信号线，传输的信号都是模拟量，模拟量信号抗干扰能力较低，因此必须使用屏蔽线。屏蔽层靠近变频器的一端，应接控制电路的公共端（COM），屏蔽层的另一端应该悬空。

4）对于开关量控制线，如起动、点动、多挡转速控制等控制线。不使用屏蔽线，但是同一信号的两根线必须相互绞接。

5）所有变频器都专门有一个接地端子"E"，用户应将此端子与大地相接。当变频器和其他设备，或有多台变频器一起接地时，每台设备都必须分别和地线相接，不允许将一台设备的接地端和另一台设备的接地端相接后再接地。

三、变频调速系统常用控制电路

1. 单独控制的主电路

图 4-25 所示为单独控制的外接主电路。图中 QF 是空气断路器，KM 是交流接触器的主触点，UF 是变频器。空气断路器实现隔离和保护作用；交流接触器可通过按钮方便地控制变频器的通电和断电，且在变频器发生故障时能够自动切断电源。

由于变频器有比较完善的过电流和过载保护功能，且断路器也具有过电流保护功能，故进线侧可不必接熔断器。同时，变频器内部具有电子热保护功能，因此可不接热继电器。

2. 变频和工频切换的主电路

如图 4-26 所示，变频和工频切换电路。其应用场所如下：

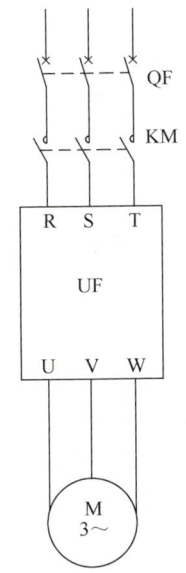

图 4-25 变频器单独控制的外接主电路

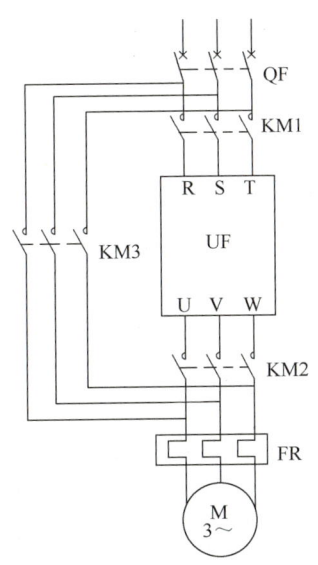

图 4-26 变频和工频切换的主电路

1)在供水系统中,为减少设备的投资费用,通常采用由 1 台变频器来控制 2 台或 3 台水泵的方案。其工作过程是:首先由变频器控制 1 号泵,实行恒压供水,当工作频率到达 50Hz 仍供水不足时,则将 1 号泵切换成工频运行,再由变频器起动 2 号泵。

2)某些不允许停机的生产机械。在变频运行时,当变频器发生故障而跳闸时,须将电动机迅速切换至工频运行,确保生产机械不停机。

3)用户根据工作需要选择"变频运行"或"工频运行"时。

变频和工频切换的电路特点有:

① 由于电动机具有在工频下运行的可能性,因此热继电器 FR 不可省略。

② 在进行控制时,变频器的输出接触器 KM2 和工频接触器 KM3 之间必须有可靠的互锁,防止工频电源直接与变频器的输出端相接而损坏变频器。

3. 正反转控制电路

继电器控制的正反转电路如图 4-27 所示。其电路构成分析如下:按钮 SB2、SB1 用于控制接触器 KM,从而控制变频器接通或断开电源;按钮 SB4、SB3 用于控制正转继电器 KA1,从而控制电动机的正转运行、停止;按钮 SB5、SB3 用于控制反转继电器 KA2,从而控制电动机的反转运行、停止。PS 用于故障状态下切断电路。正转与反转运行只有在接触器 KM 已经运作、变频器已经通电的状态下才能运行。与按钮 SB1 的常闭触点并联的 KA1、KA2 的常开触点用以防止电动机在运行状态下通过 KM 直接停机。

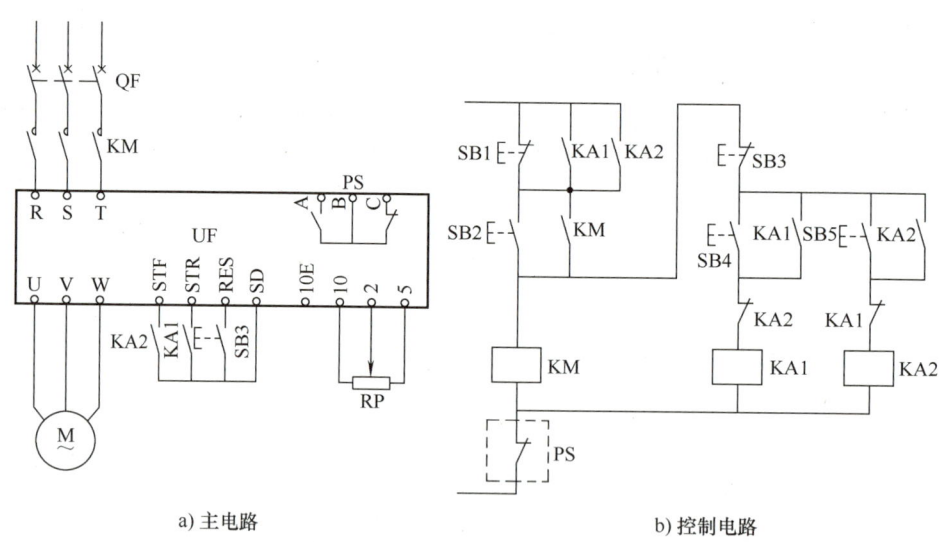

图 4-27 继电器控制的正反转电路

4. 变频器的同步运行控制电路

在纺织、印染以及造纸机械中,根据生产工艺的需要,往往划分成许多个加工单元,每个单元都有各自独立的拖动系统,如图 4-28a 所示,如果后面单元的线速度低于前面,将导致被加工物的堆积;反之,如果后面单元的线速度高于前面,将导致被加工物的撕裂。因此,要求各单元的运行速度能够步调一致,即实现同步运行。

同步控制必须解决好以下问题:①各单元要能够同时升速和降速。②当某单元的速度与其他单元不一致时，应能手动或自动微调，微调时，该单元以后的各单元必须同时升速或降速。③各单元的调试过程应能单独运行。

如图 4-28b 所示，接触器 KM 控制 3 台变频器通电、断电；3 台变频器的速度给定通过同一电位器 RP 控制，保证 3 台变频器给定电压相同，同步运行调速；3 台变频器的正转控制端子 STF 均由中间继电器 KA 的触点控制，实现同步起动。

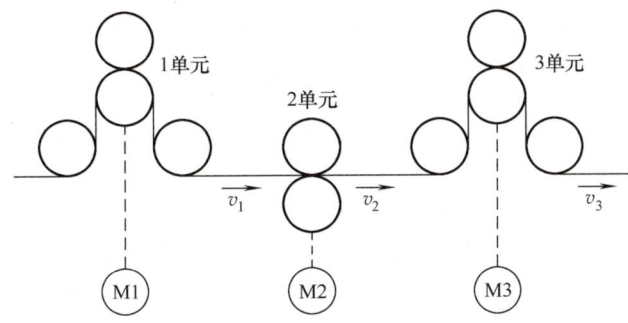

a) 同步运行示意图

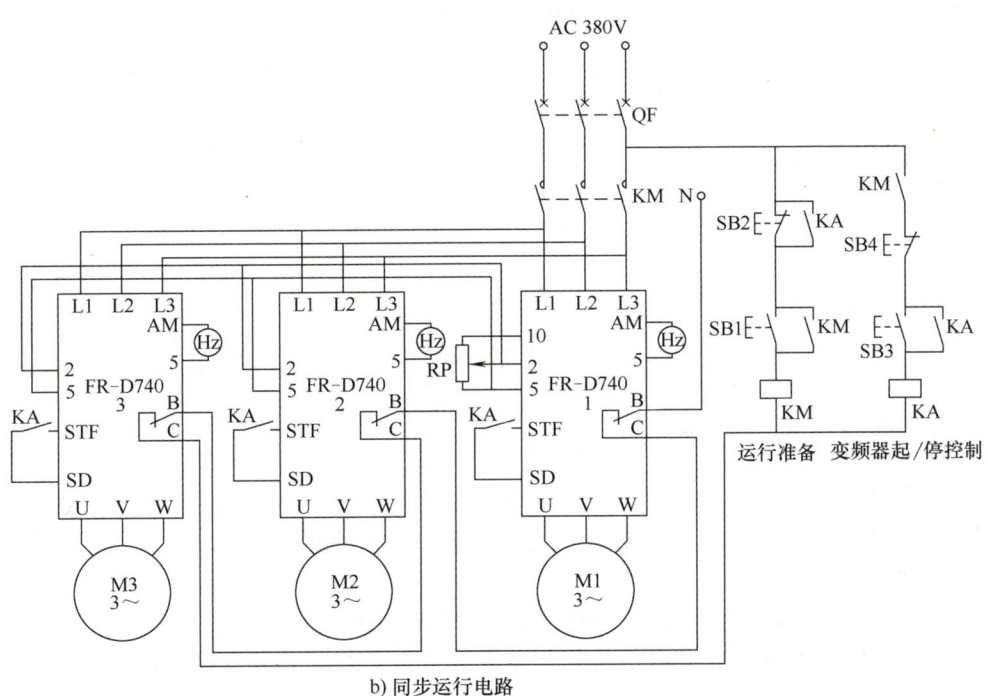

b) 同步运行电路

图 4-28 同步运行控制

5. 变频器的 PID 控制电路

三菱 FR-A700 系列和 FR-D700 系列变频器都有内置 PID 功能。恒压供水在供水网中用水量发生变化时，能够保持出水口压力不变。图 4-29 为恒压供水变频器的 PID 闭环控制系统。压力传感器 SP 将管网水压信号转变成 4～20mA 电流信号作为反馈值输入变频器的端子 4、5 之间，压力传感器工作时需要 DC 24V 电源。外部压力设定器将指定的压力（0～1.0MPa）转变为 0～5V 电压信号输入变频器端子 2、5 之间。变频器根据给定值与反馈值的偏差量进行 PID 控制，输出频率控制的电动机的转速，从而使系统处于稳定的工作状态，保持管网水压恒定。

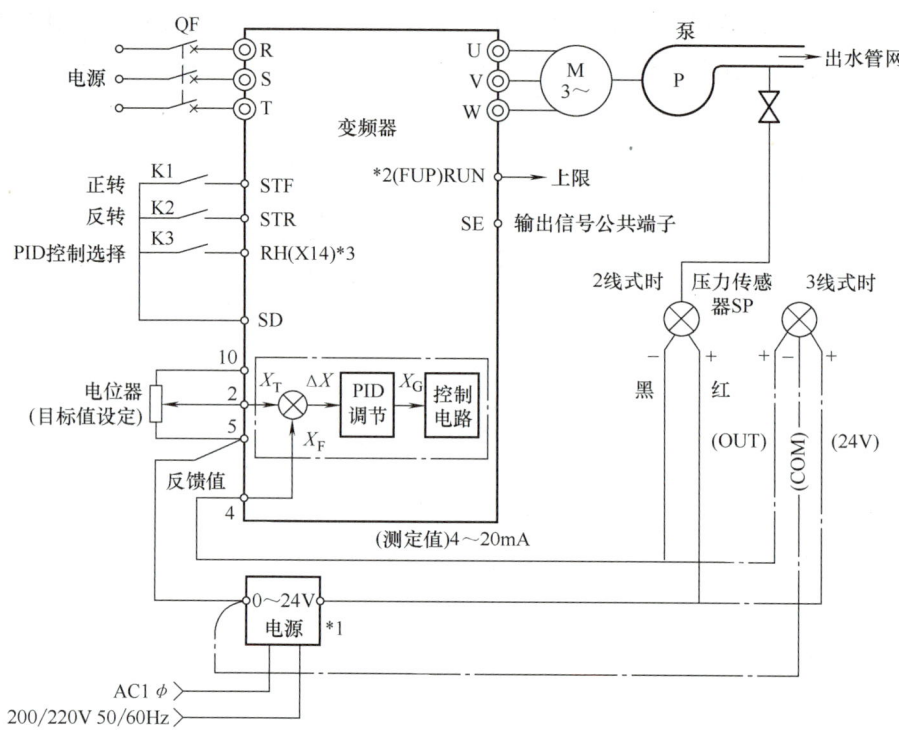

图 4-29　恒压供水系统的 PID 闭环控制系统

注：1. 按压力传感器的电源规格选择电源。
　　2. 使用的输出信号端子随 Pr.190、Pr.192（输出端子功能选择）的设定而不同。
　　3. 使用的输入信号端子随 Pr.178、Pr.182（输入端子功能选择）的设定而不同。

四、变频调速系统的调试

1. 变频器的通电和预置

一台新的变频器在通电时，输出端可先不接电动机，而首先要熟悉它，在熟悉的基础上进行各种功能的预置。

1）熟悉键盘，即了解键盘上各键的功能，进行试操作，并观察显示的变化情况等。

2）按说明书要求进行"起动"和"停止"等基本操作，观察变频器的工作情况是否正常，同时也要进一步熟悉键盘的操作。

3）进行功能预置。变频器在和具体的生产机械配用时，需根据该机械的特性与要求，预先进行一系列的功能设定（如设定基本频率、最高频率、升降速时间等），这称为预置设定，简称预置。功能预置的方法主要有手动设定和程序设定两种。手动设定也叫模拟设定，是通过电位器和多级开关完成的。程序设定也叫数字设定，是通过编辑的方式进行的。多数变频器的功能预置采用程序设定，通过变频器配置的键盘来实现。

4）将外接输入控制电路接好，逐项检查各外接控制功能的执行情况。

5）检查三相输出电压是否平衡。

2. 电动机的空载试验

空载试验的内容是将变频器的输出端接上电动机，并将电动机与负载脱开，进行通电试验，以观察变频器配上电动机后的工作情况，并校准电动机的旋转方向。试验步骤如下：

1）先将频率设置于 0 位，闭合电源后，稍微增大工作频率，观察电动机的起转情况以及旋转方向是否正确。如方向相反，则断电并予以纠正（任意调换 U、V、W 三根导线中的两根）。

2）将频率上升至额定值，让电动机运行一段时间，观察变频器的运行情况。如一切正常，再选若干个常用的工作频率，也使电动机运行一段时间，观察系统运行有无异常情况。

3）将给定频率信号突降至 0（或按停止按钮），观察电动机的制动情况。

3. 调速系统的负载试验

将电动机的输出轴通过机械传动装置与负载连接起来，进行试验。

（1）起转试验　使工作频率从 0Hz 开始缓慢增加，观察拖动系统能否起转及在多大频率下起转。如起转比较困难，应设法加大起动转矩。具体方法有加大起动频率，加大 U/f 比，以及采用矢量控制等。

（2）起动试验　将给定信号调至最大，按下起动键，注意观察起动电流的变化以及整个拖动系统在升速过程中运行是否平稳。

如因起动电流过大而跳闸，则应适当延长升速时间。如在某一速度段起动电流偏大，则设法通过改变起动方式（S 形、半 S 形）来解决。

（3）运行试验　试验的主要内容有：

1）进行最高频率下的带载能力试验，即检查电动机能否带动正常负载运行。

2）在负载的最低工作频率下，应考察电动机的发热情况。使拖动系统工作在负载所要求的最低转速下，施加该转速下的最大负载，按负载所要求的连续运行时间进行低速连续运行，观察电动机的发热情况。

3）过载试验。按负载可能出现的过载情况及持续时间进行试验，观察拖动系统能否继续工作。当电动机在工频以上运行时，不能超过电动机容许的最高频率范围。

（4）停机试验　将运行频率调至最高工作频率，按停止键，注意观察拖动系统的停机过程中，是否出现因过电压或过电流而跳闸的情况，如有则应适当延长降速时间。当输出频率为 0Hz 时，观察拖动系统是否有爬行现象，如有则应适当加强直流制动。

五、通用变频器常见的故障检修

1. 过电流跳闸的原因分析

重新起动时，一升速就跳闸。这是过电流十分严重的表现，主要原因有：负载侧短路；工作机械卡住；逆变管损坏；电动机的起动转矩过小，拖动系统转不起来。

重新起动时并不立即跳闸，而是在运行过程（包括升速和降速运行）中跳闸，可能的原因有：升速时间设定太短；降速时间设定太短；转矩补偿（U/f 比）设定较大，引起低频时空载电流过大；电子热继电器整定不当，动作电流设定得太小，引起误动作。

2. 过电压、欠电压跳闸的原因分析

1）过电压跳闸的主要原因有：电源电压过高；降速时间设定太短；降速过程中再生制

动的放电单元工作不理想。如果属于来不及放电所造成的,应增加外接制动电阻和制动单元;如果有制动电阻和制动单元,那么可能是放电支路实际不放电。

2)欠电压跳闸的可能原因有:电源电压过低;电源断相;整流桥故障。

3. 电动机不转的原因分析

1)功能预置不当。例如,上限频率与最高频率或基本频率与最高频率设定矛盾,最高频率的预置值必须大于上限频率和基本频率的预置值;使用外接给定时,未对"键盘给定,外接给定"的选择进行预置;其他的不合理预置。

2)在使用外接给定方式时,无"起动"信号。使用外接给定信号,必须由起动按钮或其他触点来控制其起动。如不需要控制时,应将 RUN 端(或 FWD 端)与 CM 端之间短接。

3)其他可能的原因:机械有卡住现象;电动机的起动转矩不足;变频器发生电路故障。

4. 保护功能的复位方法

变频器发生异常(重故障)时,保护功能会动作,并报警停止,PU 的显示部将会自动切换为下述错误(异常)显示。

(1)错误信息 显示有关操作面板或参数单元(FR-PU04-CH/FR-PU07)的操作错误或设定错误的信息。变频器并不切断输出。

(2)报警 操作面板显示有关故障信息时,虽然变频器并未切断输出,但如果不采取处理措施,便可能会引发重故障。

(3)轻故障 变频器并不切断输出。用参数设定也可以输出轻故障信号。

(4)重故障 保护功能动作,切断变频器输出,输出异常信号。

保护功能的复位方法。执行下列操作中的任一项均可复位变频器。注意,复位变频器时,电子过电流保护器内部的热累计值和再试次数将被清零。复位所需时间约为 1s。

操作 1:通过操作面板,按键复位变频器。只在变频器保护功能(重故障)动作时才可操作。

操作 2:断开电源,再恢复通电。

操作 3:接通复位信号(RES)0.1s 以上。RES 信号保持 ON 时,显示"Err"(闪烁),通知正处于复位状态。

实训项目一 认知 FR-D700 系列变频器

一、项目任务

认识 FR-D700 系列变频器各部分,掌握各端子的功能。

二、项目准备

三菱 FR-D740 变频器 1 台;《三菱 FR-D700 系列变频器使用手册》;工具包 1 个。

三、相关知识讲解

1. FR-700 系列三菱变频器外观、结构、性能

三菱变频器的产品目前有 FR-700 系列和 FR-800 系列两大类。其中 FR-700 系列变频器在市场上用量较多,它又分为 FR-A700、FR-D700、FR-E700、FR-F700 和 FR-L700 五个子系列。图 4-30 为 FR-700 系列变频器结构分解图。变频器铭牌数据一般包括变频器型号、适用电源、适用电动机的最大容量、输出频率、有关额定值和制造编号等。FR-700 系列变频器型号含义如下。

2. 熟悉面板显示及各按键操作

使用变频器调速器之前,首先要熟悉它的面板显示和键盘操作单元,并且按照使用现场的要求合理设定参数。本变频器的操作面板及各部分功能说明如图 4-31 所示。

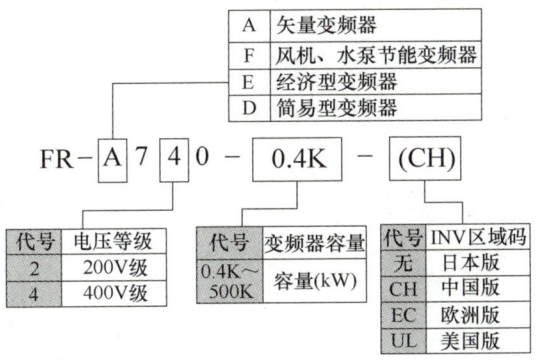

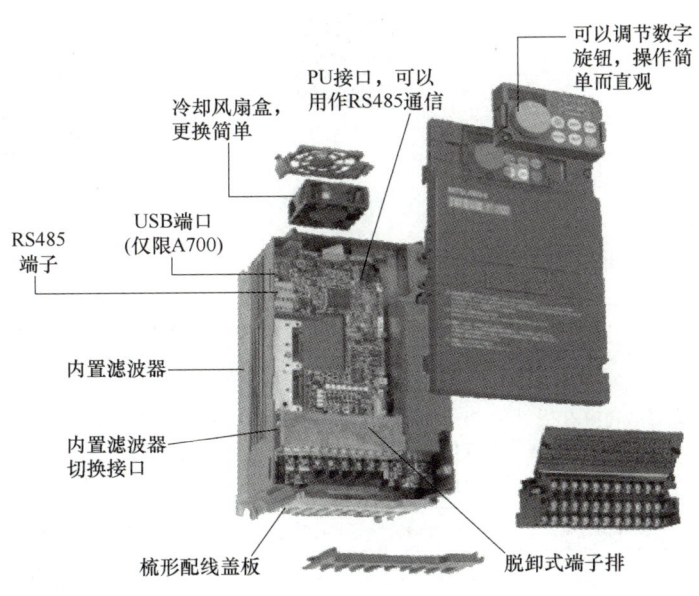

图 4-30 FR-700 系列变频器结构分解图

3. 三菱 FR-700 系列变频器接线图

三菱 FR-700 系列变频器端子接线图如图 4-32 所示。

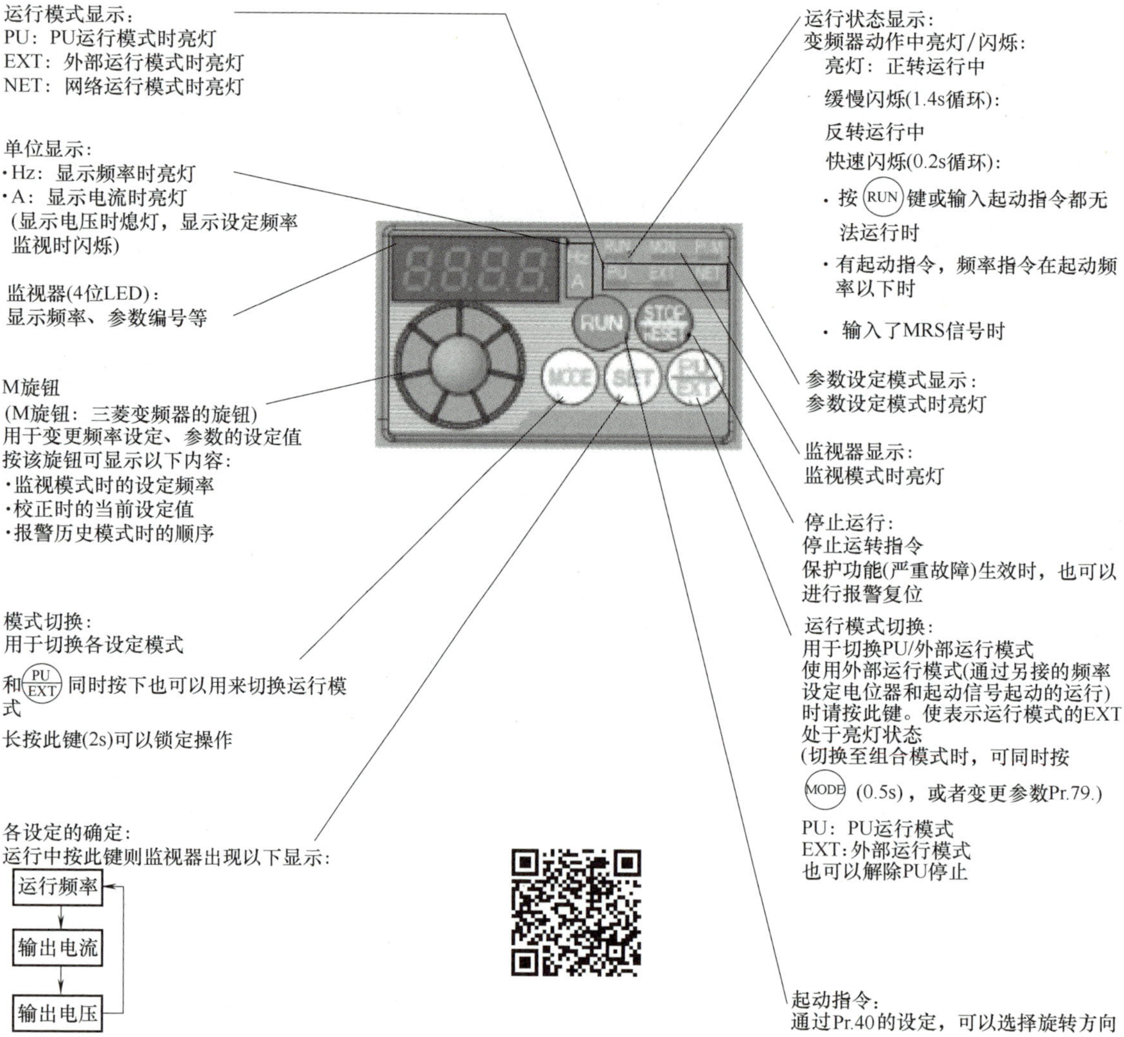

运行模式显示：
PU：PU运行模式时亮灯
EXT：外部运行模式时亮灯
NET：网络运行模式时亮灯

单位显示：
·Hz：显示频率时亮灯
·A：显示电流时亮灯
（显示电压时熄灯，显示设定频率监视时闪烁）

监视器（4位LED）：
显示频率、参数编号等

M旋钮
(M旋钮：三菱变频器的旋钮)
用于变更频率设定、参数的设定值
按该旋钮可显示以下内容：
·监视模式时的设定频率
·校正时的当前设定值
·报警历史模式时的顺序

模式切换：
用于切换各设定模式
和 PU/EXT 同时按下也可以用来切换运行模式
长按此键(2s)可以锁定操作

各设定的确定：
运行中按此键则监视器出现以下显示：

运行频率 → 输出电流 → 输出电压

运行状态显示：
变频器动作中亮灯/闪烁：
亮灯：正转运行中
缓慢闪烁(1.4s循环)：
反转运行中
快速闪烁(0.2s循环)：
·按 RUN 键或输入起动指令都无法运行时
·有起动指令，频率指令在起动频率以下时
·输入了MRS信号时

参数设定模式显示：
参数设定模式时亮灯

监视器显示：
监视模式时亮灯

停止运行：
停止运转指令
保护功能(严重故障)生效时，也可以进行报警复位

运行模式切换：
用于切换PU/外部运行模式
使用外部运行模式(通过另接的频率设定电位器和起动信号起动的运行)时请按此键。使表示运行模式的EXT处于亮灯状态
(切换至组合模式时，可同时按 MODE (0.5s)，或者变更参数Pr.79.)
PU：PU运行模式
EXT：外部运行模式
也可以解除PU停止

起动指令：
通过Pr.40的设定，可以选择旋转方向

图 4-31　变频器操作面板及功能说明

（1）主回路端子说明　主回路端子说明见表 4-4。

表 4-4　主回路端子

端子记号	端子名称	端子功能说明
R/L1、S/L2、T/L3	交流电源输入	连接工频电源 当使用高功率因数变流器（FR-HC）及共直流母线变流器（FR-CV）时不要连接任何器件
U、V、W	变频器输出	连接三相笼型电动机
P/+、PR	制动电阻器连接	在端子 P/+-PR 间连接选购的制动电阻器（FR-ABR）
P/+、N/-	制动单元连接	连接制动单元（FR-BU2）、共直流母线变流器（FR-CV）以及高功率因数变流器（FR-HC）
P/+、P1	直流电抗器连接	拆下端子 P/+-P1 间的短路片，连接直流电抗器
⏚	接地	变频器机架接地用，必须接大地

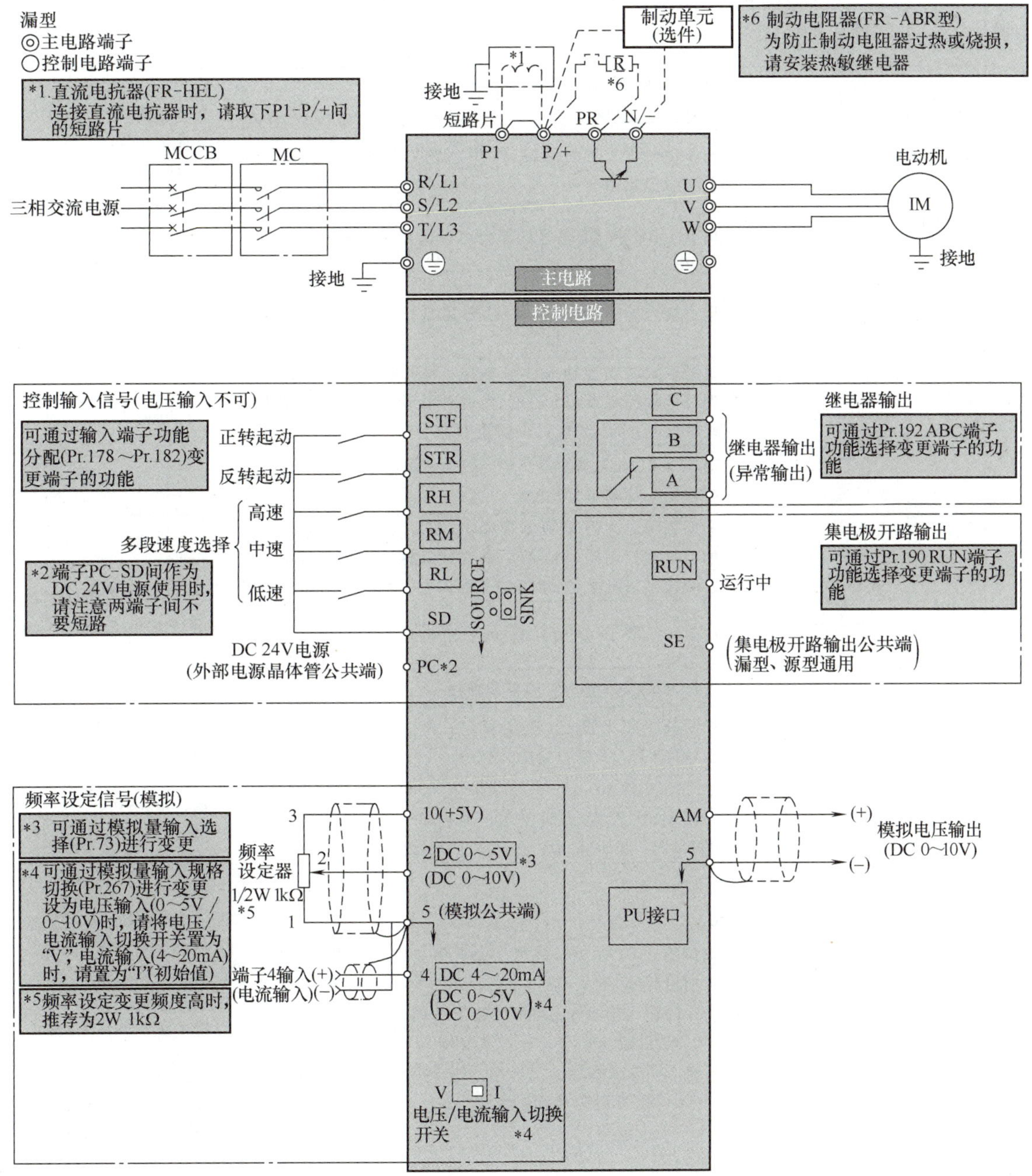

第四章 变频调速控制技术

图 4-32 变频器端子接线图

注：1. 噪声干扰可能导致误动作发生，所以信号线要离动力线 10cm 以上。
    2. 接线时不要在变频器内留下电线切屑。
    3. 电线切屑可能导致异常、故障、误动作发生。请始终保持变频器的清洁。在控制柜上钻安装孔时，请务必注意不要使切屑粉掉进变频器内。

（2）控制回路端子说明　控制回路端子说明见表 4-5～表 4-8。

表 4-5 控制回路输入信号端子

种类	端子记号	端子名称	端子功能说明		额定规格
接点输入	STF	正转起动	STF 信号 ON 时为正转、OFF 时为停止指令	STF、STR 信号同时 ON 时变成停止指令	输入电阻 4.7kΩ 开路时电压 DC21～26V 短路时 DC4～6mA
	STR	反转起动	STR 信号 ON 时为反转、OFF 时为停止指令		
	RH、RM、RL	多段速度选择	用 RH、RM 和 RL 信号的组合可以选择多段速度		
	SD	接点输入公共端（漏型）（初始设定）	接点输入端子（漏型逻辑）的公共端子		—
		外部晶体管公共端（源型）	源型逻辑时当连接晶体管输出（即集电极开路输出）、例如可编程控制器（PLC）时，将晶体管输出用的外部电源公共端接到该端子时，可以防止因漏电引起的误动作		
		DC24V 电源公共端	DC24V 0.1A 电源（端子 PC）的公共输出端子 与端子 5 及端子 SE 绝缘		
	PC	外部晶体管公共端（漏型）（初始设定）	漏型逻辑时当连接晶体管输出（即集电极开路输出）、例如可编程控制器（PLC）时，将晶体管输出用的外部电源公共端接到该端子时，可以防止因漏电引起的误动作		电源电压范围 DC22～26.5V 容许负载电流 100mA
		接点输入公共端（源型）	接点输入端子（源型逻辑）的公共端子		
		DC24V 电源	可作为 DC24V、0.1A 的电源使用		
频率设定	10	频率设定用电源	作为外接频率设定（速度设定）用电位器时的电源使用。（参照 Pr.73 模拟输入选择）		DC5.0V±0.2V 容许负载电流 10mA
	2	频率设定（电压）	如果输入 DC 0～5V（或 0～10V），在 5V（10V）时为最大输出频率，输入/输出呈正比。通过 Pr.73 进行 DC0～5V（初始设定）和 DC0～10V 输入的切换操作		输入电阻 10kΩ±1kΩ 最大容许电压 DC20V
	4	频率设定（电流）	如果输入 DC4～20mA（或 0～5V,0～10V），在 20mA 时为最大输出频率，输入/输出呈正比。只有 AU 信号为 ON 时端子 4 的输入信号才会有效（端子 2 的输入将无效）。通过 Pr.267 进行 4～20mA（初始设定）和 DC0～5V、DC0～10V 输入的切换操作。电压输入（0～5V/0～10V）时，请将电压/电流输入切换开关切换至"V"		电源输入的情况下：输入电阻 233Ω±5Ω 最大容许电流 30mA 电压输入的情况下：输入电阻 10kΩ±10kΩ 最大容许电压 DC20V 电流输入（初始状态） 电压输入
	5	频率设定公共端	频率设定信号（端子 2 或 4）及端子 AM 的公共端子。请勿接大地		—
PTC 热敏电阻	10、2	PTC 热敏电阻输入	连接 PTC 热敏电阻输出 将 PTC 热敏电阻设定为有效（Pr.561 ≠ "9999"）后，端子 2 的频率设定无效		适用 PTC 热敏电阻值 100Ω～30kΩ

注：1. 请正确设定 Pr.267 和电压/电流输入切换开关，输入与设定相符的模拟信号。
　　2. 若将电压/电流输入切换开关设为"1"（电流输入规格）进行电压输入，若将开关设为"V"（电压输入规格）进行电流输入，可能导致变频器或外部设备的模拟电路发生故障。

表 4-6　控制回路输出信号端子

种类	端子记号	端子名称	端子功能说明	额定规格
继电器	A、B、C	继电器输出（异常输出）	指示变频器因保护功能动作时输出停止的转换接点输出。异常时：B-C 间不导通（A-C 间导通），正常时：B-C 间导通（A-C 间不导通）	接点容量 AC230V 0.3A（功率因数=0.4）DC30V　0.3A
集电极开路	RUN	变频器正在运行	变频器输出频率大于或等于起动频率（初始值 0.5Hz）时为低电平，已停止或正在直流制动时为高电平。低电平表示集电极开路输出用的晶体管处于 ON（导通状态）。高电平表示处于 OFF（不导通状态）	容许负载 DC24V（最大 DC27V）0.1A（ON 时最大电压降 3.4V）
	SE	集电极开路输出公共端	端子 RUN 的公共端子	—
模拟	AM	模拟电压输出	可以从多种监视项目中选一种作为输出。变频器复位中不被输出。输出信号与监视项目的大小呈比例	输出项目：输出频率（初始设定）	输出信号 DC0~10V 许可负载电流 1mA（负载阻抗 10kΩ 以上）分辨率 8

表 4-7　通信端子

种类	端子记号	端子名称	端子功能说明
RS485	—	PU 接口	通过 PU 接口，可进行 RS485 通信 *标准规格：EIA485（RS485） *传输方式：多站点通信 *通信速率：4800~38400bit/s *总长距离：500m

表 4-8　生产厂家设定用端子

端子记号	端子功能说明
S1	请勿连接任何设备，否则可能导致变频器故障 另外，请不要拆下连接在端子 S1-SC、S2-SC 间的短路用电线。任何一个短路用电线被拆下后，变频器都将无法运行
S2	
SO	
SC	

四、项目实施及指导

1）参照图 4-30 的 FR-700 系列变频器结构，按照变频器说明书的方法和步骤，打开端盖和外壳，观察辨认变频器的各个部分。在装卸过程中，不要损坏变频器的端子和外壳。

2）教师演示：通过变频器面板控制或外部控制实现用变频器控制一台电动机起动、停止、调速的任务，通过演示增加学生对变频器控制电动机的感性认识，增强学生的学习兴趣。

3）引导学生自主观察学习变频器各个端子功能，自主记忆变频器面板各个键的功能。

实训项目二　变频器的参数设置及面板运行

一、项目任务

1) 实现变频器主电路的接线。
2) 变频器参数设定。
3) 变频器面板控制方式。
4) 变频器面板运行的点动控制。
5) 电压、电流的监视。

二、项目准备

三菱 FR-D700 变频器 1 台；交流调速实训工作台；《三菱 FR-D700 系列变频器使用手册》；工具包 1 个。

三、相关知识讲解

1. FR-D700 变频器的基本操作流程

FR-D700 变频器的基本操作包括设定频率、设定参数、显示报警履历等，如图 4-33 所示。此时变频器运行模式选择参数设定为 Pr.79 = 0 或 1。

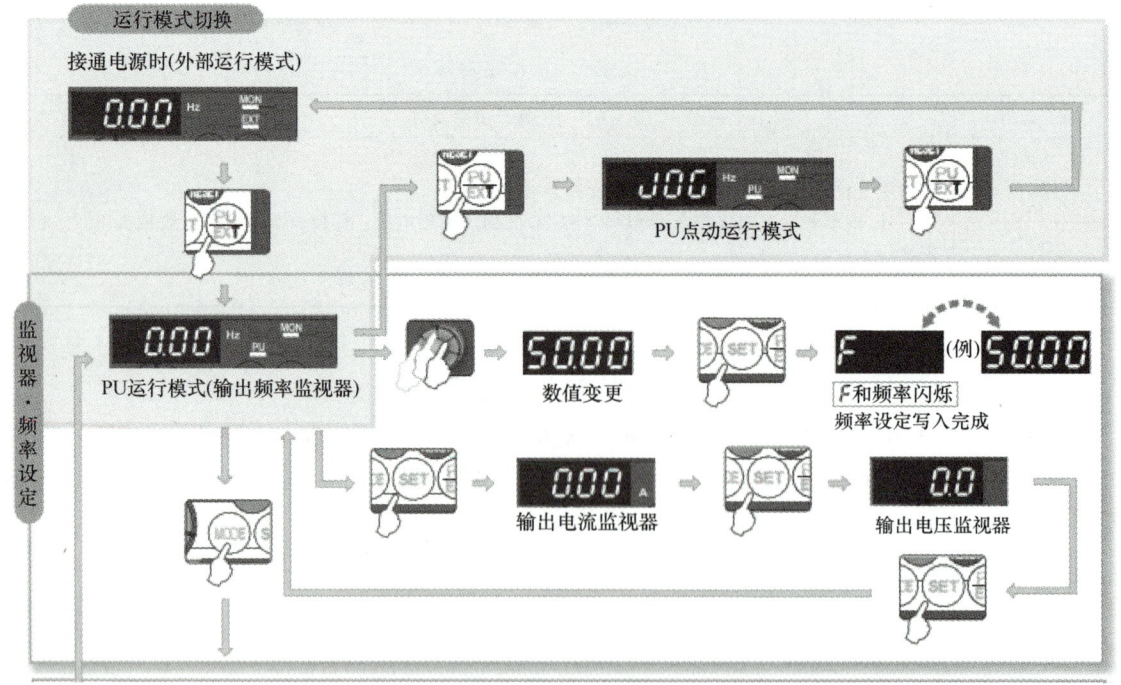

图 4-33　变频器的基本操作流程

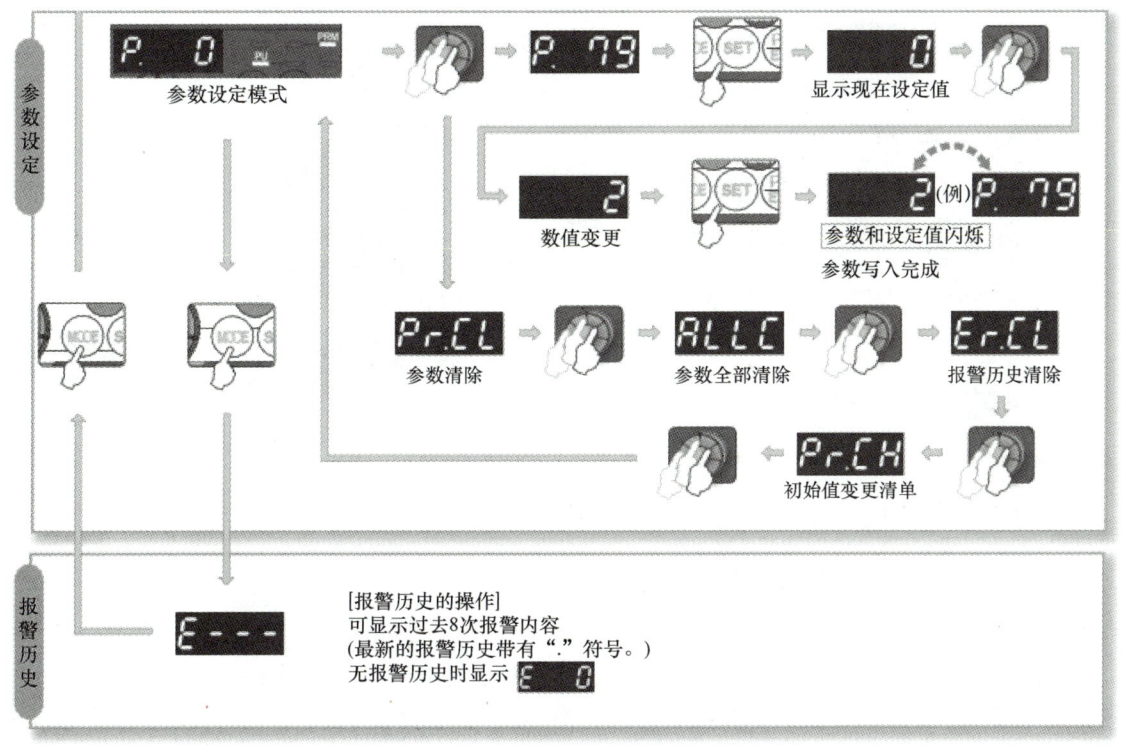

图 4-33 变频器的基本操作流程（续）

Pr.79＝0 时，变频器可以在外部运行、PU 运行和 PU 点动（PU JOG）运行三种模式之间进行切换控制。当变频器上电时，首先进入外部运行模式，以后每按一次 PU/EXT 键，变频器都将以外部运行→PU 运行→PU JOG 运行的顺序切换。

2. 参数设定方法

参数设定必须在面板控制方式下才可以设定，而且变频器运行时不可进行参数设定，当 Pr.77＝1 时，也不可以写入参数。例如，将上限频率 Pr.1 的设定值由 120 改为 50，其操作步骤如下。

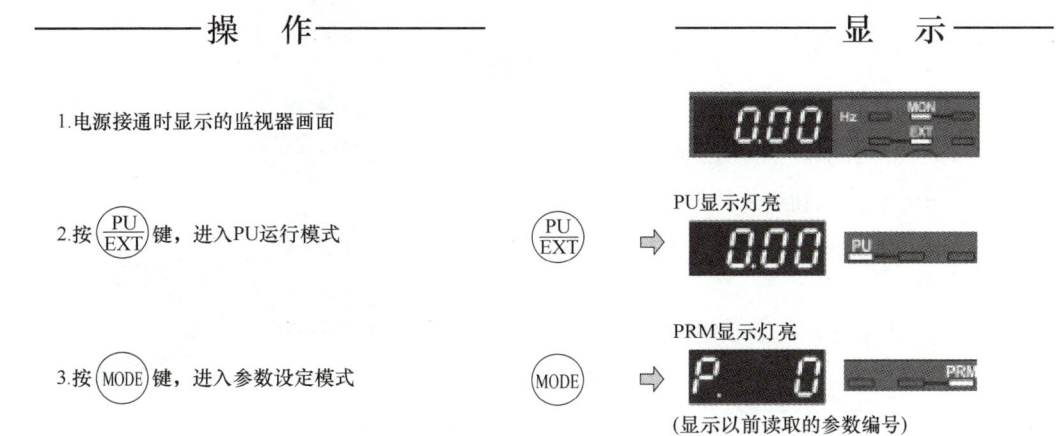

4. 旋转 ，将参数编号设定为

P. 1 (Pr.1)

5. 按 (SET) 键，读取当前的设定值

显示 "120.0" (120.0Hz(初始值))

6. 旋转 ，将值设定为 "50.00"

(50.00Hz)

7. 按 (SET) 键确定

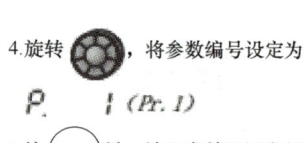

闪烁…参数设定完成

注：1. 旋转 键可读取其他参数。

2. 按 (SET) 键可再次显示设定值。

3. 按两次 (SET) 键可显示下一个参数。

4. 按两次 (MODE) 键可返回频率监视画面。

3. 参数清除及全部清除操作

在变频器操作之前必须清除变频器的参数，使其恢复出厂值，遇到无法解决的问题也可以将参数恢复出厂设置。设定 Pr. CL 参数清除、ALLC 参数全部清除 = "1"，可使参数恢复为初始值。（如果设定 Pr. 77 参数写入选择 = "1"，则无法清除。）参数清除的操作步骤如下。

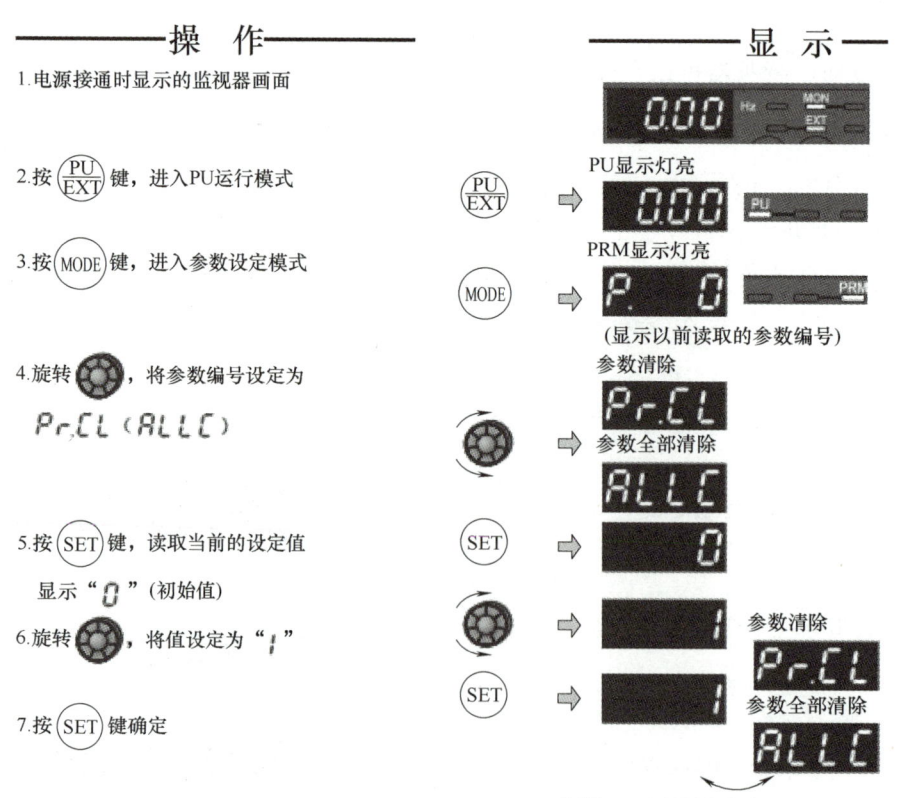

四、项目实施及指导

1. 接线练习

面板运行模式接线图如图 4-34a 所示,图 4-34b 为主电路端子分布图。电源接线端子为 R/L1、S/L2、T/L3,接线时无须考虑相序。电动机接线端子为 U、V、W,将它们接到实操台面板上的 U、V、W 接线柱上。当接线正确时,按下正转起动按钮,从负载侧看,电动机应按逆时针方向旋转,如果转向相反,则可交换 U、V、W 端子中的任意两相。此外,还可以重新定义旋转方向,只要电动机转动方向满足要求即可。

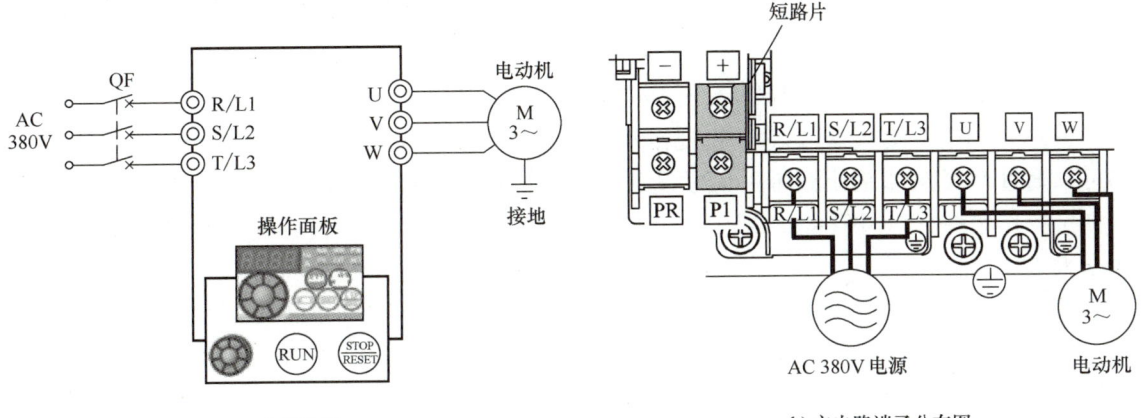

图 4-34 FR-D700-0.75K-CHT 变频器面板运行模式接线图

2. 参数设定

在 PU 操作模式下运行时,需要将 Pr.79 = 0 或 1。请学生完成如下参数 Pr.1 = 50Hz(上限频率);Pr.2 = 0Hz(下限频率);Pr.7 = 5s(加速时间);Pr.8 = 5s(减速时间)设置。

3. 采用 PU 运行操作模式

变频器需要设置频率指令与起动指令才可以运行。将起动指令设为 ON 后电动机便开始运转,同时根据频率指令(设定频率)来决定电动机的转速。假使变频器在 f = 30Hz 下运行。用操作面板设定频率运行的步骤见表 4-9。

表 4-9 用操作面板设定频率运行的步骤

	操作步骤	显示结果
1	运行模式的变更 按 PU/EXT 键,进入 PU 运行模式	PU 显示灯亮 0.00
2	频率的设定 旋转 设定用旋钮,显示想要设定的频率 30.00,闪烁约 5s 在数值闪烁期间,按 SET 键设定频率值,F 和 30.00 交替闪烁(若不按 SET 键,数值闪烁约 5s 后显示将变为 0.00(监视显示)。这种情况下请再次旋转 重新设定频率)	30.00 F

（续）

操作步骤		显示结果
3	起动→加速→恒速 按 RUN 键，运行。显示器的频率值随 Pr.7 加速时间而增大，显示为 30.00 （30.00Hz）	30.00
4	要变更设定频率，例如，将运行频率改为46Hz，请执行第3项操作（从之前设定的频率开始）	
5	减速→停止 按 STOP/RESET 键，停止。显示器的频率值随 Pr.8 减速时间而减小，显示为 0.00（0.00Hz），电动机停止运行	0.00

将"RUN 键旋转方向选择"参数 Pr.40 = 1，变频器可以反转运行。

另外 FR-D700 变频器可以用 M 旋钮作为电位器来设定频率，在变频器运行中或停止中都可以通过 M 旋转来设定频率。此时设置"扩展功能显示选择"Pr.160 = 0，"频率设定/键盘锁定操作选择"Pr.161 = 1，即为"M 旋钮电位器模式"，可以通过旋转 M 旋钮调节输出频率大小。

4. 用操作面板进行点动控制

用操作面板可以对变频器进行点动控制，其操作步骤见表 4-10。

表 4-10 变频器面板点动操作步骤

操作步骤		显示结果
1	确认运行显示和运行模式显示 *应为监视模式 *应为停止中状态	0.00
2	按 PU/EXT 键，进入 PU 点动运行模式	JOG
3	按 RUN 键 *按下 RUN 键的期间电机旋转 *以 5Hz 旋转（Pr.15 的初始值）	5.00
4	松开 RUN 键	停止
5	（变更 PU 点动运行的频率时） 按 MODE 键，进入参数设定模式	PRM显示灯亮 P 0 （显示以前读取的参数编号）
6	旋转 ◎，将参数编号设定为 Pr.15 点动频率	P 15
7	按 SET 键，显示当前设定值	5.00
8	旋转 ◎，将数值设定为 10Hz	10.00

(续)

	操作步骤	显示结果
9	按SET键确定	1000 P.15 闪烁…参数设定完成
10	执行1~4步的操作	

5. 监视输出电流和输出电压

在监视模式中按SET键可以切换输出频率、输出电流、输出电压的监视器显示，其操作步骤见表4-11。

表4-11　监视输出电流、输出电压的步骤

	操作步骤	显示结果	
1	在运行中按SET键，使监视器显示输出频率	50.00	Hz亮灯
2	无论在哪种运行模式下，运行、停止中按住SET键，监视器上都显示输出电流	1.00	A亮灯
3	按SET键，监视器上将显示输出电压	448.0	Hz、A熄灭

注：显示结果根据设定频率的不同会与表1-11中显示的数据不同。

五、评分标准

评分标准见表4-12。

表4-12　评分标准

序号	项目	配分	等级	评分细则	得分
1	根据考核图进行电路接线	30分	30分	电路接线完全正确	
			20分	电路接线错1处，能自行修改	
			10分	电路接线错2处，能自行修改	
			0分	电路接线错2处以上，或不能连接	
2	参数设定	30分	30分	参数完全正确	
			20分	参数错1处	
			10分	参数错2处	
			0分	参数多处出错	
3	通电调试并记录测量	30分	30分	通电调试结果完全正确，测量安全正确	
			20分	测试及测量错1次	
			10分	测试及测量错2次	
			0分	通电调试失败，无法实践	
4	安全生产	10分	10分	安全文明生产，符合操作规程	
			8分	操作基本规范	
			6分	经提示后能规范操作	
			0分	不能文明生产，不符合操作规程	
	合计				

实训项目三　变频器的外部运行操作

一、项目任务

通过设置 Pr.79 分别完成变频器外部控制方式的起停和调速控制。

二、项目准备

三菱 FR-D700 变频器 1 台；按钮开关若干；1kΩ 电位器一个；电工工具 1 套；交流调速实训工作台；《三菱 FR-D700 系列变频器使用手册》。

三、相关知识讲解

1. 外接输入开关与开关量输入端子的接口方式

1）干接点方式。如图 4-35a 所示，它可以使用变频器内部电源，也可以使用外部电源 DC9~30V。这种方式能接受如继电器、按钮、行程开关等无源输入开关量信号。

2）漏型方式。当外部输入信号为 NPN 型的有源信号时，变频器输入端子必须采用漏型逻辑方式，如图 4-35b 所示。这种方式能接受接近开关、PLC 或旋转脉冲编码器等输出电路提供的信号，用于测速、计数或限位动作等。

3）源型方式。当外部输入信号为 PNP 型的有源信号时，变频器输入端子必须采用源型方式，如图 4-35c 所示。这种方式的信号源与漏型相同。

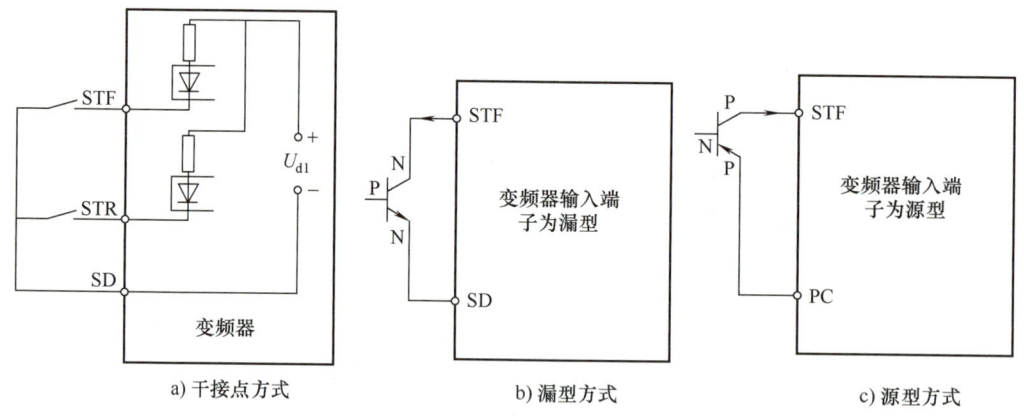

图 4-35　变频器在不同信号输入时的连接方式

在控制电路端子板的背面有一个逻辑切换跳线开关，用于设定端子是漏型还是源型。控制电路输入信号出厂默认的是漏型（SINK）。

2. 输入端子的控制方式

变频器的基本运行控制端子包括正转运行（STF），反转运行（STR），高、中、低速选择（RH、RM、RL）等。控制方式有两种，如图 4-36 所示。

（1）开关信号控制方式　当 STF 或 STR 处于闭合状态时，电动机正转或反转运行；当它们处于断开状态时，电动机即停止。

（2）脉冲信号控制方式　在 STF 或 STR 端只输入一个脉冲信号，电动机即可以维持正转或反转状态，犹如具有自锁功能。此时需要一个常闭按钮链接变频器的 STOP 端子，FR-D700 变频器的 STOP 功能需要通过端子功能设定来实现，参数设置如要停机须断开停止按钮。

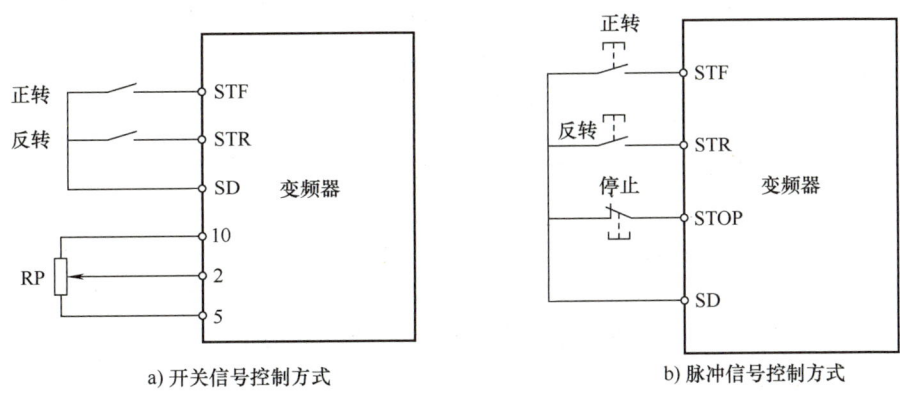

图 4-36　变频器输入端子的控制方式

四、项目实施及指导

1. 变频器的外部点动操作训练

变频器正式投入运行前应先试运行。试运行可选择 5Hz 点动运行，此时电动机应旋转平稳，振动和噪声正常，具有平滑的增速和减速。

1）按图 4-37 所示接线。

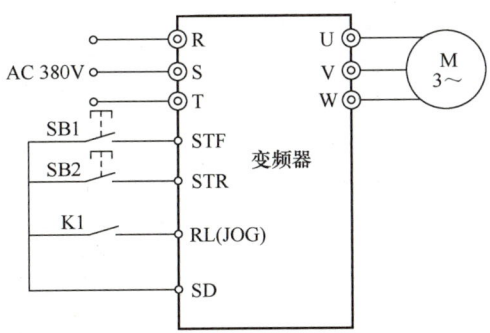

图 4-37　外部点动运行接线图

2）打开电源开关，在 PU 模式下，按表 4-13 设置变频器参数，设定完成后，EXT 灯亮。设置参数时，先恢复出厂设置，然后将 Pr.15 的值要大于 Pr.13 的值。通过设置 Pr.180＝5 将点动信号分配到 RL 端子上。

表 4-13　点动控制功能参数设定功能

序号	变频器参数	出厂值	设定值	功能说明
1	Pr.1	50	50	上限频率（50Hz）
2	Pr.2	0	0	下限频率（0Hz）
3	Pr.9	0	1	电子过电流保护（按照电动机额定电流设定）

(续)

序号	变频器参数	出厂值	设定值	功能说明
4	Pr. 160	9999	0	扩展功能显示选择
5	Pr. 13	0.5	5	起动频率(5Hz)
6	Pr. 15	5	10.00	点动频率(10Hz)
7	Pr. 16	0.5	1	点动加减速时间(1s)
8	Pr. 180	0	5	设定 RL 为点动运行功能
9	Pr. 79	0	2	运行模式选择

3) 操作运行。

① 闭合点动开关 K1，操作面板显示"JOG"，按下正转起动按钮 SB1 或反转起动按钮 SB2，电动机便会以 10Hz 的点动频率正转或反转点动运行，注意操作面板的显示频率。

② 断开 K1，电动机停止点动运行。改变 Pr. 15、Pr. 16 的值，重复上述步骤，观察电动机运转状态有什么变化。

外部操作时，若按 STOP/RESET 键将会出错报警，不能重新起动，必须停电复位。

2. 变频器的外部正反转连续运行方式操作训练

即利用外部的开关、电位器等元器件将外部操作信号输入到变频器，控制变频器的运转。

（1）接线　按图 4-38a 接线连接到端子板的外部操作信号（频率设定电位器，起动开关等）控制变频器的运行。接通电源，STF/STR 置 ON，则开始运行。

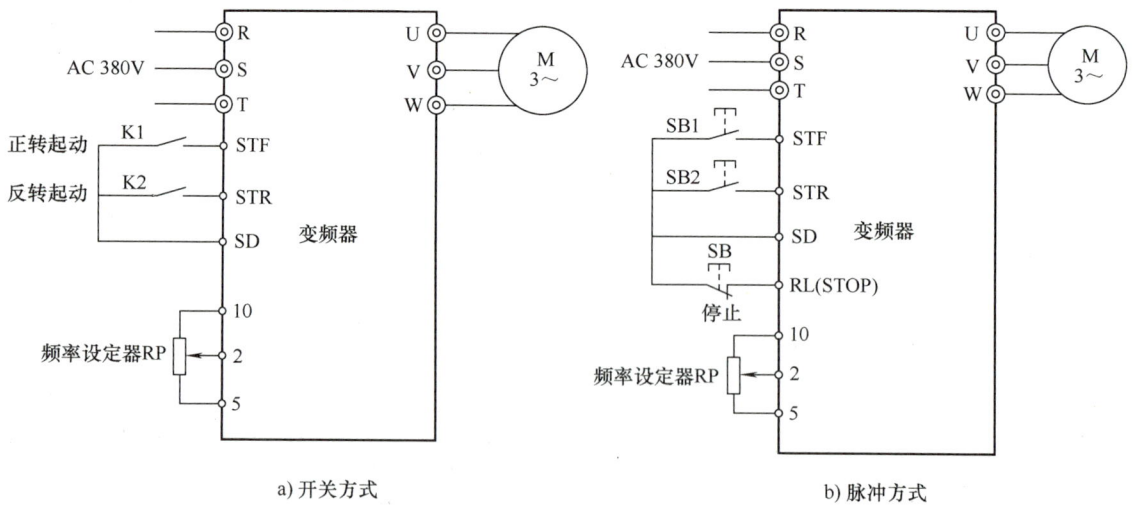

图 4-38　外部控制方式接线图

外部频率设定信号为 0~5V 或 0~10V 电压信号。三脚电位器（1K）要把中间接线柱接到变频器的 2 端子上，其他两个分别接变频器的端子 10 和 5。

（2）参数设置　打开电源开关，在 PU 模式下，按表 4-14 设置变频器参数，设定完成后，EXT 灯亮。

表 4-14 外部控制功能参数设定功能

序号	变频器参数	设定值	功能说明
1	Pr. 1	50Hz	上限频率
2	Pr. 2	0Hz	下限频率
3	Pr. 7	5s	加速时间
4	Pr. 8	5s	减速时间
5	Pr. 9	2.5A	电子过电流保护,(按电动机的额定电流)
6	Pr. 73	1	端子 2 输入 0~5V 电压信号
7	Pr. 125	50Hz	端子 2 频率设定增益频率
8	Pr. 178	60	端子 STF 设定为正转端子
9	Pr. 179	61	端子 STR 设定为反转端子
10	Pr. 79	2	选择外部运行模式

（3）操作运行

1）开关方式。

① 开始。将起动开关（STF 或 STR）处于 ON，表示运转状态的 RUN 灯闪烁。

② 加速。顺时针缓慢旋转电位器（频率设定电位器）到满刻度。显示的频率数值逐渐增大，电动机加速，当显示 45Hz 时，停止旋转电位器。此时变频器运行在 45Hz 上，RUN 灯一直亮。

③ 减速。逆时针缓慢旋转电位器（频率设定电位器）到底。显示的频率数值逐渐减小到 0Hz，电动机减速，最后停止运行。

④ 停止。断开起动开关（STF 或 STR），电动机将停止运行。

2）脉冲方式。

① 按图 4-38b 接好电路，并设定 Pr. 180 = 25，即将 RL 端子功能变更为 STOP 端子功能。

② 当按 SB1 时，电动机开始工作，同时使 STOP 信号接通（即 SB 按钮保持闭合）。

③ 当松开 SB1 时，电动机仍然保持正转。

④ 当断开 SB 时，电动机停止工作。

五、评分标准

评分标准见表 4-12。

实训项目四　变频器的组合运行操作

一、项目任务

通过设置 Pr. 79 分别完成变频器组合控制方式的起停和调速控制。

二、项目准备

三菱 FR-D700 变频器 1 台；按钮开关若干；4~20mA 可调直流电流源 1 个；电工工具 1

套；交流调速实训工作台；《三菱 FR-D700 系列变频器使用手册》。

三、项目实施及指导

1. 组合运行模式 1 操作训练

起动信号用外部信号设定（通过 STF 或 STR 端子设定），频率信号用 PU 模式操作设定。

1）按图 4-39 所示接线。

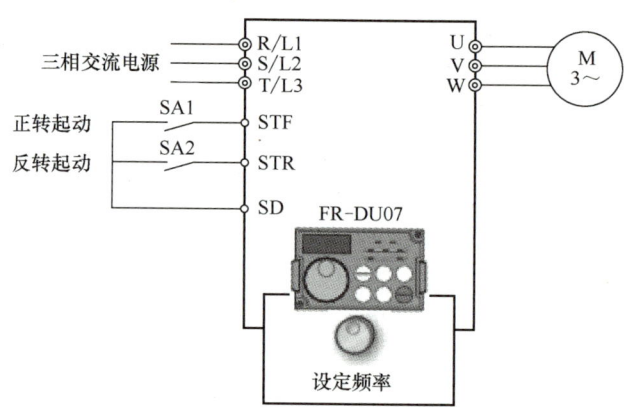

图 4-39 组合模式 1 接线图

2）参数设置。打开电源开关，在 PU 模式下，按表 4-15 设置变频器参数，设定完成后，PU 和 EXT 灯亮。

表 4-15 组合模式 1 控制功能参数设定功能

序号	变频器参数	设定值	功能说明
1	Pr. 1	50Hz	上限频率
2	Pr. 2	0Hz	下限频率
3	Pr. 7	5s	加速时间
4	Pr. 8	5s	减速时间
5	Pr. 9	2.5A	电子过电流保护（按电动机的额定电流）
6	Pr. 178	60	端子 STF 设定为正转端子
7	Pr. 179	61	端子 STR 设定为反转端子
8	Pr. 79	3	选择组合 1 运行模式

3）操作运行。

① 变频器上电，确定 PU 灯亮。

② 运行模式选择：将运行操作模式选择参数 Pr.79 设定为 3，选择组合运行操作模式 1，运行状态 EXT 和 PU 指示灯都亮。

③ 闭合 SA1 或 SA2 使 STF 或 STR 中的一个信号接通。RUN 灯点亮，反转时闪烁。电动机以在操作面板的频率设定模式中设定的频率运行。

④ 旋转 设定运行频率为 40Hz。变频器频率逐渐上升到 40Hz。

⑤ 断开 SA1 或 SA2，电动机停止运行。

2. 组合运行模式 2 操作训练

假设用端子 4、端子 5 给定 4~20mA 电流信号，让变频器运行在 0~50Hz 的输出频率范围，变频器面板上 RUN 键控制变频器起动。

1）按图 4-40 所示接线。

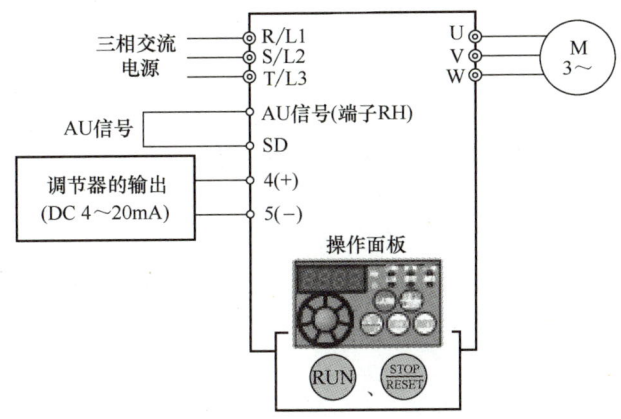

图 4-40　组合模式 2 接线图

2）参数设置。打开电源开关，在 PU 模式下，按表 4-16 设置变频器参数，设定完成后，PU 和 EXT 灯亮。

表 4-16　组合模式 2 控制功能参数设定功能

变频器参数	设定值	功能说明
Pr.1	50Hz	上限频率
Pr.2	0Hz	下限频率
Pr.7	5s	加速时间
Pr.8	5s	减速时间
Pr.9	2.5A	电子过电流保护，(按电动机的额定电流)
Pr.267	0	端子 4 输入 4~20mA 电流信号，并将电压/电流切换开关置于 I(电流)位置
Pr.126	50	端子 4 频率设定增益频率
Pr.182	4	将 RH 端子功能变更为 AU 端子功能
Pr.79	4	选择组合模式 2 运行模式

3）操作运行。

① 起动。请确认端子 4 输入选择信号（AU）是否为 ON。将起动开关 RUN 设置为 ON。无频率指令时 [RUN] 指示灯会快速闪烁。

② 加速→恒速。输入 20mA 电流，显示屏上的频率数值随 Pr.7 加速时间而增大，变为 50.00Hz。[RUN] 指示灯在正转时亮灯，反转时缓慢闪烁。

③ 减速。输入 4mA 电流，显示屏上的频率数值随 Pr.8 减速时间而减小，变为 0.00Hz，电动机停止运行，[RUN] 指示灯快速闪烁。

④ 停止设置。按下 STOP/RESET，变频器停止运行，[RUN] 指示灯熄灭。

四、评分标准

评分标准见表 4-12。

实训项目五 变频器的多段速度运行操作

一、项目任务

实现变频器的多段速运行参数设置和电路连接及调试。

二、项目准备

三菱 FR-D700 变频器 1 台；交流调速实训工作台；《三菱 FR-D700 系列变频器使用手册》；工具包 1 个。

三、相关知识讲解

多段速度运行可用 Pr. 4~Pr. 6、Pr. 24~Pr. 27、Pr. 232~Pr. 239 参数号设置多种运行速度，用输入端子进行转换。多段速度设定只在外部操作模式和 PU/外部组合模式（Pr. 79 = 3、4）中有效。可通过开启、关闭外部触点信号（RH、RM、RL 和 REX 信号）选择多种速度。多段速功能参数设定见表 4-17，借助于点动频率 Pr. 15、上限频率 Pr. 1 和下限频率 Pr. 2，最多可设定 18 种速度。各开关状态与各段速度关系如图 4-41 所示，对于 REX 信号输入所使用的端子，通过将 Pr. 178~Pr. 182 中的任一个参数设定为"8"来进行功能的分配，见表 4-17。

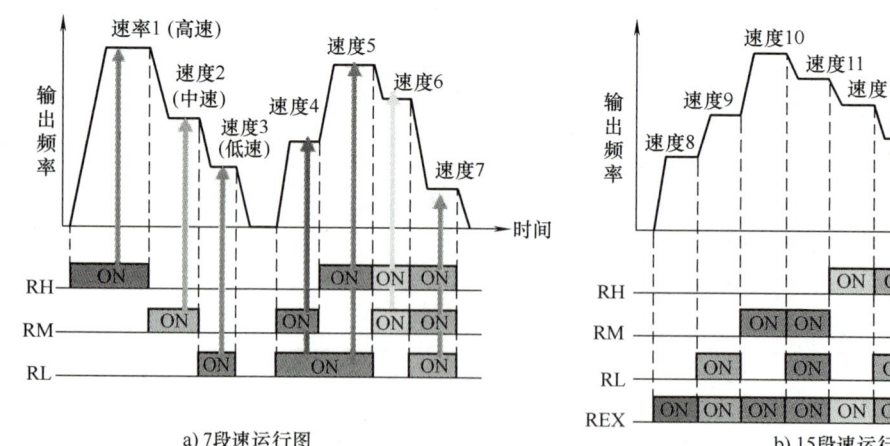

图 4-41 各开关状态与各段速度关系

表 4-17 多段速功能参数设定

参数号	出厂设定/Hz	设定范围/Hz	功　　能
Pr. 4	50	0~400	设定 RH 闭合时的频率
Pr. 5	30	0~400	设定 RM 闭合时的频率

（续）

参数号	出厂设定/Hz	设定范围/Hz	功　能
Pr. 6	10	0~400	设定RL闭合时的频率
Pr. 24~Pr. 27	9999	0~400,9999	设定4~7段速
Pr. 232~Pr. 239	9999	0~400,9999	设定8~15段速

多段速度运行的注意事项：

1) 多段速度比主速度优先。

2) 多段速度设定在 PU 和外部运行中都可实现。

3) 多个速度同时被选择时，低速信号的设定频率优先。

4) Pr. 24~Pr. 27 和 Pr. 232~Pr. 239 之间的设定没有优先级。

5) 运行参数值可被改变。

6) 当用 Pr. 78~Pr. 182 改变端子分配时，其他功能可能受到影响。应在设定前检查相应端子的功能。

四、项目实施及指导

1. 7 段速以下运行

（1）硬件接线　按图 4-42 所示接线。通过 RH、RM、RL 的开关信号，则最多可选择 7 段速度，例如设置下列各段速度参数：

Pr. 4 = 50Hz　　Pr. 25 = 40Hz
Pr. 5 = 30Hz　　Pr. 26 = 35Hz
Pr. 6 = 10Hz　　Pr. 27 = 8Hz
Pr. 24 = 15Hz

闭合 STF，并闭合 RH，则电动机按速度 1（50Hz）运转；闭合 RH 和 RL，则电动机按速度 5（40Hz）运转，如图 4-42 所示。

（2）参数设置　参数设置见表 4-18。

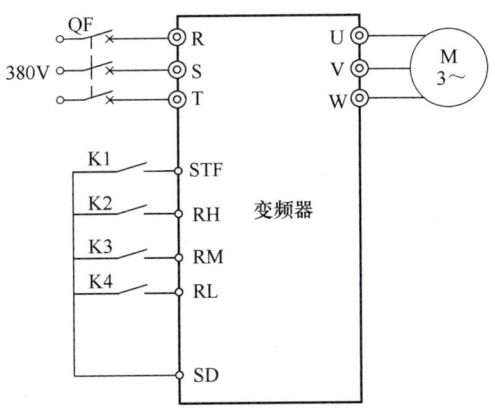

图 4-42　7 段速运行接线图

表 4-18　7 段速参数设置

参数号	设定值	功能说明
Pr. 1	50Hz	上限频率
Pr. 2	0Hz	下限频率
Pr. 4	15	七段速:数值大小没有顺序关系
Pr. 5	20	
Pr. 6	25	
Pr. 24	30	
Pr. 25	35	
Pr. 26	40	
Pr. 27	45	
Pr. 7	2s	加速时间
Pr. 8	2s	减速时间

(续)

参数号	设定值	功能说明
Pr. 160	0	扩张参数
Pr. 180	0	RL 低速信号
Pr. 181	1	RM 中速信号
Pr. 182	2	RH 高速信号
Pr. 79	3	PU/组合模式 1

（3）运行操作　将开关 K1 一直闭合，按照图 4-42 的端子开关顺序，通断 K2、K3、K4，通过面板监视频率变化，观察运转速度的变化。

2. 15 段速运行

（1）按图 4-43 接线　将 STR 端子的功能变更为 REX。将 Pr. 179 = "8" 来进行功能的分配。

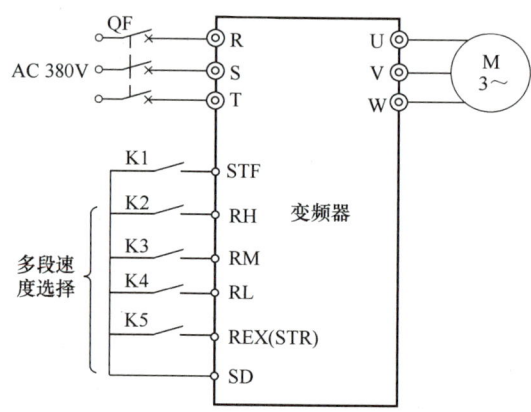

图 4-43　15 段速以上接线图

（2）参数设置　参数设置见表 4-19。

表 4-19　15 段速以上参数设置

参数号	设定值	功能说明
Pr. 1	50Hz	上限频率
Pr. 2	0Hz	下限频率
Pr. 4	5	
Pr. 5	10	
Pr. 6	13	
Pr. 24	15	
Pr. 25	18	
Pr. 26	20	
Pr. 27	28	15 段速:数值大小没有顺序关系
Pr. 232	32	
Pr. 233	35	
Pr. 234	38	
Pr. 235	41	
Pr. 236	44	
Pr. 237	40	
Pr. 238	46	
Pr. 239	48	

(续)

参数号	设定值	功能说明
Pr. 7	2s	加速时间
Pr. 8	2s	减速时间
Pr. 160	0	扩张参数
Pr. 179	8	将 STR 端子功能变更为 REX 端子功能
Pr. 180	0	RL 低速信号
Pr. 181	1	RM 中速信号
Pr. 182	2	RH 高速信号
Pr. 79	3	PU/组合模式 1

（3）运行操作　将开关 K1 一直闭合，按照图 4-43 的端子开关顺序，通断 K2、K3、K4、K5，通过面板监视频率变化，观察运转速度的变化。

实训项目六　PLC 与变频器组成的调速系统设计与安装

一、项目任务

1）通过 PLC 控制变频器的外部端子进行电动机起动/停止、正转/反转运行。

2）速度设定用可调电位器 RP 给定。

3）变频器一旦出现故障，系统会自动切断变频器的电源。通过外接按钮变频器能进行复位操作。

二、项目准备

三菱 FR-D700-0.75K-CHT 变频器 1 台、三菱 FX2N-32MT 的 PLC 1 台、三相异步电动机 1 台、装有 PLC 编程软件的计算机 1 台、USB-SC09-FX 编程电缆 1 根、接触器 1 个、按钮若干、1K 电位器 1 个、《三菱 FR-D700 系列变频器使用手册》、电工工具 1 套。

三、相关知识讲解

1. PLC 控制的变频器电路的连接

根据不同的信号连接，变频器 PLC 控制系统接口部分互联接线包括以下三种情况，互联接线图如图 4-44 所示。

1）PLC 的开关量输出与变频器的开关量输入接口的互联。PLC 的开关量继电器输出端子一般可以与变频器的开关量输入端子直接相连，通过 PLC 控制变频器的正反转、点动、多段速及升降速运行。但是，对于晶体管输出的 PLC 要注意是否与变频器的默认输入方式匹配。图 4-44a NPN 型 PLC 输出可以与三菱变频器漏型输出电平匹配。

2）PLC 的模拟量输出与变频器的模拟量输入接口的互联。三菱变频器的模拟量输入端子（2、5 端；4、5 端）可以接受来自 PLC 模拟量输出模块 FX2N-2DA 的（0~5V 或 0~

10V）电压信号（VOUT、COM 端子）或 4~20mA 电流信号（IOUT、COM 端子）。

3）PLC 与变频器的通信连接。PLC 通过网络可以连接多台变频器进行监控，实现多台变频器之间的联动控制和同步控制。三菱 PLC 与三菱变频器通信时需要配置 FX2N-485-BD 通信板，通信板与变频器 PU 接口连接要尽量使用屏蔽双绞线。

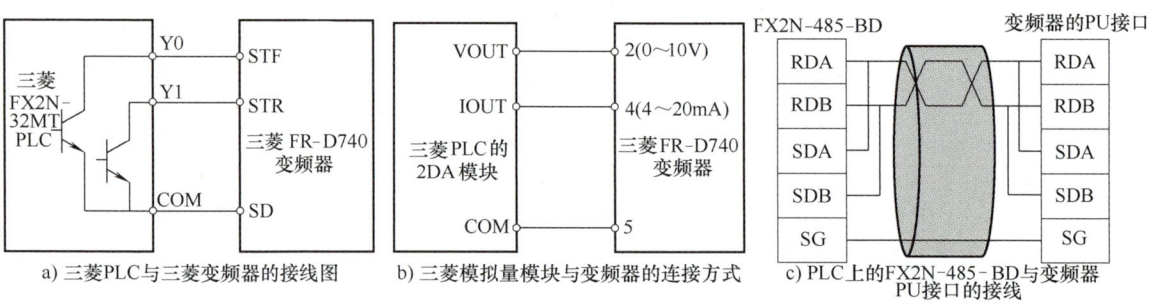

图 4-44 PLC 与变频器接口部分互联接线

2. 设计一个 PLC 控制变频器电路的步骤

1）根据控制要求，确定 PLC 的输入、输出并分配地址，画出 PLC 与变频器的接线图。一般常用 PLC 的输出信号直接控制变频器的 STF、STR、RH、RM、RL 端子的闭合或断开。

2）确定变频器的运行模式，并设定变频器运行的相关参数。

3）根据接线图，设计 PLC 程序，以实现变频器的控制要求。

四、项目实施及指导

1. 硬件电路设计

根据控制要求，确定 PLC 的输入、输出分配。PLC 选用三菱 FX2N-32MR，变频器选用三菱 FR-D740-0.75K-CHT，其输入输出分配见表 4-20。

表 4-20 正反转控制的 I/O 分配

输入			输出		
输入继电器	输入元件	作用	输出继电器	输出元件	作用
X000	SB1	变频器上电	Y010	KM	接通 KM
X001	SB2	变频器失电	Y001	STF	变频器正转
X002	SB3	变频器正转起动	Y002	STR	变频器反转
X003	SB4	变频器反转起动	Y004	HL1	正转指示
X004	SB5	变频器停止	Y005	HL2	反转指示
X005	A、C	故障信号	Y006	HL3	报警指示

根据 I/O 分配表，画出正反转电路接线图如图 4-45 所示。

2. 参数设置

根据控制要求，设置正反转控制参数见表 4-21。

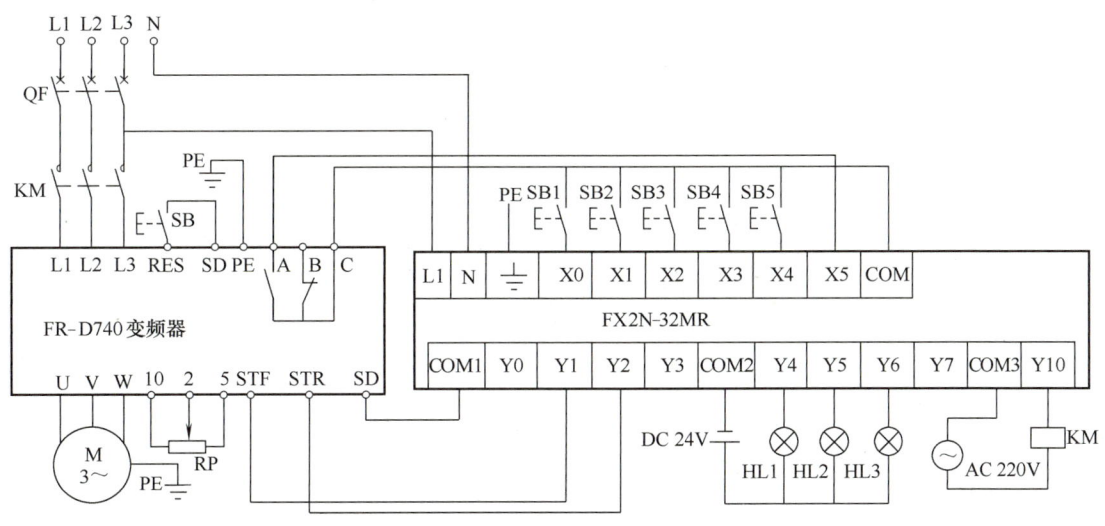

图 4-45 正反转电路接线图

表 4-21 正反转控制参数

参数	设定值	功　能
Pr. 1	50Hz	上限频率
Pr. 2	0Hz	下限频率
Pr. 7	5s	加速时间
Pr. 8	5s	减速时间
Pr. 9	2.5A	电子过电流保护，一般设定为变频器的额定电流
Pr. 73	1	端子 2 输入 0~5V 电压信号
Pr. 125	50Hz	端子 2 频率设定增益频率
Pr. 178	60	端子 STF 设定为正转端子
Pr. 179	61	端子 STR 设定为反转端子
Pr. 182	62	将 RH 端子功能变更为 RES 端子功能
Pr. 192	99	将变频器输出端子 A、B、C 设置为异常输出功能
Pr. 79	2	选择外部运行模式

3. 程序设计

正反转控制梯形图如图 4-46 所示。图中 0 步是控制接触器 KM 线圈得电电路，给变频器接通电源，同时保证在变频器运行时不能切断电源，一旦变频器故障报警，故障输出 A 点的触点动作可以切断接触器，从而使变频器断开电源。8 步和 15 步分别是变频器正反转控制和运行指示程序，这两段程序中串联的 Y010 常开触点用于必须先起动接触器给变频器送电后，才能实现正反转控制。

4. 运行操作

1）按图 4-45 正确接线。

2）闭合 QF，给 PLC 送电，将图 4-46 程序下载到 PLC。

3）使 PLC 处于 RUN 状态，按下 SB1，接触器 KM 线圈得电，变频器接通电源。

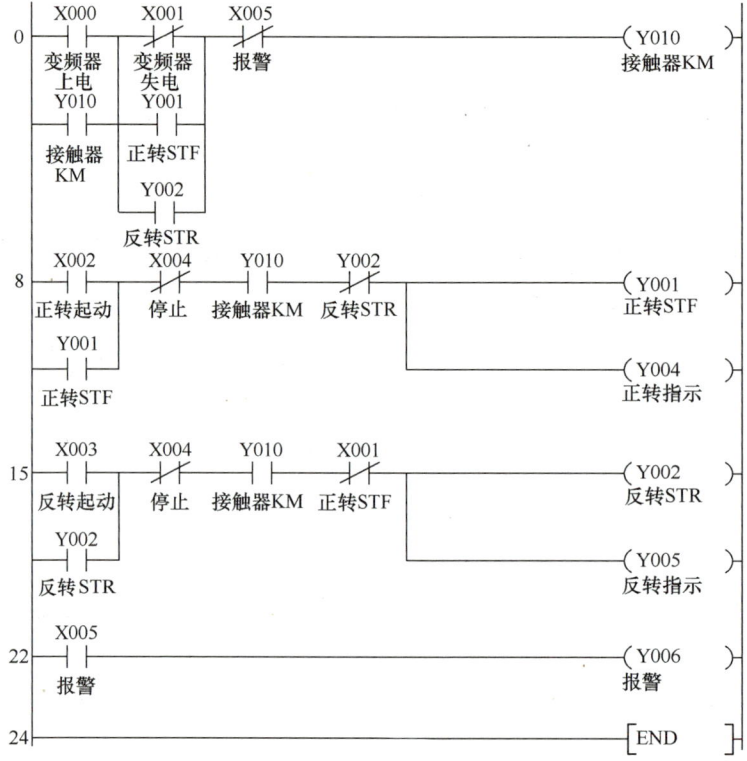

图 4-46 正反转控制梯形图

4) 将变频器进行参数复位,然后将表 4-21 参数写入变频器中。

5) 检查无误后联机运行。

6) 按下按钮 SB3,正转运行。

7) 按下按钮 SB5,变频器停止。

8) 按下按钮 SB4,反转运行。

9) 按下按钮 SB5,变频器停止。

10) 按下按钮 SB2,接触器 KM 断开,变频器断电。

五、评分标准

评分标准见表 4-12。

本 章 小 结

本章从交流电动机的调速系统入手介绍了各种交流调速系统的调速方法,以三菱新产品 FR-D700 系列变频器为例,系统介绍了变频器的结构、工作原理、基本使用方法和实训操作。

通用型变频器一般由主控电路、操作面板、外接给定与输入控制端、外接输出控制端、控制电源、采样及驱动电路等部分组成。变频器参数设置可看成是一种特殊方式的编程,通过参数的设置,可以使变频器控制的电动机具有良好的起动、制动、运行性能。本章讲述了变频器的 4 种运行方式，分别适应不同的工作场景，讲述了常见变频调速电路，这是变频器主要的电路形式。本章还介绍了变频调速系统的设计，讲述了器件选择、接线方法、调试方法、故障检修方法。

学会使用变频器是本章的主要学习目的，为此本章通过 6 个实训项目，由浅入深地引导学生从认识变频器到简单使用变频器，再到在系统中软硬件的设计。

学习这部分内容要结合变频器使用手册，反复练习，才可以熟练掌握。

思考与练习

4-1　三相异步电动机的变频调速原理是什么？

4-2　VVVF 变频调速的机械特性有什么特点？

4-3　通用变频器的基本结构有哪些？

4-4　什么是变频器的 SPWM 脉宽调制？

4-5　变频器常用控制电路有哪几种？各适用于哪些场合？

4-6　变频器复位方法有哪几种？

4-7　三菱变频器有哪几种运行方式？如何设置？

4-8　三菱变频器在不同信号输入时的连接方式有哪些？

4-9　模拟量输入端子功能是如何设定的？

4-10　变频调速系统的负载试验有哪些？

4-11　设计一个 PLC 控制变频器电路的步骤是什么？

第五章

数控机床的电气控制系统

【知识目标】

1. 掌握数控机床的硬件系统结构。
2. 掌握数控系统的控制原理。
3. 掌握伺服系统的工作原理。
4. 掌握 PMC 的工作原理。

【能力目标】

1. 掌握数控装置端口、伺服各端口、变频器的端子功能。
2. 能正确实现硬件系统的连接。
3. 能实现数控机床的基本操作。
4. 会进行常用参数设定和 PMC 基本界面操作。

数控机床是数字控制机床（Computer Numerical Control Machine Tools）的简称，是一种装有程序控制系统的自动化机床。该控制系统能够逻辑地处理具有控制编码或其他符号指令规定的程序，并将其译码，用代码化的数字表示，通过信息载体输入数控装置。经运算处理由数控装置发出各种控制信号，控制机床的动作，按图样要求的形状和尺寸，自动地将零件加工出来。数控机床较好地解决了复杂、精密、小批量、多品种的零件加工问题，是一种柔性的、高效能的自动化机床，代表了现代机床控制技术的发展方向，是一种典型的机电一体化产品。图 5-1 为数控机床实物图。

数控机床分为"NC 侧"和"MT 侧"（即机床侧）两大部分。"NC 侧"包括 CNC 系统的硬件和软件，与 CNC 系统连接的外围设备如显示器、MDI 面板等。"MT 侧"则包括机床机械部分及其液压、气压、冷却、润滑、排屑等辅助装置，机床操作面板、继电器线路、机床强电线路等。PLC 处于 NC 与 MT 之间，对 NC 和 MT 的输入/输出信号进行处理。MT 侧顺序控制的最终对象随数控机床的类型、结构、辅助装置等的不同而有很大的差别。机床结构越复杂，辅助装置越多，最终受控对象也越多。数控机床电气控制系统如图 5-2 所示。

第五章 数控机床的电气控制系统

图 5-1 数控机床实物图

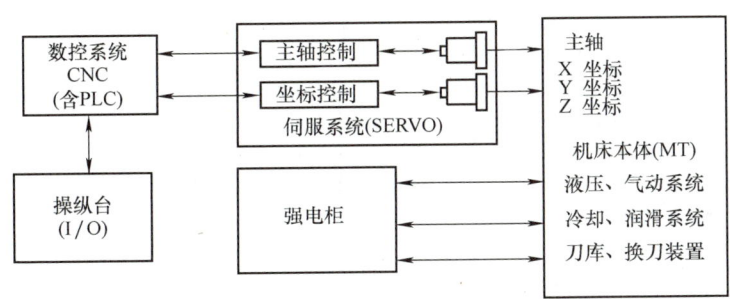

图 5-2 数控机床的电气控制系统

第一节 数 控 系 统

数控系统是数控机床的核心。现代数控装置均采用 CNC（Computer Numerical Control）形式，这种 CNC 装置一般使用多个微处理器，以程序化的软件形式实现数控功能，因此又称软件数控（Software NC）。CNC 系统是一种位置控制系统，它是根据输入数据插补出理想的运动轨迹，然后输出到执行部件加工出所需要的零件。图 5-3 为数控系统外形图。

一、数控系统的构成

数控系统包括硬件和软件两大部分，通过系统控制软件与硬件的配合，实现对进给坐标控制、主轴控制、刀具控制、辅助功能等的控制功能。

1. CNC 系统的硬件结构

CNC 系统分为单微处理器系统和多微处理器系统。下面仅介绍单微处理器系统，单微处理器系统结构框图如图 5-4 所示。

（1）微处理器　微处理器是 CNC 装置的核心，主要完成控制器和运算器两大部分的信息处理。常用的 CNC 装置微处理器数据线宽度为 8 位、16 位、32 位，称相应的计算机为 8

225

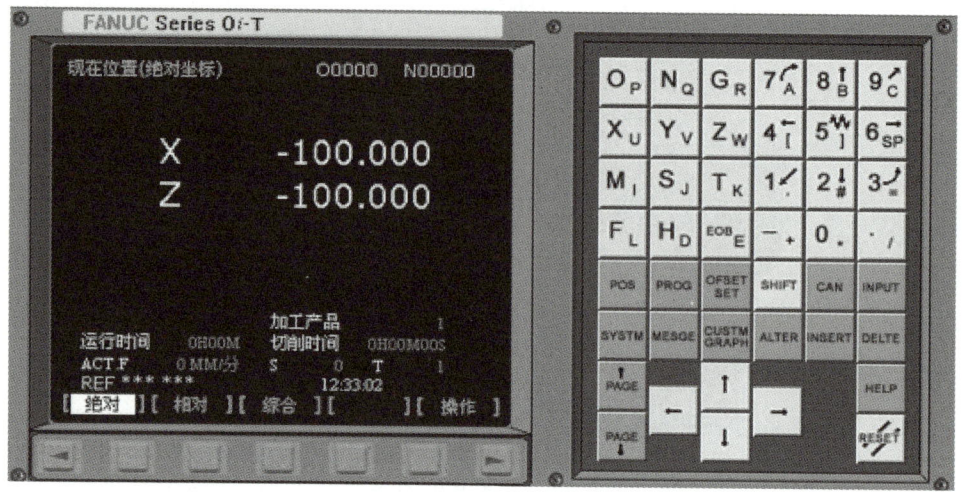

图 5-3 数控系统外形图

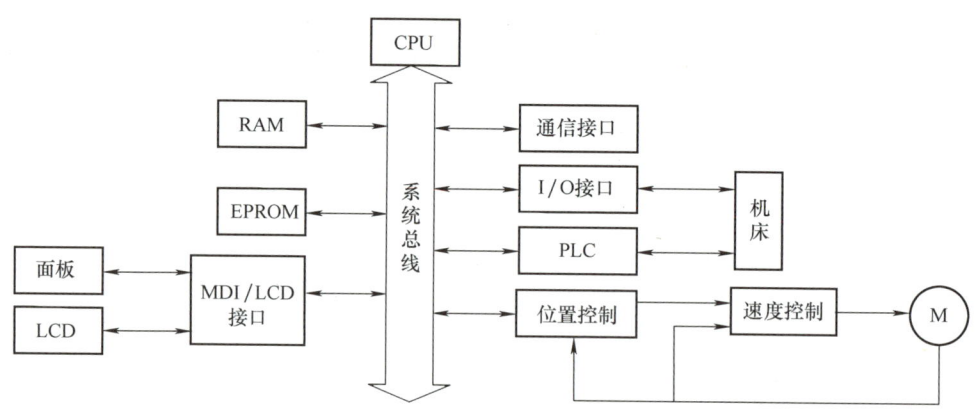

图 5-4 单微处理器系统结构框图

位机、16 位机、32 位机。

（2）存储器　存储器是计算机系统的重要组成部件。其作用是存放系统程序、用户程序和运行过程中的临时数据。CNC 装置的存储器包括只读存储器（ROM）和随机存储器（RAM）两种。只读存储器（ROM）一般采用可以用紫外线擦除的 EPROM，它只能读出，不能写入新的内容，断电后，程序也不会丢失。随机存储器（RAM）是一种可以读写的存储器。

（3）位置控制器　位置控制器的主要作用是控制数控机床各进给坐标轴的位移量，随时接收经插补运算得到的每一个坐标轴在单位时间间隔内位移量，根据接收到的实际位置反馈信号，修正位置指令，并向坐标伺服驱动控制单元发出位置进给指令，使伺服控制单元驱动伺服电动机运转，实现机床运动的准确控制。

（4）I/O 接口电路　数据 I/O 接口与外围设备是 CNC 装置与操作者之间交换信息的桥梁。

2. 数控系统软件结构

数控系统软件是为实现数控装置各项功能而编制的系统软件（或专用软件）。其组成如

图 5-5 所示，系统软件分为管理软件和控制软件两部分，管理软件包括信息输入、I/O 处理、显示、诊断等；而控制软件包括译码、刀具补偿、速度控制、插补运算、位置控制等。

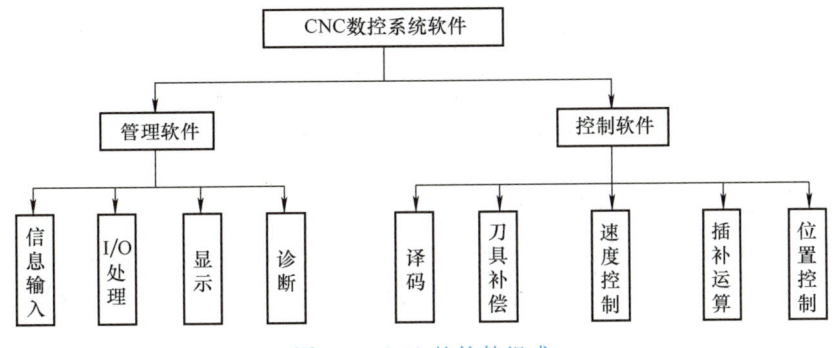

图 5-5　CNC 的软件组成

二、数控装置的信息处理

CNC 系统实际上就是一台工业控制计算机（数控装置）执行数控软件的全过程。数控机床的加工，是由系统程序来组织完成的。一个 CNC 系统的工作过程是由程序输入、程序译码、数据处理、刀具补偿、插补运算、进给速度处理、位置控制、I/O 开关量处理、管理及诊断程序等环节组成。其核心任务是控制零件程序的执行，由伺服系统、主轴系统和 PMC 系统执行数控装置输出的指令，驱动机床完成零件加工。CNC 信息处理过程如图 5-6 所示。

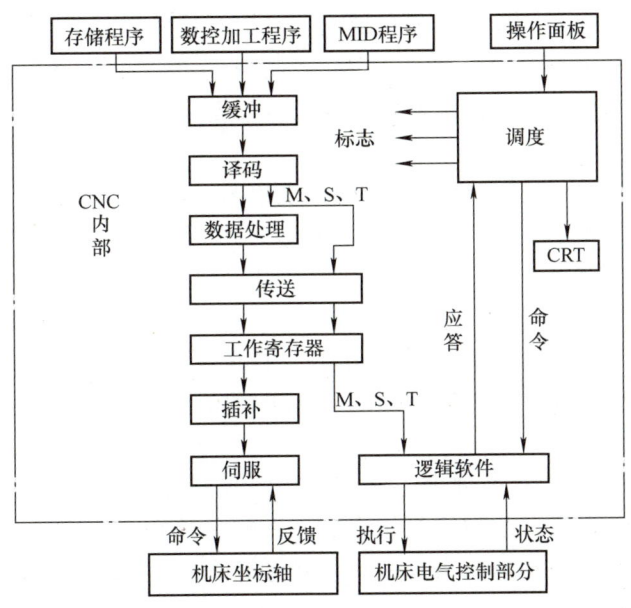

图 5-6　CNC 信息处理过程

1. 程序输入

输入 CNC 装置的零件加工程序，一般是通过 MDI 键盘输入、纸带输入和计算机通信输入。零件加工程序输入，可以一次全部输入到数控装置的内部程序存储器中，加工时把一个个程序段分别调出执行，称为存储工作方式。另一种是一边输入零件程序一边加工，称为 DNC 工作方式。

2. 程序译码

程序译码就是把各种零件轮廓信息（如：起点、终点、直线或圆弧等）、加工速度信息（F 代码）和其他辅助信息（M、S、T 代码等）按照一定的语法规则，翻译成系统能识别的语言。并按照一定的数据格式存放在指定的内存专用区间。

3. 数据处理

零件加工程序输入后，插补程序是不能直接应用的，必须对加工的零件程序进行预计算处理，得到插补程序所需要的数据信息和控制信息。数据处理，通常包括译码、刀具长度补偿、刀具半径补偿、反向间隙补偿、丝杠螺距补偿、进给速度换算和机床辅助功能处理等。

4. 刀具补偿

刀具补偿主要是长度补偿和刀具半径补偿。CNC 装置的零件程序是以零件轮廓轨迹来编程的，刀具补偿的计算是将零件轮廓轨迹转换成刀具中心轨迹（通过刀具补偿实现）。刀具补偿还包括程序段之间的自动转接和过切削判别等。

5. 插补运算

CNC 系统中最重要任务是对机床运动轨迹的控制，通常情况是已知运动轨迹的起点坐标、终点坐标和轨迹的曲线方程，通过数控系统的计算"插入、补上"运动轨迹各个中间点的坐标，把这个过程称为"插补"。插补的结果是输出运动轨迹的中间坐标值，由伺服驱动系统根据这些坐标值控制各坐标轴运动，并加工出符合规定的零件形状。

6. 位置控制

位置控制的主要任务是在每个取样周期内，将插补计算的理论指令位置与实际反馈位置相比较，用其差值去控制伺服电动机。在位置控制中，还必须完成位置回路的增益调整、各螺距误差补偿及反向间隙补偿，才能确保数控机床的定位精度。

7. 输出

输出控制主要是 CNC 装置与机床之间的强电信号的输出，输出控制主要是完成伺服控制、反向间隙、丝杠螺距补偿处理以及 M、S、T 辅助功能，CNC 与 PLC 之间的 I/O 信号处理。

8. 显示

CNC 装置的显示功能有：零件程序显示、刀具位置显示、机床状态显示、参数显示和报警显示等。有的 CNC 装置中还有刀具加工轨迹的图形显示。

9. 诊断

在 CNC 装置中设计有自诊断程序，这种自诊断程序融合在各个部分，诊断程序可以使系统在运行过程中可随时进行故障检查与诊断，一旦有不正常的事件立即报警。当故障出现后，诊断程序可以帮助用户迅速查明故障的类型与部位，也可以作为服务程序在系统运行前或发生故障停机后进行诊断。

第二节　伺 服 系 统

伺服系统是数控机床的重要组成部分之一，是 CNC 装置和机床本体的连接环节。它能够严格按照 CNC 装置的控制指令进行动作，并能获得精确的位置、速度或力矩输出。伺服系统的性能，在很大程度上决定了数控机床的性能。

一、数控机床伺服系统的分类

数控机床伺服系统的分类方法通常是按控制方式、伺服电动机的类型、反馈比较控制方式、进给驱动和主轴驱动方式等进行分类的。

1. 按控制方式分类

按控制方式可分为开环伺服系统、闭环伺服系统和半闭环伺服系统。按开环控制方式可分为无位置检测和反馈装置，半闭环、闭环控制有位置检测和反馈装置。

（1）开环伺服系统　开环伺服系统就是不需要位置检测与反馈装置的伺服系统。执行机构通常采用步进电动机，系统位移正比于指令脉冲的个数，位移速度取决于指令脉冲的频率。每一个进给脉冲驱动步进电动机旋转一个步距角，再经过传动系统转换成工作台的一个当量位移，如图 5-7 所示。

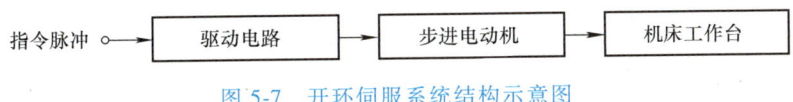

图 5-7　开环伺服系统结构示意图

（2）闭环伺服系统　闭环伺服系统有位置检测装置和反馈装置，是误差控制随动系统。CNC 输出的位置指令与位置检测装置反馈回来的机床坐标轴的实际位置相比较，形成位置误差，经变换得到速度给定电压。在速度控制环，伺服驱动装置根据速度给定电压和速度检测装置反馈的实际转速对伺服电动机进行控制，由此构成闭环位置控制，如图 5-8 所示。

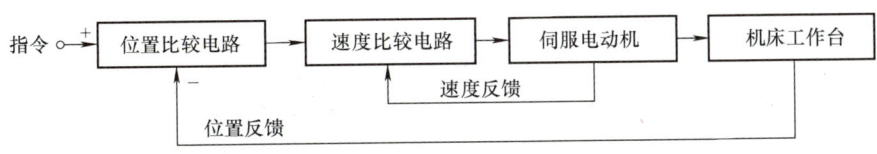

图 5-8　闭环伺服系统结构示意图

（3）半闭环伺服系统　半闭环和闭环系统的控制结构是一样的，区别是其位置检测反馈装置没有直接安装在进给坐标的最终运动部件上，而是将运动的传动链有一部分在位置环以外，在环外的传动误差没能得到系统的补偿，使半闭环伺服系统的精度低于闭环系统。其性能介于开环和闭环伺服系统之间，如图 5-9 所示。

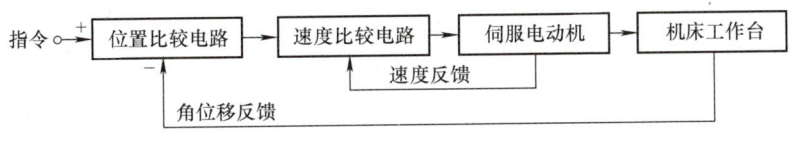

图 5-9　半闭环伺服系统结构示意图

2. 按伺服电动机的类型分类

它可分为步进电动机伺服系统、直流伺服系统和交流伺服系统。

（1）步进伺服系统　步进伺服系统就是典型的开环伺服系统，由步进电动机及其驱动系统组成。步进伺服系统优点是结构简单、使用维护方便、可靠性较高、制造成本低等，所以广泛地应用于小型数控机床和速度、精度要求不太高的场合。

（2）直流伺服系统　直流伺服系统通常用的伺服电动机为小惯量直流伺服电动机和永磁直流伺服电动机。小惯量直流伺服电动机最大限度地减小了电枢的转动惯量。它的快速性较好，在早期的数控机床上应用最多。

（3）交流伺服系统　交流伺服电动机分为交流异步型伺服电动机和交流同步型伺服电动机两种。交流异步型电动机一般用于主轴交流伺服系统，交流同步型伺服电动机，一般用于进给伺服电动机。

3. 按反馈比较控制方式分类

在伺服系统中，因采用的位置检测元件不同，位置指令信号与反馈信号比较方式通常可分为脉冲比较、相位比较和幅值比较。

伺服系统按反馈比较控制方式可分为脉冲数字比较伺服系统、相位比较伺服系统、幅值比较伺服系统和全数字伺服系统。

4. 按进给驱动和主轴驱动方式分类

数控机床伺服系统可分为进给伺服系统和主轴伺服系统。

（1）进给伺服系统　进给伺服系统是以机床移动部件的位置和速度为控制量，它包括速度控制环和位置控制环。数控机床的进给伺服系统主要由伺服驱动控制系统与机床进给机械传动机构两大部分组成。

（2）主轴伺服系统　主轴伺服系统控制只是一个速度控制，与进给伺服系统基本相同，实现主轴的旋转运动，提供切削过程中的转矩和功率，也是采用交流调速或直流调速，能在转速范围内实现无级变速。

二、进给驱动控制系统

进给驱动控制系统是用于数控机床工作台坐标或刀架坐标的控制系统，控制机床各坐标轴的切削进给运动，并提供切削过程所需的力矩。图 5-10 为进给伺服驱动部件实物图。

1. 进给伺服驱动的构成和原理

数控机床进给伺服驱动系统，一般是由位置控制环和速度控制环组成。内环是速度控制环，外环是位置控制环。伺服系统的结构框图如图 5-11 所示。

a）伺服电动机　　　　b）伺服放大器

图 5-10　进给伺服驱动部件

位置控制环由位置指令、位置控制模块、位置检测装置、测量反馈比较单元、速度控制单元、机械传动装置组成。位置控制主要是对机床运动坐标进行控制。坐标轴的控制是要求很高的位置控制，不但对单个轴的运动速度和位置精度的控制有严格要求，而且在多轴联动时，还要求各移动轴按插补要求有很好的动态配合，才能保证复杂形状的加工精度和表面粗糙度值。

速度控制环是由速度检测装置、速度控制单元、速度反馈比较单元伺服电动机组成。它是伺服驱动最基本的内容，用来控制电动机转速。速度控制系统的核心是速度控制模块。测

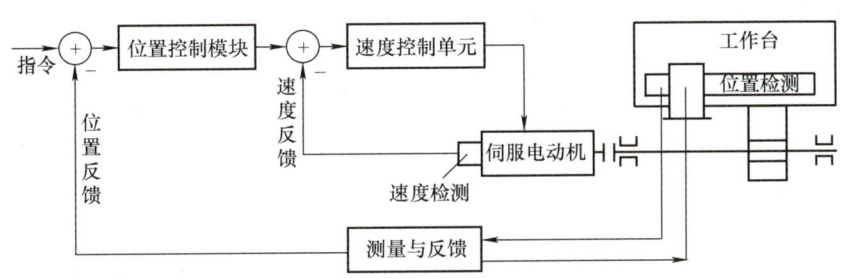

图 5-11 伺服系统的结构框图

速检测一般采用脉冲编码器或者测速发电机。

数控装置是将输入的插补信号输送到位置控制模块的位置比较电路，与位置检测反馈电路传来的反馈信号进行比较，以获得位置比较电路输出的位移信号，经位置控制模块和速度控制单元输出到速度环实现机床的进给运动。

2. 对进给伺服驱动系统的基本要求

数控机床对进给伺服系统的位置控制、速度控制、伺服电动机、机械传动等方面都要求很高，可概括为以下几个方面。

（1）高精度　伺服系统的精度指标主要有位移精度、定位精度、重复定位精度、分辨率和脉冲当量。

（2）稳定性　进给系统的稳定性是指系统在给定新的输入指令信号或外界干扰作用下，能在短暂的调节过程后，达到新的或者恢复到原来的稳定状态。

（3）快速响应　快速响应是伺服系统动态性能的一项重要性能指标，反映了系统的跟踪精度，为确保轮廓切削加工精确度和表面的粗糙度，对进给伺服系统除要求有较高的定位精度外，还要求伺服系统跟踪指令信号的响应要快。

（4）调速范围宽　进给驱动系统具有足够宽的调速范围和良好的无级调速特性。

1）进给速度在 1～24000mm/min 时，即 1∶24000 调速范围内，要求运行均匀、平稳、无爬行，且速降小。

2）进给速度在 1mm/min 以下时，具有一定的瞬时速度，且瞬时速度要低。

3）进给速度为零，即工作台停止运动时，要求电动机有电磁转矩以维持定位精度，即电动机处于伺服锁定状态，以确保定位精度不变。

（5）低速大转矩　数控机床加工要求进给伺服系统在低速时输出的转矩要大，才能满足切削加工的要求。具体是：

1）电动机从最低到最高转速范围内都能平滑地运转，转矩波动要小，尤其在低转速时，仍然保持平稳的速度而无爬行现象。

2）电动机应具备较长时间工作下有较大的过载能力，以满足低速大转矩的要求。

3）为了满足快速响应要求，电动机必须具备小的转动惯量和较大的制动转矩，尽可能小的机电时间常数和起动电压。

4）电动机应具备能承受频繁的正反转和制动。

三、主轴驱动控制系统

数控机床通常通过主轴的回转与进给轴的进给实现刀具与工件的快速的相对切削运动。

主轴驱动控制系统用于控制机床主轴的旋转运动,以速度和功率驱动为主,为机床主轴提供驱动功率和所需的切割力。

主轴驱动系统(见图5-12)分为模拟主轴驱动系统和串行主轴驱动系统,包括主轴驱动器和主轴电动机以及传动机构。主轴驱动系统分直流驱动系统和交流驱动系统。目前数控机床的主轴驱动多采用交流主轴电动机配备变频器或主轴伺服驱动器控制的方式。

1)普通笼型电动机搭配简易变频器,这种配置的无级调速主轴电动机只有工作在500r/mim以上才能有满意的力矩输出,否则容易堵转,一般采用2挡齿轮或皮带变速。受普通电动机最高转速的限制,其调速会受到很大限制。这种方案需要无级调速但低速和高速都不要求的场合。

2)普通笼型异步电动机搭配通用变频器,这种配置低速性能有所改善,配合两级齿轮变速,可以满足机床低速(100~200r/mim)小加工余量的加工,但同样受最高电动机转速的限制,目前常用于经济型数控机床。

3)专用变频电动机搭配通用变频器,这种方式采用反馈矢量控制,低速甚至零速都可以有较大力矩输出,有些还具有定向甚至分度进给功能。中档数控机床主要采用这种方案,主轴传动两挡变速甚至一挡即可实现100~200r/mim左右的车、铣重切削。一些有定向功能的主轴,还可以应用在精镗加工的数控镗铣床上。

普通型或变频专用电动机　　串行数字主轴电动机

a)主轴电动机

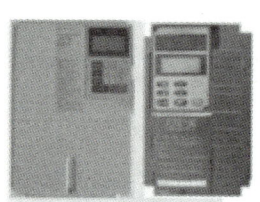
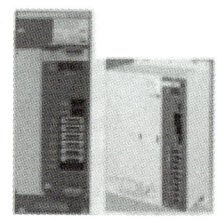

模拟量主轴放大器(变频器)　串行主轴放大器

b)主轴放大器　　　　　　　　　　　c)编码器

图5-12　主轴驱动系统部件

4)伺服主轴驱动系统具有响应快、速度高、过载能力强的特点,还具有定向和进给功能,价格最高是变频主轴的2~3倍,主要用于加工中心上,以满足系统换刀、刚性攻螺纹C轴进给等对主轴位置要求很高的加工。

1. 对主轴伺服系统基本的要求

数控机床对主传动的要求,在很宽的范围内转速能连续可调,恒功率的范围要宽,具有四象限的驱动能力。为满足自动换刀以及某些加工工艺的需要,要求主轴必须具有高精度的准停控制等。

(1)对主轴伺服系统拖动特性的要求

1)调速范围足够大。主轴驱动要求调速范围足够大,要在较宽的转速范围内进行无级调速。一般要求在（1∶100）～（1∶1000）的恒转矩调速范围，1∶10 的恒功率调速范围，能实现四象限驱动功能。

对中型以上的数控机床，要求调速范围超过 1∶100。

2）主轴输出功率大。为了满足生产率的需要，主轴输出功率必须要大，要求主轴在整个速度范围内均能提供切削所需要的功率，即恒功率范围要宽。但由于主轴电动机及其驱动的限制，通常采用分段无级变速的方法，使主轴电动机在低速段采用机械减速装置，可提高输出转矩。

（2）对主轴驱动的控制要求

1）主轴定向准停控制。为满足数控机床的自动换刀以及某些加工工艺的需要，对主轴除调速要求外，还要求主轴具有高精度的准停控制。当 CNC 发出 M19 指令后，经 CPU 处理后作为主轴的定位信号，经过磁性传感器，可检测主轴的准确位置，从而控制主轴准确地停在规定的位置上。

2）主轴旋转与坐标轴进给的同步控制。主轴的转速与坐标轴的进给量要保持一定的关系，主轴每转一圈时，沿工件的轴坐标必须按节矩进给相应的脉冲量。当主轴旋转发出脉冲，经 CPU 对节矩计算后，去控制坐标轴位置伺服系统，从而使进给量与主轴转速保持同步。

3）加减速功能。现代数控机床在主轴正反向转动时，都具备了四象限驱动功能和自动加减速功能，并且加减速时间尽可能短。

4）恒线速切削。车床和磨床进行端面切削时，为确保加工端面的粗糙度 Ra 小于某值，要求被加工的零件与刀尖的接触点的线速度为恒值。但随着刀具的径向进给，切削直径的逐渐减小，必须不断提高主轴转速才能维持线速度为常值。

2. 主轴的变速控制

主轴变速分为有级变速、无级变速和分段无级变速三种形式，有级变速主要用于经济型数控机床，大多数数控机床都采用无级变速或分段无级变速。

主轴无级调速主要有三种方式，一是通过主轴输出的模拟电压接口，输出 0～±10V 模拟电压至主轴驱动装置；二是输出单极性 0～10V 模拟电压至主轴驱动装置，通过正转与反转开关量信号指定正反转；三是选择数控装置输出的二进制代码或开关量信号至主轴驱动装置，控制主轴的转速。

无级调速虽然大大简化主轴箱，但低速段输出转矩经常满足不了切削转矩的要求，采用齿轮变速虽然可以提高低速的输出转矩，但会降低最高主轴转速。数控机床常采用 1～4 挡齿轮变速与电动机无级调速相结合，即分段无级变速控制。

数控系统可设置参数 M41～M44 四挡代码对应的最高主轴转速，系统即可使用 M41～M44 指令，根据当前 S 指令值判断挡位，输出相应的 M41～M44 指令至 PLC，控制齿轮自动变挡。下面以 M41、M42 指令为例进行说明。

分段无级变速示意图如图 5-13 所示，M41 指令所对应的最高主轴转速是 1000r/

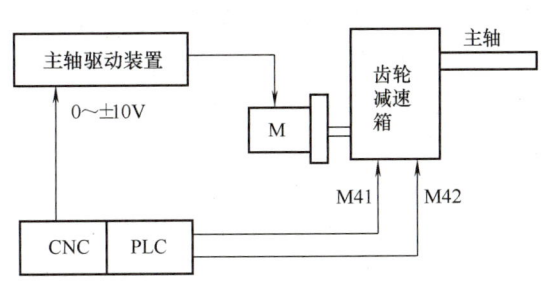

图 5-13　分段无级变速示意图

min，M42 指令所对应的最高主轴转速是 3500r/min，而主轴电动机的最高转速是 3500r/min。当 S 指令在 0～1000r/min 范围内变化时，M41 指令控制对应的齿轮啮合；当 S 指令在 1001～3500r/min 范围内变化时，M42 指令控制对应的齿轮啮合。对换挡时可能出现的顶齿现象，现代数控机床均采用数控系统控制主轴电动机以低速转动或振动的方法来实现齿轮的顺序啮合。

3. 主轴准停控制

主轴准停控制又称为主轴定向控制。为满足加工中心自动换刀，以及某些加工工艺的需要，当主轴停转时，要求主轴具有高精度的准停控制功能。主轴准停分为机械准停和电气准停，它们的控制过程是一样的。机械准停是采用机械挡块来定位；电气准停采用主轴定位，又分为磁传感器准停、编码器型主轴准停和数控系统准停。下面简单介绍编码器准停。

主轴编码器准停控制示意图如图 5-14 所示。数控系统本身具有编码器准停功能。编码器主轴准停有两种形式：一是采用主轴

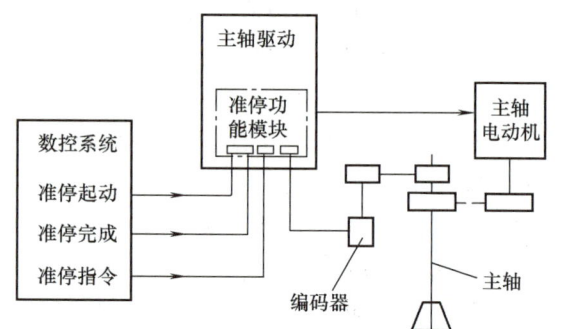

图 5-14 主轴编码器准停控制示意图

电动机内置的编码器信号，采用这种方式注意传动链对主轴准停精度的影响；二是在主轴上直接安装另一个编码器。不管哪种方式，它们都具有主轴位置闭环控制功能。编码器主轴准停的角度可任意设定，其控制步骤与传感器类似，所不同的是准停角度可由编码器设定，更加灵活方便。

四、位置检测元件

在数控伺服系统中，通常有两种反馈：一种是速度反馈，用来测量和控制运动部件的进给速度；另外一种是位置反馈，用来测量和控制运动部件的位移量。

伺服系统中采用的位置检测装置通常分为直线型和旋转型两大类。直线型位置检测装置是用来检测运动部件的直线位移量；旋转型位置检测装置用来检测回转部件的转动位移量。常用的位置检测装置框图如图 5-15 所示。

脉冲编码器是一种旋转式的脉冲发生器。它能把机械转角变成电脉冲，是数控机床上使用最多的角位移检测传感器。编码器除了可以测量角位移外，还可以测量光电脉冲的频率，其实物图如图 5-16 所示。如果经过变换电路，也可用于速度检测，同时作为速度检测装置。如果经过机

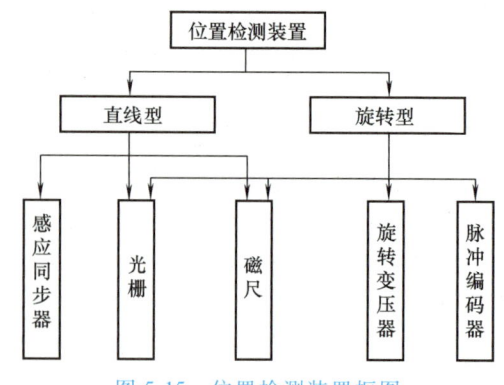

图 5-15 位置检测装置框图

械装置，还可将直线位移转变成角位移，可用来测量直线位移。

脉冲编码器可分为光电式、接触式和电磁感应式三种。就精度与可靠性来说，光电式编码器优于接触式和电磁式，所以在数控机床上通常采用光电脉冲编码器。由霍尔效应构成的

电磁式脉冲编码器可作为速度检测元件用。光电脉冲编码器又可分为增量式脉冲编码器和绝对式脉冲编码器。

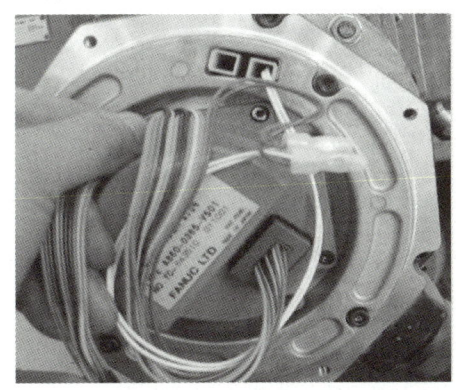

a) 伺服电动机内装编码器　　　　　　b) 独立型旋转编码器

图 5-16　脉冲编码器实物图

(1) 增量式脉冲编码器

1) 结构。增量式脉冲编码器的结构原理图如图 5-17a 所示。它由光源、透镜、窄缝圆盘、检测窄缝、光电变换器、A/D 转换电路及数字显示装置组成。其中，窄缝圆盘采用玻璃研磨抛光制成，玻璃表面在真空中镀一层不透光的金属薄膜铬，然后在上面制成圆周等距的透光与不透光相间的狭缝作透光用。狭缝的数量可为几百条或几千条。窄缝圆盘也可用精制的金属圆盘，在圆盘上再开出一定数量的等分圆槽缝，或在半径的圆周上钻出一定数量的孔，使圆盘产生明暗相间变化的区域。

2) 工作原理。窄缝圆盘装在回转轴上，由图 5-17b 可知，当窄缝圆盘随回转轴一起转动时，每转过一个缝隙就发生一次光线的明暗变化。经光敏元件构成一次电信号的强弱变化，经过整形电路、放大电路和微分电路处理后，得到脉冲输出信号。脉冲个数就等于转过的缝隙个数。如果将上述脉冲信号送入计数器中计数，则计数码将反映出圆盘转过的角度。

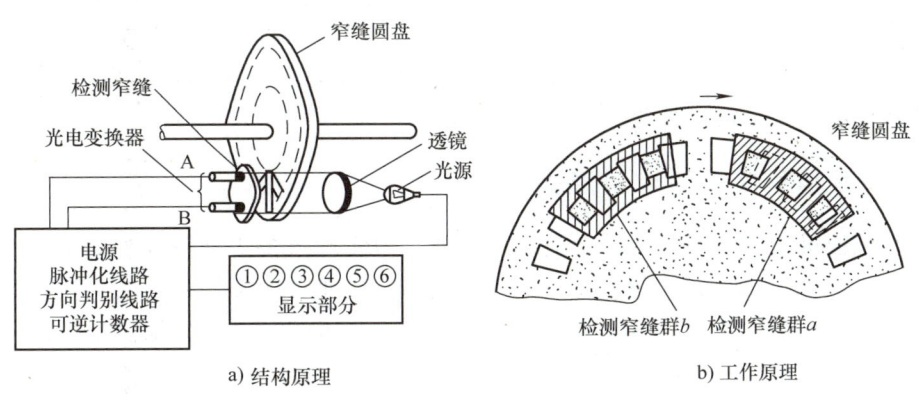

a) 结构原理　　　　　　b) 工作原理

图 5-17　增量式脉冲编码器结构原理图

(2) 绝对式脉冲编码器　绝对式编码器按照角度直接进行编码，可直接把被测转角用数字代码表示出来。根据内部结构和检测方式有接触式、光电式等形式。绝对式光电编码器由光源、光学系统、安装在旋转轴上码盘、光电接收元件、处理电路等组成。码盘由光学玻璃制成，其上刻有许多同心码道，每位码道上都有按一定规律排列的透光和不透光部分，即亮区和暗区。绝对式编码器的原理如图5-18所示。

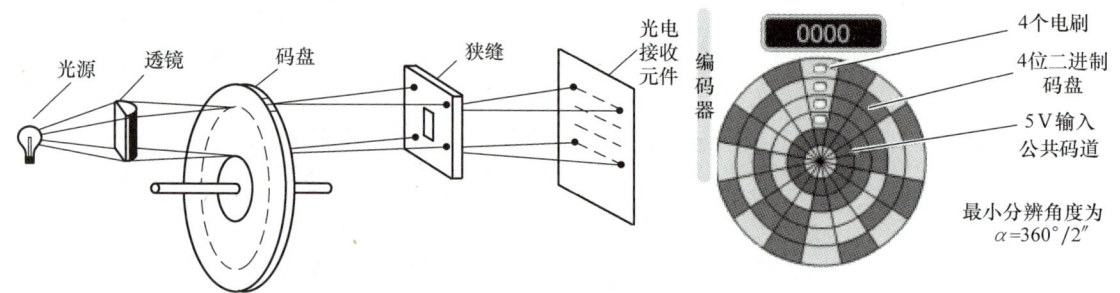

图5-18 绝对式编码器原理图

（3）混合式绝对值编码器 混合式绝对值编码器是把增量制码与绝对制码同做在一码盘上。圆盘的最外圈是高密度的增量制条纹（2000脉冲/转、2500脉冲/转、3000脉冲/转），其中间分布在4圈圆环上有4个二进制位循环码，每1/4圆由4位二进制循环码分割成16个等分位置。在圆盘最里圈仍有发一转信号的窄缝条。由循环码读出的4×16个位置/转，代表了一圈的粗计角度检测，它和交流伺服电动机4对磁极的结构相对应，可实现对交流伺服电动机的磁场位置进行有效的控制。

第三节 数控机床中的PLC

数控机床主要有两类控制，一类是对各坐标轴运行的插补、补偿等的控制称为数字控制。另一类是顺序控制，是以CNC内部和机床各行程开关、传感器、按钮、继电器等的开关量信号状态为条件，并按照预先规定的逻辑顺序对诸如主轴的正反转起动和停止、主轴准停、刀架换刀、卡盘夹紧/松开、工作台交换、冷却和润滑控制、报警监测、排屑、机械手取送刀等进行的控制。

PLC主要完成数控机床的顺序控制，一方面直接控制机床的动作，另一方面将一部分信息送往数控装置用于加工过程的控制。

一、PLC在数控机床中的应用形式

PLC在数控机床中应用分为两大类：一类是专为实现数控机床顺序控制而设计制造的，是由CNC生产厂家将CNC和PLC综合起来而设计的，称为内装型PLC；另一类是专业的PLC生产厂家的产品，它的输入/输出接口技术、输入/输出点数、程序存储容量以及运算和控制功能等均满足数控机床控制要求，称为独立型PLC。

1. 内装型PLC

内装型PLC从属于CNC装置，是CNC装置的一个部件，PLC与NC之间的信号传送是在CNC装置内部总线实现的。PLC与数控系统共用一个CPU，PLC中的信息可通过CNC的显示器显示，其软件存储在存储板上的ROM中。现代数控机床的PLC大都采用内装型，

PLC 与数控机床之间是通过 CNC 的输入/输出接口电路实现信号传送的，如图 5-19 所示。目前市场上用得较多的数控系统就是带内装型 PLC 的系统。内装型 PLC 的特点如下：

1）系统整体结构紧凑。
2）与 CNC 共用电源及 I/O 接口。
3）体积小，调试方便。
4）可靠性强。

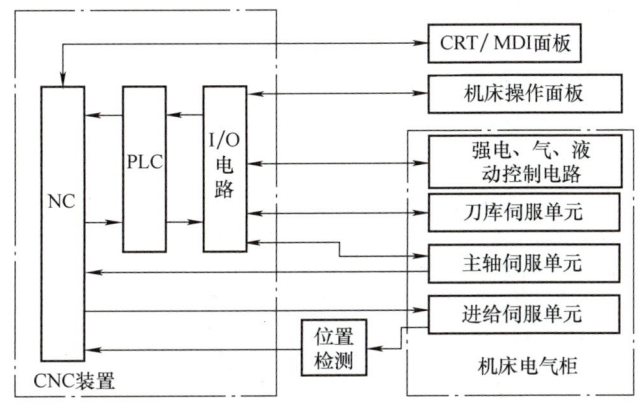

图 5-19　内装型 PLC 系统框图

2. 独立型 PLC

独立型 PLC 是在 CNC 外部，自身具有完备的软硬件功能，能满足数控机床控制要求的 PLC 装置。独立型 PLC 系统框图如图 5-20 所示，其特点如下。

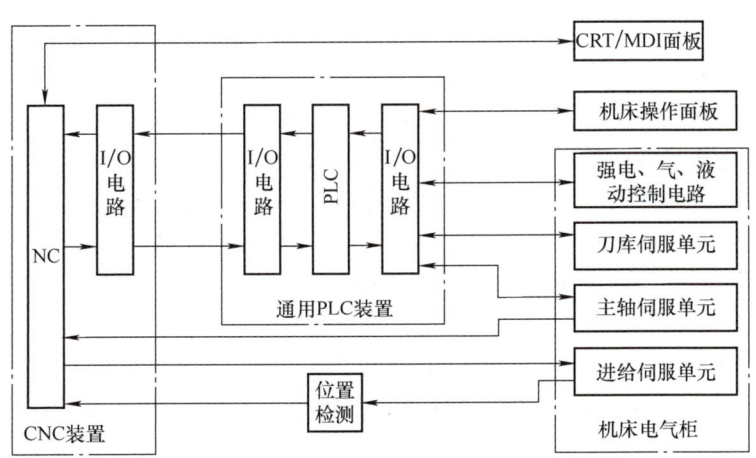

图 5-20　独立型 PLC 系统框图

1）基本功能结构与通用型 PLC 完全相同。
2）数控机床应用的独立型 PLC 一般采用中型或大型 PLC，I/O 点数一般在 200 点以上。因此多采用积木式模块化结构，具有安装方便、功能易于扩展和变换等优点。
3）独立型 PLC 的 I/O 模块种类齐全，其 I/O 点数可通过增减 I/O 模块灵活配置。
4）与内装型 PLC 相比，独立型 PLC 功能更强，但一般要配置单独的编程设备。

5) 实现独立型 PLC 与 CNC 之间的信息交换。

二、PLC 与 CNC 及机床之间的信息交换

FANUC 系统的 PLC 又称为 PMC，其与 CNC 及机床间信息交换过程如图 5-21 所示。PMC 处于 CNC 和 MT 之间，其与 CNC 和 MT 的信息交换包括 4 个过程。图中 X、Y、F、G、R、T、C 为 FANUC 的 PMC 地址。

① X—MT 输入到 PMC 的信号，如接近开关、急停信号等。

② G—PMC 输出到 CNC 的信号，是固定的地址。

③ F—CNC 输入到 PMC 的信号，是固定的地址。

④ Y—PMC 输出到 MT 的信号。

R、T、C、K、D 等—PMC 程序使用的内部地址。

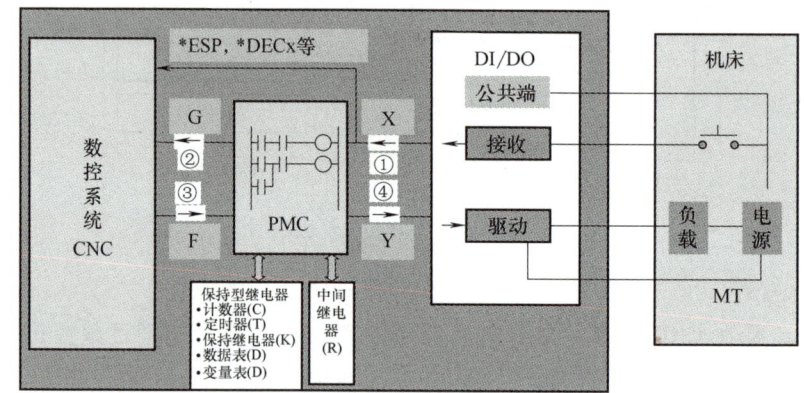

图 5-21　PMC、CNC 及机床间信息交换示意图

① MT→PMC

MT 侧的控制信号可通过 PMC 的输入接口送入 PMC 中，经过逻辑运算后，输出给控制对象。这些控制信号是由按钮、倍率开关、行程开关、接近开关、压力继电器等提供的。除 CNC 特定的信号外（如急停、进给保持、循环起动、回参考点减速、坐标轴的地址分配等），多数信号的含义及所占用 PMC 的地址都是由数控机床电气设计人员按要求自行定义的。

② PMC→CNC

PMC 送至 CNC 的信息也由开关量信号或寄存器完成，PMC 发给 CNC 的信息主要功能代码是 M、S、T 功能的应答信息和各坐标轴对应的机床参考点信息等，经 PMC 处理完成的信号送至 CNC 中。所有 PMC 送至 CNC 的信息的地址与含义由 CNC 厂家确定，设计人员只可使用，不可改变。

③ CNC→PMC

CNC 装置→CNC 装置的 RAM→PMC 的 RAM 中。PMC 软件对 RAM 中的数据进行逻辑运算处理，处理后的数据还放在 PMC 的 RAM 中。

CNC 侧发送给 PLC 的信息主要功能代码是 M、S、T 的功能信息，手动/自动方式信息及其他的状态信息。这些信号均作为 PMC 的输入信号，其地址和含义由 CNC 厂家确定，设计人员不可更改和删除，只可使用。PMC 通过信息交换，接收 CNC 的命令信息，实现辅助

功能的控制。

④ PMC→MT

PMC 输出的信号经继电器、接触器、电磁阀等对回转工作台、刀库、机械手以及液压泵等装置进行控制。这些电气元件输出信号的含义及其所占用的地址均由设计人员自行定义。

三、FANUC 0i 系统可编程机床控制器（PMC）

1. FANUC 0i 系统 PMC 性能

FANUC 0i 系统的输入/输出信号是来自机床侧的直流信号。直流输入信号接口如图 5-22 所示，漏极型（共 24V）和有源型（0V）是可以切换非绝缘型的接口，节点容量为 DC30V、16mA 以上。直流输出信号为有源型输出信号如图 5-23 所示。输出信号可驱动机床侧的继电器线圈或白炽指示灯负载。驱动器 ON 时最大负载电流 200mA，电源电压为 DC24V。输出负载为感性负载时，应在继电器线圈反向并联续流二极管；输出负载为灯类负载时，应接入限流电阻。

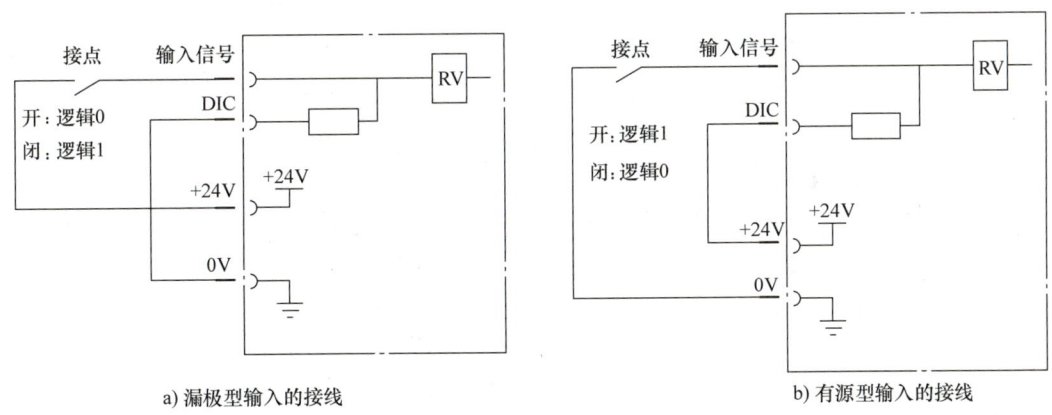

图 5-22 FANUC 0i 系统的直流输入信号接口

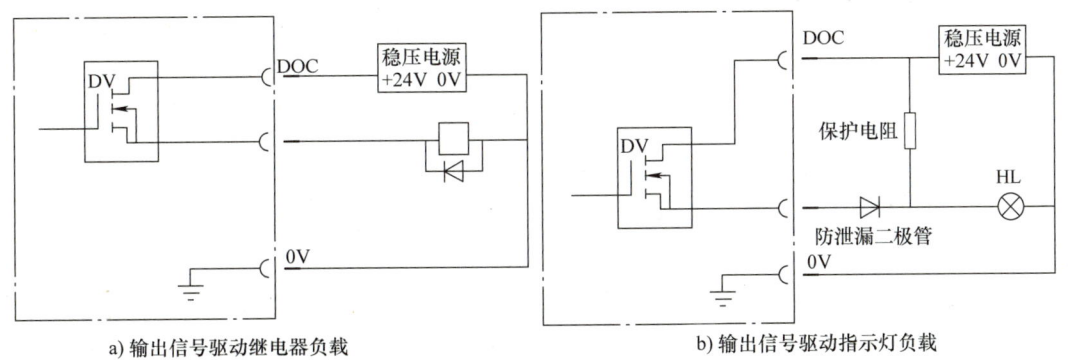

图 5-23 FANUC 0i 系统的直流输出信号接口

2. FANUC 0i-D PMC 的基本规格

FANUC 0i 系统 PMC 的性能和规格见表 5-1。

表 5-1　FANUC 0i-D PMC 的基本规格

PMC 规格	0i-D PMC	0i-D PMC/L	0i Mate-D PMC/L
编程语言	梯形图	梯形图	梯形图
梯形图级别数	3	2	2
第一级程序执行周期	8ms	8ms	8ms
基本指令执行速度	25ns/步	1μs/步	1μs/步
梯形图程序容量	最大约 32000 步	最大约 8000 步	最大约 8000 步
基本指令数	14	14	14
功能指令数	93	92	92
CNC 接口-输入 F	768 B×2	768 B	768 B
CNC 接口-输出 G	768 B×2	768 B	768 B
DI/DO I/O Link-输入（X）	最大 2048 点	最大 1024 点	最大 256 点
DI/DO I/O Link-输出（Y）	最大 2048 点	最大 1024 点	最大 256 点
程序保存区（FLASH ROM）	最大 384KB	128KB	128KB

3. FANUC 0i 系统 PMC 器件地址分配

FANUC 0i 系统的输入/输出信号控制有两种形式，一种来自系统内装 I/O 卡的输入/输出信号，其地址是固定的；另一种来自外装的 I/O 卡（I/O LinK）的输入/输出信号，其地址是由数控机床厂家在编制顺序程序时设定的，连同顺序程序存储到系统的 FROM 中，写入 FROM 中的地址是不能更改的。若内装 I/O 卡和 I/O LinK 控制信号同时作用，内装卡优先。其信号地址由地址号（字母和其后四位之内数）和位号（0~7）组成。FANUC 0i-D/0i Mate-D PMC 的地址分配见表 5-2。

PMC 的数据形式分为二进制形式、BCD 码形式和位型三种。CNC 和 PMC 间的接口信号为二进制形式。一般来说，PMC 数据也采用二进制形式。

表 5-2　FANUC 0i-D/0i Mate-D PMC 的地址分配

信号种类	PMC 类型		
	0i-D PMC	0i-D PMC/L	0i Mate-D PMC/L
F	F0~F767 F1000~F1767	F0~F767	F0~F767
G	G0~G767 G1000~G1767	G0~G767	G0~G767
X	X0~X127 X200~X327	X0~X127	X0~X127
Y	Y0~Y127 Y200~Y327	Y0~Y127	Y0~Y127
内部继电器（R）	R0~R7999	R0~R1499	R0~R1499
系统继电器（R9000）	R9000~R9499	R9000~R9499	R9000~R9499
扩展继电器（E）	E0~E9999	E0~E9999	E0~E9999
信息显示（A）请求	A0~A249	A0~A249	A0~A249

(续)

信号种类	PMC 类型		
	0i-D PMC	0i-D PMC/L	0i Mate-D PMC/L
可变定时器(TMR)	T0~T499	T0~T79	T0~T79
可变计数器(CTR)	C0~C399	C0~C79	C0~C79
固定计数器(CTRB)	C5000~C5199	C5000~C5039	C5000~C5039
保持继电器(K)-用户区域	K0~K99	K0~K19	K0~K19
保持继电器(K)-系统区域	K900~K999	K900~K999	K900~K999
数据表(D)	D0~D9999	D0~D2999	D0~D2999
标签(LBL)	L1~L9999	L1~L9999	L1~L9999
子程序(SP)	P1~P5000	P1~P512	P1~P512

1) X 信号为 MT 输出到 PMC 的信号，主要是机床操作面板的按键、按钮和其他各种开关的输入信号。个别 X 信号的含义和地址是 FANUC CNC 事先定义好的，用来作为高速信号由 CNC 直接读取，可以不经过 PMC 的处理，如急停信号。

2) Y 信号为 PMC 输出到 MT 的信号，主要是机床执行元件的控制信号，以及状态和报警指示等。

3) G 信号为 PMC 输出到 CNC 的信号，主要是使 CNC 改变或执行某一种运行的控制信号。所有 G 信号的含义和地址都是 FANUC CNC 事先定义好的，PMC 编程人员只能使用。

4) F 信号为 CNC 输出到 PMC 的信号，主要是反映 CNC 运行状态或运行结果的信号。所有 F 信号的含义和地址都是 FANUC CNC 事先定义好的，PMC 编程人员只能使用。

5) 定时器地址（T）分为可变定时器和固定定时器。可变定时器 TMR 指令的定时时间可通过 PMC 参数进行更改。固定定时器 TMRB 的设定时间编在梯形图中，在指令和定时器号的后面加上一项参数预设定时间，与顺序程序一起被写入 FROM 中，所以定时器的时间不能用 PMC 参数改写。

6) 计数器地址（C）主要功能是进行计数，可以是加计数，也可以是减计数。计数器的预置值形式是 BCD 码还是二进制码形式由 PMC 的参数设定（一般为二进制码）。

7) 信息继电器地址（A）通常用于报警信息显示请求。

8) 子程序号地址（P）用来指定 CALL（子程序有条件调用）或 CALLU（子程序无条件调用）功能指令中调用的目标子程序标号。在整个顺序程序中子程序号应当是唯一的。

9) 标号地址（L）用来指定标号跳转 JMPB 或 JMPC 功能指令中跳转目标标号（顺序程序中的位置）。

在 PMC 顺序程序的编制过程中，应注意输入继电器 X 不能作为线圈输出，系统状态输出 F 也不能作为线圈输出。对于输出线圈，输出地址不能重复，否则该地址状态不能确定。

4. PMC 程序结构及扫描过程

如图 5-24 所示，FANUC 程序结构分第一级程序和第二级程序，其处理的优先级不同。第一级程序主要编写急停、进给暂停、超程等紧急动作控制程序，在每个 8ms 扫描周期时都先扫描执行，然后 8ms 当中 PMC 扫描的剩余时间再扫描第二级程序，第二级程序通常包括机床操作面板、ATC（自动换刀装置）程序等。如果第二级程序在一个 8ms 中不能完成，

它会被分割成 n 段来执行,在每个 8ms 执行完一级程序后,再执行剩余的二级程序。因此一级程序编制尽量短,可以把需要快速响应的程序放在一级程序中,例如急停、超程限位等。

为减少 PMC 循环处理周期时间,在保证程序逻辑正确的前提下,减少一级程序的同时,可以采用子程序的结构处理。这样既可以使程序结构模块化,便于调试和维修,也可以在某些功能的子程序不用时,减少循环处理时间。

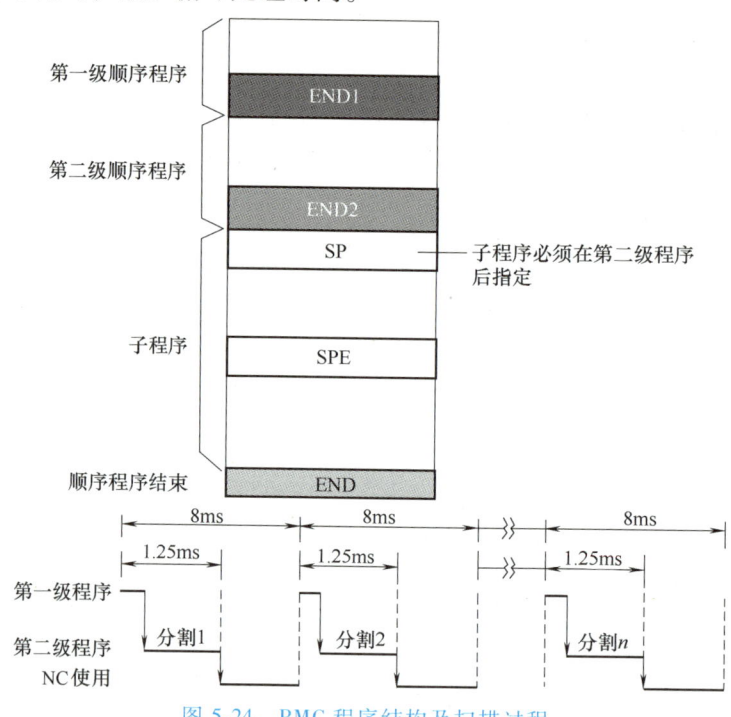

图 5-24　PMC 程序结构及扫描过程

5. 指令系统

在 FANUC 系列的 PMC 中,有基本指令和功能指令两种,不同型号的 PMC 功能指令的数量有所不同,除此之外,指令系统完全相同。

(1) 基本指令　基本指令格式如图 5-25 所示,基本指令共 12 条,见表 5-3。

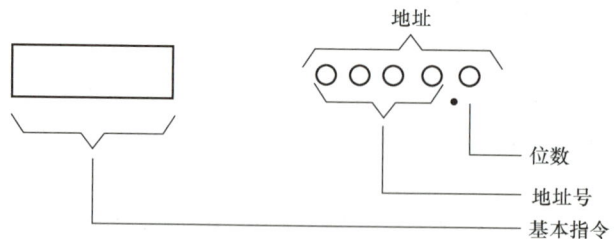

图 5-25　基本指令格式

表 5-3　基本指令

序号	指令	处理内容
1	RD	读出指定信号状态,在一个梯级开始的触点是动合触点时使用
2	RD. NOT	读出指定信号的"非"状态,在一个梯级开始的触点是动断触点时使用

(续)

序号	指令	处理内容
3	WRT	将运算结果写入到指定的地址
4	WRT. NOT	将运算结果的"非"状态写入到指定的地址
5	AND	执行触点逻辑"与"操作
6	AND. NOT	以指定信号的"非"状态进行逻辑"与"操作
7	OR	执行触点逻辑"或"操作
8	OR. NOT	以指定信号的"非"状态进行逻辑"或"操作
9	RD. STK	电路块的起始读信号,指定信号的触点是动合触点时使用
10	RD. NOT. STK	电路块的起始读信号,指定信号的触点是动断触点时使用
11	AND. STK	电路块的逻辑"与"操作
12	OR. STK	电路块的逻辑"或"操作

例 5-1 电动机正反转控制。

图 5-26a 所示,采用的是 FANUC PMC 可编程机床控制器的指令绘制的梯形图和编制的程序,其中,X1.0 为正转起动按钮;X1.1 为反转起动按钮;X1.2 为停止按钮地址;Y48.0 为正转输出;Y48.1 为反转输出。图 5-26b 的梯形图和程序语句,采用的是三菱 FX 指令。它们之间梯形图完全一样,但操作码和操作数有区别,在实际应用中,要注意区分。

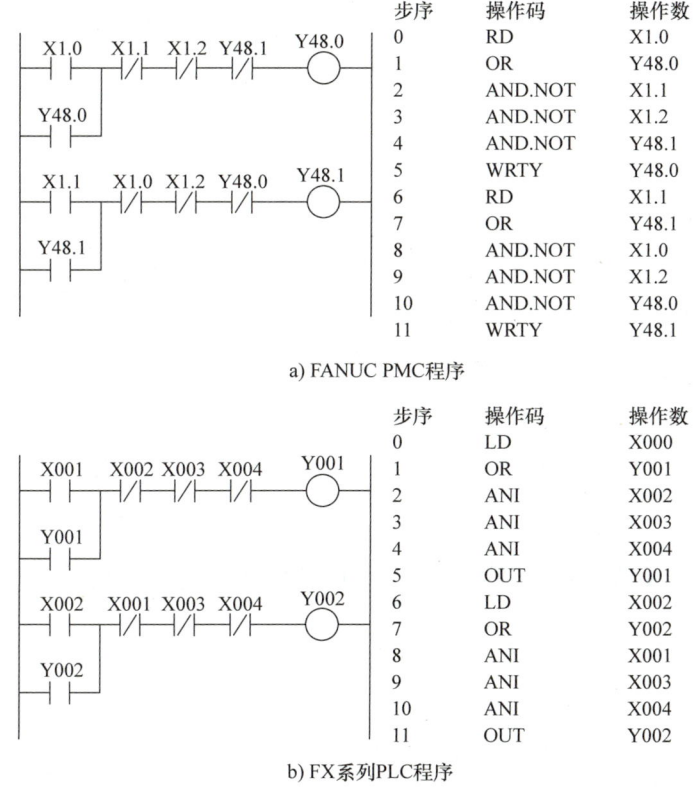

图 5-26 采用 FANUC PMC 与三菱 PLC 程序对照

（2）功能指令 数控机床用 PMC 的指令满足数控机床信息处理和动作控制的特殊要求。数控机床使用的 PLC 指令必须满足数控机床信息处理和动作顺序控制的要求，如在 CNC 输出的 M、S、T 二进制码信号的译码（DEC）；换刀时数据检索（DSCH）和数据变址传送（XMOV）；加工工件的计数（CTR）；机械运动状态或液压系统动作状态的延时的（TMR）确认；刀库、分度工作台沿最短路径旋转和现在位置至目标位置步数的计算（ROT）等。由上所述的译码、计数、定时、最短路径的选择，以及比较、检索、转移、代码转换、四则运算、信息显示等控制功能，仅用基本指令编程难易实现，因此要增加一些具有专门控制功能的指令，即功能指令。功能指令都是一些子程序，应用功能指令就是调用相应的子程序。FANUC PMC 的功能指令数目视型号不同而有所差别。

例 5-2 某数控机床利用定时器实现机床报警灯闪烁控制。

图 5-27 所示梯形图为某数控机床利用定时器实现机床报警灯闪烁控制实例。图中 X8.4 为机床急停报警，R0.3 为主轴报警，R0.2 为自动开关保护报警，R0.1 为自动换刀装置故障报警，R0.0 为自动加工中机床防护门打开报警，当上面任何一个报警信号输入时，机床报警灯 Y1.5 都闪烁（间隔时间为 5s）。通过 PMC 参数的定时器设定界面分别输入 TM01、TM02 的时间设定值（5s）。

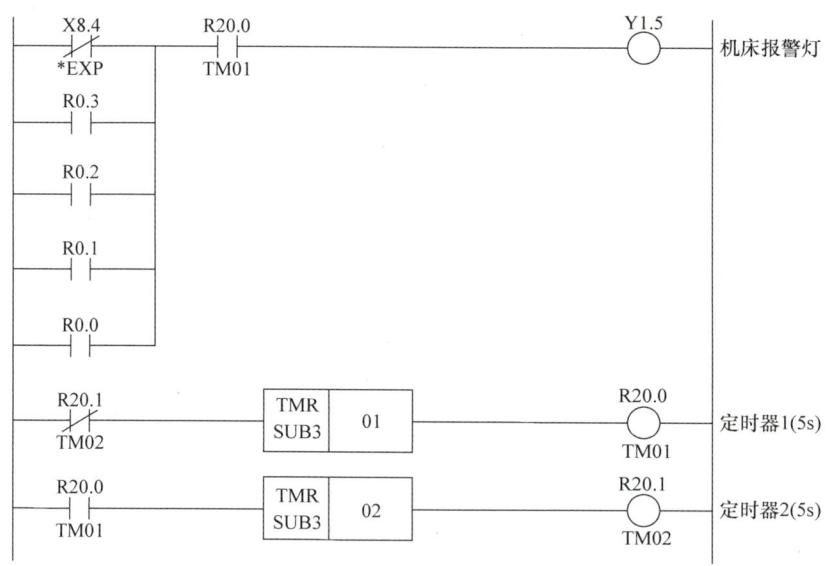

图 5-27 某数控机床利用定时器实现机床报警灯闪烁控制

实训项目一 FANUC 0i Mate-TD 数控车床面板认知及基本操作

一、项目任务

1）数控系统面板以及机床操作面板的认知。

2）数控机床开机练习。

3）数控车床回零操作。

4）数控机床"JOG"运行方式练习。

5）数控机床 MDI 运行方式（手动输入）练习。

二、项目准备

FANUC 系统数控机床示教机；数控系统说明书 1 本；数控车床使用说明书 1 本；电工工具 1 套；数控系统维修说明书 1 本。

三、相关知识讲解

1. FANUC 0i Mate-TD 数控车床系统面板

FANUC 0i Mate-TD 系统面板如图 5-28 所示，分为两大区域：LCD 显示屏区域和编辑面板部分，编辑面板又分为 MDI 键盘和功能键。

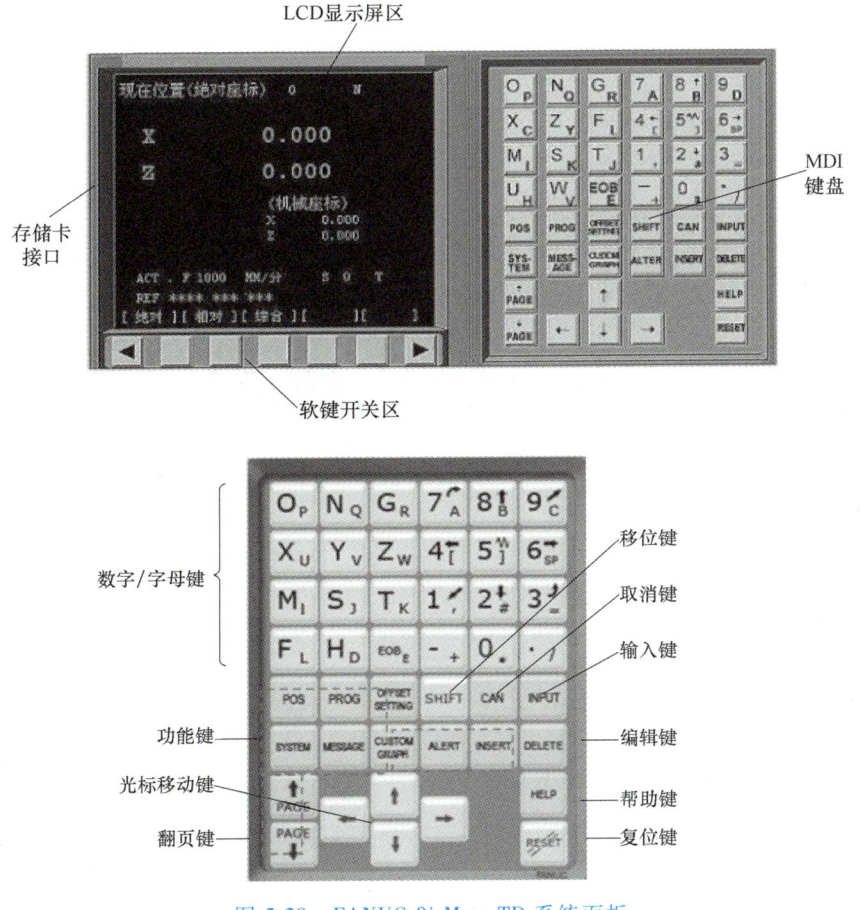

图 5-28　FANUC 0i Mate-TD 系统面板

系统面板各键的功能见表 5-4。

2. 机床操作面板

FANUC 0i Mate-TD 数控车床操作面板如图 5-29 所示。

FANUC 0i Mate-TD 系统数控车床操作面板功能见表 5-5。

表 5-4 系统面板各键功能

键图标	功　　能
ALERT	替代键：用输入的数据替代光标所在的数据
DELETE	删除键：删除光标所在的数据、删除一个数控程序或者删除全部数控程序
INSERT	插入键：把输入域之中的数据插入到当前光标之后的位置
CAN	修改键：消除输入域内的数据
EOB E	回车换行键：结束一行程序的输入并且换行
SHIFT	上挡键
PROG	数控程序显示与编辑界面
POS	位置显示界面：位置显示有三种方式，用 PAGE 按钮选择
OFFSET SETTING	参数输入界面：按第一次进入坐标系设置界面，按第二次进入刀具补偿参数界面。进入不同的界面以后，用 PAGE 按钮切换
CUSTOM GRAPH	图形参数设置页面
MESSAGE	信息界面：如"报警"
SYSTEM	系统参数界面
HELP	系统帮助界面
RESET	复位键
PAGE ↑	向上翻页
PAGE ↓	向下翻页

（续）

键图标	功能
↑	向上移动光标
↓	向下移动光标
←	向左移动光标
→	向右移动光标
INPUT	输入键:把输入域内的数据输入参数界面或者输入一个外部的数控程序

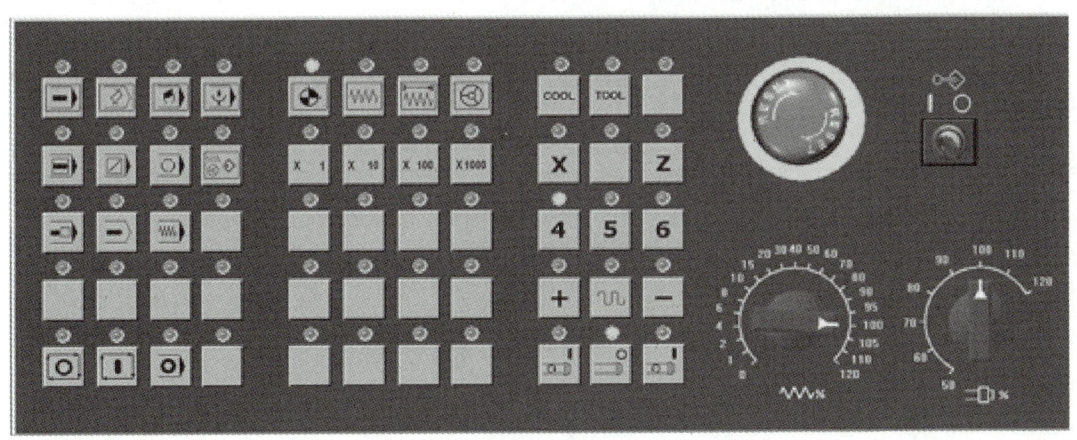

图 5-29　FANUC 0i-TD 数控车床操作面板

表 5-5　FANUC 0i Mate-TD 系统数控车床操作面板功能表

键图标	功能
⇨	AUTO:进入自动加工模式
◇	EDIT:用于直接通过操作面板输入数控程序和编辑程序
◁	MDI:手动数据输入
∿	INC:增量进给
⊙	手轮方式移动台面或刀具

（续）

键图标	功能
	JOG：手动方式，手动连续移动台面或者刀具
	DNC 位置在用 RS232 电缆线连接 PC 和 数控机床，选择数控程序文件传输
	REF：回参考点
	程序运行开始：模式选择旋钮在"AUTO"和"MDI"位置时按下有效，其余时间按下无效
	程序运行停止：在数控程序运行中，按下此按钮停止程序运行
	手动开机床主轴正转
	手动开机床主轴反转
	手动关机床主轴
	手动移动机床台面按钮
X 1	单步进给量控制旋钮 — X1 为 0.001mm
X 10	X10 为 0.01mm
X 100	X100 为 0.1mm
	进给速度（F）：调节数控程序运行中的进给速度，调节范围从 0%～150%
	主轴速度调节旋钮：调节主轴速度，速度调节范围从 0%～120%
	手摇脉冲发生器：把光标置于手轮上，按鼠标左键，移动鼠标，手轮顺时针转时，机床往正方向移动，手轮逆时针转时，机床往负方向移动

(续)

键图标	功 能
	单步执行开关：每按一次执行一条数控指令
	程序段跳读：自动方式按下此键，跳过程序段开头带有"/"程序
	程序停：自动方式下，遇有M00程序停止
	机床空转：按下此键，各轴以固定的速度运动
	手动示教
	切削液开关：按下此键，切削液开
	在刀库中选刀：按下此键，刀库中选刀
	程序编辑开关：置于"ON"位置，可编程序
	程序重起动：由于刀具破损等原因自动停止后，程序可以从指定的程序段重新起动
	程序锁开关：按下此键，机床各轴被锁住

3. 数控车床基本操作

（1）开机 开机的步骤如下：闭合数控车床电气柜总开关，机床正常送电。接通操作面板上电按钮，给数控系统上电。如果机床起动一切正常，则CRT显示屏显示界面如图5-30所示。

（2）返回参考点操作 正常开机后，首先应完成返回参考点操作。因为机床断电后就失去对各坐标轴位置的记忆，所以接通电源后，必须让各坐标轴返回参考点。

机床返回参考点后，要通过手动操作（JOG）方式，分别按下"方向键"中X轴负向键和Z轴负向键，使刀具回到换刀位置附近。

图5-30 CRT显示屏显示界面

（3）车床手动操作 通过数控车床面板的手动操作，可以完成主轴旋转、进给运动、刀架转位、切削液开/关等动作，检查机床状态，保证机床正常工作。

（4）输入工件加工程序　选择编辑方式（EDIT）和功能键（PROG）进入加工程序编辑界面，按照系统要求完成加工程序的输入，并检查输入无误。

（5）刀具和工件装夹　根据加工要求，合理选择加工刀具。刀具安装时，要注意刀具伸出刀架的长度。选择合适工装夹具，完成工件的装夹，并用百分表等进行找正。

（6）对刀　手动选择各刀具，用试切法或对刀仪测量各刀的刀补，并置入程序规定的刀补单位，根据加工程序需要，用 G50 或 G54 设定工件坐标系。

（7）程序校验　程序校验的方法常用有机床锁紧和机床空运行两种。

1）选择自动运行模式，按下机床锁紧和单步运行按钮，再按下循环起动按钮，这样可以逐步检查编辑输入的程序是否正确无误。

2）程序校验还可以在空运行状态下进行，但检查的内容与机床锁紧方式是有区别的。机床锁紧运行主要用于检查程序编制是否正确，程序有无编写格式错误等；而机床空运行主要用于检查刀具轨迹是否与要求相符。

（8）首件试切　程序校验无误后，装夹好工件，选自动方式，选择适当的进给率和快速倍率，按循环起动键，开始自动加工。首件试切时应选较低的快速倍率，并利用单步运行功能，可以减少程序和对刀错误引发的故障。

（9）工件加工　首件加工完成后测量各加工部位尺寸，修改各刀具的刀补值，然后加工第二件，确认无误后恢复快速倍率 100%，加工全部工件。

4. 简单程序的输入、编辑、修改

数控程序可以通过记事本或写字板等编辑软件输入并保存为文本格式（*.txt 格式）文件，也可直接用 FANUC 0i 系统的 MDI 键盘输入。

（1）导入数控程序

1）单击操作面板上的编辑键 ，编辑状态指示灯 变亮，此时已进入编辑状态。单击 MDI 键盘上的 ，CRT 界面转入编辑界面。再按<操作>菜单软键，在出现的下级子菜单中，依次按软键 →<READ>键，转入如图 5-31 所示界面。

2）单击 MDI 键盘上的数字/字母键，输入"O×"（×为任意不超过四位的数字），按<EXEC>软键；单击菜单"机床/DNC 传送"，在弹出的对话框（见图 5-32）中选择所需的 NC 程序。

3）单击"打开"按钮，则数控程序被导入并显示在 CRT 界面上，如图 5-33 所示。

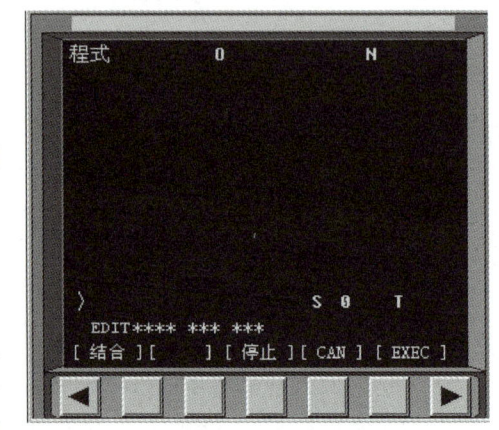

图 5-31　编辑界面

（2）数控程序管理

1）显示数控程序目录（见表 5-6）。

2）删除一个数控程序（见表 5-7）。

3）新建一个 NC 程序（见表 5-8）。

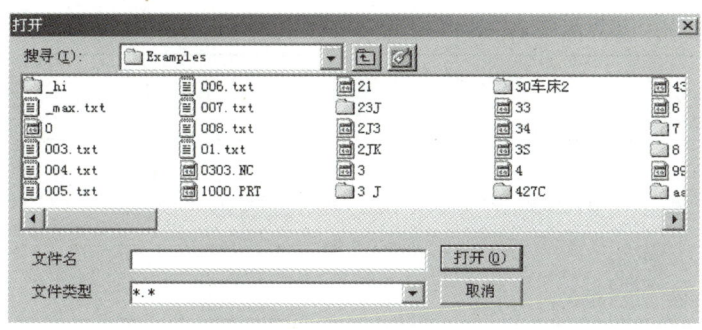

图 5-32 单击菜单"机床/DNC 传送"后弹出的对话框

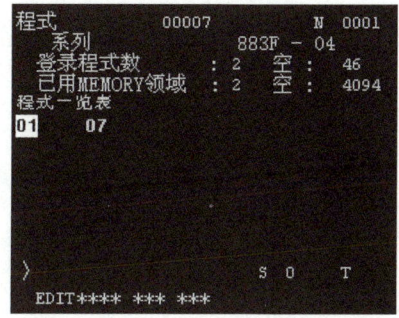

图 5-33 CRT 界面

表 5-6 显示数控程序目录

步骤	操 作 内 容
1	经过导入数控程序操作后,单击操作面板上的编辑键,编辑状态指示灯变亮,此时已进入编辑状态
2	单击 MDI 键盘上的,CRT 界面转入编辑界面
3	按<LIB>菜单软键,经过 DNC 传送的数控程序名列表显示在 CRT 界面上

表 5-7 删除一个数控程序

步骤	操 作 内 容
1	将 MODE 旋钮置于 EDIT 挡
2	在 MDI 键盘上按键,进入编辑界面,按键入字母"O"
3	按数字键键入要删除的程序的号码:XXXX
4	按键,程序即被删除

表 5-8 新建一个 NC 程序

步骤	操 作 内 容
1	将 MODE 旋钮置于 EDIT 挡
2	在 MDI 键盘上按键,进入编辑界面,按键入字母"O"
3	按数字键键入程序号。按键,若所输入的程序号已存在,将此程序设置为当前程序,否则新建此程序步骤

注:MDI 键盘上的数字/字母键,第一次按下时输入的是字母,以后再按下时均为数字。若要再次输入字母,须先将输入域中已有的内容显示在 CRT 界面上(按键,可将输入域中的内容显示在 CRT 界面上)。

4)删除全部数控程序(见表 5-9)。

(3)编辑程序方法

将 MODE 旋钮置于 EDIT 挡,在 MDI 键盘上按键,进入编辑界面,选定了一个数控程序后,此程序显示在 CRT 界面上,可对数控程序进行编辑操作,见表 5-10。

表 5-9 删除全部数控程序

步骤	操 作 内 容
1	将 MODE 旋钮置于 EDIT 挡
2	在 MDI 键盘上按 [PRGRM] 键,进入编辑界面,按 [7 O] 键入字母"O";按 [—M] 键入"—"
3	按 [9 G] 键键入"9999";按 [DELETE] 键删除

表 5-10 编辑程序方法

编辑内容	操 作 方 法
移动光标	按 PAGE [↓] 或 [↑] 翻页,按 CURSOR [↓] 或 [↑] 移动光标
插入字符	先将光标移到所需位置,单击 MDI 键盘上的数字/字母键,将代码输入到输入域中,按 [INSRT] 键把输入域的内容插入到光标所在代码后面
删除输入域中的数据	按 [CAN] 键用于删除输入域中的数据
删除字符	先将光标移到所需删除字符的位置,按 [DELETE] 键删除光标所在的代码
查找	输入需要搜索的字母或代码;按 CURSOR [↓] 开始在当前数控程序中光标所在位置后搜索(代码可以是:一个字母或一个完整的代码。例如:"N0010"、"M"等)。如果此数控程序中有所搜索的代码,则光标停留在找到的代码处;如果此数控程序中光标所在位置后没有所搜索的代码,则光标停留在原处
替换	先将光标移到所需替换字符的位置,将替换成的字符通过 MDI 键盘输入到输入域中,按 [ALTER] 键把输入域的内容替代光标所在的代码

5. 手动方式操作机床运行

(1) 回参考点(见表 5-11)

表 5-11 回参考点

步骤	操 作 内 容
1	置模式旋钮在"[⊕]"位置
2	选择轴 [X] [Z]
3	按住 [X] 或 [Z] 按钮,即回参考点

(2) 手动移动机床 手动移动机床的方法有三种:

1) 连续移动(⌇)。这种方法用于较长距离的台面移动,见表 5-12。

表 5-12 连续移动机床的方法

步骤	操作内容
1	置模式旋钮在"JOG"位置 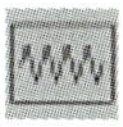
2	选择轴 X 或 Z 键
3	按方向钮单击 + 或 − 键（控制机床的移动方向）移动,松开后停止移动

2）点动（ ）。这种方法用于微量调整,如用在对基准操作中,见表 5-13。

表 5-13 点动移动机床的方法

步骤	操作内容
1	置模式旋钮在"  "位置
2	选择 X1 X10 X100 X1000 步进量
3	选择轴 X 或 Z
4	每按一次,台面移动一步

3）操纵手脉（ ）。这种方法用于微量调整。在实际生产中,使用手脉可以让操作者容易调整位置,见表 5-14。

表 5-14 操纵手脉移动机床的方法

步骤	操作内容
1	置模式旋钮在"  "位置
2	选择轴 X 或 Z
3	选择 X1 X10 X100 X1000 步进量
4	转动手轮,台面移动 

(3) 开、关主轴（见表 5-15）

6. 程序方式操作机床运行

(1) 试运行程序 试运行程序时,机床和刀具不切削零件,仅运行程序,见表 5-16。

表 5-15　开、关主轴

步骤	操 作 内 容
1	置模式旋钮在"JOG"位置（ 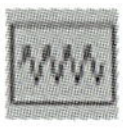 ）
2	按 　　　按钮起动主轴
3	按 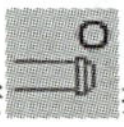　　按钮停止主轴

表 5-16　试运行程序

步骤	操 作 内 容
1	导入数控程序或自行编写一段程序
2	置在机床锁 　　位置
3	按 　　按钮,程序开始执行

（2）自动/连续方式（见表 5-17）

表 5-17　自动/连续方式

步骤	操 作 内 容
1	导入数控程序或自行编写一段程序
2	置模式旋钮在"AUTO"位置 
3	按 　　按钮,程序开始执行

（3）单步运行程序　置单步开关　于"ON"位置，数控程序运行过程中，每按一次　执行一条指令。

四、项目实施及指导

在教师的示范操作和指导下，学生分组对数控机床进行如下操作：
1）识别数控机床主要组成部件，熟悉 MDI 键盘及数控机床操作面板各功能键的作用。
2）按要求进行数控机床开机、关机练习。
3）按操作要求对数控机床进行回零操作。
4）数控程序的输入、编辑基本操作训练，输入 O0001 程序。

O0001
G92　X70.0　Z150.0；
S630　M03；
G90　G00　X20.0　Z88.0　M08；
G01　Z78.0　F100；
G02　Z64.0　R12.0；
G01　Z60.0；
G04　X2.0；
G01　X24.0；
G03　X44.0　Z50.0　R10.0；
G01　Z20.0；
　　　X55.0；
G00　X70.0　Z150.0　M09；
M05；
M30；

5) 手动方式、手脉方式操作机床，控制机床进给轴移动。

6) 程序方式操作机床。

五、项目实施评价

项目实施评价标准见表5-18。

表5-18　项目实施评价标准

序号	主要内容	考核要求	评分标准	配分/分	扣分	得分
1	认知数控机床MDI键盘及操作面板	熟悉数控机床MDI键盘及操作面板功能键作用	(1) 不熟悉数控机床MDI键盘功能扣10分 (2) 不熟悉机床操作面板功能，扣10分	20		
2	开机、关机	按操作步骤规范，正常开机、关机	(1) 不能正常开机、关机，扣10分 (2) 能开机、关机但有步骤错误，每处扣5分	10		
3	程序编辑修改	通过MDI的方式输入完整的数控程序，并且进行程序修改	(1) 不会进行简单程序的编制，扣10分 (2) 不会输入数控程序，扣10分 (3) 不会运行数控程序，扣10分	30		
4	机床手动操作	通过机床控制面板按钮控制机床主轴及进给周运动	(1) 不会主轴控制操作，扣10分 (2) 不会进给轴控制操作，扣10分 (3) 不会手摇控制操作，扣10分	30		
5	安全文明生产		违反安全文明生产，扣5~10分	10		
开始时间			结束时间		成绩	
学生姓名			考评员		(签字)　　年　月　日	

实训项目二　FANUC 0i Mate-D 数控系统的硬件连接

一、项目任务

1）认知数控系统的硬件结构和各部件的端口功能。
2）实现数控系统的硬件连接。

二、项目准备

FANUC 系统数控机床示教机；数控系统说明书 1 本；数控机床使用说明书 1 本；电工工具 1 套；数控系统维修说明书 1 本。

三、相关知识讲解

1. 总体连接框图（见图 5-34）

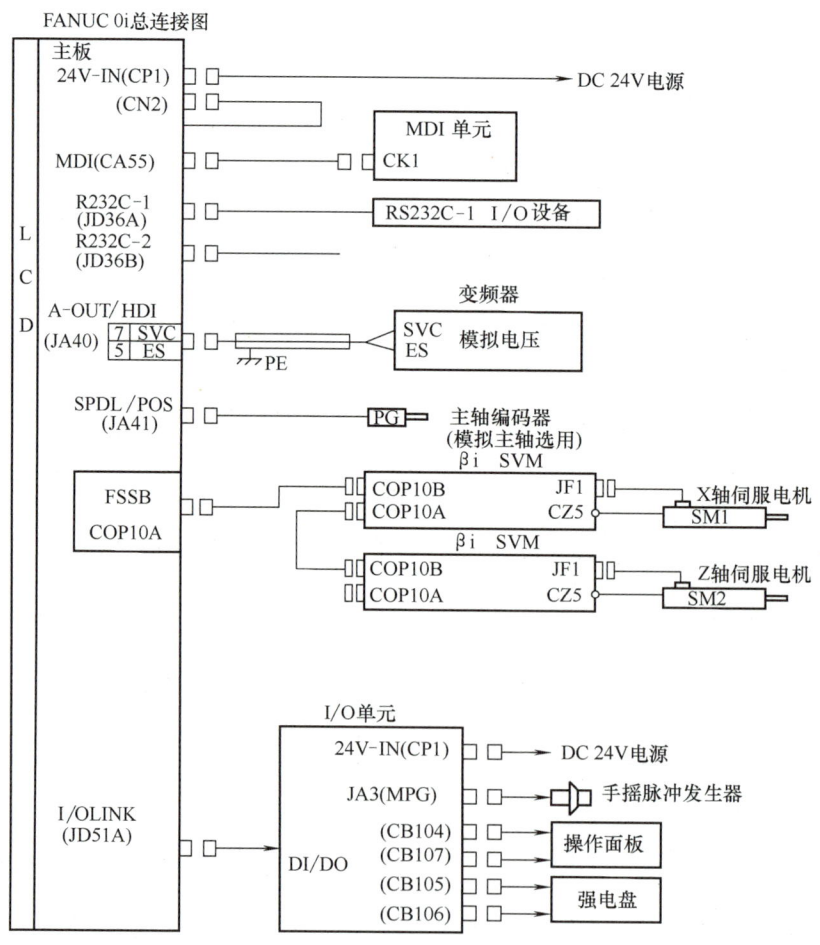

图 5-34　FANUC 0i Mate-D 数控系统的硬件总体连接框图

2. FANUC 0i Mate-D 数控系统接口（见图 5-35）

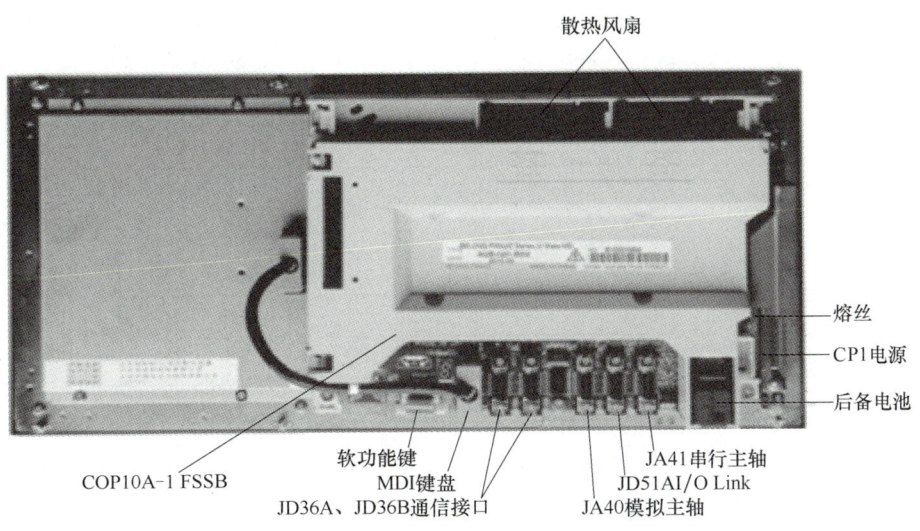

图 5-35　FANUC 0i Mate-D 数控系统接口实物图

数控系统接口功能见表 5-19。

表 5-19　FANUC 0i Mate-D 数控系统接口功能

接口号	用　　途
COP10A	伺服 FSSB 总线接口，此口为光缆口
CD38A	以太网接口
CA122	系统软键信号接口
JA2	系统 MDI 键盘接口
JD36A/JD36B	RS232-C 串行接口 1/2
JA40	模拟主轴信号接口/高速跳转信号接口
JD51A	I/O Link 总线接口
JA41	串行主轴接口/主轴独立编码器接口
CP1	系统电源输入（DC 24V）

3. FANUC 0i Mate-D 伺服控制系统的连接

FANUC 伺服控制系统的连接，无论是 αi 或 βi 的伺服，在外围连接电路具有很多类似的地方，大致分为光缆连接、控制电源连接、主电源连接、急停信号连接、MCC 连接、主轴指令连接（指串行主轴，模拟主轴接在变频器中）、伺服电动机主电源连接、伺服电动机编码器连接。图 5-36 为 FANUC βi SVM20 伺服驱动器，表 5-20 为 FANUC βi SVM20 伺服驱动器接口功能。

（1）光缆（FSSB 总线）连接　FANUC 的 FSSB 总线采用光缆通信，在硬件连接方面，遵循从 A 到 B 的规律，即 COP10A 为总线输出，COP10B 为总线输入，需要注意的是光缆在任何情况下不能硬折，以免损坏。如图 5-37 所示。

（2）控制电源连接　控制电源采用 DC 24V 电源，主要用于伺服控制电路的电源供电。在上电顺序中，推荐优先系统通电，如图 5-38 和图 5-39 所示。

表 5-20　FANUC βi SVM20 伺服驱动器接口功能

引脚号	名称	作用
1	DC link charge LED	直流链路放电 LED
2	CZ7-1,CZ7-2	三相电源输入接口
3	CZ7-3	放电电阻接口
4	CZ7-4,CZ7-5,CZ7-6	电动机电源接口
5	CX29	主电源 MCC 控制信号接口
6	CX30	急停信号接口
7	CXA20	再生电阻接口（报警用）
8	CXA19B	24V 电源输入
9	CXA19A	24V 电源输入
10	COP10B	伺服 FSSB I/F
11	COP10A	伺服 FSSB I/F
12	ALM	伺服报警状态显示 LED
13	JX5	测试接口
14	LINK	FSSB 通信状态显示 LED
15	JF1	脉冲编码器
16	POWER	控制状态显示 LED
17	CX5X	绝对脉冲编码器电池
18	⏚	地线抽头

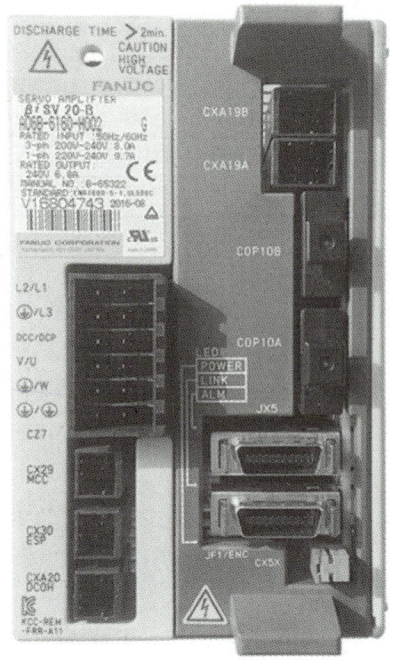

图 5-36　FANUC βi SVM20 伺服驱动器接口

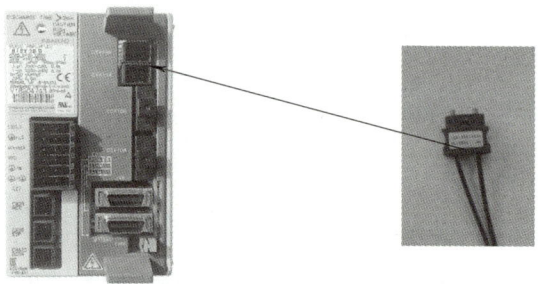

图 5-37　FSSB 总线光缆实际连接图

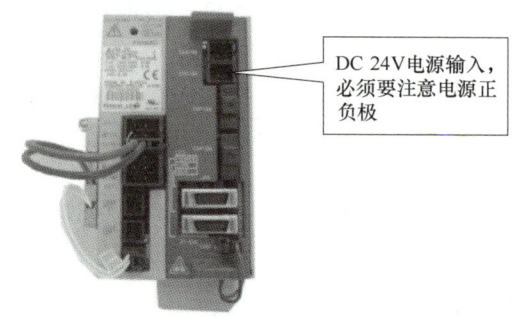

图 5-38　24V 控制电源连接图

（3）主电源连接　主电源是用于伺服电动机动力电源的变换，如图 5-40 所示。

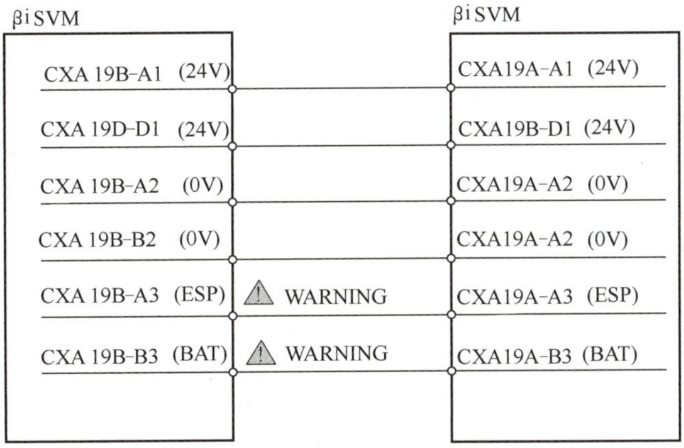

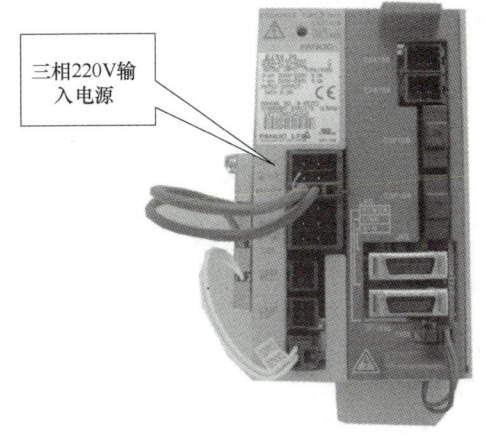

图 5-39　伺服放大器之间控制电源连接

图 5-40　主电源连接

（4）急停与 MCC 连接　它主要用于对伺服主电源的控制与伺服放大器的保护，如发生报警、急停等情况，能够切断伺服放大器主电源，如图 5-41 和图 5-42 所示。

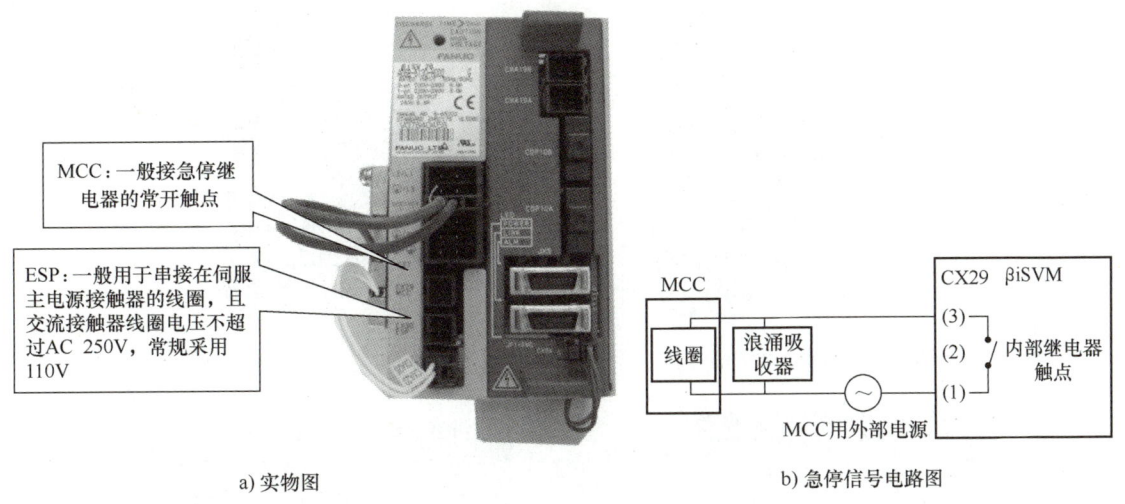

a）实物图　　　　　　　　　b）急停信号电路图

图 5-41　急停与 MCC 的连接

（5）伺服电动机动力电源连接　它主要包含伺服主轴电动机与伺服进给电动机的动力电源连接。伺服主轴电动机的动力电源是采用接线端子的方式连接，伺服进给电动机的动力电源是采用接插件连接。在连接过程中，一定要注意相序的正确，如图 5-43 所示。

（6）伺服进给电动机反馈的连接　伺服进给电动机的编码器反馈接口 JF1，如图 5-44 所示。

（7）主轴指令信号连接　主轴控制采用两种类型，分别是模拟主轴与串行主轴。模拟主轴的控制对象是系统 JA40 口输出 0～±10V 的电压给变频器，从而控制主轴电动机的转速，如图 5-45 所示。

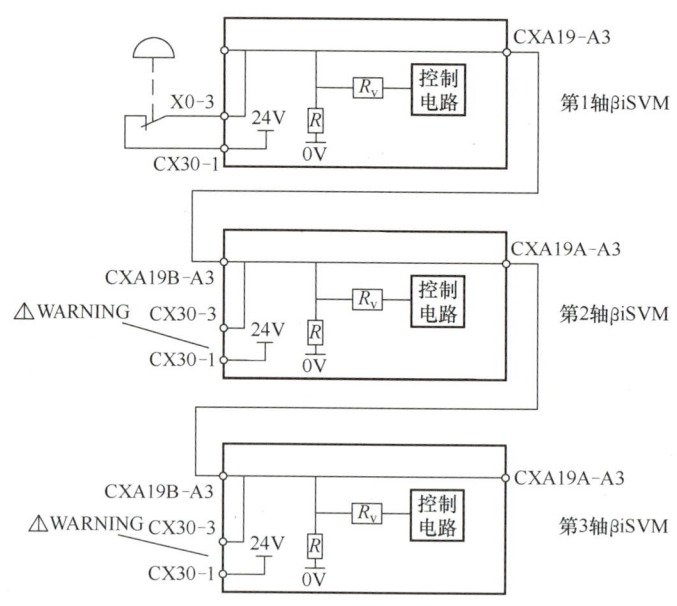

图 5-42　ESP 与 MCC 多轴连接电路图

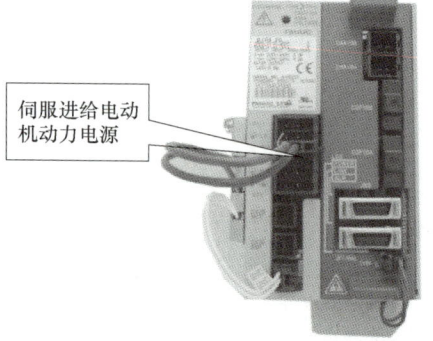

图 5-43　伺服电动机动力电源的连接

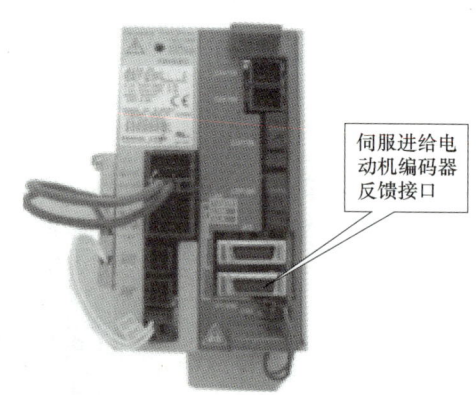

图 5-44　伺服进给电动机反馈接口

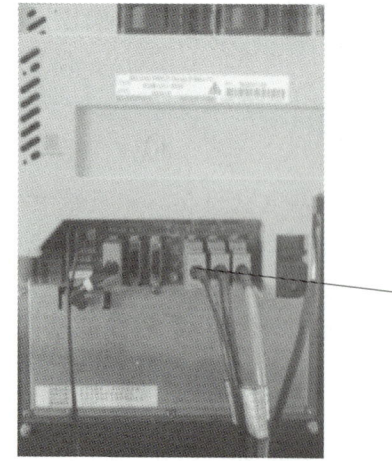
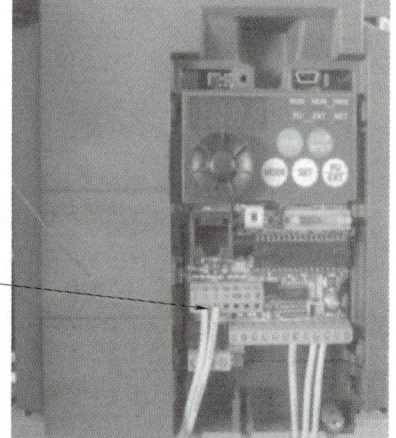

图 5-45　主轴指令信号的连接

4. FANUC 0i Mate-D 数控系统的 I/O Link 连接

如图 5-46 所示，FANUC 系统的 PMC 是通过专用的 I/O Link 与系统进行通信的，PMC 在进行着 I/O 信号控制的同时，还可以实现手轮与 I/O Link 轴的控制，但外围的连接却很简单，且很有规律，同样是从 A 到 B，系统侧的 JD51A（0i C 系统为 JD1A）接到 I/O 模块的 JD1B，JA3 可以连接手轮。I/O Link 的两个插座 JD51A 和 JD51B，对所有具有 I/O Link 功能单元来说是通用的。在各个单元连接中，电缆总是从一个单元的 JD51A 连接到下一个单元的 JD51B，再从这个单元的 JD51A 连接到另一个单元的 JD51B，当连接到最后一个单元时，虽然最后一个单元 JD51A 是空着的，但也无须连接一个终端插头。

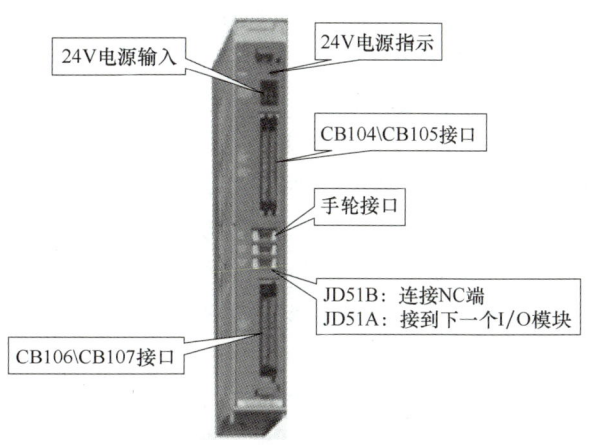

图 5-46 I/O Link 的连接

	CB104			CB105			CB106			CB107	
	A	B		A	B		A	B		A	B
01	0V	+24V	01	0V	+24V	01	0V	+24V	01	0V	+24V
02	Xm+0.0	Xm+0.1	02	Xm+3.0	Xm+3.1	02	Xm+4.0	Xm+4.1	02	Xm+7.0	Xm+7.1
03	Xm+0.2	Xm+0.3	03	Xm+3.2	Xm+3.3	03	Xm+4.2	Xm+4.3	03	Xm+7.2	Xm+7.3
04	Xm+0.4	Xm+0.5	04	Xm+3.4	Xm+3.5	04	Xm+4.4	Xm+4.5	04	Xm+7.4	Xm+7.5
05	Xm+0.6	Xm+0.7	05	Xm+3.6	Xm+3.7	05	Xm+4.6	Xm+4.7	05	Xm+7.6	Xm+7.7
06	Xm+1.0	Xm+1.1	06	Xm+8.0	Xm+8.1	06	Xm+5.0	Xm+5.1	06	Xm+10.0	Xm+10.1
07	Xm+1.2	Xm+1.3	07	Xm+8.2	Xm+8.3	07	Xm+5.2	Xm+5.3	07	Xm+10.2	Xm+10.3
08	Xm+1.4	Xm+1.5	08	Xm+8.4	Xm+8.5	08	Xm+5.4	Xm+5.5	08	Xm+10.4	Xm+10.5
09	Xm+1.6	Xm+1.7	09	Xm+8.6	Xm+8.7	09	Xm+5.6	Xm+5.7	09	Xm+10.6	Xm+10.7
10	Xm+2.0	Xm+2.1	10	Xm+9.0	Xm+9.1	10	Xm+6.0	Xm+6.1	10	Xm+11.0	Xm+11.1
11	Xm+2.2	Xm+2.3	11	Xm+9.2	Xm+9.3	11	Xm+6.2	Xm+6.3	11	Xm+11.2	Xm+11.3
12	Xm+2.4	Xm+2.5	12	Xm+9.4	Xm+9.5	12	Xm+6.4	Xm+6.5	12	Xm+11.4	Xm+11.5
13	Xm+2.6	Xm+2.7	13	Xm+9.6	Xm+9.7	13	Xm+6.6	Xm+6.7	13	Xm+11.6	Xm+11.7
14			14			14	COM4		14		
15			15			15			15		
16	Yn+0.0	Yn+0.1	16	Yn+2.0	Yn+2.1	16	Yn+4.0	Yn+4.1	16	Yn+6.0	Yn+6.1
17	Yn+0.2	Yn+0.3	17	Yn+2.2	Yn+2.3	17	Yn+4.2	Yn+4.3	17	Yn+6.2	Yn+6.3
18	Yn+0.4	Yn+0.5	18	Yn+2.4	Yn+2.5	18	Yn+4.4	Yn+4.5	18	Yn+6.4	Yn+6.5
19	Yn+0.6	Yn+0.7	19	Yn+2.6	Yn+2.7	19	Yn+4.6	Yn+4.7	19	Yn+6.6	Yn+6.7
20	Yn+1.0	Yn+1.1	20	Yn+3.0	Yn+3.1	20	Yn+5.0	Yn+5.1	20	Yn+7.0	Yn+7.1
21	Yn+1.2	Yn+1.3	21	Yn+3.2	Yn+3.3	21	Yn+5.2	Yn+5.3	21	Yn+7.2	Yn+7.3
22	Yn+1.4	Yn+1.5	22	Yn+3.4	Yn+3.5	22	Yn+5.4	Yn+5.5	22	Yn+7.4	Yn+7.5
23	Yn+1.6	Yn+1.7	23	Yn+3.6	Yn+3.7	23	Yn+5.6	Yn+5.7	23	Yn+7.6	Yn+7.7
24	DOCOM	DOCOM	24	DOCOM	DOCOM	24	DOCOM	DOCOM	24	DOCOM	DOCOM
25	DOCOM	DOCOM	25	DOCOM	DOCOM	25	DOCOM	DOCOM	25	DOCOM	DOCOM

图 5-47 连接器 CB104\CB105\CB106\CB107

连接器 CB104＼CB105＼CB106＼CB107 采用 4 个 50 芯插座连接的方式，如图 5-47 所示。输入点共有 96 位，每个 50 芯插座中包含 24 位的输入点，这些输入点被分为 3 个字节；输出点共有 64 位，每个 50 芯插座中包含 16 位的输出点，这些输出点被分为 2 个字节。其中引脚 B01（+24V）用于 DI 输入信号，它输出 DC 24V，不要将外部 24V 电源引到该引脚。每一个 DOCOM 都连在印制板上，如果使用连接器的 DO 信号（Y），需确定输入 DC 24V 到每个连接器的 DOCOM。

5. 急停与伺服上电控制回路的连接

当 FSSB 总线与 I/O Link 的连接完成后，还需要对急停回路与伺服上电回路进行连接才能构成一个简单的数控机床控制回路，如图 5-48 所示。

（1）急停控制回路　急停控制回路一般有两个部分构成，一个是 PMC 急停控制信号 X8.4，另外一路是伺服放大器的 ESP 端子。这两个部分中任意一个断开就出现报警，ESP 断开出现 SV401 报警，X8.4 断开出现 ESP 报警。但这两部分全部是通过一个元件来处理的，就是急停继电器。

（2）伺服上电回路　伺服上电回路是给伺服放大器主电源供电的回路，伺服放大器的主电源一般采用三相 220V 的交流电源，通过交流接触器接入伺服放大器。交流接触器的线圈受到伺服放大器 CX29 的控制，当 CX29 闭合时，交流接触器的线圈得电吸合，给放大器通入主电源。

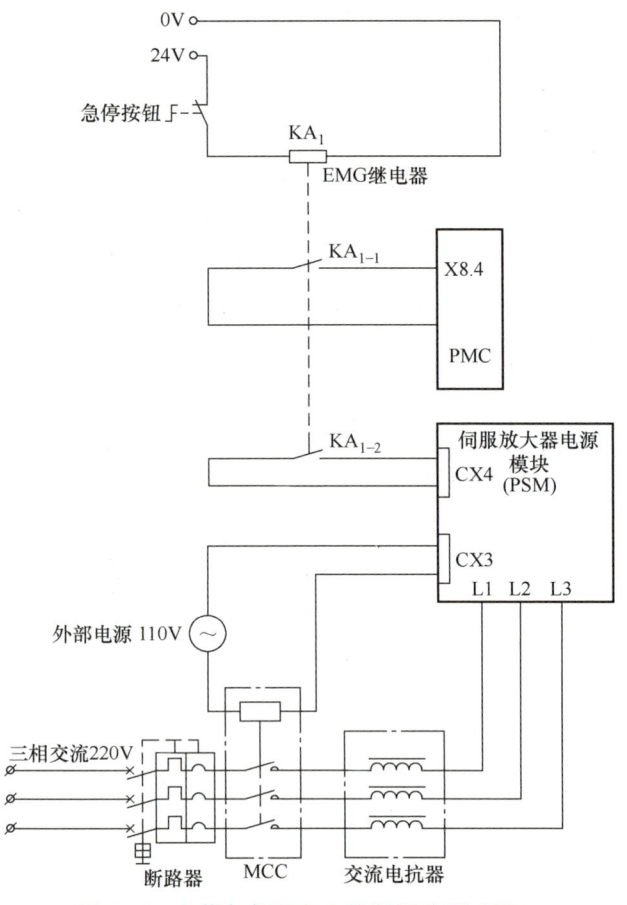

图 5-48　急停与伺服上电控制回路原理图

四、项目实施及指导

1. 系统与外围 I/O 设备的连接与调试

按图 5-49 所示，实现 I/O Link 与系统、手摇脉冲发生器、输入/输出信号的连接。

2. 系统与变频主轴的连接

1）系统基本单元的 JA40 插头一端连接到变频器的模拟电压输入端。在变频器 R、S、T 端子上接入 220V/380V 电压，STF、STR 端子上接入正反转信号，U、V、W 端子上接入主轴电动机动力线。

2）主轴编码器连接在系统基本单元的 JA41 插头上。

3. 系统与伺服放大器的连接

1）按图 5-50 完成系统、X 轴放大器、Z 轴放大器的 FSSB 总线的连接。

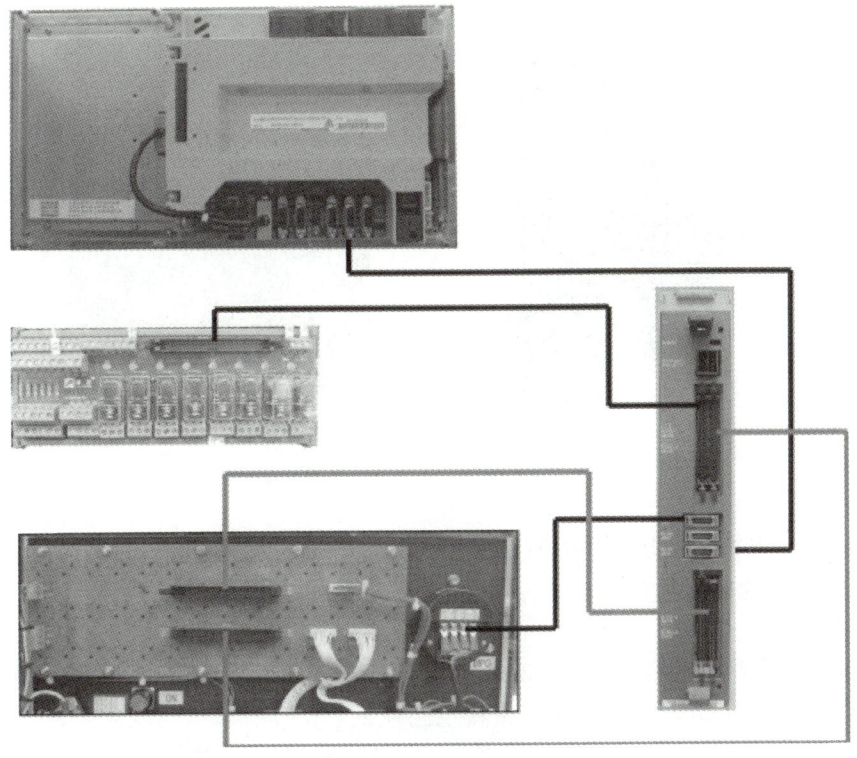

图 5-49 系统与外围 I/O 设备的连接

2）按图 5-51 完成伺服电动机、伺服放大器的连接。
3）伺服单元的 CX30 插头上接入急停信号。
4）伺服单元的 CX29 插头上接入控制驱动主电源的接触器线圈。

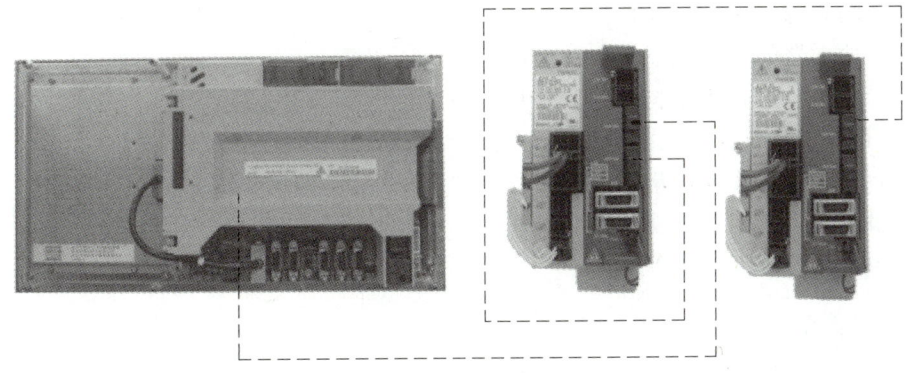

图 5-50 伺服系统总线的连接

4. 系统电源的连接

（1）NC 控制单元电源的连接　在系统基本单元的 CP1 插头上接入 DC 24V 的电源。

（2）伺服模块电源的连接　在伺服模块的 CXA19A 插头上接入 DC 24V 电压，伺服模块接通控制电源，正常起动，通过光缆与 NC 通信。

在各个伺服模块的 L1、L2、L3 端子上同时接入交流 200V 的电压，伺服模块的动力电源接通。

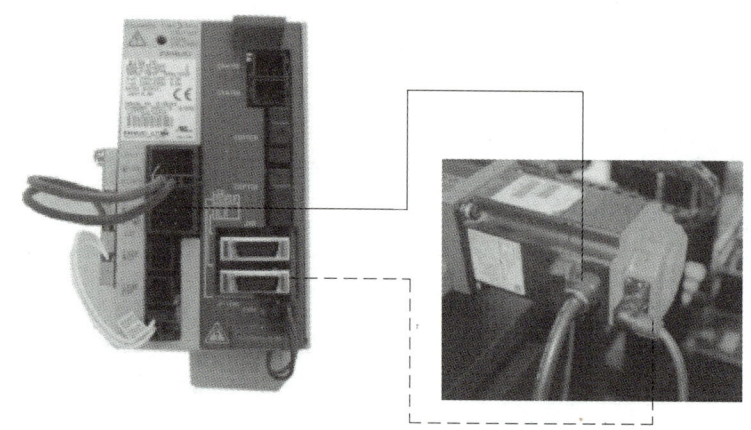

图 5-51 伺服电动机、伺服放大器的连接

（3）I/O 模块电源的连接 I/O 模块的 CPD1 插头上接入 DC 24V 的电源。

5. 系统通电前的电路检查及调试

（1）上电检查

1）用万用表交流电压挡测量 AC 200V 是否正常；断开各变压器二次侧，用万用表交流电压挡测量各二次电压是否正常，如正常将电路恢复。

2）用万用表直流电压挡测量开关电源输出电压是否正常（DC 24V）；断开 DC 24V 输出端，给开关电源供电，用万用表直流电压挡测量其电压，如正常即可进行下一步。

3）断开电源，用万用表电阻挡测量各电源输出端对地是否短路。

4）按图样要求将电路恢复。

（2）通电顺序 应按如下顺序接通各单元的电源或全部同时接通：

1）车床的电源（AC 200V）。

2）伺服放大器的控制电源（AC 200V）。

3）I/O 设备，显示器的电源，CNC 控制单元的电源（DC 24V）。

应按如下顺序关断各单元的电源或全部同时关断：

1）I/O 设备，显示器的电源，CNC 控制单元的电源（DC 24V）。

2）伺服放大器的控制电源（AC 200V）。

3）车床的电源（AC 200V）。

五、考核与评价

考核评价见表 5-21。

表 5-21 考核评价

序号	主要内容	考核要求	评分标准	配分/分	扣分	得分
1	电源连接	正确连接正确调试	（1）接线错误，每处扣 10 分 （2）系统电源的通断顺序不正确，每错一步扣 5 分	20		

(续)

序号	主要内容	考核要求	评分标准	配分/分	扣分	得分
2	FANUC 数控系统与进给伺服放大器硬件的连接	正确连接正确调试	(1) 接线错误,每处扣 10 分 (2) 调试错误,扣 10 分	40		
3	FANUC 数控系统与模拟主轴的硬件连接	正确连接正确调试	(1) 接线错误,每处扣 10 分 (2) 调试错误,扣 10 分	10		
4	FANUC 数控系统与 I/O Link 的连接	正确连接正确调试	(1) 接线错误,每处扣 10 分 (2) 调试错误,扣 10 分	20		
5	安全文明生产		违反安全文明生产,扣 5~10 分	10		
开始时间			结束时间		成绩	
学生姓名			考评员		(签字)	年 月 日

实训项目三　FANUC 0i Mate-D 数控系统参数设置

一、项目任务

1) 数控系统基本参数的设定。
2) 伺服相关参数的设定。
3) 主轴相关参数的设定。

二、项目准备

FANUC 系统数控机床示教机；数控系统说明书 1 本；数控机床使用说明书 1 本；电工工具 1 套；数控系统维修说明书 1 本。

三、相关知识讲解

1. 数控系统参数的全清

FANUC 0i Mate-D 数控系统是利用 IPL 监控器中的菜单进行系统参数的清空。

1) 进入 IPL 监控器界面。IPL 监控器通过如下操作而起动。

① 同时按下 MDI 键<.>和<->，接通电源。

② 出现 IPL 监控器界面及"IPL MENU"（IPL 菜单），如图 5-52 所示。

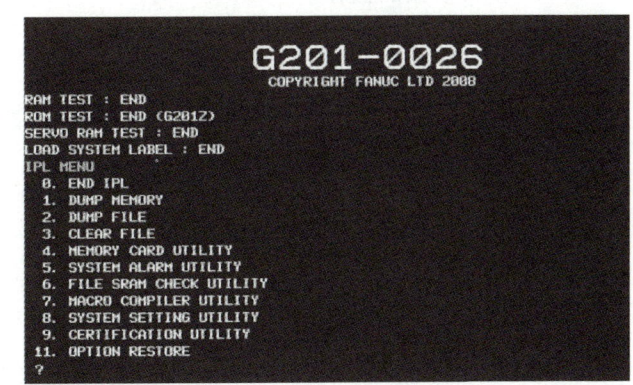

图 5-52　IPL 监控器界面

IPL 监控器界面中部分菜单项的含义如下：

0：结束 IPL 监控器。选择此项，则结束 IPL 监控器，起动 CNC。

3：清除个别文件。选择此项，则可清除个别文件。

5：输出系统报警信息。

2）在"IPL MENU"中选择"3"，则弹出如图 5-53 所示的文件清除界面。在此界面中选择某项命令，将清除所选中的文件，进行格式化处理。

① 在图 5-53 所示的菜单中选择要操作的项。如果要清空系统参数，则用 MDI 键入"1"→按<INPUT>键。则显示器上会出现"CLEAR FILE OK？（NO＝0，YES＝1）"的提问。

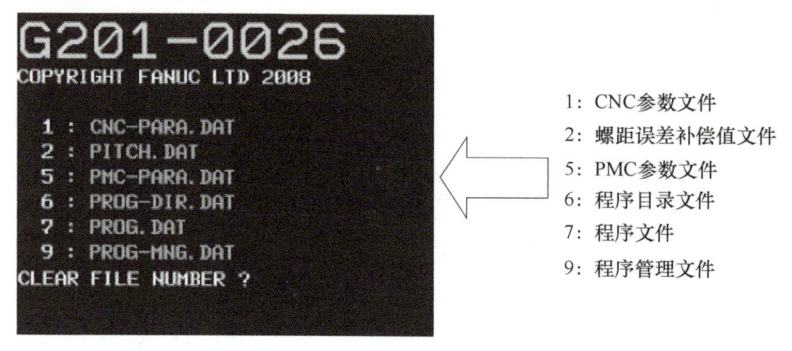

图 5-53　文件清除界面

② 清空参数，则键入"1"；若中止清空参数操作，则键入"0"；选择其他项，可继续清除其他文件。

③ 若结束操作并返回上一级菜单界面（见图 5-52）时，键入"0"，也可以直接下电再重新上电，以便检查系统参数是否全清。

注意：如果参数全清，则上电后的数控系统显示器上将出现大量的报警信息，说明参数全清成功。

2. 数控系统参数设置

数控系统正常运行的重要条件是必须保证各种参数的正确设定，不正确的参数设置与更改，可能造成严重的后果。因此，必须理解参数的功能，熟悉设定值，详细内容参考《参数说明书》。

（1）显示参数的操作

1）按 MDI 面板上的<SYSTEM>功能键数次或者按<SYSTEM>功能键一次，再按<参数>软键，选择参数界面，如图 5-54 所示。

2）参数界面由多页组成，可用光标移动键或翻页键，寻找相应的参数界面，也可由键盘输入要显示的参数号，然后按下<号搜索>软键，显示指定参数所在的界面，此时光标位于指定参数的位置。

（2）用 MDI 设定参数

1）在操作面板上选择 MDI 方式或急停状态。

2）按下<OFS/SET>功能键，再按<设定>软键，可显示"设定"界面的第一页。

3）将光标移动到"写参数"处，按<操作>软键，进入下一级界面。

4）按<NO：1>软键或输入 1，再按<输入>软键，将"写参数"设定为 1，此时参数处

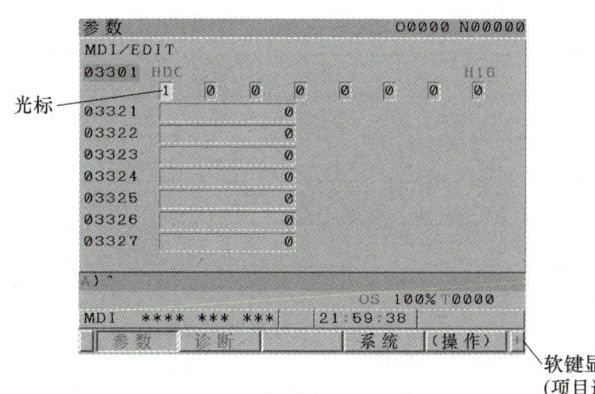

图 5-54　参数界面

于可以写入状态，同时 CNC 产生 "SW0100 参数写入开关处于打开" 报警，这时若同时按下<RESET>键和<CAN>键，可解除 SW0100 报警。

5）按<SYSTEM>功能键，再按<参数>软键，进入参数界面。找到需要设定的参数界面，将光标置于需要设定的参数上。

6）输入设定值，按<INPUT>键，则输入的数据将被设置到光标指定的参数中。

7）参数设定完毕，需要将"写参数"设置为 0，即禁止参数设定，防止参数被无意更改。

注：有时在参数设定中会出现报警"PW0000 必须关断电源"，此时需要重新起动数控系统，参数方能生效。

（3）设定显示语言

1）本系统可使用 CF 存储卡来存储和恢复车床数据。

2）按下<SYSTEM>功能键，再按<参数>软键，找到"参数设置"界面。在 MDI 键盘区输入 3281，按<号搜索>软键，屏幕上显示 3281 号参数。在 MDI 键盘区输入 "15"，按<IN-PUT>键，将 3281 号参数设置为 "15"，即设置系统语言为简体中文。此时会出现"PW0000 必须关断电源"报警，按操作面板 NC 电源"停止"按钮，再按 NC 电源"起动"按钮，重启数控系统。在该参数中输入不同的数字就代表着不同的语言（具体语言类型数据请参阅《参数说明书》）。

（4）参数设定　通常情况下，在参数设置界面输入参数号再按<号搜索>软键就可以搜索到对应的参数，从而进行参数的修改。

1）系统参数设置。按下<SYSTEM>功能键，再按<参数>软键，找到参数设置界面，在参数界面设置下列参数，见表 5-22。

表 5-22　系统参数及其含义

参数号	数值	参 数 说 明
20	4	存储卡接口
3003#0	1	使所有轴互锁信号无效
3003#2	1	使各轴互锁信号无效
3003#3	1	使不同轴向的互锁信号无效

（续）

参数号	数值	参数说明
3004#5	1	不进行超程信号的检查
3105#0	1	显示实际速度
3105#2	1	显示实际主轴速度和T代码
3106#5	1	显示主轴倍率值
3108#7	1	在当前位置显示界面和程序检查界面上显示JOG进给速度或者空运行速度
3708#0	1	检测主轴速度到达信号
3716#0	0	模拟主轴
3720	4096	位置编码器的脉冲数
3730	995	用于主轴速度模拟输出的增益调整的数据
3731	−14	主轴速度模拟输出的偏置电压的补偿量
3741	2800	与齿轮1对应的各主轴的最大转速
7113	100	手轮进给倍率
8131#0	1	使用手轮进给

2）轴设定参数的设置。轴设定参数的设置见表5-23。

表5-23 轴参数及其含义

参数号	设定值			参数定义
	X轴	Y轴	Z轴	
1006#3	0	0		各轴的移动指令（0：半径指定；1：直径指定）
1020	88	89	90	各轴的程序名称
1022	1	2	3	基本坐标系轴的设定
1023	1	2	3	各轴的伺服轴号
1825	3000	3000	3000	各轴的伺服环增益
1828	20000	20000	20000	每个轴的移动中的位置偏差极限值
1829	500	500	500	每个轴停止时的位置偏差极限值
1260	360	360	360	旋转轴转动一周的移动量
1320	根据实际位置测定			各轴的存储行程限位1的正方向坐标值
1321	根据实际位置测定			各轴的存储行程限位1的负方向坐标值
1410	2000			空运行速度
1420	1500	1500	1500	各轴的快速移动速度
1421	300	300	300	每个轴的快速倍率的F0速度
1423	1500	1500	1500	每个轴的JOG进给速度
1424	3000	3000	3000	每个轴的手动快速移动速度
1425	300	300	300	每个轴的手动返回参考点的FL速度
1620	64	64	64	每个轴的快速移动直线加/减速的时间常数（T）
1622	64	64	64	每个轴的切削进给加/减速时间常数
1624	64	64	64	每个轴的JOG进给加/减速时间常数

3) 伺服设定参数的设置。显示伺服参数界面的步骤：

① 设置参数 3111#0 = 1 → 系统下电，再上电。

② 按 MDI 面板上的<SYSTEM>功能键一次→再按<+>软键两次→选择<SV 设定>软键→出现含有伺服参数的界面。

③ 按表 5-24 中的设置值对该界面的参数进行设置。

表 5-24 伺服参数

参数名	X 轴	Z 轴
初始化设定位	00000010	00000010
电动机代码	256	256
AMR	00000000	00000000
指令倍乘比	2（半径）/102（直径）	2
柔性齿轮比 N	1	1
（N/M）M	200	200
方向设定	111	−111
速度反馈脉冲数	8192	8192
位置反馈脉冲数	12500	12500
参考计数器容量	5000	5000

注：在参数设定后，要先断电再上电，以使参数设置生效。上表所列参数为常用参数，仅供参考。

四、项目实施及指导

注意：对各种参数进行重新设定练习时，完成后要恢复到原先设定的值。

1. 系统基本参数设定

系统基本参数设定可通过参数设定支援界面进行操作。参数设定支援界面是以下述目的进行参数设定和调整的界面。

1）通过在机床起动时汇总需要进行最低限度设定的参数并予以显示，便于机床执行起动操作。

2）通过简单显示伺服调整界面、主轴调整界面、加工参数调整界面，更便于进行车床的调整。

参数设定支援界面显示方法的操作步骤：按下<SYSTEM>功能键后，继续按<+>菜单键数次，显示<PRM 设定>软键，按下<PRM 设定>软键，即出现参数设定支援界面，如图 5-55 所示。

2. 伺服设定

（1）准备 在急停状态下，进入参数设定支援界面，按下<操作>软键，将光标移动至"伺服设定"处，按下<选择>软键，出现参数设定界面。此后的参数设定就在该界面进行，如图 5-56 所示。

（2）初始化设定 开始初始化设定，将伺服设定界面的第①项至第⑧项都设定完后，执行 CNC 电源的 OFF/ON 操作。

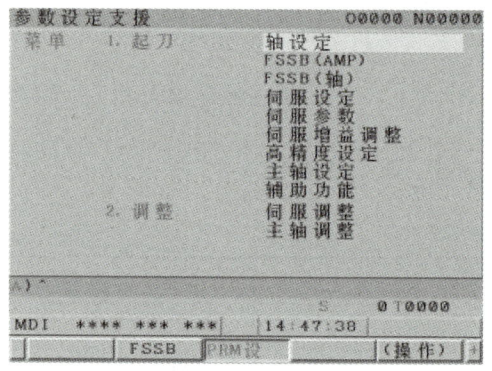

图 5-55　参数设定支援界面

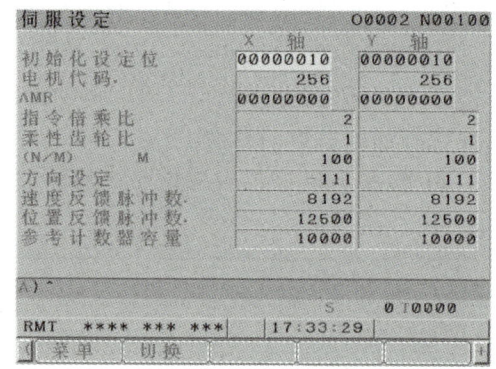

图 5-56　伺服设定界面

3. 伺服参数的初始设定

在急停状态下，进入参数设定支援界面，按下<操作>软键，将光标移动至"伺服参数"处，按下<选择>软键，出现参数设定界面。此后的参数设定就在该界面进行，如图 5-57 所示。

4. 与主轴相关的 NC 参数的初始设定

（1）模拟主轴初始设定步骤　在急停状态下，进入参数设定支援界面，按下<操作>软键，将光标移动至"主轴设定"处，按下<选择>软键，出现参数设定界面。此后的参数设定就在该界面进行，如图 5-58 所示。

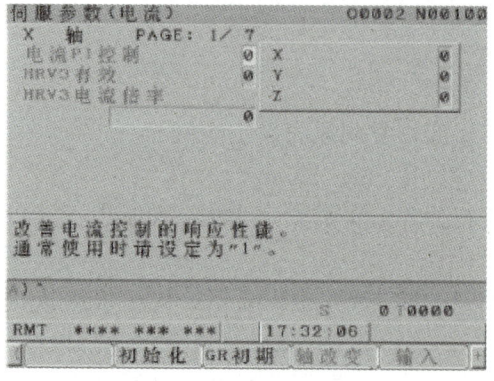

图 5-57　伺服参数设定界面

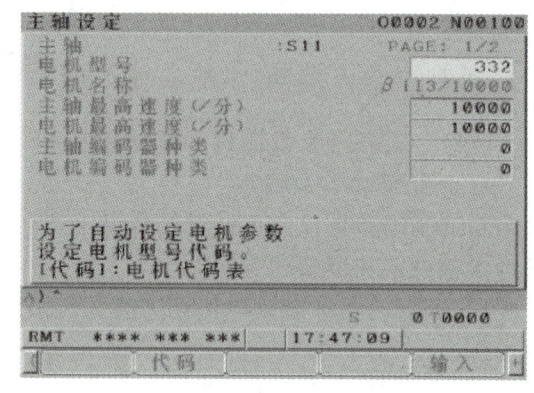

图 5-58　主轴设定界面

与 0i Mate-D 系统模拟主轴控制相关的部分参数如下，可以逐一设定。

3717：各主轴的主轴放大器号设定为 1。

3720：位置编码器的脉冲数。

3730：主轴速度模拟输出的增益调整，调试时设定为 1000。

3735：主轴电动机的最低钳制速度。

3736：主轴电动机的最高钳制速度。

3741~3744：主轴电动机 1 挡到 4 挡的最大速度。

3772：主轴的上限转速。

8133#5：是否使用主轴串行输出。

（2）使用模拟主轴的注意事项　模拟主轴不转的几种可能：
1）在 PMC 中主轴急停、主轴停止信号或主轴倍率未处理。
2）参数中没有设置主轴选择参数或主轴的速度未设定。
3）当 No.1802#2 CTS 误设时，将没有模拟输出。
4）参数 No.3708#0 SAR 模拟主轴没有此信号。误设主轴无输出（JA8A 5/7 引脚）。

五、考核与评价

考评见表 5-25。

表 5-25　考评

序号	主要内容	考核要求	评分标准	配分/分	扣分	得分
1	参数设定（5个）	正确设定参数	(1) 不会将参数清零，扣 5 分 (2) 参数设定步骤不正确，每个扣 5 分 (3) 参数设定不正确，每个扣 10 分 (4) 因为误设参数导致安全事故，扣 50 分 (5) 设定完毕后没有恢复到设定前的值，扣 10 分 (6) 每超时 5min 扣 2 分	90		
2	安全文明生产		违反安全文明生产，扣 5~10 分	10		
开始时间			结束时间		成绩	
学生姓名			考评员		（签字）　年　月　日	

实训项目四　FANUC 0i Mate-D 数控系统的 PMC 画面操作

一、项目任务

学会 PMC 画面的操作。

二、项目设备

FANUC 系统数控机床示教机；数控系统说明书 1 本；数控机床使用说明书 1 本；电工工具 1 套；数控系统维修说明书 1 本。

三、相关知识讲解

1. PMC 画面的操作

（1）进入 PMC 各画面的操作　首先按＜SYSTEM＞键进入系统参数画面，如图 5-59 所示。

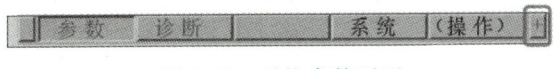

图 5-59　系统参数画面

（2）再连续按向右扩展菜单3次进入PMC操作画面。PMC画面基本结构如图5-60所示。

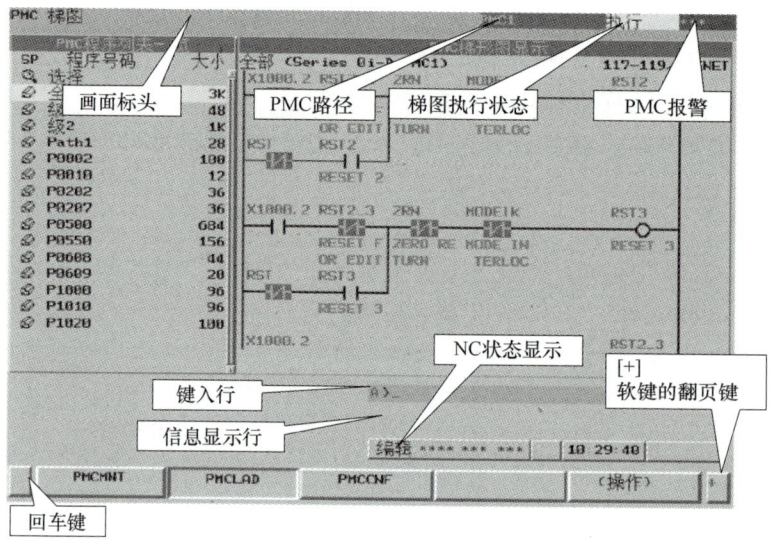

图 5-60 PMC 画面

1）画面标头：显示 PMC 的各辅助菜单名。
2）梯形图执行状态：显示梯形图的执行状态。
3）PMC 报警：显示 PMC 报警的发生情况。
4）PMC 路径：显示当前所选的 PMC 路径。
5）键入行：这是用于数值和字符串输入的键入行。
6）信息显示行：显示错误信息和警告信息。
7）NC 状态显示：显示 NC 方式、NC 程序的执行情况，以及当前的 NC 路径号。
8）回车键：在从 PMC 的操作菜单切换到 PMC 的各辅助菜单，从 PMC 的各辅助菜单切换到 PMC 主菜单时，操作回车键。
9）软键的翻页键：用于切换软键的画面。

2. PMC 诊断与维护画面

按 PMCMNT 键进入 PMC 维护画面，如图 5-61 所示。

图 5-61 PMC 维护画面

1）信号状态画面。在信号状态画面上，显示在程序中指定的所有地址的内容。地址的内容以位模式（"0"或"1"）显示，最右边每个字节以十六进制数字或十进制数字显示，如图 5-62 所示。

2）报警画面。本画面上显示 PMC 中发生的报警信息。按下<报警>软键，即可移动到 PMC 报警画面，如图 5-63 所示。

3）定时器画面。本画面设定和显示功能指令的可变定时器（TMR：SUB3）的定时时间。可在本画面上使用两种方式：简易显示方式和注释显示方式。按下<定时>软键，即可移动到定时器画面。

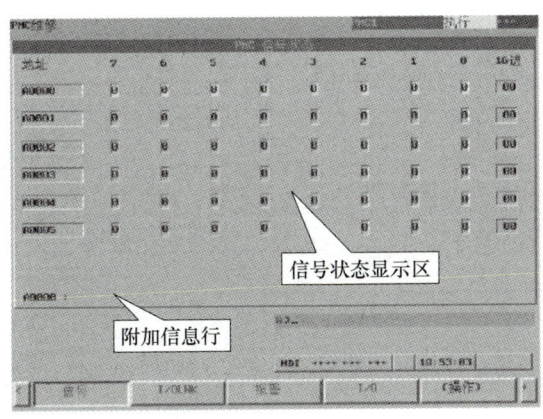

图 5-62　信号状态画面

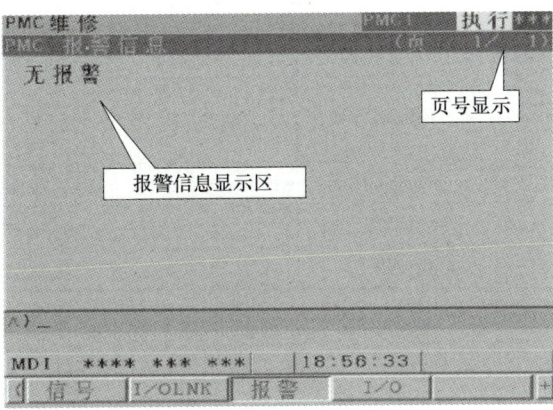

图 5-63　报警画面

4）计数器画面。本画面用于设定和显示功能指令的计数器（CTR：SUB5）的最大值和现在值。本画面上可以使用简易显示方式和注释显示方式。要移动到计数器画面，需按下<计数器>软键。

5）K 参数画面。本画面用于设定和显示保持继电器。要移动到保持继电器画面，需按下<K 参数>软键。

6）数据表画面。数据表具有两个画面：数据表控制数据画面和数据表画面。要移动到数据画面时，需按下<数据>软键。

7）I/O 画面。要移动到输入/输出画面，需按下<I/O>软键。

3. PLC 监控和编辑

在 PMC 梯形图菜单上显示程序列表、梯形图显示/编辑等与 PMC 梯形图相关的画面。PMC 梯形图菜单上的各画面可以通过按<SYSTEM>键→<PMCLAD>软键的顺序操作来切换。按下<梯形图>软键，顺序程序即被动态显示，可进行动作的监控。此外，在编辑画面上，除了可改变顺序程序的继电器和功能指令外，还可以改变顺序程序的运行。

四、项目实施及指导

根据上文所述的知识，在 FANUC 系统数控机床示教机上进行相关画面的操作练习，分小组进行，互相检查。

五、项目评价

项目评价见表 5-26。

表 5-26　项目评价

序号	主要内容	考核要求	评分标准	配分/分	扣分	得分
1	PMC 画面操作	进入 PMC 画面	不能进入 PMC 画面,每次扣 10 分	10		
2		正确指出 PMC 画面名称	不能正确说出 PMC 画面的各个部分名称,每处扣 2 分	20		
3		正确调出诊断维护各画面	每错一次扣 5 分	20		

（续）

序号	主要内容	考核要求	评分标准	配分/分	扣分	得分
4	PMC 画面操作	会修改 PMC 程序	不会修改 PMC 程序，每次扣 5 分	40		
5						
6	安全文明生产		违反安全文明生产，扣 5~10 分	10		
	开始时间		结束时间		成绩	
	学生姓名		考评员		（签字）	年 月 日

本 章 小 结

数控机床是一种装有程序控制系统的自动化机床，它较好地解决了复杂、精密、小批量、多品种的零件加工问题，是硬件和软件协调配合的结果，代表了现代机床控制技术的发展方向。数控机床的电气控制是比较复杂的，主要包括了数控系统、伺服系统以及数控机床中的 PLC 控制系统。

数控系统是数控机床的核心，一般使用多个微处理器，以程序化的软件形式实现数控功能，是一种位置控制系统。它是根据输入数据插补出理想的运动轨迹，然后输出到执行部件加工出所需要的零件。

伺服系统是数控机床的重要组成部分，是 CNC 装置和机床本体的连接环节。它能够严格按照 CNC 装置的控制指令进行动作，并能获得精确的位置、速度或力矩输出的自动控制系统。

PLC 控制系统是以 CNC 内部和车床各行程开关、传感器、按钮、继电器等的开关量信号状态为条件，并按照预先规定的逻辑顺序对诸如主轴的正反转起动和停止、主轴准停、刀架换刀、卡盘夹紧/松开、工作台交换、冷却和润滑控制、报警监测、排屑、机械手取送刀等进行的控制。

本章技能训练的重点是数控机床的装调，为此根据本章内容的特点以及项目训练的要求选取了数控车床的面板的认知及基本操作、数控系统硬件连接、数控系统参数设置和 PMC 画面操作这样 4 个实训项目供学生训练。

思考与练习

5-1 数控机床的硬件主要由哪几部分组成，各部分的作用是什么？
5-2 简述 CNC 系统的软件构成及其工作过程。
5-3 数控机床对进给驱动和主轴驱动的控制要求是什么？
5-4 简述伺服驱动系统的分类。
5-5 简述 PLC 与 CNC 及机床之间的信号处理过程？

附录

常用电气元件图形符号及文字符号

序号	名称	图形符号	文字符号
1	普通三相刀开关		QK
2	三相隔离开关		QS
3	三相负荷开关		QL
4	三相断路器		QF
5	三相熔断式刀开关		QFS
6	接触器常开主触点		KM
7	接触器常闭主触点		KM
8	接触器常开辅助触点		KM
9	接触器常闭辅助触点		KM
10	中间继电器常开触点		KA
11	中间继电器常闭触点		KA

（续）

序号	名　　称	图形符号	文字符号
12	热继电器常开触点		FR
13	热继电器常闭触点		FR
14	熔断器		FU
15	急停按钮		SB
16	按钮常开触点（起动按钮）		SB
17	按钮常闭触点（停止按钮）		SB
18	（得电）延时闭合的常开触点		KT
19	（得电）延时断开的常开触点		KT
20	（断电）延时断电的常闭触点		KT
21	（断电）延时闭合的常闭触点		KT
22	行程开关常开触点		SQ
23	行程开关常闭触点		SQ
24	无自复位转换开关		SA
25	接近开关常开触点		SQ
26	接近开关常闭触点		SQ
27	压力开关常开触点		SP
28	压力开关常闭触点		SP

（续）

序号	名称	图形符号	文字符号
29	液位开关常开触点		SV
30	液位开关常闭触点		SV
31	一般接触器线圈		KM
32	缓慢吸合继电器线圈		KT
33	缓慢释放继电器线圈		KT
34	机械保持继电器的线圈		KL
35	热断电器的驱动器件		FR
36	电磁阀		YV
37	电动阀		YM
38	电磁离合器		YC
39	电磁制动阀		YB
40	三相笼型异步电动机		M3~
41	三相绕线型异步电动机		M3~
42	电铃		HA

（续）

序号	名　　称	图形符号	文字符号	
43	蜂鸣器		HA	
44	报警器		HA	
45	指示灯（信号灯）		HL	红色-HR 绿色-HG 黄色-HY 蓝色-HB 白色-HW
46	闪光型信号灯		HL	
47	具有动合触点钥匙 操作的按钮开关		SB	
48	电压表		PV	
49	电流表		PA	
50	电度表（瓦时计）		PJ	
51	单相插座		XS	
52	单相带保护接点电源插座		XS	1P：单相插座 3P：三相插座 1C：单相暗敷 3C：三相暗敷 1EX：单相防爆 3EX：三相防爆 1EN：单相密闭 3EN：三相密闭
53	三相插座		XS	
54	带接地插孔的三相插座 （三相四孔插座）		XS	
55	电抗器		L	
56	电流互感器		TA	
57	电压互感器		TV	

（续）

序号	名称	图形符号	文字符号
58	带指示灯的按钮	⊗	
59	空气加热器	⊕	

序号	名称	图形符号		文字符号
		就地安装式	集中盘装式	
60	流量变送器	FT*		FT（＊为位号）
61	液位变送器	LT*		LT（＊为位号）
62	压力变送器	PT*		PT（＊为位号）
63	温度变送器	TT*		TT（＊为位号）
64	电流变送器	IT*		IT（＊为位号）
65	电压变送器	XT*		XT（＊为位号）
66	电能变送器	ET*		ET（＊为位号）
67	压力表	PI*	PI*	PI（＊为位号）
68	压力表（带报警）	PIA*	PIA*	PIA（＊为位号）
69	热电阻、热电偶	TE*		TE（＊为位号）
70	温度表	TI*	TI*	TI（＊为位号）
71	温度表（带报警）	TIA*	TIA*	TIA（＊为位号）
72	流量积算仪表（带调节 C、报警 A）		FQCA*	FQCA（＊为位号）
73	压力信号配电器位号			PX＊（＊为位号）
74	温度信号配电器位号			TX＊（＊为位号）
75	流量信号配电器位号			FX＊（＊为位号）
76	电动执行机构配电器位号			HX＊（＊为位号）

（续）

序号	名称	图形符号		文字符号
		就地安装式	集中盘装式	
77	流量测量元件	FE*		FE*（*为位号）
78	温度传感元件			
79	压力传感元件			
80	流量传感元件			
81	湿度传感元件			
82	液位传感元件			
83	功率因数表	$\cos\varphi$		$\cos\varphi$
84	无功功率表	var		var

参 考 文 献

[1] 王兰军，王炳实. 机床电气控制［M］. 5版. 北京：机械工业出版社，2018.
[2] 张静之，刘建华，陈梅. 三菱 FX_{3U} 系列 PLC 编程技术与应用［M］. 北京：机械工业出版社，2017.
[3] 李兴莲，孙锦全，杨志良. 机床电气控制与排故［M］. 北京：高等教育出版社，2015.
[4] 韩鸿鸾，吴海燕. 数控机床电气系统装调与维修一体化教程［M］. 北京：机械工业出版社，2017.
[5] 郭艳萍，张海红，冯凯，等. 电气控制与 PLC 应用［M］. 北京：人民邮电出版社，2017.
[6] 三菱通用变频器 FR-D700 使用手册：应用篇［Z/OL］.［2022-9-1］. https：//www. renrendoc. com/paper/215687375. html.
[7] 三菱 FX3U 系列 PLC 硬件手册［Z/OL］.［2022-9-1］. https：//max. book118. com/html/2017/0517/107299013. shtm.
[8] 李全利. PLC 运动控制技术应用设计与实践（西门子）［M］. 北京：机械工业出版社，2009.
[9] 陈相志. 交直流调速系统［M］. 2版. 北京：人民邮电出版社，2015.
[10] 三菱电机自动化（上海）有限公司. FX 系列 PLC 应用 101 例［Z］. 2006.